土木與營建

> 由淺至深、循序漸進
> 初級至高階地震課程
> 適合大專與研究所課程
> 教學與工程界之參考

Earthquake Faulting and Rock & Soil Mechanics

地震斷層與岩土力學

廖日昇 著

五南圖書出版公司 印行

五南出版

前言

2011 及 2012 這兩年眞是一個不平靜的年份。

2011 年 3 月 11 日，靠近日本本州東海岸的 9.0 超級強震造成 20,896 人死亡。

2012 年 6 月 24 日下午四時許，雲南與四川交界的山區發生芮氏規模 5.7 級地震，至 25 日零時共計產生 53 次餘震（最大餘震規模 3.8 級），造成至少 4 人喪生，超過 100 人受傷，受損民房 14,864 間。同年 9 月 7 日上午 11 時 19 分及同日 12 時 16 分左右，雲南昭通市彝良縣附近地區連續發生兩場規模分別爲 5.7 及 5.6 級的獨立地震，至少造成 81 人死亡， 821 人受傷，及 6,650 間房屋倒塌。

2012 年 2 月 26 日，台灣的屏東霧台發生 6.4 級地震，若統計台灣自 1999 年 9 月 21 日 7.3 級的大地震發生以後迄 2012 年 2 月 26 日止，其間共產生規模 7.0 的強震 2 次（皆發生於外海）， 6+ 級強震 10 次、 5+ 級強震 2 次，而幸好這些地震的傷亡人數都很少。

2012 年 8 月 11 日下午，伊朗西北部的連續兩次強震（分別爲 6.4 級與 6.3 級）則造成至少 306 人死亡， 3,037 人受傷，及超過 16,000 人無家可歸。同年 4 月 11 日印尼當地時間下午 3 時 38 分，蘇門答臘以西近海海域發生 8.6 級地震，這是自 1900 年以來全球第 11 大的地震。

進入 2013 年地球更加不平靜，全球各處在短短數個月間即發生多處規模 7.0 以上強震，如 ：

2 月 14 日：俄羅斯東北部薩哈（雅庫特）共和國的規模 7.3 地震。

3 月 27 日：台灣南投仁愛鄉的規模 6.1 地震（這次地震的震央與 1999 年 921 集集地震的震央相距僅 30 公里）。

4 月 6 日：印尼巴布亞省的規模 7.0 地震。

4 月 16 日：伊朗與巴基斯坦交界地區的規模 7.7 地震（至少 40 人死

亡）。

4 月 20 日：四川雅安市蘆山縣龍門鄉的規模 7.0 地震（2008 年 5 月 12 日距蘆山縣約 85 公里的汶川發生規模 7.9 地震）

6 月 2 日：台灣南投仁愛鄉的規模 6.3 地震

以上台灣在同一地點相隔兩個月的兩場規模 6+ 地震都是由盲斷層（Blind Thrust Fault）引起，所謂盲斷層就是斷層的破裂帶沒有到達地表，故無法用肉眼看到，因此稱爲盲斷層，其走向與長度可根據同一地區過去發生的數次地震資訊來推估。

加州理工（Cal Tech）的研究顯示，加州聖安德列斯斷層（San Andreas fault）的結構與產生蘇門答臘強震的斷層結構有相同之處，因此認爲加州未來的大地震可能比預期更大，其規模可能超過 7.8 級，且可能發生在斷層南段（美國世界日報， 7/25/2012）。聖安德列斯斷層是加州最長的斷層，它從北加州延伸至南加州，全長共 1,500 公里，其範圍包括舊金山灣區（即筆者的居住地）與洛杉磯地區。斷層以帕克菲爾德（Parkfield）爲分界點劃分爲南北兩段；如前所論，除聖安德列斯斷層南段可能發生強震外，另根據科學家預測，位在洛杉磯盆地的朋地丘（Puente Hills）盲衝逆斷層（blind thrust fault），則是另一個地震可能性更大的地段，它能產生 7.0 級以上強震。這條朋地丘斷層自從 12,000 年前以來曾發生六次 7 級強震，每次週期約 2000 年，上次大地震正好是發生在 2000 年前。不但如此，由於洛杉磯附近地區仍存在著百條以上活動斷層，故未來 30 年南加州發生 6.7 級地震的機率高達 99%（美國世界日報， 4/11/2012）。至於舊金山灣區則預期在未來 30 年內有 63% 的機率會發生 6.7 級強震，而最可能發生的地段則是聖安德列斯斷層的分支 – 海沃德斷層（Hayward fault）。

從以上的簡述來看，僅在最近兩年，中國大陸、台灣、日本、伊朗與印尼等地即曾發生過如此多的強震，而美國在未來 30 年內，更是隨時可能發生強震。因此之故，大家除對地震的發生與預測必須有充分的理解外，對地震的監測更是不可一日稍懈。筆者在 2000 年（即 921 地震後的次年）曾出版《岩土力學與地震》一書，該書是地震領域的大學初階用書，而本書則是不同，其主要取材資料包含 921 地震後台灣在地震領域的研究成果及其他全球性的研究成果，並對山崩、地陷與海嘯（特別是前兩者）進行深入探討。全書包括 12 章 57 節，其內容涵蓋以下各種範疇 ：

· 板塊構造
· 流體效應與誘導地震
· 地震與斷層運動力學
· 岩石性質與土壤循環強度
· 山崩與海嘯
· 土壤液化
· 地震前兆與預測

以上每一課題的探討皆是由淺至深、循序而進，本書適合大專及研究所的初級至高階地震課程教學與工程界之參考用書。

誌謝

本書的相片承蒙 USGS Denver 圖書館館員 Jenny M. Stevens 的提供詳細資料來源，又蒙 USGS-Menlo Park 圖書館館員 Chuck Wenger 指導筆者如何有效運用該館的電腦搜尋系統及協助搜尋館內資料，筆者謹於此申致謝忱。

目錄

1 導論

1-1 地震是否可以預測
1-2 地震是來自摩擦或塑性不穩定
1-3 地震的微觀與宏觀物理
1-4 剪切強度模型與斷層破裂

1-1　地震是否可以預測

地震是否可以預測？這是一般人及地震研究者最關心的課題，因爲若地震無法預測，則地震研究就只剩下了解地球構造的用途了。所謂地震預測，指的是正確（小程度的不確定性）的預測地震之發生地點、規模及時間。地震預測有各種不同的類型，它們是立即的警報（警告時間 0 至 20 秒）、短期預測（警告時間數小時至數星期）、中期預測（警告時間 1 個月至 10 年）、及長期預測（10 至 30 年）。每種不同時程的預測其效果各有不同，例如立即警報的效果最好，而短期預測的效果則不明顯。後文（第 12 章）將詳細說明各類預測方法的內涵。

多年來科學家對地震預測雖做了不少研究，但許多人（如 Main, 1997; Geller, 1997）對它（特別是短期預測）仍然存有疑慮，他們認爲地震的發生太隨機及混亂，故預測地震是不可能的。另外一些人（如 Geller, et al., 1997）也持相同看法，即地震是不可能預測的，他們認爲由斷層引起的突然滑動及從而導致的地震斷裂問題是眾所皆知的棘手問題，原因是地球狀態的駁雜及斷層帶的不可觸摸，使得直接測量有相當困難，且小地震成長爲大地震的機率與大範圍內的物理條件有關，而非僅是由斷層鄰近的狀況來決定。此種對未知初始條件有著高度非線型依賴的地震破裂本質嚴重限制了預測可能性，而個別大地震的科學預測將必須精確地了解所有細節，因此他們認爲個別地震的預測是不可能的。至於靠經驗來預測地震的前提是需要有可觀察及鑑識的前兆（precursors）之存在，而是否眞有此等前兆的存在實屬可疑。

儘管一些人認爲前震（foreshocks）、大地測量、水文、地球化學、地磁、動物行爲及其他等都是地震前兆，但通常被稱爲前兆的這些現象都是在地震後才發現。不但如此，各不同地震的前兆模式，它們彼此間有很大不同，其被觀察到的異常現象常常僅發生在局部小範圍，而非在整個震央及其周圍地區，因此地震前兆的對比缺乏統計上的證實。地震不可預測的堅信者，對 1975 年 2 月 4 日發生在中國遼寧省的海城地震（主震規模 7.3 級）之成功預測，以及僅有很少數人死亡一事提出質疑。1988 年出版的官方報告（Quan, 1988）提到，該次地震計有 1,328 人死亡及 16,980 人受傷，這種說法明顯地與地震後官方宣稱的成功預測及僅有很少人死亡的說法有極大落差，他們認爲不能排除當時省革委會在政治壓力之下對地震預測做了不正確宣稱的可能性。

以上的地震不可預測論者，其說法不免失之悲觀，眞實的情況應是地震預測雖然困難但並非不可能。目前成功的預測通常是在預先設定的時間間隔與空間範圍內，針對較小規模但有較大破壞性的地震所做的預測。時間與空間範圍的預先設定是頗爲重要的，例如若時空窗口設得太寬或是地震規模的門檻太低，則預測成功的機率可能高至 100%。所謂時間間隔，指的是同一地區內具有相似規模的兩地震間之時距，目前即使利用全球定位系統（GPS）對斷層滑動率所做的測量，再結合大地震中斷層滑動的地質估計，也僅能估計到時間間隔的平均值。

而據古地震研究，即使發生在聖安德烈斯斷層（San Andreas Fault，此後簡稱 SAF 或 SA 斷層）同一地點的不同超大型地震，其時間間隔也有很大不同。這些時間間隔的分佈統計即使在最佳的情況下也不易加以鑑識。時間間隔的變異主要是因爲地震對鄰近斷層的影響，若無時間間隔分佈的正確資訊，則基於古地震及 GPS 的地震預測必然失敗。對個別地震行爲的預測雖然困難，但對地震群體的行爲預測就容易多了，於此本書後文將會有較詳細說明。

上文提到各不同地震的前兆模式其彼此間雖有很大差異，但幸好它們有一項共同特質，那就是由於岩石是弱剪切應力物質，其意思是地震的發生是因累積有足夠應力的巨量岩體釋出應力所致，因此地震剪切波的釋出反映微裂紋（microcrack）幾何形狀的改變，當應力累積使得岩體到達廣泛開裂的臨界破壞狀態，這時岩體剪切強度喪失及產生大程度破裂，地震因而發生。應力增加的速率可藉剪切波釋出的變化及前次地震的臨界破壞水平估計得到，當應力增加到裂紋臨界狀態時地震發生。

圖 1-1 顯示數場地震的前兆時間（$\Delta\tau$）對破裂長度（L）之關係，破壞資料來源涵蓋來自北愛達荷州的岩爆及賓州的煤礦坑頂盤陷落，岩爆及頂盤陷落是一首次破壞，它發生在乾燥的非節理岩石。大部份的大地震（包括列名在圖 1-1 的地震）雖然是發生在先前存在（pre-existing）的斷層帶，然而圖 1-1 的數據卻意味著沿著先前存在斷層帶的破壞與不含斷層的岩體之首次破壞兩者有相似的破壞機制，此種觀察及事實顯示，地震可能在相同地點重複發生，它意味著老斷層因外加主應力的重新定位導致裂紋閉合，或地震後裂紋內部因高溫流體之故，使得礦物沉澱並進而導致裂紋膠結。因此斷層的破壞部位可能隨著時間而癒合（heal）。

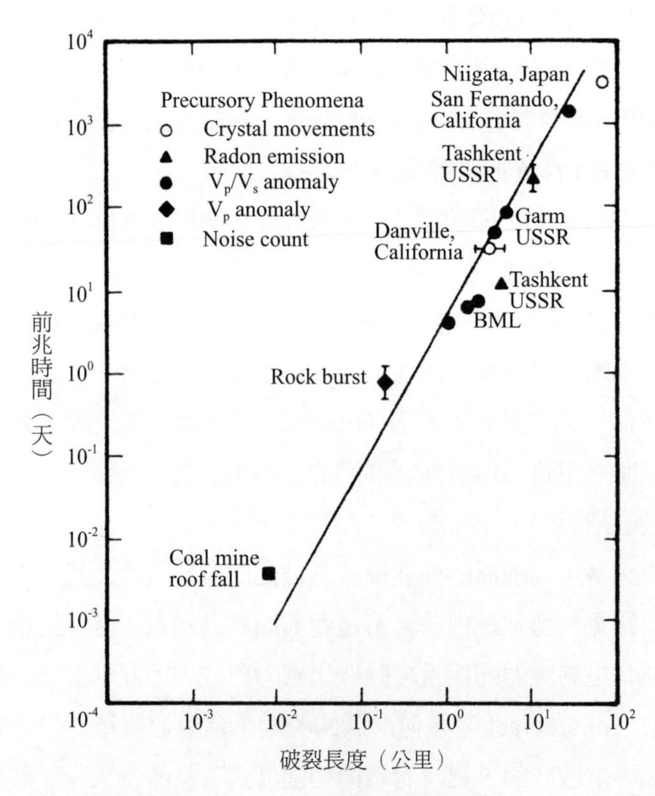

圖 1-1　地震與煤礦盤壁破壞時，前兆時間對破壞長度關係（Brady, 1975, Fig. 5）

地震規模可由應力增加率的顛倒值估計得到，對一已知的應力增加率，若應力在岩體內的累積速率加速，則最後的地震規模將會較小，若應力在一岩體內累積的速率減緩，則最後的地震規模將會較大。以上微裂紋隨應力變化的演化，可以利用異向性多孔彈性（anisotropic pore-elasticity, APE）介質來進行模擬（Crampin & Zatsepin, 1997），利用 APE 模型及藉著在特定應力相關方向的自由表面上之剪切波時間對延遲的測定，可監測應力累積的演化過程。基於應力累積理論， 1999 年 3 月 17 日發生在冰島西南部規模 5 級的地震曾被成功的預測到其發生時間與規模（Crampin, et al., 1999）。因此若能在地震發生前持續監測應力的累積，必能較可靠地預測即將發生的地震之時間與規模，但發生地點則無法利用應力模擬來預測得到。另一值得注意的是，以上應力累積的現象並非地震前兆。利用前兆進行預測的關鍵是對岩石基質進行監測，而非對即將發生地震的震源帶監測。當然前兆若要成爲普遍接受的預測方法，可能尚需要其他更明確的理由。

以上對地震的預測可能性雖做了一些評估，但在能眞正進行預測之前，首先就是要弄清楚地震究竟是來自單純的摩擦或較爲複雜的塑性不穩定。

1-2　地震是來自摩擦或塑性不穩定

基於機械摩擦假設並進而導致地震，一向是廣被接受的地震發生理論，但有許多實際觀察與此種假設未必一致。此外，迄今發生在所有深度的地震尚未能提供證據說明深震與淺震間的機制有何不同，例如淺震可能來自摩擦，而深震則可能來自塑性不穩定等，目前對於地震是來自摩擦或塑性不穩定這一課題雖尚未有定論，但較可能被接受的說法傾向於：機械摩擦的假設可用於大部份淺層地震，但它無法用到俯衝（subducted）岩石圈的深層地震，原因是地殼深處具有非常高的圍壓及溫度，因此深層地震的發生機制可能與包括加工硬化（work hardening）與熱軟化（thermal softening）的塑性不穩定有關，下文將對此兩種不同機制略做申述。

在淺層情況下，通常認爲地震是發生在先前存在的斷層。爲了產生地震，這些斷層必須存在有黏滑（stick-slip）行爲，以及因應這種廣被接受的機制是機械摩擦速度的弱化，實驗室研究顯示，摩擦依賴滑動速度及表面特性。在地殼深度410～660公里間主要的相變態發生。地震數目依深度而定，至約300公里深度爲止，它隨深度成指數性減少，從300公里到660公里深度，它大約維持常數，其中500公里到600公里深度間的地震數目有增加趨勢，特別是位於紐西蘭北島至東加－卡麥蒂克（Tonga-Kemadec）海溝間的俯衝帶，在該處太平洋板塊向東俯衝到印度－澳大利亞板塊之下。

塑性不穩定是一個在較寬大範圍產生地震的機制，許多材料在絕熱環境下，其塑性剪切力不穩定，由此引起的局部災難性滑動現象很類似於摩擦不穩定，例如Hobbs與Ord（1988）發現，在臨界壓力下依溫度而變的地函（mantle）與地殼岩石均會存在塑性剪切帶的不穩定，該帶具有低熱傳導性、隨溫度而變的應力敏感性及低應變硬化性質等。

以下是一些與機械摩擦假設應用到可以用塑性假設來解釋的地震破裂之相關課題（Rundle, et al., ed., 2000, pp.97-99）：

1. 應力降

除很少數的大地震之外，一般地震產生的應力降通常少於10 MPa，然而一些觀察事證如其中之一的卡洪山口（Cajon Pass）鑽孔結果（Zoback and Healy, 1992）顯示，多數斷層的絕對應力是處於低水平，多少年來這種現象被稱爲熱流矛盾，例如靠近SA斷層的熱流測量值與直接由實驗室摩擦試驗後的預測值相較，幾乎少了一個數量級，它充分反映了此種矛盾（Lachenbruch and Sass, 1992）。以上的鑽孔觀察提供確鑿的證實，即大地震的應力降至少是初始應力的50%，或可能靠近初始應力的80～90%，然而機械摩擦實驗的應力降卻少於5%（Dietrich, 1979a），因此大應力降實是塑性破裂假設的自然結果。由於屈服應力對溫度有指數性的敏感性，可以預期在斷層破裂後再癒合（即斷層強化）之前，應有大百分比的應力降。

2. 成核（nucleation）深度

例如加州走滑型（strike-slip）地震，其晶核常形成於靜岩壓（lithostatic pressure）大於 250 MPa 的 10 公里深度或更深之處，此情形下斷層的典型破壞應力是 10 MPa，故靜摩擦係數 f = 0.04，而典型機械摩擦係數的實驗值則靠近 0.6。由於摩擦係數有如此巨大的差別，故一些學者（如 Byerlee 1990; Blanpied et al., 1992; Sleep and Blanpied 1992, 1994; Sleep 1997）認爲，斷層的低破壞應力是由於高流體壓力所致。可以說塑性破裂及與破壞相關的屈服應力對於溫度與壓力皆具有敏感性，而機械靜態摩擦則僅是壓力的函數。地震常成核於破裂帶的最深處，該處有最高的靜態岩壓，由於屈服應力依賴溫度與壓力，故成形於最深處的斷層晶核是塑性機制的自然結果。

3. 摩擦律預測與實際觀察的不一致

由於靜岩壓正向力（normal force）隨深度成線性增加，可以預期滑動摩擦阻力也隨深度而增加。由於當地震週期斷層破壞應力隨深度增加，故從摩擦律可預期滑動將自斷層上部發生，而鎖住於較深處。但依塑性破壞機制斷層的最弱部份將有低於臨界溫度的最高溫度，因此它是破裂帶最深處的部位，因而，實驗室根據摩擦律所做的預測與實際的觀察並不一致。

4. 自癒脈衝與摩擦律的不符合

Heaton（1990）認爲，滑動自癒脈衝（self-healing pulses of slip）發生在地震破裂帶，它是快速移動的破裂前緣，此種破裂模式可從 1992 年的蘭德斯（Landers）地震得到證實，而此種自癒脈衝與摩擦律並不相符合。

5. 符合實際觀察的塑性斷層假設

在地殼 5 公里深度內極少有地震記錄，同時也極少有證據顯示該深度內存在有無震蠕變（aseismic creep）。SA 斷層的應變計測量指出，該斷層的上部遭鎖住，而摩擦律則指出破壞應力隨深度而增加，它預期鎖住是發生在斷層深處部份，故後者的預測與觀察結果不符。若據塑性斷層活動的假設，由於熱效應之故，斷層強度隨深度而減少，故它與觀察結果相符。

1-3　地震的微觀與宏觀物理

不管地震的機制是來自摩擦或塑性不穩定，其產生的高頻率複雜波形都受制於斷層面上的微觀過程，此種過程包括摩擦熔解與凝固、微裂紋作用、流體注入、流體增壓（fluid pressurization）、聲流態化（acoustic fluidization）、動態御載（dynamic unloading）效應、與幾何效應等。後三項不在本書討論範圍，而前四項是斷層作用中熱過程造成的結果。一旦斷層滑動開始啓動，則由摩擦熱所引起的短暫流壓增加，將有可能降低摩擦力至近乎零值（Sibson, 1977）。玻利維亞（Bolivian）深層斷層的案例研究顯示，熱過程在斷層作用中居主要角色，該次斷層地震（M = 8.3，深度 = 637 公里）釋出的勢能（potential energy），1.4×10^{18} J，至少是輻射能的 30 倍（Kanamori et al., 1998）。

本節將藉著一個簡單的應力釋放模型來說明摩擦熔解與流壓增加的效應，以及如何將它們關聯到震源參數，如震矩（seismic moment, M_o）與總能量（E_R）等，但在介紹此模型之前，先要說明斷層運動的熱收支（thermal budget）概念，以作爲應力釋放模型的背景知識。

1. 斷層運動的熱收支概念

Richards（1976）從橢圓裂紋擴展的彈塑性動態解題中，獲得破裂前緣後方的摩擦升溫估計，除此之外，他也測知驅動應力是 100 bars，以及在晶核內的粒子速度是 10 cm/sec，其在數秒內溫度可能升高約 1000℃。這項研究指出，在運動中的斷層局部區域其摩擦熔解是可能發生的。在摩擦應力 σ_f 作用下，斷層運動的熱收支總值可依以下過程估算：

設 S 與 D 分別是斷層面積與位移偏移，則斷層滑動之際產生的總熱值爲 $Q = \sigma_f DS$。當地震發生之際，假設沿著斷層斷裂面的熱能平均分佈在 w 厚度的單層內，平均溫度升高（ΔT）可由下式估計：

$$\Delta T = Q/(C\rho Sw) = \sigma_f D/(C\rho w) \tag{1-1}$$

以上 w 指的是同震滑動帶（coseismic slip zone）的厚度，而非沿著斷層剪切帶的寬度，C 是比熱值（specific heat），ρ 是密度，通常 D 隨地震規模（M_w）的增加而增加，此際使用具有靜態應力降（$\Delta\sigma_s$）的簡單圓形模型作爲斷層模型，則依 Eshelby（1957）：

$$D = (16/7)^{2/3}(1/\pi)M_o^{1/3}\Delta\sigma_s^{2/3}/\mu \tag{1-2}$$

M_o 是震矩（以 Nm 爲單位），它與 M_w 的關係如下：

$$\text{Log } M_o = 1.5\ M_w + 9.1 \tag{1-3}$$

由式（1-1）及（1-2）可得

$$\Delta T = (16/7)^{2/3}(1/\pi)\sigma_f\ \Delta\sigma_s^{2/3}\ M_o^{1/3}/(\mu C\rho w) \tag{1-4}$$

大部份地震的靜態應力降（$\Delta\sigma_s$）其範圍約在 10～100 bars，然而較高的應力降也曾出現過，一些小粗糙斷層面的局部範圍內應力降可能高達 25 kbars。據式（1-1）、（1-2）及（1-3），M_w 與 ΔT 的關係如圖 1-2（假設 C = 1 J/g°C，ρ = 2.6 g/cm^3），如 w = 1 mm，則即使摩擦不激烈（σ_f = 100 bars），ΔT 在 M_w = 5 時將超過 1000°C；但若 W = 1 cm，則對於相同的摩

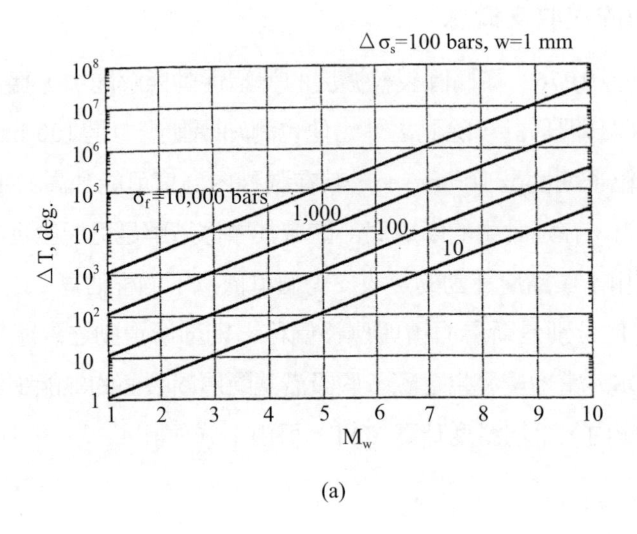

(a)

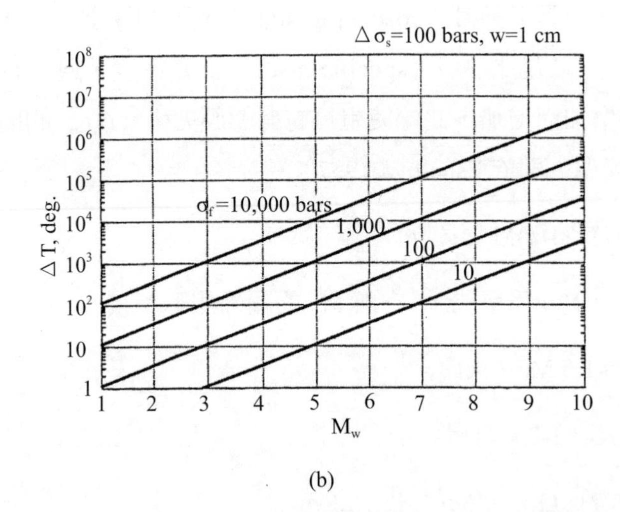

(b)

圖 1-2　斷層帶內溫度升高（ΔT）是地震規模（M_w）的函數（摩擦應力 σ_f 是參數）；靜態應力降（$\Delta\sigma_s$）假設為 100 bars，上下圖的加熱區厚度（W）分別為 1 mm 及 1 cm（Kanamori and Heaton, 2000, Fig. 2）

擦程度（$\sigma_f = 100$ bars），ΔT 在 $M_w = 7$ 時將超過 1000°C；如 $\sigma_f > 100$ bars（即摩擦較激烈），則 ΔT 即使處在較低的 M_w，也將超過 1000°C。因此

熱過程在大地震情況下佔有重要地位。除此之外，依斷層帶的流體存在與否，熱過程的發生分別會有不同結果。若斷層帶無流體，升高的溫度可能引起摩擦熔解，圖 1-2 顯示，若無流體存在，則地震規模在 M_w = 5～7 時可能發生摩擦熔解，此種結論即使對於式（1-4）中的 $\Delta\sigma_s$、σ_f、及 w 有大且合理的變化範圍時仍然成立。

熔解未必會造成摩擦力減少，一旦有薄的熔解層形成，則依該層的厚度及熔解黏性（viscosity）而定，高度黏性的摩擦可能主宰後續的行爲。Tsutsumi and Shimamoto（1997）從高黏性摩擦實驗發現，在可見到的摩擦熔解啓動之後，摩擦力驟然增加。Goldsby and Tullis（1998）發現，在正常壓力 1.12 kbar 及高滑動速度 3.2 mm/sec 所產生的大位移（1.6 m）情況下，摩擦係數下降到 0.14，以上實驗的圍壓及其他條件被設定在近似自然地震，由滑動表面的觀察，他們認爲當滑動時熔解可能發生。

斷層帶是否有流體存在，迄今還在辯論，但通常認爲斷層帶可能包含一些流體，如果流體存在於斷層帶，則它可能維持高流壓。在震源深度處的溫度 — 壓力條件下，水的熱膨脹是 10^{-3}℃ 量級，而孔隙壓力隨著溫度也會上升，若流體因低滲透率之故而無法流散出，其周圍岩石亦未受壓縮，則壓力將會以每度 10 bars 的量級而增加（Lachenbruch, 1980）。在眞實的斷層帶岩石，其滲透率與壓縮性隨處不同，故其壓力增加可能較少。實際上，控制壓力的最重要參數是滲透率，如果滲透率少於 $10^{-18}m^2$，則流體增壓最可能發生在溫度升高少於200℃的環境，此時摩擦力將顯著下降。

地殼滲透率變化的範圍頗大，它約大於 10^{10}，圖 1-3 的實驗樣品分別取自加州卡洪山口鑽井現場及日本野島（Nojima）斷層核心（壓力 500 bars，約相當於深度 1.5 公里處）。(a) 圖顯示在靠近剪切帶及距該帶 10～100 公尺處岩石顆粒非常小，滲透率自然也非常小，(b) 圖則顯示深度越深，滲透率越小。這些結果說明壓力流態化（pressure fluidization）在減少摩擦力方面至少在局部範圍內佔有重要地位，即使 100～200℃ 的 ΔT 增量也可能提升足夠的孔隙壓力及大幅降低摩擦力，圖 1-2 顯示在 M_w =

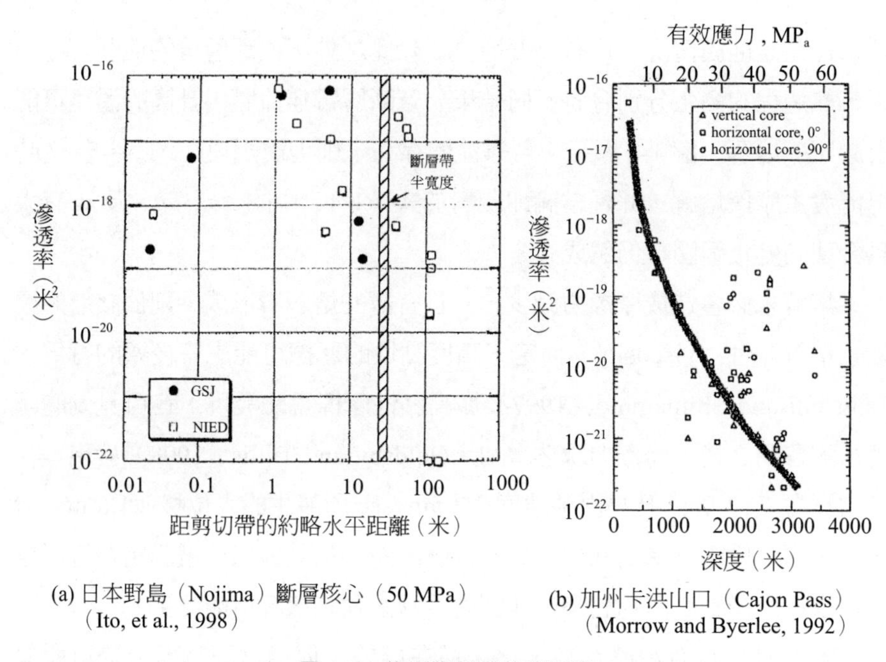

(a) 日本野島（Nojima）斷層核心（50 MPa）（Ito, et al., 1998）

(b) 加州卡洪山口（Cajon Pass）（Morrow and Byerlee, 1992）

圖 1-3　靠近斷層帶的滲透率

（轉載自Kanamori and Heaton, 2000, Fig. 3）

3～5 時，這種情況可能發生。

2. 滑動過程中的總能量收支關係

介紹了以上背景知識之後，再來討論以下的簡單應力釋放模型（Kanamori and Heaton, 2000, 147-163）。最簡單的情況如圖 1-4(a)，它顯示斷層面上的應力是滑動量的函數，地震可視爲表面 S 上的應力釋放過程，在地震啓動之際，斷層面上最初（地震之前）的剪切應力（σ_o）下降到固定的摩擦應力（σ_f），如此時滿足不穩定條件，則斷層開始滑動直至最後停止爲止。在最後階段斷層面上的應力是最後應力 σ_1（即 $\sigma_f = \sigma_1$），而平均滑動位移是 D

$\Delta\sigma_s = \sigma_o - \sigma_1$ 是靜態應力降

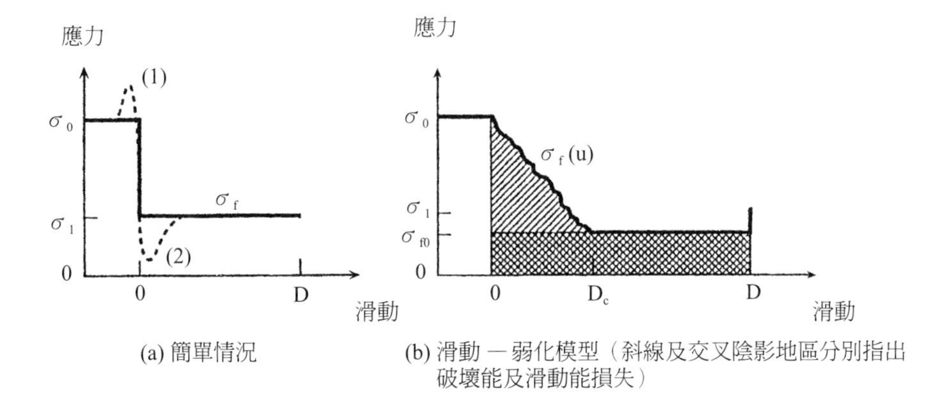

圖 1-4　簡單應力釋放模式在斷層滑動時的示意圖（Kanamori and Heaton, 2000, Fig. 4）

$\Delta\sigma_d = \sigma_o - \sigma_f$ 是斷層運動的驅動應力，或稱爲動態應力降，或有效構造應力

滑動過程中，系統勢能（應變能＋重力能）W 降到 W － ΔW，其中 ΔW 是應變能下降，震波輻射出的能量即爲總能量（E_R），因此滑動過程中的總能量收支可寫爲：

$$\Delta w = E_R + E_f + E_G \qquad (1\text{-}5)$$

其中摩擦能損失

$$E_f = \sigma_f DS \qquad (1\text{-}6)$$

E_G 是破壞能，及

$$\Delta W = \sigma_{av} DS \qquad (1\text{-}7)$$

其中

$$\sigma_{av} = (\sigma_o + \sigma_1)/2 \qquad (1\text{-}8)$$

σ_{av} 是斷層運動中的平均應力值，由式（1-5）

$$E_R = (\sigma_o + \sigma_1)DS/2 - \sigma_f DS - E_G$$
$$= M_o(2\Delta\sigma_d - \Delta\sigma_s)/(2\mu) - E_G \quad (1\text{-}9)$$

其中震矩 $M_o = \mu DS$，μ 是岩石剛性（rigidity）。對於大型地震 E_G 可忽略，故

$$E_R = M_o(2\Delta\sigma_d - \Delta\sigma_s)/(2\mu) \quad (1\text{-}10)$$

斷層活動中，應力的變化通常比圖 1-4(a) 的實線部份更爲複雜，例如應力在滑動開始時，由於破裂鋒面向前進導致的承載（loading）或是具體的摩擦，它皆可能增加〔見圖 1-4(a) 虛線 (1)〕，然而此種增加的時間甚爲短暫，且因滑動量很小，輻射能自然很少，故不須將此虛線部份計入能量收支。此外斷層運動中摩擦應力未必是恆定，它可能在開始時猛烈下降，然後回復至較高値，或它可能逐漸減少至一恆定水平〔如圖 1-4(a)〕，此種情況稱爲滑動弱化（slip-weakening）過程，此種模型將在第 5 章做詳細說明。

如果摩擦應力非恆定則其破裂動力學將頗爲複雜，爲了簡化問題，此際將僅考慮滑動弱化的簡單情況。依圖 1-4(b) 所示摩擦力（σ_f）逐漸下降至一恆定値（σ_{f0}），直至滑動位移到達 D_c 時始停止下降，通常最後的應力 σ_1 可能不同於 σ_{fo}。平均摩擦力定義爲：

$$\bar{\sigma}_f = \frac{1}{D}\int_0^D \sigma_f(u)du \quad (1\text{-}11)$$

其中 u 是斷層面上的滑動位移（offset），式（1-9）可寫爲

$$E_R = M_o(2\Delta\bar{\sigma}_d - \Delta\sigma_s)/(2\mu) \quad (1\text{-}12)$$

其中

$$\Delta\bar{\sigma}_d = \sigma_o - \bar{\sigma}_f \quad (1\text{-}13)$$

$\Delta\bar{\sigma}_d$ 是平均動態應力降，如摩擦應力迅速下降，則 $\bar{\sigma}_d = \Delta\sigma_d$，但如摩擦應力以緩降方式趨近 σ_1，則斷層運動成爲準靜態（quasi-static），且無能量

輻射，則 $\bar{\sigma}_f \rightarrow (\sigma_o + \sigma_1)/2$，故 $\Delta\bar{\sigma}_d = \frac{1}{2}\Delta\sigma_s$，及由式（1-12）得 $E_R \cong 0$。

斷層包含有許多類型（從微斷層到次斷層），每一斷層在應力釋放過程中都會輻射地震能，我們雖無法區別這些過程，但卻可觀察到輻射出的總能量，由式（1-12）總能量表示如下：

$$E_R = \Sigma E_{Ri} = \Sigma M_o(2\Delta\bar{\sigma}_{di} - \Delta\sigma_{si})/(2\mu)$$
$$= M_o(2\Delta\bar{\sigma}_d - \Delta\sigma_s)/(2\mu) \quad (1\text{-}14)$$

上式的 i 是指第 i 個次斷層，平均動態應力降（$\Delta\bar{\sigma}_d$）及平均靜態應力降（$\Delta\sigma_s$）是宏觀參數，其定義式如下：

$$\Delta\bar{\sigma}_d = \Sigma M_{oi}\Delta\bar{\sigma}_{di} / M_o \quad (1\text{-}15)$$

$$\Delta\bar{\sigma}_s = \Sigma M_{oi}\Delta\sigma_{si} / M_o \quad (1\text{-}16)$$

式（1-15）及（1-16）顯示宏觀應力降 $\Delta\bar{\sigma}_d$ 及 $\Delta\sigma_s$ 已針對每一次斷層考慮其應力降的加權平均（weighted averages），而加權值是每一次斷層的震矩。藉著式（1-14）至（1-16），我們可將發生在斷層面的微觀過程關聯到宏觀參數（如 M_o 與 E_R）。因爲斷層面上的破裂模式是如此複雜，以致無法使用圖 1-4 的簡單應力模式來代表整個斷層運動，然而卻可使用式（1-15）及（1-16）所定義的動態與靜態應力降，來代表斷層斷裂之際的整體應力狀態。

在明瞭地震的宏觀與微觀物理之後，下節將利用簡單的剪切強度模型說明地震的破裂過程，並進一步介紹斷層長度與地震規模的關係。

1-4 剪切強度模型與斷層破裂

1. 斷層的剪切帶模型

地震斷層面究竟要向地殼延伸多深呢？一旦向下破裂，究竟是停留在淺層水平或是擴散到非常深之處？餘震帶的深度是否有助於評估斷層運動的最大深度？這些問題將留待以後章節再深入探討，本節將僅略作引申。根據大陸地震及其餘震位置從靠近震央的 36 口鑽井數據之研究（Strehlau, 1986）顯示，大部份主震的斷裂運動皆在深度 7～13 公里處開始啓動，而最深的餘震震源深度是在主震震源之下 5±2 公里之處。我們在說明地震破裂的深淺程度之前，先得對地震（假設規模至少爲 6 級）的破裂過程有一番理解。首先假設斷層模型包含三種結構及流變（rheological）層次，上部是含有斷層泥（fault gouge）的脆性摩擦層次，中部是具有複雜的半脆性岩石行爲之過渡層次〔從脆性過渡到韌性（ductile）〕，下部是具有韌性的糜棱岩（mylonite）剪切帶。所謂糜棱岩，指的是一種硬質及連貫性物質，其外觀像玻璃，其形成與斷層面上的花崗岩、片岩、石英岩與片麻岩等岩體在高壓下被粉碎，並研磨成一種化學性質保持不變的緊湊狀態有關，若經微觀分析後，可能會發現它含有細磨的雲母片、與微型的石英與長石。

破裂是自過渡層開始啓動並在斷層面上進行雙向的橫向傳播，它突破地表並最後逐步或突然在斷層面上周遭停止前進（圖 1-5）。三層斷層模型的剪切強度隨深度的分佈見圖 1-6，此種剪切帶模型是基於對斷層岩石的實驗室試驗及在變形的剪切帶之試樣觀察而得到，模型上層的極限強度被假設爲遵循 Byerlee 摩擦律（Byerlee, 1978），因此靜態摩擦剪切力（τ_s）等於靜態摩擦係數（μ_s）乘上有效正向應力（σ_{neff}），τ_s 依主應力的空間方位而定。假設模型上層存在靜水孔隙壓梯度，以及 Andersonian 應力狀態與斷層方位（見 §6-3），則俯衝斷層活動所需的應力將極大於正向斷層活動所需的應力，而走滑斷層活動所需應力則介於前兩種斷層活動之間。模型的下部份則假設它遵循高溫穩態流動律，且其岩性以濕石英爲主。這個模型因其描述的應力水平僅需用來啓動適當方位的斷層（見第 5 章），故它定義的強度只是代表岩石圈強度的低限值。

進行上層強度預測時，摩擦部份僅依假設的孔隙壓而定，而下層則強烈地依假設的岩石類型、溫度、與應變率而定，以上上下層兩種運動率的

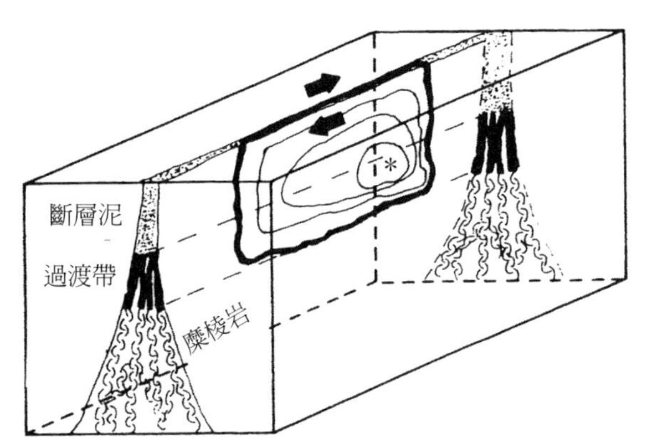

(a) 淺層（數公里）破裂概念

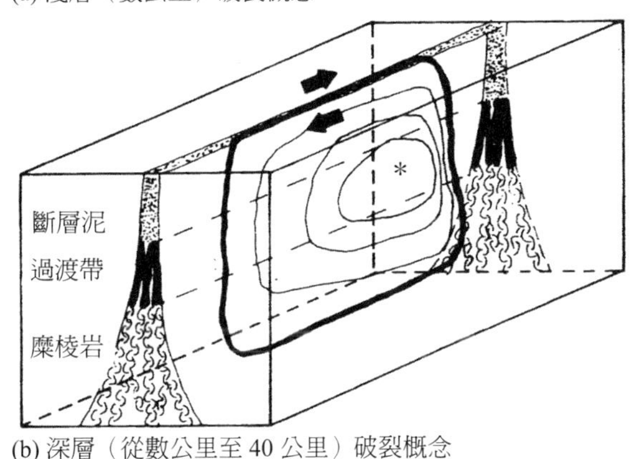

(b) 深層（從數公里至 40 公里）破裂概念

圖 1-5　平面地殼走滑（strike-slip）斷層帶示意圖（Strehlau, 1986, Fig. 1）

星號代表震央，淡黑色的同心弧線代表斷層面上破裂前鋒的理想化連續程度，斷層結構是自Sibson（1983）修改得到，它相當於圖1-6的三層斷層模型

相交處標示著地殼脆性 — 塑性的過渡區。Sibson（1982）及 Meissner and Strelau（1982）比較此模型與觀察到的斷層帶岩石變形機制及震源深度分佈後發現，在預測的脆性 — 塑性過渡區證實存在有韌性（ductile）的斷層岩石，它與地震的最大深度間存在有概略的比對特性，這似乎對模型的適當性提供有力的支持。

值得注意的是，上文提到的模型下部之穩態流動律無法外延至半脆性領域，同時也不能將它外延至與摩擦律相交的邊界處，半脆性領域的岩

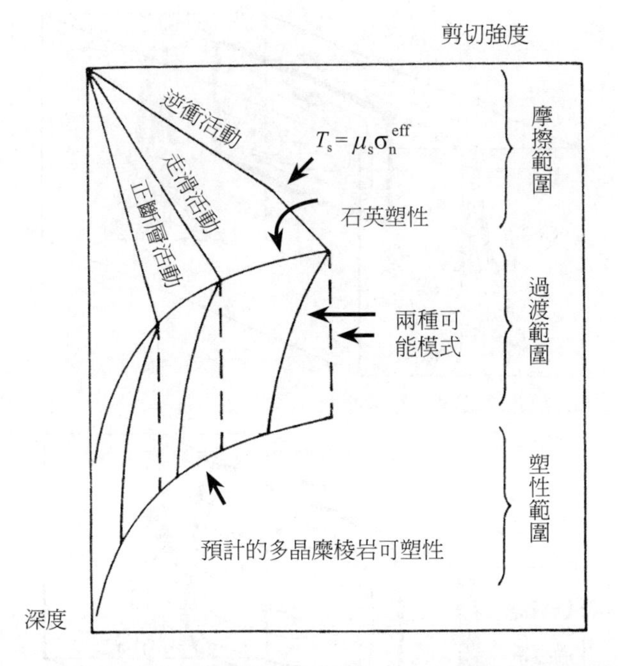

圖 1-6　三層斷層模型的剪切強度隨深度的相對分佈，過渡層具有兩種假設型材（見書中說明），實線指出略微依深度而變的強度，從摩擦應力相當於石英流動應力的深度之最大值逐漸減少；虛線指出強度不變，該狀態是表示在相同應變率下，過渡層上部的石英流動應力等於過渡層下部的長石流動應力，因此導致一個與深度無關的強度。而在三層次的最下層之強度可能是由糜棱岩為主的斷層岩石之穩態蠕變來決定。圖中尺寸因缺乏對斷層岩石的可靠流動規律而略過。（Strehlau, 1986, Fig. 4）

石強度將總是高於流動律的預測值。在半脆性領域中，當岩石從原糜棱岩（proto-mylonite）逐漸轉變到超糜棱岩（ultra-mylonite）之際，岩石可能遵循穩態塑性流動律，也就是說，模型的下層可能遵循塑性流動律。所謂原糜棱岩，指的是輕微到適中程度變形的剪切帶糜棱岩，它在未變形的圍岩（wall rock）及糜棱岩間遞變，通常它具有 10～50% 基質（matrix）。

超糜棱岩指的是更徹底的變形及細粒岩質糜棱岩，它包含多於 90% 基質及少於 10% 的殘餘顆粒。

在中間的過渡層含有兩種假設性的半脆性強度材料，其岩石強度隨著圍壓呈非線型增加。過渡層的上層岩石被認爲是具有像石英的脆性行爲，下層岩石則具有較多的韌性，據實驗室試驗石英從脆性到韌性的遞變，其發生溫度約 200℃低於長石，此兩種地殼主要組成礦物的力性遞變，其發生的深度間距與斷層帶上脆性與韌性變形過程的深度間距相符。過渡層的深度與厚度範圍可依該深度處斷層岩石的成分及周圍的地熱環境而定，它可從數公里延伸到地殼的中間及下部水平。

過渡層的半脆性變形特徵是：隨著溫度的增加，破裂方位也逐漸轉移，高溫斷層的主要破裂方位是面向最大剪切應力方向，即對主應力軸呈約 45° 角度，此情況下，庫侖－摩爾破壞標準中的內摩擦係數趨近於零，靜摩擦係數則可能隨溫度而減少，且靜摩擦與塑性流在過渡層也可能重合。若要對上述說法給予較清楚描述，則可認爲：雖然韌性的開始發生作用不會改變斷層的摩擦性質，也不會改變決定強度的摩擦基本值，但它卻可能引起從速度弱化到速度強化的轉變。較低的摩擦穩定遞變發生在韌性開始之際，而這也定義了地震成核（nucleate）的最大深度或發震（seismogenic）帶的基部（Scholz, 2002, p.148）。模型的第三層是可塑性的多晶糜棱岩，它具有完全的塑性。

2. 斷層的熱流模型

以上提到的各種剪切帶模型特質若據圖 1-7，則可展現得更清楚，此圖的溫度梯度是根據 SA 斷層某區的熱流模型（Lachenbruch and Sass, 1980），該模型是針對石英 — 長石地殼，重要的基準點 300℃，它標示著石英塑性化的開始或脆性 — 半脆性的遞變（T_1），而 450℃則標示著長石塑性化的開始，或半脆性 — 塑性的遞變（T_2）。在 T_1 斷層岩石的改變是自碎裂岩（Cataclasites）到糜棱岩，而磨損機制則是從磨損（abrasion）到黏著（adhesion），前者是在斷層活動之際由動態變質形成，當應力超過破裂強度，岩石屈服並破裂。1992 年，蘭德斯（Landers）地震時斷層的垂直板狀低速帶可能就是碎裂岩帶，其厚度逐漸變薄，它從靠近地表的 300 米寬到 8 公里深度處的 100～150 米寬（Li, et al., 2000）。這種斷層厚度變薄的現象不符合以下磨損機制理論式的預測（Scholz, 2002, p.78）：

$$T = \kappa\sigma D/(3h) \qquad (1\text{-}17)$$

式中 T 是斷層泥帶厚度，σ 是正向應力，D 是滑動距離，h 是未指明的硬度參數，$\kappa = K/\alpha$，它是無因次參數，稱爲磨損係數（wear coefficient），其中 K 是當斷層滑動期間兩滑動面接觸接合處遭切斷的機率，α 是常數，其値近於 1，其定義爲：

$$d_e = \alpha d \qquad (1\text{-}18)$$

d_e 是每一接觸接合處的有效工作距離，d 是由剪切作用形成的每一碎片之半球直徑。式（1-17）指出，若原岩（protolith）的性質不變，則斷層厚度應隨應力的增加而增加，但因原岩強度（硬度）隨壓力而增加，故碎裂層厚度可能隨深度的加深而減少（Scholz, 2002, p.150），以上的原岩指的是變質之前的原來岩石，例如板岩的原岩是頁岩或泥岩，因此在 T_1 處的碎裂帶（不對稱的沙漏形）逐漸變窄（圖 1-7）。再從強度剖面來看，強度持續遵守摩擦律直至 T_3 爲止，且在 T_1 沒有強度不連續，這是它與圖 1-6 模型的最大不同。強度的最大値發生在 T_3，在該深度之下強度將減少，在 T_2（完全塑性）須加入高溫流動率（Scholz, 2002, p.153）。

3. 斷層長度與地震規模的關係

以上藉著斷層的三層模型略論破裂的深淺延伸概況，至於是什麼原因驅使裂紋向前延伸，將於地震力學之章節再做詳細探討，以下繼續說明斷

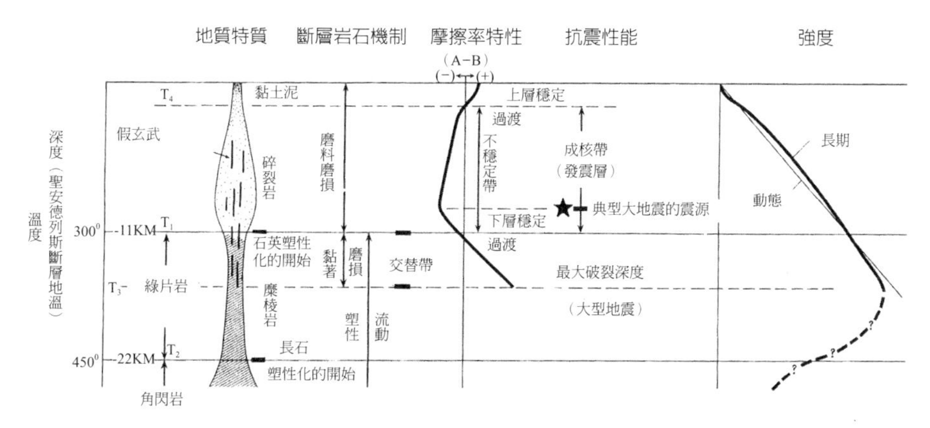

圖 1-7　剪切帶的概略模型（Scholz, 1988b）

層長度與地震規模的關係。斷層長度（L）可由大地測量數據（如強度分佈、海嘯源面積及地表破裂等）與輻射地震波的光譜等來決定。斷層寬度（w）比斷層長度（L）更難決定，原因是較大深度處溫度較高，該處的斷層帶可能無法產生餘震。爲了說明震矩（M_w）、表面波大小（M_s）、與斷層長度（L）的關係，首先須了解地震復發時間（τ）的定義，它是

$$\tau = D/V \tag{1-19}$$

其中 V 是沿著斷層面的滑動速率，D 是滑動量。一般來說，若表面波大小固定，則有較長復發時間的地震往往具有較短的斷層長度；另一方面，若長度（L）固定，則有較長復發時間的地震往往有較大的 M_s。例如比較 1927 年的探戈（Tango）、1966 年帕克菲爾德（Parkfield），以及 1976 年的瓜地馬拉（Guatemala）等三場地震，探戈與瓜地馬拉兩地震有約相同的 M_s，但前者的 L = 35 公里及 τ = 數千年，而後者的 L = 250 公里及 τ = 180～755 年。另一方面，帕克菲爾德與探戈兩地震有約相同的 L，但 M_s 不同，前者的 M_s = 6.0，且有一非常短的復發時間（約 22 年），後者的 M_s = 7.6，其復發時間至少 2000 年（Kanamori and Allen, 1986, p.228）。由於地表波大小與震矩幾乎雷同（見 Kanamori and Allen, 1986, Table 1），

故 M_s ～ L 的關係與 M_w ～ L 的關係幾乎雷同，M_w ～ L 的關係見圖 1-8。

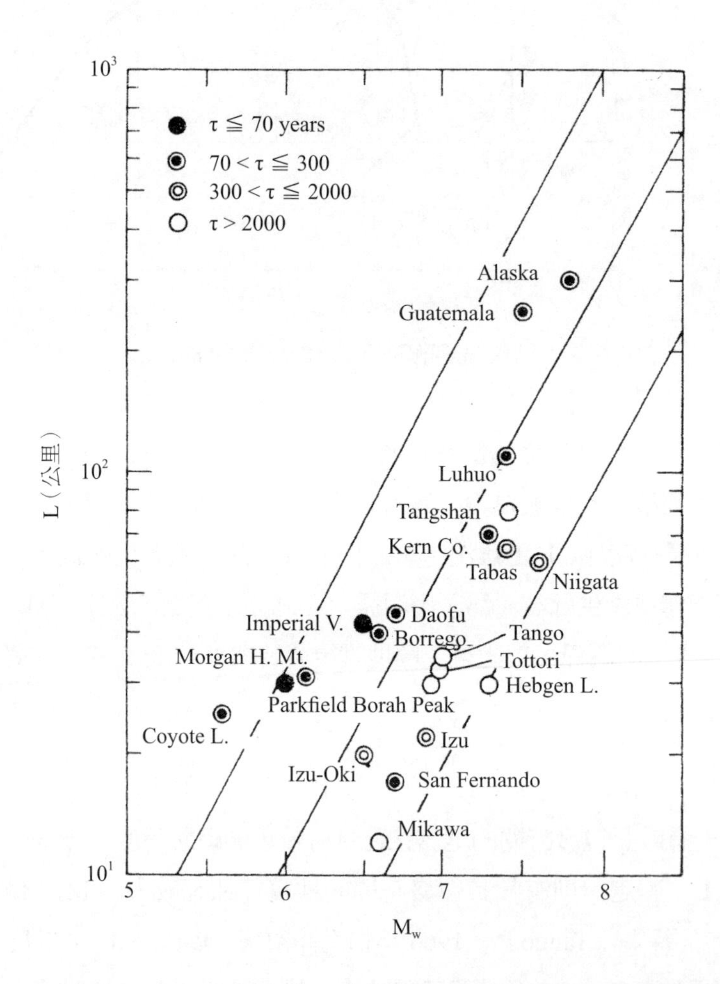

圖 1-8　震矩大小（M_w）與斷層長度（L）的關係，實線指示一條恆定應力降的趨勢（Kanamori and Allen, 1986, Fig. 2）

2 板塊構造

2-1 斷層與地震概論
2-2 板塊構造理論
2-3 地殼低電阻帶的形成
2-4 板塊的移動

2-1 斷層與地震概論

對斷層與地震的研究自然必先了解構造力與板塊性質，其次才是斷層與地震本身的問題。本章主題的板塊構造發生在地球的岩石圈（lithosphere）內，因此可以說岩石圈的力學性質在所有空間與時間尺度的變形解釋上具有關鍵重要性，此空間與時間尺度涵蓋從局部區域到廣大區域的地球動力學，及從短暫的地震時間到地質年代的數十億年。依負載條件與時間尺度而定，岩石圈呈現彈性、脆性（塑性）或黏性（韌性）性質。

從岩石力學數據推論，大部份岩石圈的長期強度是在韌性或韌性－彈性結構內得到支撐，同時它也維持重要的脆性強度性質。在短暫的地震時間尺度內，整個岩石圈的行爲呈現彈性／脆性－彈性反應。雖然岩石力學實驗對岩石圈的流變性質提供重要的洞察，但實驗室條件（如時間尺度、應變率、溫度及負載條件）離眞正的地球情況仍然太遠，因此基於長期或大幅度變形（如俯衝帶碰撞、彎曲、褶曲、及裂谷作用等構造變形）的地質時間尺寸之觀察，若無額外的參數化（parameterization）或驗證（validation），則岩石力學實驗數據實無法可靠地延伸到應變率 $10^{-17}s^{-1}$ 至 $10^{-13}s^{-1}$ 的地質時間與空間尺寸（s 代表秒），特別是由於大陸地殼礦物成分的歧異，因此對與地殼岩石相關的流動律更是無法可靠延伸。

實驗室數據對於了解地球眞相或建構長期流變模型只是最初步，這些數據的參數化需要對一些主要的結構參數有較嚴格的限制，例如對大陸地殼的平衡熱厚度及岩石圈地函與軟流圈間的密度對比等。對於大陸地殼的岩石力學數據，它們大部份與以下觀察相容：等效彈性厚度（T_e）的變化範圍對年輕板塊是 0-10 公里，而對自前寒武紀以來較不受擾動的大部份大陸板塊，其厚度範圍是 110～120 公里。

對於海洋岩石圈，Goetze and Evans（1979）的脆性－彈性－韌性屈服強度包絡線（YSEs），已經由地球動力尺寸的觀察證實，例如由阿留申（Aleutian）、小笠原（Bonin）、馬里亞納（Mariana）、與東加海溝等處的熱流數據所推測得出的地熱，與由等深線（bathymetric）數據計算得到的彎矩（bending moment）符合，但僅與由千島群島（Kuril）海溝推測而得的地熱不符，這可能與千島板塊結構較其他板塊脆弱有關。然而由於俯衝帶及大陸邊緣海洋岩石圈的行爲受到大陸岩石圈性質的強烈影響，以致後者的流變性質較不被人了解。對於大陸及大陸邊緣由於其結構及大陸板塊歷史的複雜性，故所得到的數據來源其不確定性也較大（Burov, 2011）。

由國際岩石圈計劃（International Lithosphere Program, ILP）發起的全球地震災害評估計劃（The Global Seismic Hazard Assessment Programme, 1992-1999, GSHAP）對全球地震調查的結果發現，小型地震的每年發生頻率比大型地震高多了（見表 2-1）。全球每年約發生 18 次規模（M）≧ 7.0 級的地震，實際上，自從 1968 年以來，此種規模 7.0 級或以上的地震，其發生次數從 1986 及 1990 的每年 6～7 次，增加到 1970、 1971 及 1992 的每年 20～23 次（Prasad, 2011, p.26）。雖然我們無法預測每一次地震，但全球大地震的分佈皆有清楚的空間模式，因此長期預測一些大地震的發生地點與規模是可能的。

表 2-1　各類型地震每年的發生次數（Prasad, 2011, p.25）

地震類型	規模	每年次數
超大型地震	8	1.1
大型地震	7～7.9	18
嚴重破壞性地震	6～6.9	120
輕微破壞性地震	5～5.9	180
小型地震	4～4.9	6,200
最小的普遍有感地震	3～3.9	49,000
有時有感地震	2～2.9	300,000

1. 斷層運動類型

在說明斷層活動之前，宜先對斷層幾何形狀及其運動有些認識，圖 2-1(a) 是斷層幾何形狀的立體圖，在傾斜斷層面之下的岩體稱為下盤（footwall），在其上方的岩體稱為上盤（hangwall），斷層面與地表水平面的交線稱為走向（strike）方向，或是斷層走向。因此走向實是一個用來指明斷層方位（Orientation）的角度，其量度是從北方順時針方向量起，例如走向0°或180°表示斷層呈南北方向，90°或270°表示斷層呈東西方向。

為了使走向定義更清楚起見，不妨如是設想，當你順著走向方向望去，斷層面總是朝你的右邊傾斜〔即斷層傾角（dip）朝右方〕。斷層傾角是斷層面與水平面的夾角，它是描述斷層面陡峭程度的角度，此角度從地球表面（假設為平面）量起，例如水平斷層的傾角是 0°，垂直斷層的傾角是 90°。走向與傾角共同描述斷層的方位，而滑動（slip）是指跨越斷層面的移動，滑動有兩個分量，即大小與方向，前者是指斷層兩側面彼此相對移動多遠，後者是在斷層面上量度的角度。具體來說，滑動方向是指上盤相對於下盤的移動方向，如上盤向右移動，則滑動角度是 0°；如向上移動，則滑動角度是 90°；如向左移動，則滑動角度是 180°；如向下移動，則滑動角度是 270° 或 −90°。

其次，依上盤上下左右方向，斷層運動可有以下三種類型：

(1) 傾角－滑動（dip-slip）

相對於下盤，上盤主要是做向上或向下移動（滑動角 $\lambda = 90°$ 或 270°）。如果向下移動，則稱此斷層為正斷層（Normal fault）（圖 2-1(b)）；如上盤向上移動，則稱此斷層為逆斷層（Reverse fault）或衝斷層（Thrust fault）（圖 2-1(c)）。

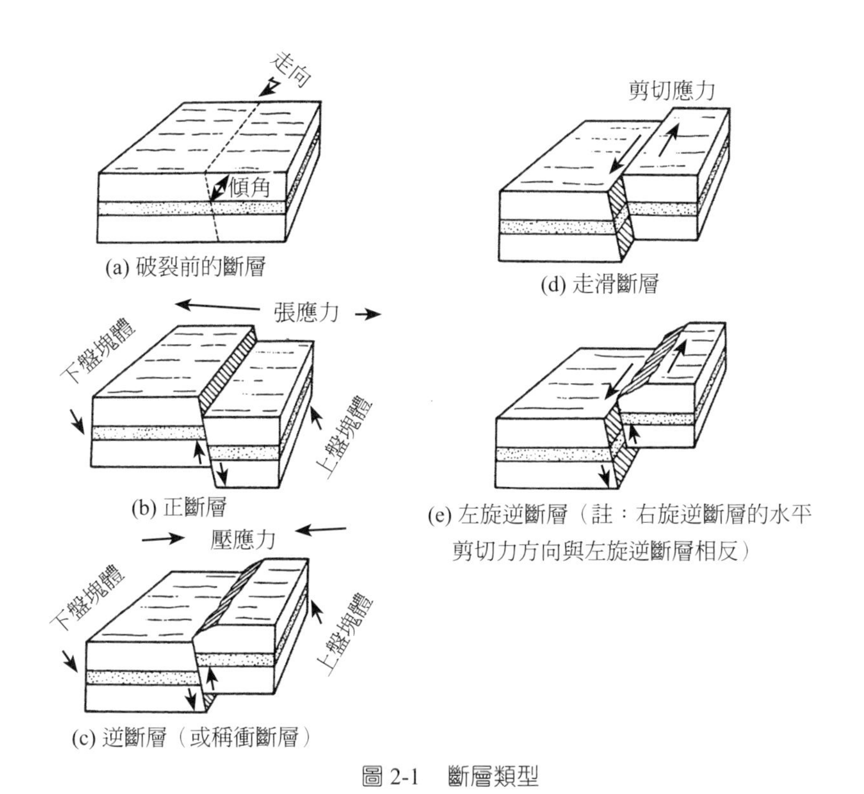

圖 2-1　斷層類型

（轉引自廖日昇，2000年12月，圖1-16）

(2) 走向－滑動（strike-slip）斷層（簡稱走滑斷層）

上盤若水平移動，則將形成走滑斷層〔圖 2-1(d)（滑動角 λ = 0° 或 180°〕。在想像時不妨做如是想，當你站於斷層一側且朝向斷層面時若剛好地震發生，這時若斷層另一側的物體移動到你的左側，則該斷層是左旋（left-lateral or left-handed）斷層；如斷層另一側的物體移動到你的右側，則該斷層是右旋（right-lateral or right-handed）斷層（如圖 2-1(d) 是左旋斷層），聖安德列斯斷層及加州的大部份其他走滑斷層都屬於右旋斷層。如上盤不但水平移動且有上下移動，則形成左旋或右旋正或逆斷層，例如圖 2-1(e) 是左旋逆斷層。

(3) 傾斜－滑動斷層

當上盤運動方向既非垂直也非水平，此種斷層稱為傾斜－滑動斷層。

2. 震央與震源

其次說明震央（epicenter）與震源（hypocenter 或 focus）的涵義，震央是震源在地表面上的直接投影，例如圖 2-2 所示。一般震源深度是自地表算起約 5 至 15 哩深度處，原因是超越該深度的岩石具有可塑性，它無法貯存應變能，例如 1989 年洛馬普列塔（Loma Prieta）地震的震源深度為 11 哩，而 1971 年聖費爾南多（San Fernando）地震的震源深度是 5 哩。震源深度（h）可利用以下簡單方法估計（圖 2-3）：設

E = 震央

G = 地震強度已知的監測站

m = 在震央測站記錄到的強度

n = 在 G 測站記錄到的強度

d = E 與 G 間的水平距離（即震央距離）

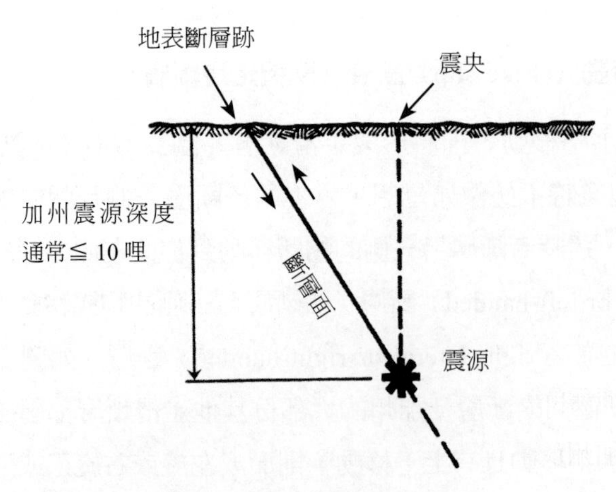

圖 2-2　震央與震源示意圖

（轉引自廖日昇，2000年12月，圖1-2(b)）

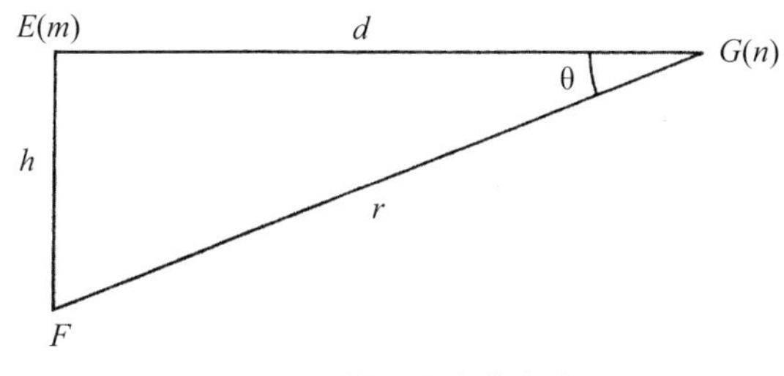

圖 2-3　震源深度的決定

首先，θ 的決定法如下：

$n/m = h^2/r^2 = \sin^2\theta$

θ 得到後 h 可由右方關係得知：$h = d \times \tan\theta$

3. 斷層與地震的互相作用

長久以來許多地震學家常假設：一旦大地震及預期的餘震〔或稱震顫（tremors）〕已經發威過，則斷層將保持安靜直到地殼應力有足夠的時間再度累積應力為止，而這通常須經數百年或數千年。舊金山灣區 1906 年的大地震降低了海灣兩側的應力，導致中等規模地震的暫時平息，直到 1989 年洛馬普列塔地震發生為止。

但在另一些情況則顯示以上說法正逐漸被推翻。例如 1939 年在土耳其境內沿著北安納托利亞斷層的一場大地震，其釋出的應力進一步向深處傳送，並在附近一些地點形成應力集中，如此觸發後續長達 60 年的地震序列，最近的一場毀滅性大地震是 1999 年的伊茲米特（Izmit）地震（詳情見後文），該次地震使得近伊斯坦堡市的地殼應力上升，因而使該市及其周遭發生地震的可能性增加。

再從南加州的情況來看， 1992 年 6 月 28 日早晨，一個規模 7.4 級地震發生於索爾頓海（Salton Sea）北方偏西的蘭德斯（Landers）（詳情見後文），使得震央周遭廣大地區的庫侖應力因而改變，在地震後 3 小時規模 6.5 級的大熊（Big Bear）地震接著發生，之後並觸發一些餘震及不相關的地震；9 年之後，包括赫克托礦區（Hector Mine）地震等其他地震在蘭德斯地震後的應力影響區內發生，但直到 2001 年底止，大熊地震震央附近地區的應力改變尚非顯著；2003 年 2 月 22 日，規模 5.4 級的地震在蘭德斯地震後應力提升的地區發生。

以上這些事實使得美國地調所（USGS）的地球物理專家，Ross S. Stein，其倡導的應力觸發理論（Stein, December 1999）得到支持，它顯示大地震不但導致斷層在地震發生之處釋出應力，同時它也增加或減少震央周遭地區的應力，因此可以說一場地震改變其周遭地區的應力，它因而能使未來沿著斷層或附近斷層的後續地震更容易發生，而另一些地震則更不可能發生，Stein 稱此種地震互相作用的現象爲地震交談（earthquake conversations）（Stein, 2005）。而 1992 年後的許多地震更讓 Stein 及其他一些地震專家（如 Parsons et al., April, 2000）相信，即使小至 $\frac{1}{8}$ 汽車輪胎壓力的變化也有可能產生重大影響（即可能觸發地震）。

亞洲大陸內部從 1905 到 1967 年間的超大型地震集群（cluster）也顯示明顯的斷層互相作用及應力觸發現象。這些包含外蒙古的車車爾格勒（1905 年 7 月 9 日，M7.9）及包內（Bulnay）（1905 年 7 月，M8.4）兩地震、新疆維吾爾自治區富蘊地震（1931 年 8 月 11 日，M8.0）、外蒙古戈壁－阿爾泰地震（1957 年 12 月 4 日，M8.1），及蒙加（Mogod）地震序列（1967 年，M7.1）〔見圖 2-4(a)〕。

每一場 M ≧ 8 的大地震皆涉及走滑（strike-slip）斷層活動，它們的平均滑動多於 5 米，而地表破裂長度則達數百公里，這些大型源頭（主要）斷層的復發間隔爲數千年，而破裂帶間的距離則達 400 公里。Pollitz et al.（2003）認爲，以上這些地震及許多較小地震，與前述地震的複合靜態變形及其後蒙古下部地殼和上部地函的黏彈鬆弛（viscoelastic relaxation）所產生的大幅度應力變化有關，並受其支配，而基於 20 世紀數場地震的

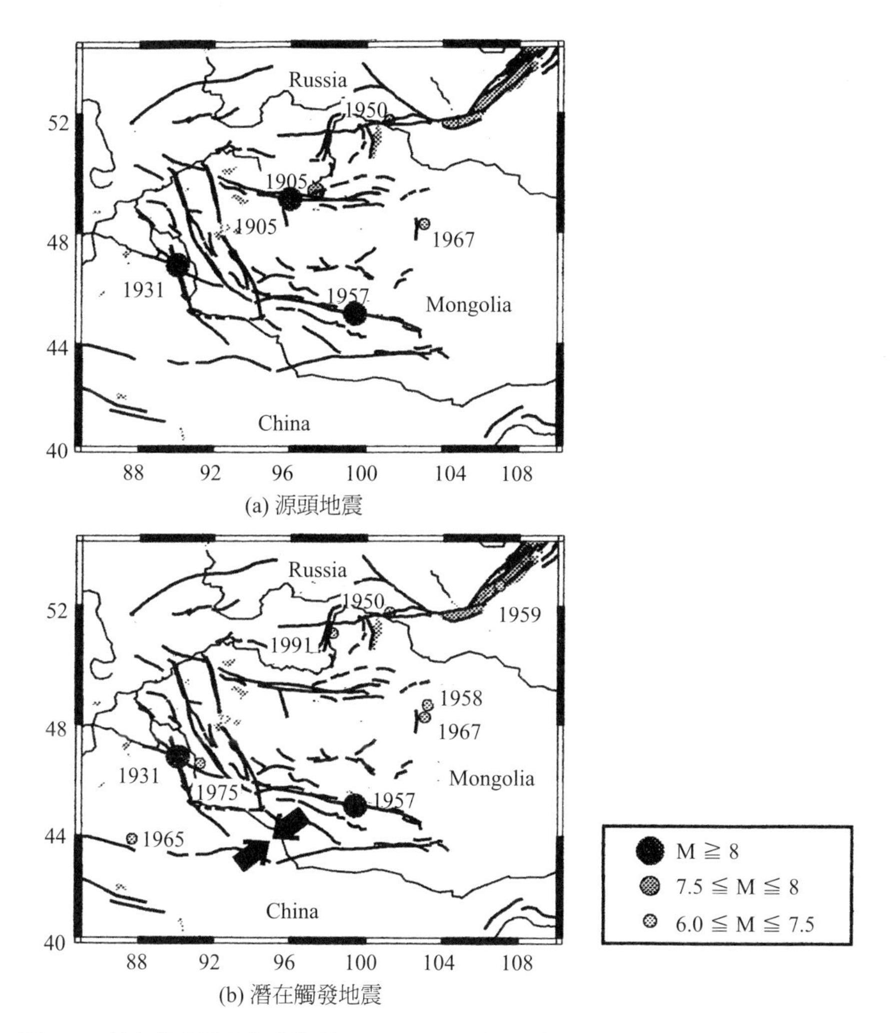

圖 2-4　蒙古與中國西北大斷層，及 (a) 源頭（主要）地震震央；(b) 潛在觸發（次要）的地震震央

最大水平應力的約略方向用黑色箭頭表示，自1905年以來，所有M≧7的地震目錄見 (a)，及M≧6 的次要地震見 (b)。(b) 中觸發的地震依其位置可分類為：非貝加爾湖（non-Baikal）及貝加爾湖（Baikal）兩類，特別是 1950～1959 年期間的地震是屬於貝加爾湖地震，原因是與剩餘的非貝加爾湖（蒙古／中國西部）地震相較，前者可能發生在一個不同的構造體制（Pollitz et al., 2003, Fig. 1）

變形數據，利用黏彈模型的分析結果顯示：隨時間改變的庫侖破壞應力（$\Delta \sigma_f$），其震後的應力變化在幾十年內通常累積到幾十分之一 bar，且幾乎所有 20 世紀發生的大地震（M ≧ 6）都有正的 $\Delta \sigma_f$，其大小約 +0.5 bar。此研究結果意味著：在數十年內分隔數百公里的大陸斷層其彼此間有明顯的應力轉移，而正値的庫侖應力變化，則歸因於韌性地函的黏彈鬆弛。

圖 2-4 顯示，1905 至 1967 年間發生在亞洲大陸內陸的超大型地震序列，圖 2-4(a) 代表（M ≧ 7）的源頭地震（主要），其中最大的包內地震（1905，M8.4）是有史以來發生在大陸板塊內部的最大地震之一，375 公里的左旋走滑斷層產生 8 ～ 11 m ± 2 m 的水平位移（Baljinnyam et al., 1993）。這個序列的每一場地震都涉及數米的走滑斷層活動，而其破裂長度則達數百公里。地震造成的破壞雖然很大，但其持續時間（即斷層滑動時間）通常很短暫，且破裂速度也很快。圖 2-4(b) 代表 1905 年之後被引發的 M ≧ 6 地震（次要）。表 2-2 列出 1979～1992 年間全球發生的著名地震，內容包括規模、滑動時間、與破裂速度等，讀者可作爲參考。

表 2-2　1979～1992 年間全球發生的著名地震（包括規模、滑動時間、與破裂速度）（Somerville, et al., 1999, Table 1）

地震地點	日期	$M_o \times 10^{25}$ (Dyne-cm)	M_w	滑動時間（秒）	破裂速度（公里／秒）
Landers, Ca	1992.6.28	75	7.22	2.0	2.7
Tabas, Iran	1978.9.16	58	7.14	2.1	2.5
Loma Prieta, Ca	1989.10.17	30	6.95	1.5	2.7
Kobe, Japan	1995.1.17	24	6.9	2.0	2.8
Borah Peak, Idaho	1983.10.28	23	6.87	0.6	2.9
Nahanni, N.W.T., Cn	1985.12.23	15	6.75	2.5	2.75
Northridge, Ca	1994.1.17	11	6.66	1.25	3.0
Nahanni, N.W.T., Cn	1985.10.05	10	6.63	0.75	2.75
San Fernando, Ca (Sirra Madre)	1971.2.9	7	6.53	0.8	2.8
Imperial Valley, Ca	1979.10.15	5	6.43	0.7	2.6
Superstition Hills, Ca (event #3)	1987.11.24	3.5	6.33	0.5	2.4

表 2-2　1979～1992 年間全球發生的著名地震（包括規模、滑動時間、與破裂速度）（Somerville, et al., 1999, Table 1）（續）

地震地點	日期	$M_o \times 10^{25}$（Dyne-cm）	M_w	滑動時間（秒）	破裂速度（公里／秒）
Morgan Hill, Ca	1984.4.24	2.1	6.18	0.3	6.8
North Palm Springs, Ca	1986.8.7	1.8	6.14	0.4	3.0
Whittier Narrows, Ca	1987.10.1	1	5.97	0.3	2.5
Coyote Lake, Ca	1979.6.8	0.35	5.66	0.5	2.8

註：Ca: California
　　Cn: Canada

2-2　板塊構造理論

板塊構造理論主要在說明地球表面是如何由板塊構成，這些構成岩石圈的板塊自 250 萬年前以來，彼此間一直進行著分離移動、碰撞、及摩擦，其移動速率每年僅數公分。地球表面岩石物質的猛烈移動雖發生在上部地函，但其影響卻是直到地心的所有水平（Wysession, 1995），因爲此故，地心－地函邊界（CMB）變得十分複雜。自從 1920 年代以來科學界已漸得到共識，即若給予足夠時間，則固體即能以類似於液體流動的方式流動。據此，雖然固體岩石能憑藉礦物顆粒間原子擴散及原子鍵錯位（dislocation）的機制產生流動，但若有流體存在，則將更有助於大變形的過程，也會降低熔點。

從以上敘述來看，可以說板塊構造理論就是解釋地球模型的一種理論，其敘述涉及岩石圈板塊的形成、側向移動、互相作用及毀壞，經由這個過程，大量地球內部的熱能被釋出，而其結果是許多大型構造及地形特質因而形成。當岩漿從地函上升到海洋底部時，板塊也開始形成大陸裂谷及廣闊的玄武岩高原，此際新地殼也開始產生及與中洋山脊分隔開來。當板塊在俯衝帶下沉時，它們互相碰撞及毀壞，因而產生新的海溝及許多火山、廣泛的轉化（transform）斷層、及褶曲（fold）等造山帶。地球目前有九大板塊及二十餘較小板塊，它們每年以 5～10 公分的速率在地函

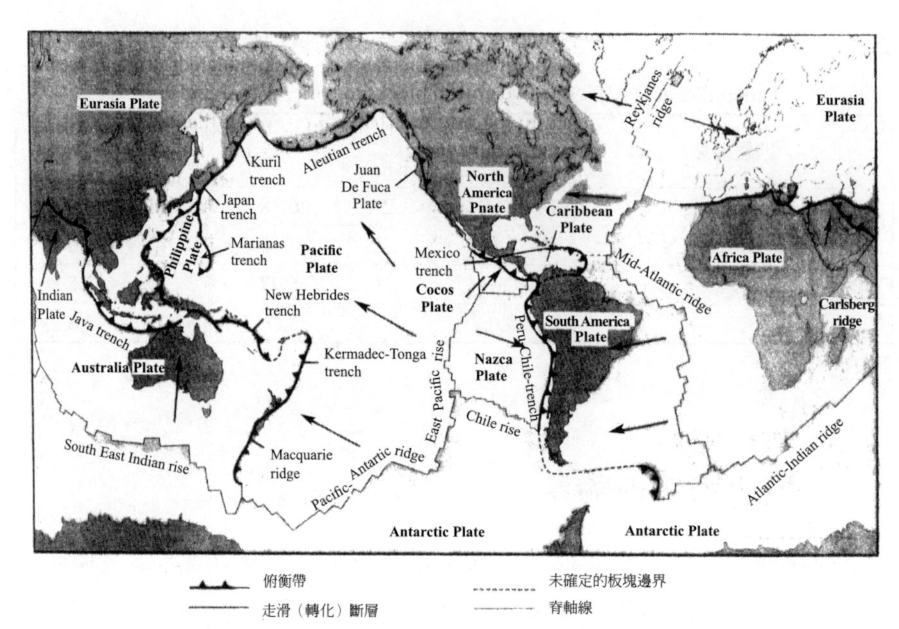

圖 2-5　地球的大構造板塊、中洋山脊、海溝及轉化斷層，箭頭指出板塊移動方向（Fowler, 1990；轉引自 Prasad 2011, Fig. 2.17）

上漂流。這九大板塊分別是非洲、南極洲、歐亞、印度、澳洲、納斯卡（Nazca）、北美洲（Caribbean）、太平洋與南美洲等板塊，其他較小的板塊是安納托利亞、阿拉伯、加勒比（Caribbean）、菲律賓、索馬里（Somali）及可可（CoCos）等板塊（圖 2-5）。

地球的組成包含以下各層，它們是地殼、岩石圈、地函、及地心等，其中地殼包含的範圍是從地表到莫霍（Mohorovicic）不連續（又稱 Moho），莫霍發生的深度約在海洋之下 6～12 公里，及在大陸之下 30～50 公里。岩石圈包含整個地殼與地函的最上部份；地函是從莫霍不連續地往下延伸到約 2,900 公里深度的古登堡（Gutenberg），該處 P 波速度迅速減少。地心是從 2,900 公里深度至地球中心，其中外核心是不連續的從 2,900 公里到約 5,150 公里，因它不傳達剪切波（即 S 波），故被解釋爲是處於液體狀態。在深度約 5,150 公里處 P 波速度突然增加及 S 波也可被傳送，故從 5,150 公里到地球中心的內核心應是固體狀態（地球內部結構見圖 2-6）。

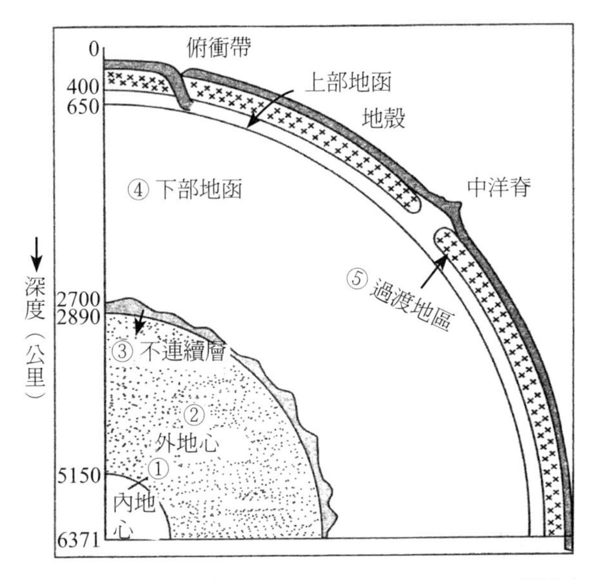

(a) 地球內部結構的區分（Beatty and Chaikin, eds.,, 1990；轉引自 Prasad, 2011, Fig. 2.7(b)）

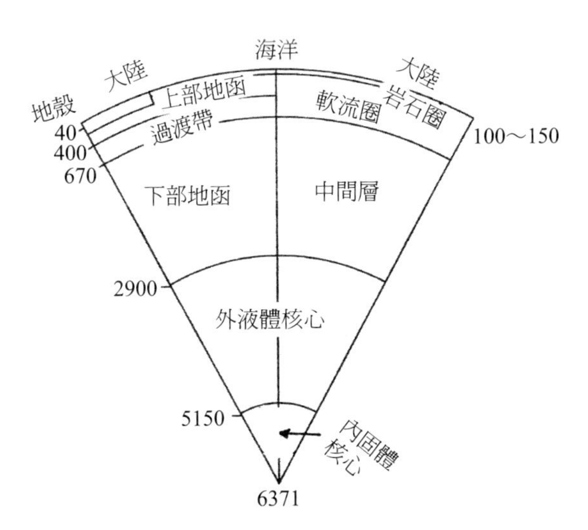

(b) 地球內部結構的成份（左）及流變（右）區分（以公里計）轉引自 Prasad, 2011, Fig. 2.7(c)

圖 2-6

一些研究顯示，約有 95% 的地震能量是沿著岩石圈板塊的邊緣釋出，而其餘的 5% 能量則與板塊內部地區的地震有關。與板塊邊界應變率（30～100×10^{-9} year^{-1}）（Allmendinger et al., 2009）相對照的是，大陸內部的地震應變率僅為 1 ～ 3×10^{-10} year^{-1}（Zoback and Townend, 2001），雖然如此，但近年發生的許多破壞性大陸型地震已經引起了一些關於板塊內部剛度的懷疑。不但如此，來自地震活躍的美國大陸內部之大地測量數據顯示，它有 10^{-7} 至 10^{-8} year^{-1} 的高應變率（Zoback, 1992; Talwani, 1999; Allmendinger et al., 2009）。此外，土耳其西部馬爾馬拉海（Marmara Sea）地區由 GPS 測得的應變率達 6×10^{-8} 至 2×10^{-7} year^{-1}（Onckel and Wilson, 2006）。日本也曾報導板塊內部應變率 300×10^{-9} year^{-1} 及 500×10^{-9} year^{-1}（Thatcher, 2003），印度板塊內部往東也存在高應變率（5×10^{-9} year^{-1}），往北則有較低的縮短率（1×10^{-9} year^{-1}），往東及往北有高的剪切應變率（4～6×10^{-9} year^{-1}）。

除此之外，由印度中部薩特普拉山帶（Satpura Mountain Belt）基線長度變化的分析顯示，它有極高的拉長應變（600×10^{-9} year^{-1}），這與美國地震活躍帶及大陸裂縫系統的應變率相似（Mohanty, 2011），以上印度大陸的應變狀態也自 GPS 的測量獲得證實。因此從美國大陸內部提高的應變模式及土耳其與印度板塊內部測得的高應變率，它們意味著目前板塊內部（intraplate）與板塊邊界的應變率幾乎相仿（Mohanty, 2011）。

2-3 地殼低電阻帶的形成

大陸地殼的最上部 10～15 公里與下部地殼有數項地球物理性質的不同，上部地殼是電阻性的（電阻率通常介在 10^3 ～ $10^5 \Omega$−m），它包含所有大陸內部的地震震源、彈性應力反應與脆性斷裂等，並且可能整個上部地殼的孔隙及裂縫皆含水，此種互相連通的孔洞之電解質水溶液（又稱鹽水）是大陸地殼最可能廣佈的導體物質。下部地殼是電導性的（電阻率通常介在 1 ～ 50 Ω−m），它包含許多地震反射層，且是無震（aseismic）及韌性應力反應，大陸地殼明顯的兩種不同特質見（圖 2-7）。

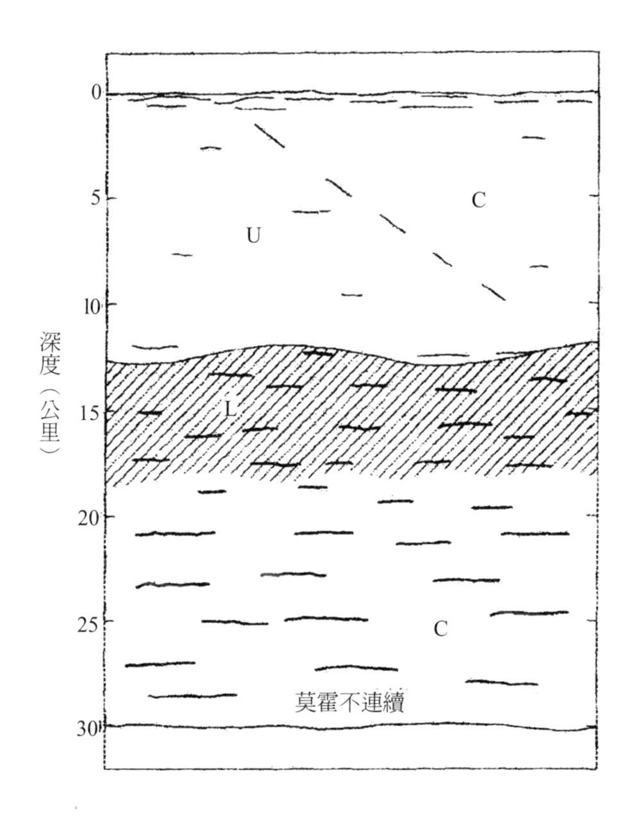

圖 2-7　大陸地殼：水平線代表地震反射層。UC：具有近地表沉積物及一條斷層通過的上部地殼，有少數地震反射層及高電阻率。LC：具有許多反射層，陰影帶代表低電阻率，導電帶的頂部比其厚度更容易界定（Gough, 1986, Fig. 1）

岩石的總電阻率值與孔隙流體電阻率、岩石電阻率、溫度、壓力、及流體的離子含量等有關，除此之外，它對於導電性礦物如石墨、硫化物、及磁鐵礦等的存在也頗爲敏感，少量的此等物質若存在於孔隙流體，可能使岩石總電阻率改變許多數量級，例如從 0.01 Ω−m 到 1,000,000 Ω−m，可以說岩石的實際總電阻率不僅依主岩（host rock）的電阻率，且依岩基質的連通性質而定。以上說法略可解釋爲何上部地殼是電阻性的（詳細解釋見下文）。

除了以上說法，也可從上部地殼應力場影響孔洞連通性來說明，上部地殼通常在三個主應力中有一個是近垂直，而其他兩個則是水平。垂直主應力通常不超過靜岩壓的 20%，而靜岩壓大小爲 $\rho_r \times g \times z$，ρ_r 是上覆岩層密度，z 是深度，g 是重力加速度，因此處於靜水壓（$\rho_w gz$）狀態的水無法讓水平裂紋維持開放，以上 ρ_w 代表水密度。

如果較小的水平主應力（σ_h）足夠大，以致它能封閉裂紋及將鹽水隔離在封閉的孔洞內，如此使得總電阻率將僅微低於乾岩石電阻率，因此上部地殼的電阻率較高。北美洛磯山（Rocky Mountains）以東及西歐地區其上部地殼在構造源起之際即存在大壓縮水平應力，此較大的水平主應力（σ_H）超過垂直靜岩壓，而較小的水平壓縮應力（σ_h）則與垂直應力相仿，部份裂紋將因水平壓應力之故而封閉，而鹽水將被不連通的孔洞所隔離，如此造成這兩地區的上部地殼有較高的電阻率（Gough, 1986）。

台灣地殼的地阻率情況較爲特殊，它在 10 至 20 公里深度處存在一低電阻帶（LRZ），在西部麓山地區 LRZ 的深度與電阻率如下：9 公里深度處平均值爲 30 Ω-m，這些值與中央山脈地下的電阻率有明顯不同，後者在 20 公里深度處其平均電阻率約爲 80 Ω-m（Chen and Chen, 1998）。Chen et al.（1998）基於台灣西部山麓地區兩個大地電磁（magnetotelluric，簡稱 MT）觀測站的大地電磁（EM）觀察，發現台灣低電阻帶的存在並試圖對其成因做解釋。

大地電磁技術是利用自然發生的電磁波場爲源頭，以探查地殼深部電阻率結構之方法，EM 波擴散性傳播入地球內部，其訊號的穿透深度隨著穿透時間及地殼電阻率而增加。台灣地殼低電阻帶的形成原因可能與高 CO_2 活動有關，地殼流體存在大量的 $HCO3^-$，它對電阻率有可觀的影響。CO_2 主要是被封陷在碧靈頁岩之下方斷層，它衝擊陸地及海域的木山層及五指山層之儲油層。高含量的 CO_2 不僅存在於西部麓山帶油氣田產出的天然氣與岩層的地熱水，而且高濃度的碳酸鹽礦物也存在於中央山脈及西部麓山帶的鎂鐵質與泥質岩層。CO_2 是一種非極性氣體，它若溶於水中，則因產生 $HCO3^-$ 而形成絕緣液體。$HCO3^-$ 的存在對岩石電阻率產生可觀影響，這種影響應是提高岩石電阻率（Mohammadzadeh and Chary, 2005），但 Chen et al.（1998）的引申解釋卻是不同，這是筆者無法理解之處，在此姑且存疑。

2-4　板塊的移動

台灣地殼的複雜與其位在菲律賓海板塊及歐亞板塊間的地裡位置有關，此兩板塊的相對移動速度約為每年 7.1 厘米，其移動方向約是 N50° W（Seno et al., 1993）。台灣中部剛好位在兩個俯衝帶之間，當菲律賓海板塊自位在台灣東北方的 Ryukyn 海溝向西北方俯衝及隱沒（或沉陷）到歐亞板塊下方之際，歐亞板塊則沿著台灣南方的馬里亞納海溝向東方俯衝，因此台灣剛好位在俯衝極性（polarity）改變的地區（圖 2-8），此種在 5 百萬年前呂宋火山島弧系統與大陸（歐亞陸塊）快速的互相碰撞，是台灣複雜地質結構及崎嶇地貌形成的主因。

多年前台灣大學阮維周教授在海岸山脈發現的「台灣岩」，是菲律賓海板塊與歐亞大陸板塊碰撞過程中形成台灣島的重要證據。呂宋火山島弧碰撞後形成海岸山脈，被擠壓的歐亞板塊邊緣產生隆起而形成中央山脈。台灣岩幾乎 90% 以上都是玻璃質玄武岩，其成因是岩漿侵入淺成的粗粒玄武岩及其他沉積岩中後受到海水快速冷卻而形成。台灣岩周圍有許多泥沙及大小石塊（後來命名為「利吉層」），泥沙是歐亞板塊邊緣陸地上被河流沖刷入海的沉積物，而大小石塊的形成及其上的磨痕，是枕狀熔岩流前緣的石塊在板塊運動中發生碰撞或與海底岩石相磨擦所造成。Wang and Lee（2011）利用二維彎曲模型和沙箱重力模型實驗，研究台灣中部三

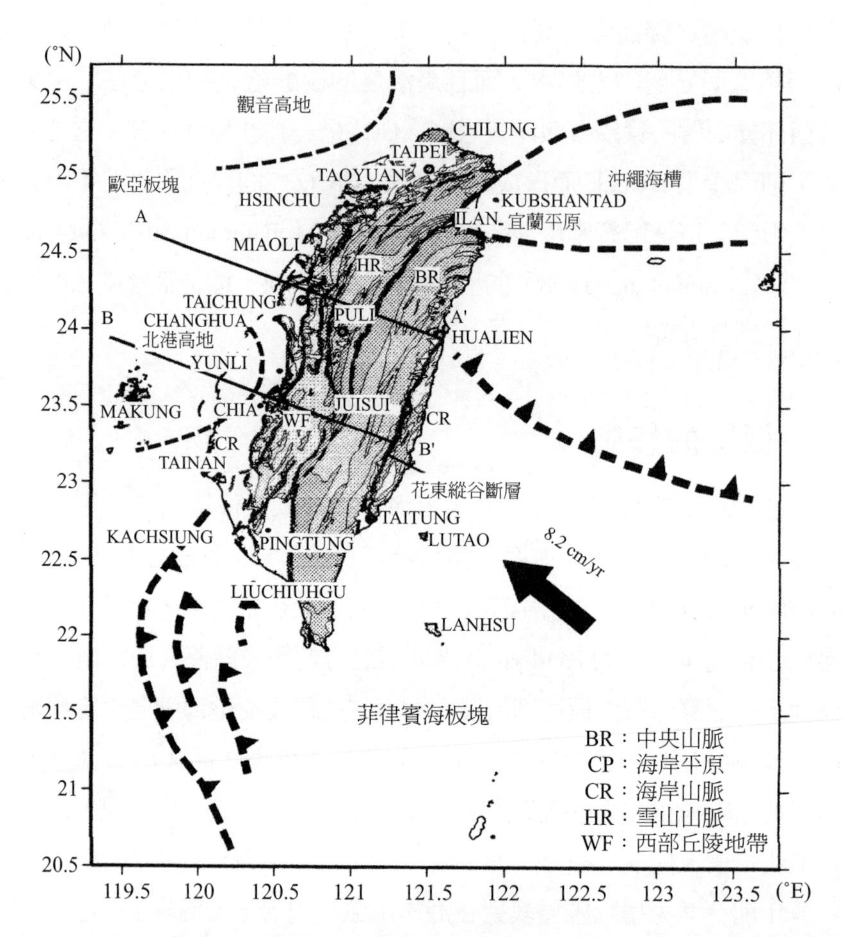

圖 2-8　台灣構造背景，在歐亞及菲律賓海板塊間的縫合，是沿著台灣東部縱谷，在 AA' 與 BB' 間的地區代表研究地區（Wang & Lee, 2011, Fig. 1）

維板塊互動後認為，向北俯衝的菲律賓海板塊在兩板塊接縫處對歐亞板塊施加額外的彎曲力矩與剪切力，這兩板塊在台灣中部的互相作用可能強化大陸邊緣的撓曲，因而可能在深部產生一新斷層，據其彎曲與重力模擬結果證實，額外的向下剪切力被施加在沿著兩板塊接縫處的歐亞板塊，這些力隨著菲律賓海板塊的朝西北方向俯衝而向北增強其力道（示意圖見圖

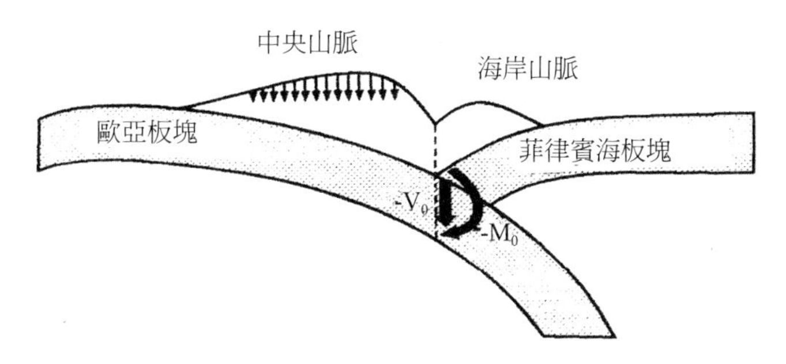

圖 2-9　示意圖顯示二維彎曲模型的邊界條件，虛線標記兩板塊間的縫合面，剪切力 $V = -V_0$ 及彎矩 $M = -M_0$ 被應用到此平面，以符合觀察到的前陸（foreland）盆地之撓曲（deflection）及重力數據，表面負載（黑色箭頭）對板塊彎曲的效應也被加以考慮（Wang & Lee, 2011, Fig. 4）

2-9)。歐亞板塊隨著菲律賓海板塊向北彎曲而產生撓曲的事實意味著：台灣中部歐亞板塊的向東俯衝。除了以上結果外，Wang and Lee（2011）的模型實驗也顯示：沿著台灣縱谷彎曲力矩從正值（彎曲向上）往南漸改變爲負值（彎曲向下)。這個發現意味著大陸地殼到海洋地殼的遞變，或是大陸地殼沿著板塊接縫帶往南遞變成過渡地殼。

因應板塊的移動與隱沒，Wang（2007）提出彈性及黏彈性模型以說明俯衝地震循環現象。所謂俯衝地震循環，它包含大地震、其後的應變累積、及再導致下一場地震等過程。此處「循環」這個字的意思並非表示週期性，也非表示地震規模或兩場地震之間的相隔時間。俯衝斷層運動模型指出：一個完全鎖住的斷層節段（segment）可分解爲穩態俯衝分量及擾動或向後滑動（back slip）分量，且假設複合地震循環並不會產生淨變形，及任何長期的淨變形皆來自穩態俯衝（圖 2-10(a))。因此忽然的向前滑動代表地震，而後來的緩慢向後滑動代表斷層鎖住，如此構成了基本地震循環。

斷層發震（seismogenic）部份的滑動是時間函數〔圖 2-10(b)，圖 2-10 的上圖包含穩態俯衝，下圖不包含穩態俯衝，每一垂直線片段（即瞬間

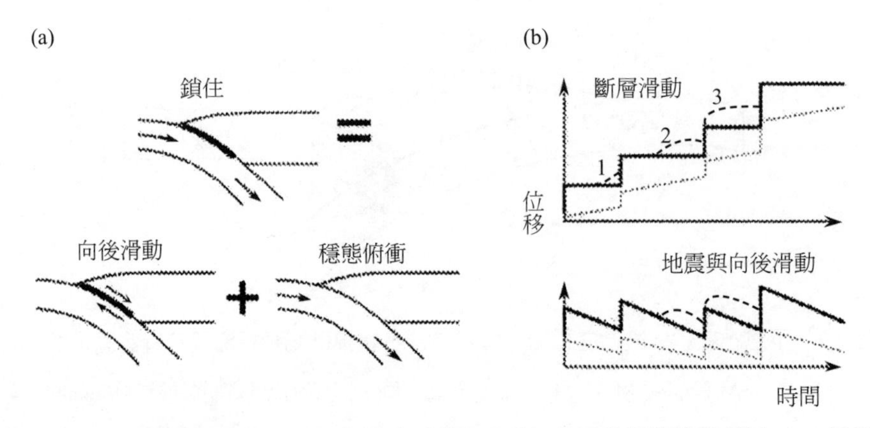

圖 2-10　(a) 地震循環模型可分解為擾動（後退滑動）分量與穩態俯衝分量；(b) 示意圖說明俯衝斷層的歷史：上圖：包含穩態俯衝。下圖：不包含穩態俯衝，厚實線顯示一般地震循環模型所假設的滑動史，下方的淡虛線是針對上方滑動史的修正。在不同地震間假設存在一些固定速率的無震（aseismic）滑動，具有數目字的虛線代表斷層滑動並發症的可能性（Wang, 2007, Fig. 17.1）

滑動〕代表一場地震，通常假設：理想的階梯函數（上圖厚線）描述單純的黏滑（stick-slip）過程，無震滑動（aseismic slip）（如上圖的 1、2、3）能在地震前後發生。說明地震間無震滑動的最簡單方法是，假設滑動是以一固定的慢速率進行，而將它與穩態俯衝併合在一齊，因而形成（圖 2-10(b) 上下圖的淡黑色虛線（修正線），修正線與其上方厚實線的不同是它減少鋸齒狀階梯函數的振幅（Wang, 2007, 541-542）。

3 誘導地震與地震序列

3-1 誘導地震的延遲效應
3-2 水庫注水誘發地震的例子
3-3 地震序列

上部地殼若受到板塊構造力、局部構造力、或水庫相關的力之擾動時，即使是少量擾動也可能觸發地震。100 年來約發生 90 次水庫觸發地震（Reservoir Triggered Seismicity，簡稱 RTS）的案例，例如 1967 年印度的 Koyna 地震，以及 1940 年初期（1940～1944），美國柯羅拉多州由米德湖所（Lake Mead）觸發的地震。以上這兩場地震其發生都是因孔隙水壓降低正向應力（normal stress）之故。Hubbert and Rubey（1959）是第一個描述流壓增加與地震觸發機制有密切相關的作者，他們認為孔隙壓增加會降低岩層的剪切強度，而這將導致構造應變以地震方式釋出；他們並從庫侖剪切破壞標準推論，當流體壓力趨近正向應力時，最壞情況將發生，即若孔隙壓力足夠高，則一大型斷層塊體能在一個近乎水平的表面被往前推一大段，這意味著孔隙壓在地震產生的過程中居於關鍵地位。

3-1　誘導地震的延遲效應

從 Hubbert and Rubey（1959）的理論出現迄今已超過 50 年，事實已顯示，水庫蓄水是最常見但卻最不被了解的地震觸發類型。水庫內的大量水體代表著引起明顯彈性應力增加的外加負載。孔隙壓的升高來自直接與間接方式，前者是由水庫水滲入底下地層所致，後者則因水庫負載之下岩石裂縫飽含水分與孔隙閉合所致。由水庫產生的表面負載為每米水深 0.1 bar，除了全球最深的大水庫之外，大部份水庫其表面負載的最大值為 20 bars。大部份處理水庫蓄水效應的模型均是基於 Biot's（1941）的固結理論（consolidation theory），它說明水庫負載的三種主要效應：

1. 彈性效應

在水庫負載增加之後彈性應力迅速增加。

2. 壓實（Compaction）

彈性應力增加後產生壓實，此作用使孔隙體積減少及因而增加飽和岩石的孔隙壓力。

3. 擴散（Diffusion）

孔隙壓擴散與流體移棲有關，而後者的成因是來自：

(1) 水庫本身。

(2) 反映因壓實引起的異常孔隙壓力變化所導致的空隙流壓再分佈。

4. 水流動

水庫水流進先前未飽和的地層後提升地下水位。

以上四種效應中最重要的是水流動，來自飽和岩石的壓實與擴散所產生的孔隙壓再分佈，雖然僅涉及少量的流體流動，但其顯著的水量卻可以流入未飽和岩石，而這將大量增加有效水頭及水庫的有效水量，這種現象在平坦與乾旱的地區因水庫延伸超過原先河道界限的範圍，故最爲顯著。

水庫有兩種類型，其一爲水庫底部爲非透水層，故水庫水與非透水層下方的岩石互爲隔離。另一種是水庫底部爲透水層，故水庫水可以流進底下岩層，水庫在最初開始蓄水後，由於飽和孔隙空間的彈性壓實，故總是會導致孔隙壓的瞬間增加。若水庫底部爲非透水層，當流體朝外移棲以適應新彈性應力場之際，最初的孔隙壓增加將隨時間而消失。若水庫底部爲透水層，則來自水庫穩態流動所形成的孔隙壓可能超越其最初的孔隙壓增加量，因此非滲透層底部由於最初水庫開始蓄水引起的孔隙壓增加可能產生短暫的弱化，此種弱化有隨時間而增加的趨勢，底部地層一旦弱化，則誘導（induced）地震即容易發生。水庫若快速放水，則因負載應力的移除速度快於孔隙壓的擴散速度，故它總是會導致底部地層的相對弱化。

壓實與擴散在影響孔隙壓變化的時間尺度之差異（見下文）可能影響

到水庫誘導地震類型的產生。壓實是由彈性應力增加所引起，因此當表面負載加上去之後誘導地震的發生幾乎沒有任何時間延遲，與此相反的是，由擴散傳輸引起的孔隙壓增加可能需要數個月到數年始能抵達震源深度水平。例如中亞塔吉克斯坦的努列克（Nurek）、加拿大魁北克的 Manic-3，及南卡羅來納的蒙蒂塞洛（Monticello）等水庫，這些水庫在其水位初次快速升高後地震隨即啓動，其中努列克水庫在水位再次快速升高之後，其地震次數也隨著增加，這種快速反應的現象與因壓實導致的孔隙壓誘導變化有關。與此不同的是，加州奧羅維爾（Oroville）、非洲贊比亞與津巴布韋之間的卡里巴（Kariba）、埃及的阿斯旺（Aswan）及印度魁納（Koyna）等水庫的大地震，是在水庫蓄水多年之後才發生（圖 3-1），這種延遲反應的現象與孔隙壓沿著斷層帶擴散到地下深處有密切關係。

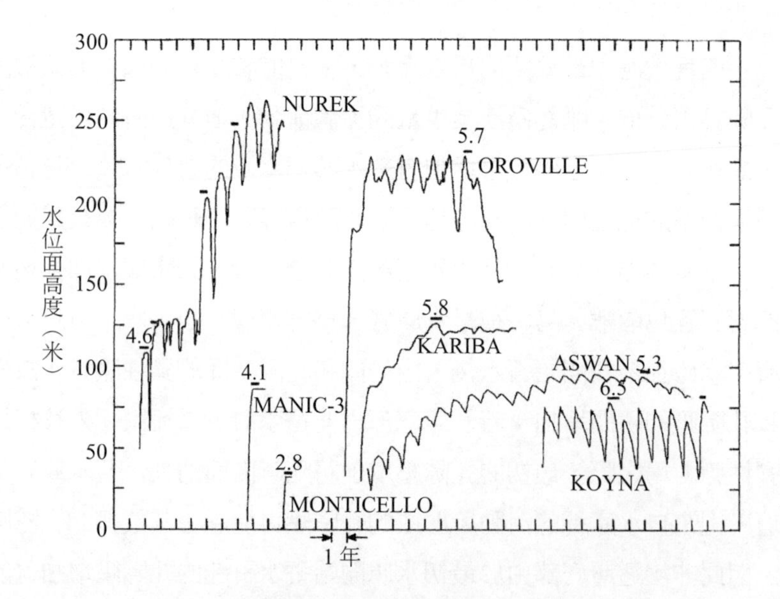

圖 3-1　水庫水位面與誘導地震例子（Simpson, 1986）。縱坐標是水庫的絕對水深，橫坐標軸尺度對所有曲線皆相同，但為清晰起見，其絕對位置已被轉移。水位面曲線上方的數字是大地震規模，數字下方的橫短線代表地震發生的相對時間，每一地點地震的詳情見 Leith et al.（1984）

前述的兩類誘導地震，其彼此間有性質上的差異，快速反應通常與淺層或低幅度的地震有關，它們常發生在鄰近水庫或直接發生在水庫下方，因此它們位在彈性應力增加的主要影響範圍內。延遲反應則常發生在較深或較大幅度的地震，它可能在深達水庫下方 20 公里處發生，但也曾發生在與水庫相交的斷層帶（Simpson, 1986, pp.30-31）。

以上是從壓實與擴散的觀點略述誘導地震發生的延遲機制，而這一切似乎都與孔隙壓有密切關係。再來看看印度馬哈拉施特拉（Maharashtra）邦的地震與水壩關係，魁納水壩位在穩定的古老岩層，該地區並非地震活躍帶，當水庫開始進水後，地震活動也開始增加。1967 年規模 6.5 級的地震在該地區發生，自此之後，地震即常發生同一地區，且其震央位在水庫附近（圖 3-2），此情況意味著水庫位置與地震活動的開始出現一些關係，

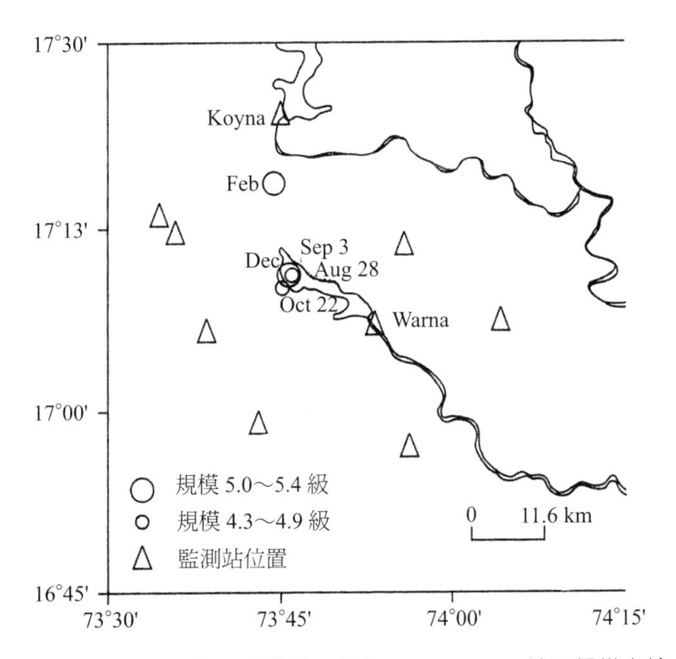

圖 3-2　1993 年 9 月至 1994 年 2 月期間，印度 Koyna-Wama 地區規模大於 4.5 級的地震震央位置

（Talwani et al., 1997；轉引自 Prasad, 2011, Fig. 2.19(b), p.65）

爲了防止此類型地震的發生，水庫只宜進水到安全水平，同時可考慮從水庫附近將地下水抽出一些量以降低孔隙壓。

3-2　水庫注水誘發地震的例子

除以上印度魁納水壩的例子外，另一個由湖水重量引發地震的案例發生在加州索爾頓海槽（Salton Trough）。聖安德列斯斷層（SAF）系統在北美與太平洋板塊間形成了部份邊界，其每年的右旋滑動量約爲每年 40 毫米，SAF 系統的南方節段即位在該海槽。海槽涵蓋南加州的廣大區域，包括 SAF 與聖哈辛托斷層（San Jacinto fault，簡稱 SJF）的南方節段、帝王斷層（Imperial fault，簡稱 IF）及索爾頓海等。索爾頓海槽因是屬於介在沿著加州灣（Gulf of California）的建設性板塊邊緣之開放型移動，與沿著 SAF 系統的轉化移動間之過渡性構造體制，故它具有產生大地震的潛能。然而 300 年來 SAF 與 SJF 的南方節段並沒有產生重大破裂，而 IF 則僅發生一次大地震。

庫侖應力的改變大半是來自構造應力的擾動，但非構造應力的擾動，也可能改變庫侖應力及因而發生地震。從較長期的時間尺度來看，北海 Fennoscandian 冰片之下的彎曲岩石圈，被認爲是調控應力、影響斷層風格及地震的主要機制（Grollimund and Zoback, 2000）。而從中期時間尺度來看，由湖水的升降與掏空引起的垂直加載，則是另一個應力擾動的非構造來源。準此反映史前時期的卡修拉湖（Lake Cahuilla，簡稱 LC，見圖 3-3）湖水升降的索爾頓海槽，其應力擾動有可能影響附近斷層的破裂時機。

史前時期的卡修拉湖可能是過去索爾頓盆地內最大的淡水湖，它涵蓋 2000 平方哩面積，湖水深約 300 呎，湖面高度在海水面之上 39 呎，湖約 110 哩長及最寬處達 31 哩，在西班牙人來到此地區之前，湖水涵蓋範圍包括加州東南部的科切拉（Coachella）、帝王（Imperial）、墨西卡利谷（Mexicali Valleys）、與加州的巴加（Baja）東北部。目前的索爾頓海誕

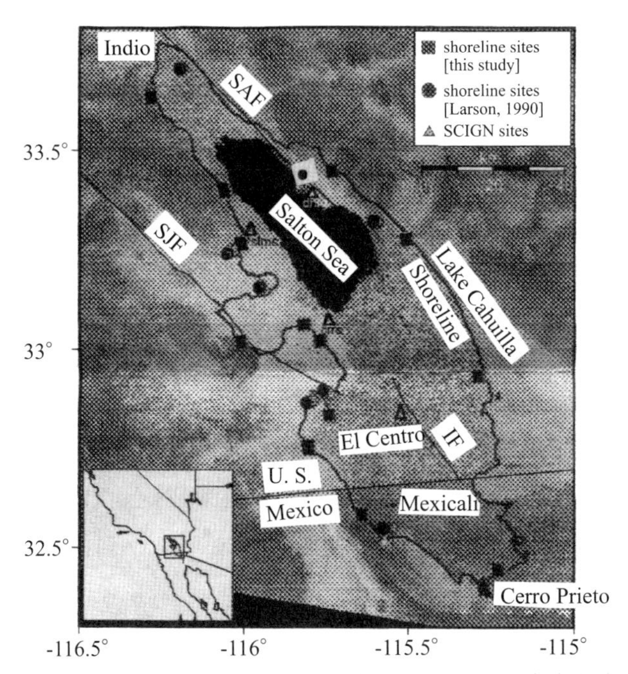

圖 3-3　史前時期的卡修拉湖（Lake Cahuilla）地區，它顯示高出海水面 13 米的古代海岸線、及聖安德列斯斷層（SAF）、聖哈辛托斷層（SJF）、與帝王斷層（IF）等的大約位置（Luttrell et al., 2007, Fig. 1）

生於 1905 年，它僅 34 哩長及 16 哩寬，高度在海面下 226 呎，它比其史前的前身，卡修拉湖，要小多了，它淹沒包括墨西卡利、埃爾森特羅（El Centro）、及印第歐（Indio）等目前的城市場址。1500 年來，索爾頓海槽的卡修拉湖湖水位變化改變該地區的應力狀態，此種現象可藉由岩石圈因反映湖水加載而彎曲及地殼內部孔隙壓的改變來說明。卡修拉湖湖水的灌入和排出之復發間隔約爲 260（±100）年，它符合 SAF 與 SJF 的地震活動週期。這兩斷層在卡修拉湖達高水位時期有部份被湖水所覆蓋，不僅如此，南 SAF 的最後 5 個破裂中，有 4 個發生在湖水位有重大改變的時期附近（圖 3-4）。所有該區的過去地震活動皆是基於古地震學的推測，而非是歷史記錄。據以下庫侖公式：

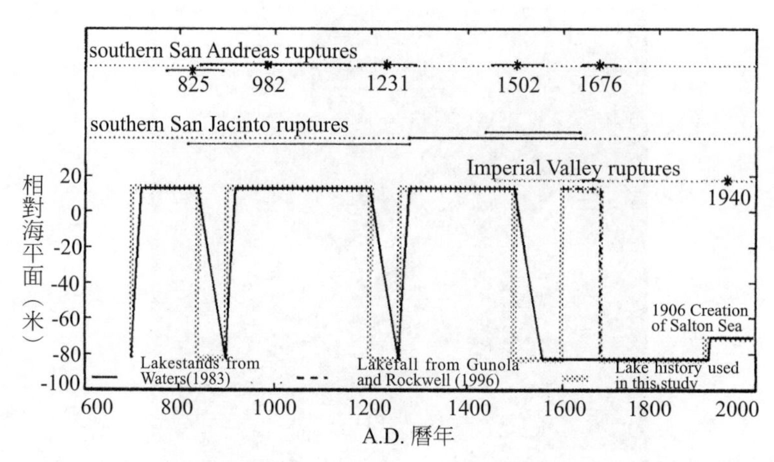

圖 3-4　1500 年來，卡修拉湖（Lake Cahuilla）的水位變動史（包括 1906 年索爾頓海的形成）（Luttrell et al., 2007, Fig. 2）。實線部份來自 Waters（1983），虛線部份來自 Gurrola and Rockwell（1996），用於模型研究的水位史是以厚灰線表示，最後 5 個南 SAF 斷裂（Fumal et al., 2002）、最後 3 個 SJF 斷裂（Gurrola and Rockwell, 1996）、及最後 2 個 IF 斷裂（Thomas and Rockwell, 1996）也同時出現於圖中，以上引用的文獻見 Luttrell et al., 2007.

$$\sigma_c = \tau_c - \mu_f \sigma_n \tag{3-1}$$

湖水位的升降，導致主要斷層面上有效正應力的改變，因而它也可能調控該區的地震週期。據岩石圈彎曲模型，在卡修拉湖填滿水之後，地殼將立即反映此二維半空間彈性體的表面負載重量。而垂直負載的空間變化，由湖水深度來決定，湖水深度則可由索爾頓海槽的地形獲知。從已知的作用在半空間彈性體的單位垂直點負載及彎曲岩石圈的解析解，可提供正確的位移與應力。計算結果顯示：在發震深度（約 10 KPa）僅有少量的庫侖應力改變，與其他水庫相較，卡修拉湖的庫侖應力變化僅爲其他水庫從誘導地震產生的剪切應力之十五分之一，因此在半空間彈性體表面負載的假設條件下，應力變化不可能觸發索爾頓海槽地區的地震活動。一個薄的彈性板彎曲模型（彈性體厚度約爲40公里）也許可提供較佳的解釋。圖3-5是反映垂直負載改變的岩石圈變形圖，施加的湖水負載，其寬度與彈性板塊的彎曲波長相仿。最初地球的反應就像是彈性半空間體，但當負載的持續作用時間超過軟流圈的鬆弛時間（relaxation time）尺度後板塊

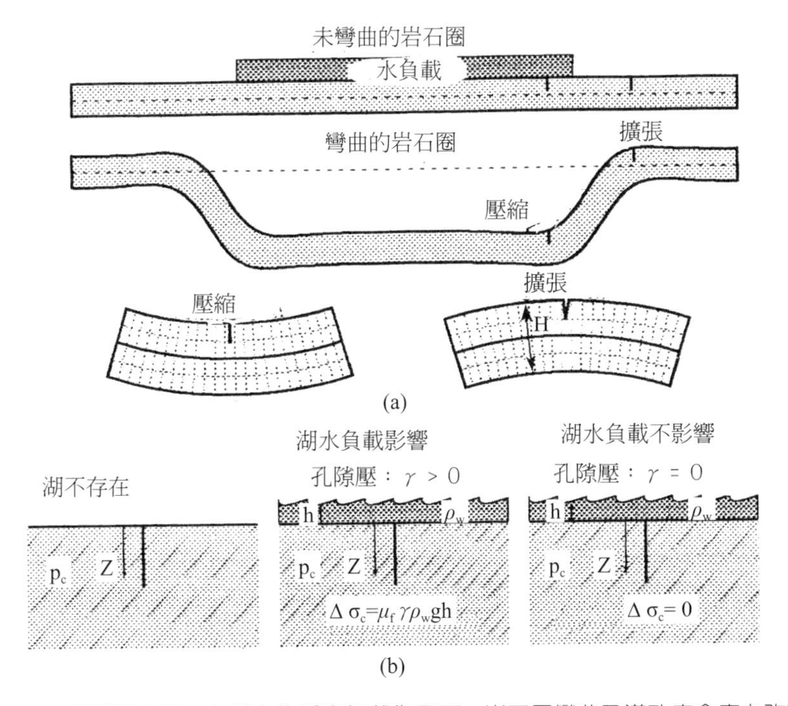

圖3-5　(a) 示意圖表示，在湖水的垂直加載作用下，岩石圈彎曲及導致庫侖應力改變。刻度表示湖水邊界內外的斷層：在壓縮區域斷層因經歷負的庫侖應力擾動因而抑制破壞的發生；在伸張區域斷層因經歷正的庫侖應力擾動因而促進破壞的發生

(b) 示意圖表示，因湖水位變化而改變的孔隙壓，導致庫侖應力的改變；地殼存在三種情況，左：地殼在湖不存在情況下具有孔隙壓；中：地殼在湖存在情況下具有增加的孔隙壓；右：地殼在湖存在情況下，其孔隙壓沒有變化，湖水位的增加，提升庫侖應力及促進破壞

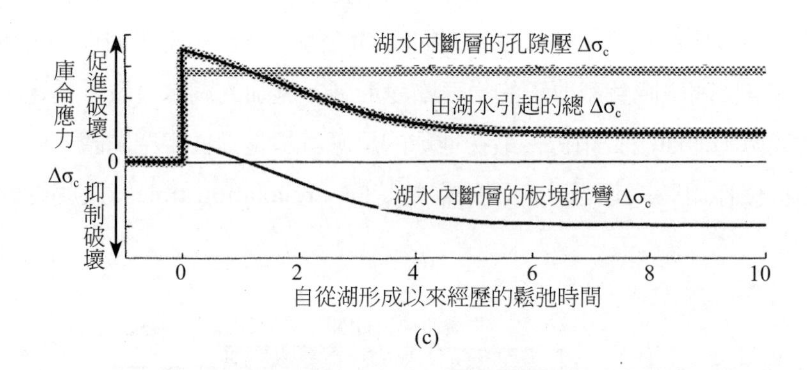

圖 3-5（續）(c) 湖內斷層在湖水位提升超過 10 個鬆弛時間（τ_m）後，庫侖應力擾動的時間演化。最上方的水平厚灰線代表孔隙壓對庫侖應力增加的瞬間反應；增加庫侖應力，使得板塊彎曲（最下方的黑色虛線），並導致一個少量的瞬間彈性反應，緊接著是因孔隙壓改變而減少庫侖應力一個數量級，以致引起依時間變化的黏彈性反應；在湖水位改變後的綜合效應（中間的厚灰及黑線），在最初 5 個鬆弛時間內是最重要的（Luttrell et al., 2007, Fig. 3）

產生彎曲。

此完整三維模型假設斷層方位平行於湖岸線（如圖 3-5a），在發震深度（例如 5 公里深度）處湖岸線之外，朝陸地方向的向下彎曲板塊將導致擴張（減少正向應力），而湖範圍內向上彎曲的板塊將導致壓縮。從單位點負載作用在上覆有半空間黏彈性體（具有眞正的負載分佈）的厚彈性板之反應，可計算水位面變化引起的庫侖應力擾動大小。

三維模型的計算利用 Smith and Sandwell（2003, 2004）的方法爲之，半空間 Maxwell 鬆弛時間（$\tau_m = 2\eta/\mu$，其中 η 及 μ 分別代表黏性與剪切模數），經適當調整以符合觀察到的自從上一次湖高水位以來的垂直變形。湖水高低水位的循環，導致正與負的庫侖應力擾動，對南 SAF（在湖範圍內），其擾動大小是 0.2 ～ 0.6 MPa；對南 SAF（在湖範圍外），其擾動大小是 0.1 ～ 0.2 MPa。計算得到的庫侖應力擾動值與沿著北美、太平洋板塊的其他已知觸發（地震）應力大小相仿。

除了水庫可能引發地震外，其他一些非構造擾動也可能影響庫侖應力，因此它們也可能產生地震。例如日本的季節性降雪山區因垂直負載變化，而產生季節性的下陷與地震活動（Heki, 2001; Heki, 2003）。又如在喀斯特（Karst）地質結構的地區，地震也可能因暴雨而引發，如 2002 年 3 月與 8 月德國的 Hochstaufen 山區（Hainzl et al., 2006; Kraft et al., 2006a,b）、2002 年 9 月法國南部的 Gard 地區（Rigo et al., 2008）、及 2005 年 8 月瑞士的 Muatatal 與 Riemenstalden（Husen et al., 2007）等，皆曾因強烈降雨而引發地震活動。喀斯特地區因強烈降雨而引發的地震活動與水庫注水導致地震的情形相同，其地下因石灰岩遇水溶解而產生互相連通的錯綜管道，在暴雨後快速增加的水頭（Hydraulic head）對下方的多孔彈性介質大幅增加垂直應力，如此因地下深處的孔隙壓迅速增加而導致地震。此種因降雨而觸發地震的現象，也僅會發生在喀斯特地區（Miller, 2008）。

3-3　地震序列

地震很少是單獨事件，它通常是具有不同特質的地震序列之一部份，例如加州蘭德斯地震，它代表一個典型的地震序列，其發生過程略敘述如下：

1992 年 6 月 28 日，沿著加州東部剪切帶的西部邊緣之走滑斷層系統發生滑動，導致 M7.3 的蘭德斯地震系列（圖 3-6）。雖然在剪切帶內的個別斷層其移動速度緩慢（小於每年 1 毫米），但是從 SA 斷層系統到盆地與山脈範圍（Basin and Range Province）的西側部份之相對板塊運動卻頗爲快速，這使得剪切帶的總遷移速度達到每年 8 毫米。地震序列的發生，是自 1992 年 4 月 23 日 M6.1 的約書亞樹（Joshua Tree）地震開始，這個右旋地震產生一個餘震序列，它自震央向北延伸約 20 公里。兩個月之後，蘭德斯主震跟著發生，它單方面向西北方向傳播 60 公里，及至少有 5 條斷層產生雁行陣列排列。一連串 M 大於 5 的餘震，使得破裂向東南方向

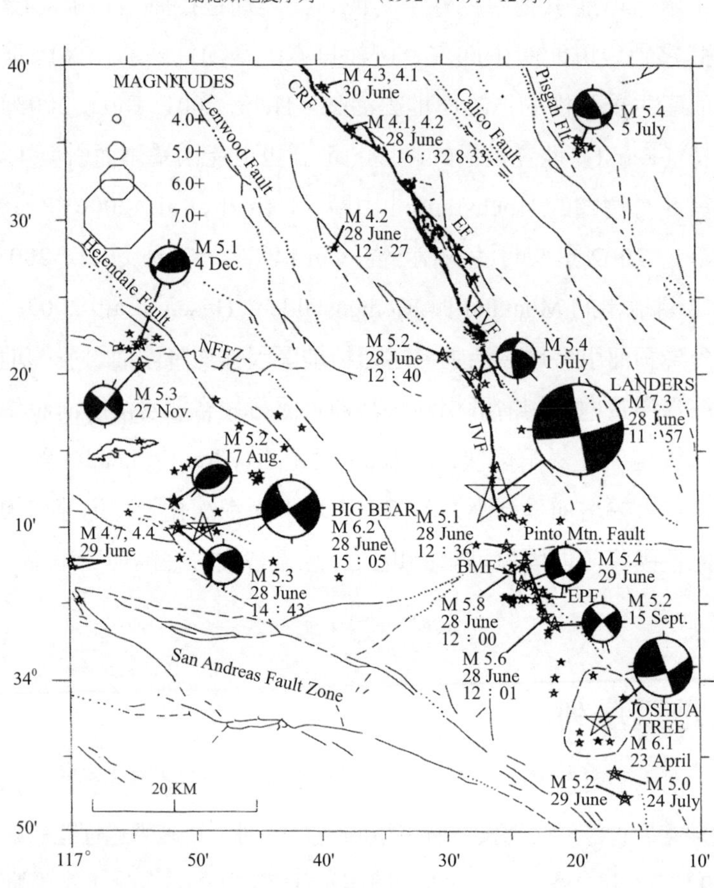

圖 3-6　蘭德斯地震序列，圖中顯示所有 1992 年 4 ～ 8 月間發生且被記錄的 M ≧ 4 地震及主要斷層。粗黑線代表來自蘭德斯主震的地表破裂，黑白兩色的圓圈代表 M ≧ 5 的地震：

CRE: Camp Rock 斷層　　EF: Emerson 斷層

JVF: Johnson Valley 斷層　　NFFZ: North Frontal 斷層帶

BMF: Burnt Mountain 斷層　　EPF: Eureka Peak 斷層

HVF: Homestead Valley 斷層

（Hauksson et al., 1993；轉引自Scholz, 2002, Fig. 4.15, p.213）

延伸，直到約書亞樹餘震帶附近爲止。除了主震序列外，尙有許多餘震，其中包括最大的 M6.2 大熊地震，它是主震之後 3 小時發生在一條左旋東北走向斷層；並有一條 20 公里長西北走向的餘震群朝主要地表斷裂的北方延伸 30～40 公里。約書亞樹及蘭德斯主震發生前數小時，在靠近其震央附近有許多前震活動（Scholz, 2002, p.212）。

蘭德斯地震序列包含完整的前震、主震、及餘震，但並非所有的地震均如此，北嶺地震就是一個例子。北嶺主震發生前，先有兩場不尋常的震群（swarms）活動發生，其一在主震之前一星期發生在震央西南方 20 公里處，另一在主震前一天發生在震央東北方 15 公里處。這兩震群與主震破裂帶並無關聯，而在震央地區並沒有眞正的前震。沿著餘震帶主要部份的餘震，其震源機制與主震相同，此外在斷層上盤尙有許多餘震，其震源機制包括平滑、逆衝、及正斷層活動等。

Mogi（1963）將地震序列分爲三種類型，依震源地區漸增的異質性（heterogeneity），它們分別是主震－餘震、前震－主震－餘震、及震群等（圖 3-7）。前震與餘震序列與另一場更大的地震（主震）有密切相關，而與主震沒有相關的地震序列稱爲震群。偶然地，兩場或更多主震在時間與空間方面有密切相關，這些稱爲雙重（doublets）震或多重（multiplets）震，這些不同類型的地震序列若發生在一齊，稱爲複合（compound）地震。這些地震序列中，餘震是最普及的，同時其特質也定義得最清楚，特別是餘震序列其能量的衰減遵循大森（Omori）律：

$$\eta(t) = \kappa/(c + t)^p \tag{3-2}$$

$\eta(t)$ 代表主震後一段時間間隔內在時間 t 的餘震數目，κ 及 p 是常數，c 是近於 0 的正數，指數 p 通常極近於 1，故此衰減率幾乎是雙曲線形，序列中最大的餘震通常至少是小於主震一個數量級單位，及整個序列的震矩通常是僅爲主震震矩的 5%，餘震因此只能算是第二種過程（Scholz, 2002, p.224）。

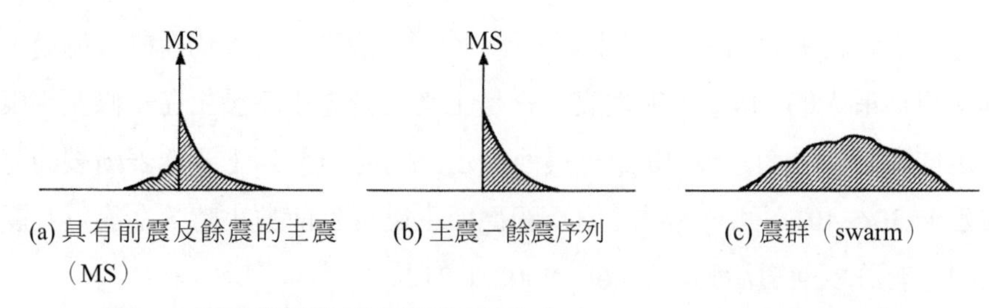

圖 3-7　不同類型的地震序列示意圖（Scholz, 2002, Fig. 4.22, p.224）

緊隨主震之後，發生在一確定時間間隔（例如一個月）的餘震數目是線性正比於主震破裂面積，且此比率常數在板塊內部者，約 4 倍大於介於板塊之間者，此種尺度關係意味著主震產生的應力異質性是尺度非變量，板塊內部的較高餘震密度，可能是因板塊內部地震的應力降高於板塊之間 4 倍之故。餘震通常緊隨著主震之後發生在整個主震破裂面及其周圍的範圍內，它們通常集中在由主震破裂產生的大應力集中地點，因此它們常被發現集中在破裂周邊附近或發生在沿著複雜的板塊內部結構，直至抵達破裂之處爲止，例如洛馬普列塔（Loma Prieta）地震的餘震，是集中在同震（coseismic）滑動最小的地區。

從以上敘述來看，餘震似乎是由主震動態破裂所產生的應力集中之一種鬆弛過程，而前震則是發生在主震之前的較小型地震，它們通常發生在緊鄰主震震央，因此它們可能是成核（nucleation）過程的一部份。主震之前的地震如果不是發生在靠近震央之處，則可能與主震沒有因果關係。許多地震並無前震，而前震序列可能只發生一次、二次、或數次地震活動。震群也是一種地震序列，其發生與主震沒有關聯。在序列中沒有任一地震佔主導地位，它們常發生在火山地區，在日本松代（Matsushiro）地區一個大型的震群，已被證實是因孔隙流體上湧而引起，這似乎與火成岩起源有關。在柯羅拉多州的蘭吉利（Rangely）和丹佛地區，流體注入似乎是該地震群活動的一種自然發生機制，依據此種機制地震的發生，是因流體流動導致孔隙壓的增加而發生，結果它常發生在有不尋常高液壓梯度的地區，因此序列中的任何一場地震皆無法形成非常大型地震。其次，由於應變緩解受到流體流動所控制，因此無法產生支配型的大地震。

最常見的複合地震類型是兩地震的破裂表面互爲毗鄰，例如發生在日本西南部沿著南海（Nankai）海槽的俯衝地震，這個板塊邊界的地震，其歷史記錄可以遠溯到公元 684 年，最近發生的複合地震序列是 1854 年的安政（Ansei）地震，斷層節段 C 及 D 在一場單一大地震中首先破裂，32 小時之後，第二次地震產生 B 及 A 節段的破裂。相同序列在 90 年後又重複發生。1944 年，東南海（Tonankai）地震破壞 C 節段，接著 1946 年的 Nankaido 地震，自 B 與 C 邊界擴展而破壞 B 與 A 節段。非毗鄰斷層的複合地震在冰島南部的地震帶也重複發生。1896 年，5 場強烈地震在 3 星期內發生，它們順利地自東向西轉移。另一個著名的複合地震序列發生在北安納托利亞斷層，該序列包含 6 場大地震，它們在 1939 至 1967 年期間從東向西轉移（見圖 3-8）。在最初一瞥整個序列可被認爲是單一複合地震，每一個破裂觸發另一個破裂，然而 1943 年地震的震央是位在破裂帶的西端，它距離前一個地震的破裂端點幾乎達 300 公里，故這個地震序列的轉移並不是很直截了當（Scholz, 2002, 224-234）。

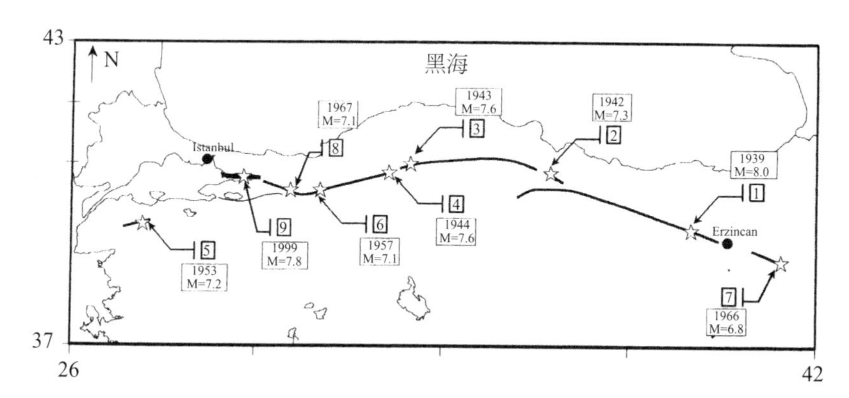

圖 3-8　沿著北安納托利亞斷層的斷層位移與 1939 年以來的大地震，雖然在 1939 至 1967 年期間地震向西轉移，但在自身的破裂帶西端啓動的 1943 年地震卻向東擴展（Scholz, 2002, Fig. 4.26, p.233）

4 餘震與震後滑動

4-1 孔隙流體擴散可能觸發餘震

歷史記錄已證實，全球約有$\frac{1}{3}$的微震（或稱餘震），其發生在空間與時間分佈上有群集現象，所有眞正的餘震大皆沿著主震期間曾經有過滑動的斷層節段之某部份發生，而在震央 100 公里範圍內發生的機率則達 67%。雖然如此，但也有一些例外情況，例如 1992 年 6 月 M7.3 的蘭德斯地震發生後 3 小時，離主震震央 40 公里的南加州城市大熊（Big Bear）發生 M6.5 地震。大熊地震發生的位置遠離蘭德斯地震之際產生滑動的斷層，它在時間上符合餘震的輪廓，但其發生地點卻不符合。許多其他地震也有類似像大熊地震的情形，它們往往群聚在遠離主震期間產生滑動的斷層之處（Stein, 2005, 84-85）。

雖然餘震很明顯地是與大型地震滑動有關聯，此即餘震序列是由主震所觸發，但長久以來它們始終是一個疑惑，原因是餘震並不在主震後立即發生，主震與餘震間通常有一時間延遲，1894 年，日本地震學家房吉大森（Fusakichi Omori）觀察到餘震的發生時機遵循一種常規模式，基於這個發現，他後來發展出一個稱爲大森律〔見式（3-2）〕的基本理論。餘震的衰減頻率就像擴散過程，此種物理過程有其依時（time-dependent）特性，據大森律，餘震在主震發生後的最接近時間，其發生次數最多，10 天之後，餘震率下降到初始率的 10%；100 天後，它下降到 1%。這種地震活動的衰減方式與過去所認爲的「地震在時間上是隨意發生的」之觀點相左。Nur and Booker（1972）認爲，地震後孔隙壓的再調整可解釋餘震發生的延遲時間，其說法如下：

當地震發生時，區域應力場總是會有立即的修正，岩石強度的改變（ΔS）可由下式表示（Hubbert and Rubey, 1959）：

$$\Delta S = \mu_f(\overline{\sigma} - P) \quad (4\text{-}1)$$

μ_f 是內摩擦係數（或摩擦係數），$\overline{\sigma}$ 是平均應力，P 是斷層孔隙壓，在斷

層剪切應力超過其強度之處餘震發生。在地震後孔隙壓立即改變，其變化量正比於地震導致的平均應力，即

$$\Delta P = -B\Delta\bar{\sigma} \qquad (4\text{-}2)$$

式（4-2）適用於未排水條件，B 是 Skempton's 係數，它是一個由經驗決定的常數，它與作用在多孔岩石及孔隙流體的正應力多少有關。地殼岩石的 B 值約介於 0.55 ～ 0.9，但許多研究都假設 B = 1。

當來自錯位（dislocation）的平均應力改變發生得太迅速，以致孔隙中流體基本上維持平穩狀態時，這時多孔彈性介質即是處於未排水狀態。在最初錯位之後，孔隙流體將從高壓區（即壓縮地區）流到低壓區（膨脹地區），而平均應力場將大致維持不變，故斷層強度會隨著時間改變。依照以上理論，餘震數目將正比於參予區域整合的孔隙水壓之時間變化率。不但如此，這個理論也預測餘震將會發生在孔隙壓上升之處，即同震膨脹（coseismic dilation）的地區（Bosl and Nur, 2000, 271-272）。

Hubbert 的岩石強度標準〔即式（4-1）〕並未考慮斷層非均向（anisotropic）性質，實際上垂直於斷層面的壓應力，才是支配斷層摩擦強度的重要因素，而非平均應力，因此庫侖破壞強度較合適於用來量度斷層強度，它可表示如下：

$$\tau_c = \tau_s + \mu_f(\sigma_n + P) \qquad (4\text{-}3)$$

τ_s 是斷層面的剪切應力，μ_f 是內摩擦係數（或摩擦強度，）σ_n 是斷層面的正向應力，P 是斷層面的孔隙壓。增加孔隙壓將會有效降低正向應力，因此也會降低需要去克服摩擦的剪切應力，（$\sigma_n + P$）常被稱爲有效應力，（$\sigma_n + \alpha P$）是較正確的有效應力表示，其中 α 是 Biot 參數，在斷層常假設 $\alpha \approx 1$（Nur and Byerlee, 1971）。當 $\tau_c > 0$ 斷層往往產生破壞，τ_c 依局部應力場及斷層方位而定。雖然個別斷層的方位在一地區中通常未知，但在同一地區中，許多斷層的平均方位卻常可推斷出。在地震後庫侖應力常被

當作靜態量看待，而這樣做的先決條件是假設孔隙流體是靜止的，及斷層是處於未排水條件。這種假設允許孔隙壓自庫侖應力標準移除，且有效摩擦係數可定義為：

$$\mu' = \mu_f(1 - B) \tag{4-4}$$

其中 B 是 Skempton's 係數，因此有效庫侖應力可表示為：

$$\tau_c \equiv \tau + \mu'\sigma_n \tag{4-5}$$

有效庫侖破壞標準是一靜態量，對一場地震，它只能計算一次以得到一個滑動模型或一個同震（coseismic）應力場。一旦孔隙流體開始呈現明顯的流動（通常是地震開始數小時之後），未排水的假設就不再成立。換言之，在餘震發生的大部份期間未排水的假設條件並不成立。

地殼典型的擴散度（diffusivities）約為 0.01 ～ 1.0 m^2/s 數量級（Charlez, 1997; Wang, 1993），但也有人（如 Li et al., 1987）使用 0.1 ～ 10 m^2/s 的擴散範圍來研究餘震。擴散超過 1 公里的時間尺度能短至一天（使用較大擴散值）及長至數年（使用較小擴散值）。由於地下水在破裂岩層的流動將會更快，故基於典型的地殼擴散度未排水的假設在地震發生數小時後即不再成立，且因錯位導致的同震孔隙壓改變是沿著斷層全面發生，故整個地區在地震後孔隙壓擴散隨即開始。

為了研究餘震的觸發是否因孔隙流體擴散所引起，Bosl and Nur（2000）針對 1992 年蘭德斯地震後的多孔彈性孔隙流體流動進行模擬。選擇蘭德斯地震作為研究對象的原因，不但因它是一具有許多餘震的大型地震且保有詳細的數據，不僅如此，且由於蘭德斯地震所產生的破裂斷層系統是位在加州東南部莫哈韋塊區（Mojave Block），這區域是受西北走向與右旋走滑斷層系統所支配，當蘭德斯地震發生時，破裂是沿著數條以前認為不曾互相連接的大斷層發生，這種情形提供後文的另一課題—— 一條斷層的應力變化是如何引起鄰近斷層的破壞之研究佳例。蘭德斯地震前兩個月在主震斷層線南方有強烈的地震活動，其中最大的前震是發生在 1998 年 4 月 23 日的約書亞樹地震（M_w = 6.1），其餘震在以後的兩個月期間向北遷移，這些活動繼續轉移到蘭德斯震央附近，直到主震發生前數小時爲止。這意味著此種時間依賴性的行爲，需要時間依賴性的動力學來做因果解釋，而由孔隙流體誘導的應力演化，可能可說明以上餘震活動轉移的現象。

蘭德斯主震發生後 3 個月，在其破裂帶西方 40 公里處的大熊斷層發生一場大型餘震（它也有可能是另一場不同的地震）。與蘭德斯地震 — 斷層相較，大熊地震 — 斷層有不同的方位與移動，這兩者約略互成共扼。在蘭德斯主震後一年內計發生 13 場規模 5.0（或更大）的額外餘震。蘭德斯地震的地表破裂總長度約爲 85 公里，沿著地表的平均滑動爲 2 ～ 4 米，而其規模爲 M_w = 7.3（蘭德斯地震序列的詳細描述見 §3-3）。

Booker（1974）及 Li et al.（1987）等人的研究顯示，在斷層周遭區域的庫侖應力場在破裂發生後，由於孔隙流體擴散之故它將會有變化。King et al.（1994）基於斷層是處於最佳破壞方位的假設計算餘震地點的庫侖應力，發現約三分之二的地震活動是發生在同震庫侖應力爲正值之處。Hardebeck et al.（1998）利用實際的餘震震央機制數據來計算庫侖應力，其結果顯示，約 85% 的餘震是發生在正值的同震庫侖應力地區。前述兩研究均不包括距蘭德斯地表斷層線 5 公里內的餘震，原因是靠斷層太近則應力場可能有太多變化。以上基於靜態庫侖應力場的計算結果，雖指出同震庫侖應力與餘震的發生，其彼此間有密切關聯，但並未能解釋時間延遲及餘震頻率的擴散衰減。

雖然同震應力改變可能促使區域斷層接近破壞，但餘震將發生在主震後庫侖應力持續增高之處。庫侖應力增加率顯示，它直接與衰減中的孔隙壓力梯度有關，而庫侖應力的增加，也將使餘震發生率放慢。圖 4-1 顯示，每場餘震在其發生時間及地點的庫侖應力計算結果，此結果並與相同地點的初始庫侖應力比較。出現在圖中的餘震僅是那些同震（coseismic）

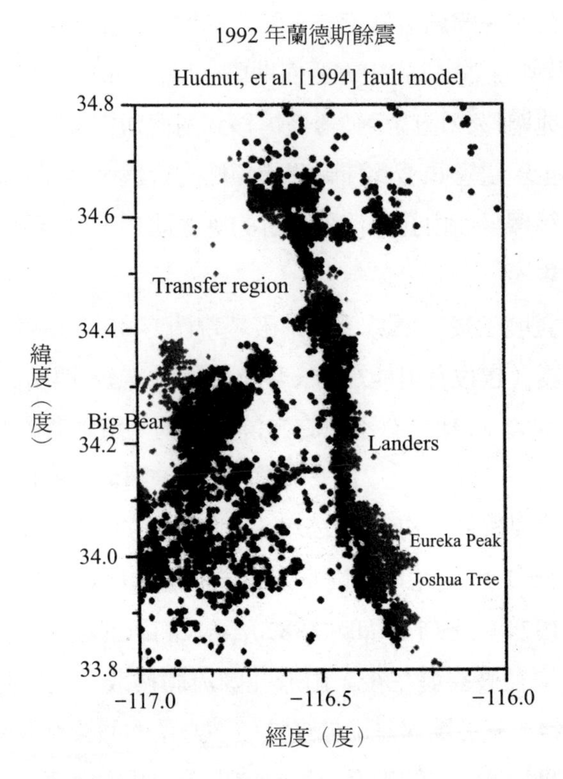

圖 4-1　蘭德斯地震餘震與因孔隙壓擴散導致的庫侖應力趨勢之比較。黑點指出：餘震發生時，其庫侖應力計算值，$\tau_c(p)$，是大於初始同震庫侖應力；灰點代表其 $\tau_c(p)$ 計算值是小於初始同震庫侖應力。黑點的庫侖應力平均增量是 0.8 MPa（8bars），灰點的庫侖應力平均改變是 −0.2 MPa（2bars），16,661 場餘震的 73%，顯示它們發生在庫侖應力增加（自主震發生後）之處（Bosl and Nur, 2000, Plate 3, p.276）。

庫侖應力爲正值者，不但如此，它們自主震後，其庫侖應力增量幾乎達 70%。與初始同震值比較，在餘震地點計算得到的庫侖應力平均增量是 0.155 MPa（1.55 bars）。Bosl and Nur（2000）進一步發現，約佔總數 10% 的餘震發生在初始（同震）庫侖應力是負值的地點，但在餘震發生時，它可能因 Mandel-Cryer 效應之故早已變成正值，這種情形可能發生在滲透率低於周遭地區的環境，而所謂 Mandel-Cryer 效應，指的是在低滲透率地區由於孔隙流體不易流出該地區，故可能產生異常高的孔隙壓，即使在一維的問題亦是如此。

圖 4-1 的獲得，是基於 §8-1 的多孔彈性體理論，其計算過程略說明如下（Bosl and Nur (2000), p.274）：由斷層位移引起的同震孔隙壓變化是由式（4-2）得到，而孔隙壓力隨時間的變化值，則由式（8-1）及（8-2）聯合解得，因孔隙壓力導致的偏應力（stress diviation），係利用式（8-5）解得，而未排水波桑比 0.3，則被用來代表地殼的有效初始反應值。據圖 4-1 庫侖應力來自同震值增加的餘震群，其發生聚集在兩個地點，一是靠近大熊斷層，另一是在尤里卡峰（Eureka Peak）斷層附近，而位置落在蘭德斯斷層的南端。

本節主要是從地震後的多孔彈性過程，來說明應力變化的源起及餘震的產生與分佈，下節將進一步闡釋動態應力變化如何觸發餘震。

4-2　動態應力變化觸發餘震

庫侖應力變化可分爲靜態與動態兩種，靜態應力變化（ΔCFS）是永久變化，它們依最後的斷層位移而定，且不受破裂過程影響。隨時間變化的短暫部份（即動態應力變化），ΔCFS(t)，是經由從震源周遭傳播的震波所傳輸。在近距離靜態應力變化與輻射波長有密切相關，它們隨著與震源距離的增加，其減弱的速度比變形與震波間的變化關係還快（圖 4-2）。在遠距離動態應力變化大於 ΔCFS 數個數量級，它與該處地震的觸發有關聯，由於最大的 ΔCFS(t)（正值）總是等於或超過 ΔCFS（Hill et al., 1993; Belardinelli et al., 1999），因此似乎可合理預期動態應力變化可能也會觸發附近地點的餘震。在近距離最大的 ΔCFS(t)/ΔCFS 的比率，約略正比於震源接收器距離（R），而在較遠距離，它們則正比於 R^2（Aki and Richards, 1980）。不僅如此，如動態應力變化觸發遠處地震，則它們在近處也必須會如此做，原因是受觸發的地震無法分辨它們與應力彼此間的距離短長。庫命應力的改變，對斷層破裂的影響至少有兩種方式：其一是藉著提高或降低施加的累積負載（如板塊構造負載），正 ΔCFS 強化施加的負載，

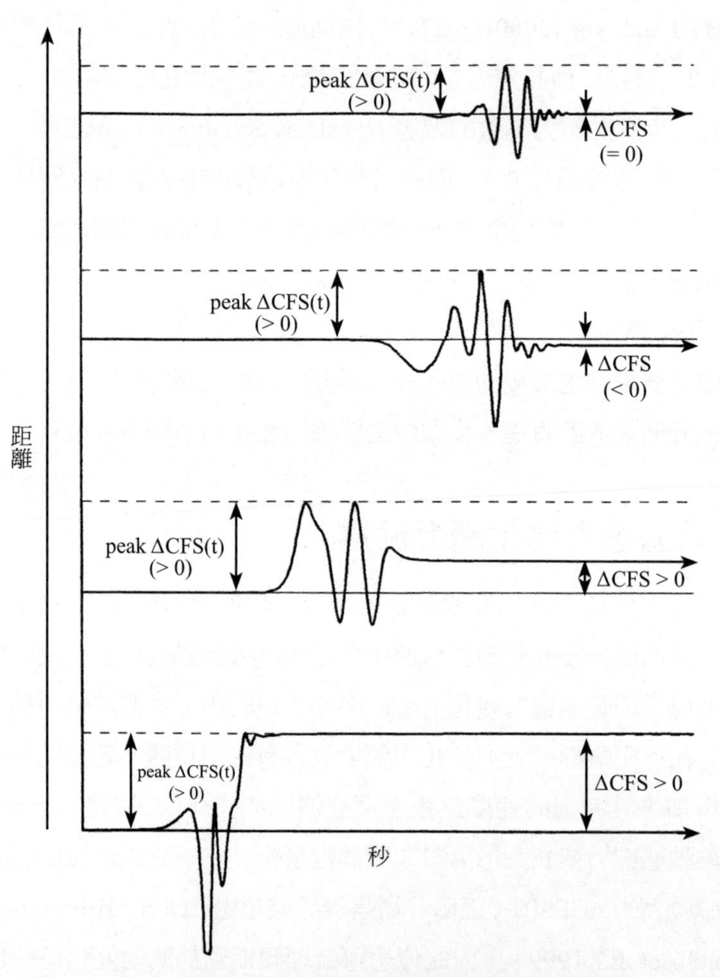

圖 4-2　描述最大庫命應力變化（最大 ΔCFS(t)）與靜態庫命應力變化（ΔCFS）及其隨距離改變的庫命應力圖。在遠距離，最大 ΔCFS(t) 是大於 ΔCFS；但在近距離這兩值相仿。且依定義，最大 ΔCFS(t) 不能為負值（Kilb et al., 2002, Fig. 1）

而負 ΔCFS 則減弱它，動態應力的變化無法永久性改變施加的負載。另一是應力改變可能有助於破壞，原因是它變更斷層及／或其鄰近岩石的性質。實驗室試驗及現場觀察顯示，斷層物理及化學性質的改變（如對粗糙區的侵蝕、大宗成分的化學改變、或斷層泥的形成等），常伴隨斷層破壞一齊發生（Scholz, 2002; Beeler and Tullis, 1997）。

基於以上敘述，Kilb et al.（2001）提出以下說法：主震產生正值 ΔCFS(t)，它藉著修正餘震斷層或其鄰近岩層性質，而使餘震斷層接近破壞狀態，而這可能與主震同時或延遲數日至數月發生。當構造負載持續作用後，一個動態弱化斷層可能產生破壞，或是破壞也可能在動態應力停止作用一段長時間後發生。另一個可能性是動態應力引起新裂縫的形成，而此新裂縫在經過一段延遲時間後又產生破壞，此情況下地震活動率因額外地震的產生而增加。如果以上的說法無誤，則地震活動率的增加應與最大正值，ΔCFS(t)，有關聯。1992 年，蘭德斯地震（M7.3）的數據經分析後被用來支持以上說法，其推論如下：

若斷層方位已知，則隨時間改變的庫命應力可定義爲：

$$\Delta CFS(t) = \Delta\tau(t) - \mu[\Delta\sigma_n(t) - \Delta P(t)] \tag{4-6}$$

τ 是剪切應力，σ_n 是垂直於斷層的正向應力（壓縮方向是正值），P 是孔隙壓（壓縮方向是正值），μ 是摩擦係數，假設等向性（isotropic）、均質（homogeneous）、多孔彈性（poroelastic）物質，則孔隙壓變化可從下式得到約略值：

$$\Delta P(t) = S\,\frac{1}{3}\,[\Delta\sigma_{11}(t) + \Delta\sigma_{22}(t) + \Delta\sigma_{33}(t)] \tag{4-7}$$

S 是 Skempton 係數，假設 S = 0.85 及 μ = 0.6（Byerlee, 1978; Harris, 1998; Townend and Zoback, 2000）。這些常數變化在一些地區的影響可能多過其他地區，但在 0.5 ≦ S ≦ 1.0 及 0.2 ≦ μ ≦ 0.8 的變化範圍內，Kilb et al.（2001）的分析結果不受影響，圖 4-3 可應用到當 ΔCFS(t) 變成固定值（即當 t 增加時 ΔCFS(t) = ΔCFS）的靜態情況，此破壞標準被當作是破壞

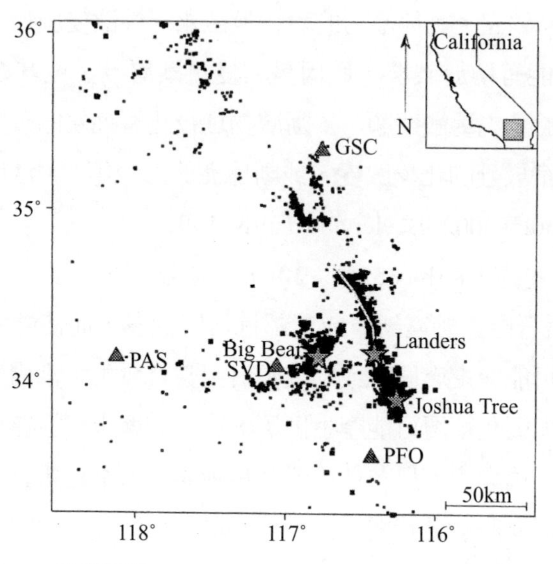

圖 4-3　南加州 M6.1 約書亞樹 (4/23/92; 33.97°, −116.32°)，M7.3 蘭德斯 (6/28/92; 34.22°, −116.43°)，及 M6.2 大熊 (6/28/92; 34.21°, −116.83°) 等地震（以星號表示）及其餘震（以黑色小正方形表示），三條線形節段描述蘭德斯主震的斷層面。寬帶 TERRA scope 監測站的位置以三角形表示，蘭德斯及約書亞樹地震主要是垂直斷層面的右旋滑動，而大熊地震則是左旋滑動（Kilb et al., 2002, Fig. 2）

應力改變的門檻，當應力變化超過此門檻時，斷層性質可能跟著改變，因此導致地震的破壞時間提早發生或新不穩定狀態的產生。

4-3　震後滑動

地震後的測量顯示，稱爲震後滑動（afterslip）的地表滑動並未因地震的停止而止滑，它通常在一年內持續滑動，其隨時間的衰減速率相似於遵循大森律的餘震衰減。震後滑動在整個地震過程中的地位如下：

主震→同震應力改變→震後滑動→震後重新加載（reloading）→觸發餘震

震後滑動也可能降低斷層其他部份的負載，並且修正餘震的時間衰減率，因此震後滑動可能是觸發餘震的重要機制，但因其滑動及應力變化均較小，故其重要性不若靜態應力改變對餘震的影響。

眞實地震的震後滑動涉及孔隙流體，在深入此複雜領域之前可先自實驗室乾岩石的破壞後行爲之了解著手。圖 4-4 是對聖馬可（San Marco）

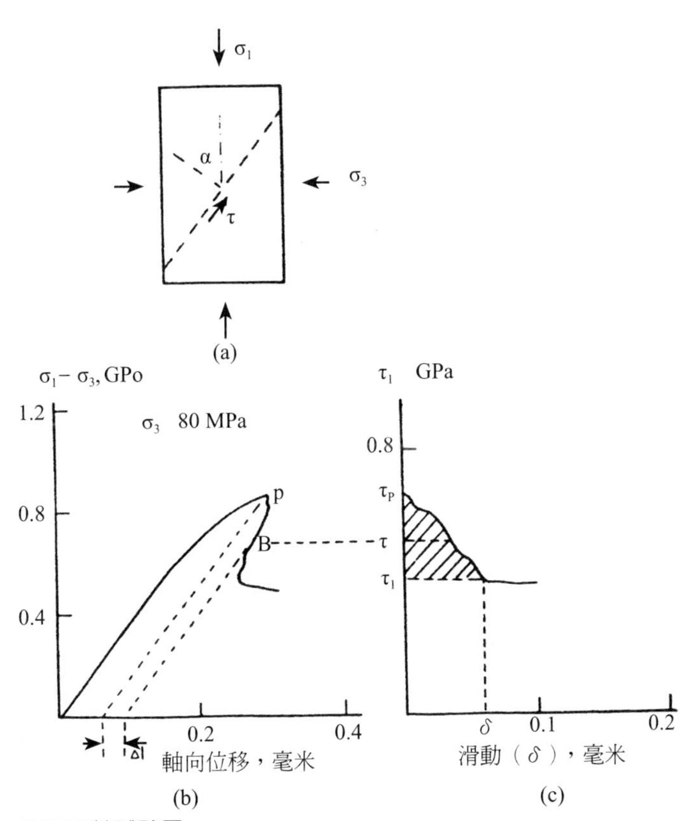

圖 4-4　(a) 岩石三軸試驗圖

(b) 破壞後的數據圖形（試樣使用完整的聖馬可（San Marcos）輝長岩，圍壓範圍 250-400 MPa，軸壓應變是 10^{-5}/s，及處於室溫狀態）

(c) 從 (b) 推論剪切應力 vs 使用於滑動弱化模型的相對滑動關係。（Wong, 1986, Fig. 3）。註：原文圖形說明指出，試樣使用威斯特里（Westerly）花崗岩，這應是筆誤，若據原文內文說明，試樣應是使用聖馬可輝長岩輝長岩在圍壓範圍 250 MPa～400 MPa 下的三軸實驗，它代表的是破壞後的變形數據圖，軸壓應變率維持在 10^{-5}/s，實驗過程中的位移使用差動變壓器（DCDT）測量。假設最大軸壓（σ_1）與斷層垂直方向的夾角爲 α，則

$$\tau = \mathrm{Sin}2\alpha(\sigma_1 - \sigma_3)/2 \tag{4-8}$$

圖 4-4(b) 中，P 是破壞發生的點，B 點的相對滑動量（δ）可藉著破壞後軸位移（ΔL）表示：

$$\delta = \Delta L/\mathrm{Sin}\alpha \tag{4-9}$$

ΔL 可由圖 4-4(b) 觀察出來。圖 4-4(b) 可轉化爲 τ-δ 圖（圖 4-4(c)），圖中的斜線面積代表剪切破壞能。從以上的岩石三軸實驗知，岩石破壞後仍能產生滑動量，而這個破壞後的滑動即是震後滑動。

對尋常的地殼擴散率多孔彈性物質的鬆弛（relaxation）時間大約是一年（Peltzer et al., 1996）。爲估計震後應力變化的大小，假設由初始錯位應力導致的孔隙壓可由式（4-7）計算，而由孔隙流體擴散引起的應力改變必須適合式（8-2），因此

$$\Delta\sigma = (-A\Delta P) = [-A(-B\sigma_{init})] \tag{4-10}$$

$$\Delta\sigma/\sigma_{init} = AB = (\nu_u - \nu)/[(1 - \nu)(1 + \nu_u)] \tag{4-11}$$

其中 $\Delta\sigma$ 是震後平均應力改變，ΔP 是孔隙流壓變化，ν_u 是未排水波桑比，σ_{init} 是平均錯位應力，A 見式（8-3），而 B 是 Skempton 係數。

由孔隙壓力鬆弛引起的震後平均應力改變與初始平均應力改變將有相同符號，這意味著震後平均應力將循著初始平均應力增加或減少的方向繼續其原有軌道。例如對於低孔隙率岩石 $(\nu_u, \nu) = (0.28, .25)$，$\Delta\sigma$ 將約略等於初始同震平均應力的 6%。若 $(\nu_u, \nu) = (0.30, 0.15)$，$\Delta\sigma \approx$ 初始同震平均應力的 40%。

由於震後多孔彈性體的平均應力演化與同震應力變化有相同方向，因此測量到的由多孔彈性鬆弛引起的震後位移，可被認爲是震後滑動。此

外，由於靠近地表的地殼物質通常有較大孔隙率，故近地表的未排水與排水波桑比會有較大的差異，可以預期在較淺深度處有較大的震後位移或較明顯的震後滑動（Bosl and Nur, 2000, p.277）。

5 地震模型

5-1 破壞力學模型

1. 應力強度因素

斷層（或板塊）力學模型的研究有助於對斷層滑動行爲的了解及地震預測。斷層作用是一種由非線型過程控制的自然現象，非線型的意思是在較晚時間（T_2）所量度到的系統性質，是由較早時間（T_1）的系統性質來決定，而早晚兩種系統性質間的關係並非呈線性變化。由斷層作用導致的物質破壞，通常可用破壞力學模型來說明，圖 5-1 是破壞力學的三種基本模型，第一種（模式 I）是張力模式（tensile or opening mode），裂紋壁位移垂直於裂紋，自然發生的節理（joints）適用此種裂紋模式，因斷層很少受到張力作用，故本書較少討論此種模式。

對於斷層引起的裂縫模式最有用的是第二種（模式 II）與第三種（模式 III），前者爲滑動模式（in-plane shear or sliding mode），位移是在裂紋面上，並垂直於裂紋邊緣；後者爲撕裂模式（anti-plane shear or tearing mode），位移是在裂紋面上，平行於裂紋邊緣，自然發生的斷層適合模式 II 與模式 III 等兩種剪切裂紋模式，在斷層表面有限面積範圍產生滑動增量的地震，也適用以上的剪切裂紋模式。

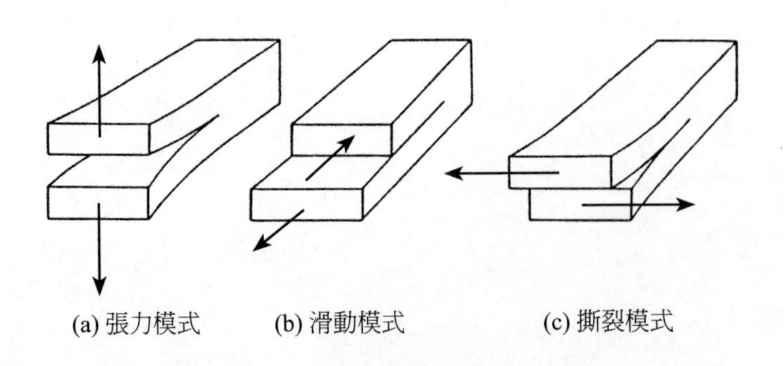

圖 5-1　破壞力學的三種基本模式

雖然斷層較少受到張力作用，然而讀者須知，此種張力裂紋模式在地球表面是很常見到的，例如據 Segall and Pollard（1983）描述，在內華達山脈（Sierra Nevada）花崗岩基的自然膨脹裂縫即是屬於模式 I 裂紋，這些裂縫終端形成一組近乎平行於主裂縫的裂縫露頭。這項觀察指出，裂縫的破裂傳輸是準靜態，面積有許多平方公里，每條裂縫長度自 0.01 m 至近乎 100 m，裂縫中填滿綠簾石（epidote）與綠泥石（chlorite）等，而裂縫鄰近則是由熱液轉化作用形成的花崗閃長岩，這指出當裂縫形成其腔室即充滿化學活性液體。

雖然模式 I 與模式 II 其裂紋傳輸有許多相似性，但在微觀結構行爲方面，它們仍有明顯差異，這些在裂縫表面形態的明顯差異，導致宏觀行爲的基本差異，例如模式 II 裂紋的擴張速度，幾乎可達瑞利（Rayleigh）波速度或音波速度，但模式 I 的裂紋擴張速度，則明顯低於瑞利波速度，後者同時也依賴遠處的加載（Broberg, 2006）。

破壞力學源起自 Irwin（1558）對線性彈性、均向性及均質性脆性材料的裂縫尖端之應力分析，在平面應變情況下，近裂縫尖端的應力（σ_{ij}）及位移（u_i）分別爲：

$$\sigma_{ij} = K_n(2\pi r)^{-1/2} f_{ij}(\theta) \tag{5-1}$$

$$u_i = [(K_n/(2E))[r/(2\pi)]^{1/2} f_i(\theta) \tag{5-2}$$

r 是距裂縫尖端的距離，θ 是以尖端爲原點自水平方向量起的角度，無因次（dimensionless）應力函數 $f^n_{ij}(\theta)$ 依裂縫幾何形狀及負載情形而變，其值能在標準參考手冊（如 Lawn and Wilshaw, 1975）找到（圖 5-2）。K_n 是應力強度因素，n = 1 ～ 3 是破壞模式。據上式，當 $r \to 0$（即非常靠近尖端）應力變成無限大，故 K 是在裂縫尖端處做爲量度應力奇異性（stress singularity）的一種參數，不同的破壞類型，其 K 值皆不同。K 值大小僅依外加負載及裂縫幾何形狀而變，與材料性質無關，故它可用於決定局部應力場的強度。從式（5-1）應力強度因素可表示爲：

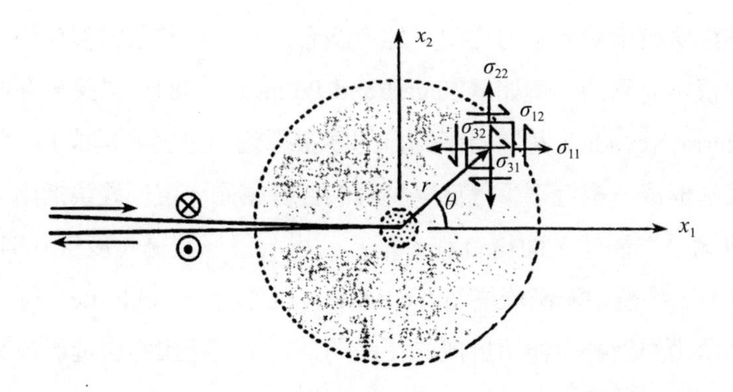

圖 5-2　第二與第三破壞模式的裂縫尖端應力場（Atkinson, et., 1987, p.356）

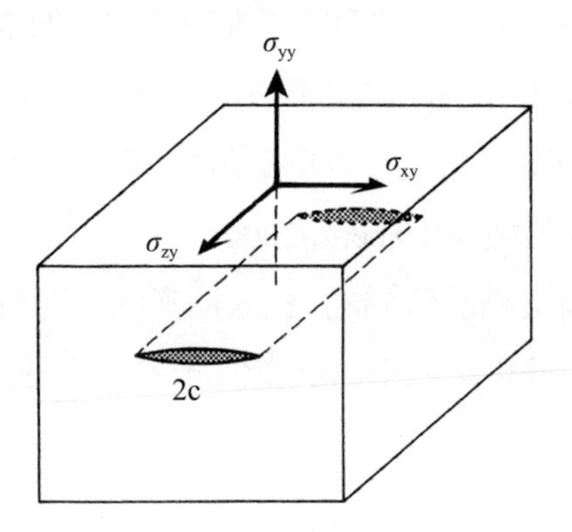

圖 5-3　均勻應力場的裂紋幾何形狀

$$K_n = \sigma_{ij}(2\pi r)^{1/2}F^n \tag{5-3}$$

其中

$$F^n = 1/\ f_{ij}(\theta) \tag{5-4}$$

一般的裂紋幾何形狀，其應力強度因素可在標準參考手冊找到，如 Tada et al.（1973）。一種簡單的情況是，當均勻應力 σ_{ij} 成爲含裂紋岩體的遠場施加應力時（見圖 5-3），此情況的應力強度因素如下：

$$K_I = \sigma_{yy}(\pi c)^{1/2} \tag{5-5a}$$

$$K_{II} = \sigma_{xy}(\pi c)^{1/2} \tag{5-5b}$$

$$K_{III} = \sigma_{zy}(\pi c)^{1/2} \tag{5-5c}$$

以上 c 是裂紋長度

2. 庫侖破壞標準與格里菲斯破壞標準

再從式（5-1）、（5-2）看，它們指出在裂紋尖端（$r \rightarrow 0$）存在應力奇異性（stress singularity），這種現象純粹是由裂紋端點的理想尖銳形狀引起，但這是違反物理原則的，原因是它們違反小應變的線性彈性假設。其次是眞實世界並不存在能支持無限應力（$r \rightarrow 0$ $\sigma_{ij} \rightarrow \infty$）的物質，因此在靠近裂紋尖端處必存在有一個能緩和此種奇異性的非線性變形區域，如此利用破壞力學方法解題時，由於非線性區的應變能是有限，及小範圍的非線性區並不會明顯地扭曲離裂紋較遠處的應力場，故裂紋尖端奇異性的問題就可被忽略。

總之，線性彈性破壞力學並不適用於尖端周遭的小範圍非線性區，它也不適用於有著大尺度屈服（yielding）特性的材料。在尖端周遭範圍很小的非線性區，塑性流動及其他能量耗散過程可能發生，這些皆有助於裂紋延伸力道，因此由破壞力學解靠近裂縫尖端（或稱奇異點）的應力集中問題，其首要之舉是假設靠近尖端的範圍很小及包含的能量有限，且物質爲線型彈性。所謂「靠近裂縫尖端」的意思是，與裂縫尺度相較，尖端附近的點與尖端的距離是相對很小。

除了尖端周遭的奇異性外，另一項破壞力學在地質應用的更嚴肅問題是在於，它假設尖端背後的裂紋不具有凝聚性（cohesionless）。在眞實世界斷層受到剪切力作用時，沿著整個斷層面摩擦皆將存在，而抵制摩擦力所做的功，將會是滑動過程中能量平衡的重要項目之一。由於在破壞力學領域裂紋被假設爲無凝聚性，故應力降（stress drop）是相等於施加的應力。爲較符合眞實情況，當應用破壞模式到斷層時，假設應力降（$\Delta\sigma$）

等於外加應力減去斷層的殘餘摩擦應力（Scholz, 2002, p.14）。此外，爲描述一般應力條件下的岩石強度反應，以下對於宏觀破壞標準的推導，主要是基於經驗或半經驗關係：

首先定義極限破壞包絡線的主應力（壓力爲正）其彼此間關係如下：

$$\sigma_1 = f(\sigma_2, \sigma_3) \tag{5-6}$$

當應力是張力且超過張力強度（T_o）時，張力破壞將發生在垂直於最小主應力的平面，因此

$$\sigma_3 = -T_o \tag{5-7}$$

在壓應力狀態的剪切破壞，通常使用經驗性庫侖－摩爾標準來描述（如圖5-4）：

$$\tau = \mu\sigma_n \tag{5-8}$$

加入凝聚項 τ_o 後，

$$\tau = \tau_o + \mu\sigma_n \tag{5-9}$$

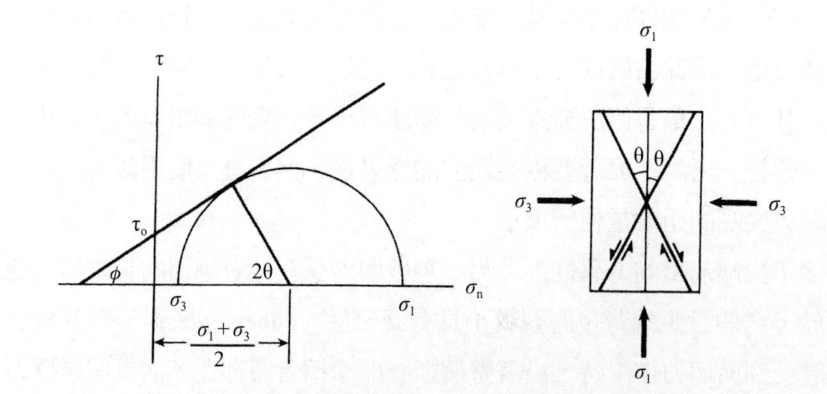

圖 5-4　藉著摩爾圓描述的庫侖破壞標準，左圖顯示在破壞之際各參數間的關係可自摩爾圓的幾何形狀推得；右圖顯示破壞面與主應力的角度關係

τ 與 σ_n 是材料內部任意面的剪切應力與正應力，μ 是內摩擦係數（$\mu = \tan\varphi$），φ 是內摩擦角。從摩爾圓看，破壞將發生在兩個銳角（θ）方位的共扼（conjugate）平面，

$$\theta = \frac{\pi}{4} - \frac{\varphi}{2} \tag{5-10}$$

在 σ_1 方向的任何一側都有著相反意義的剪切應力，完整的二維庫侖破壞標準如下式：

當 $\sigma_1 > C_o[1 - C_oT_o/(4\tau_o^2)]$

則 $\sigma_1[(\mu^2+1)^{1/2} - \mu] - \sigma_3[(\mu^2+1)^{1/2} + \mu] = 2\tau_o$ (5-11a)

當 $\sigma_1 < C_o[1 - C_oT_o/(4\tau_o^2)]$

則 $\sigma_3 = -T_o$ (5-11b)

這是一條在 $\sigma_1 - \sigma_3$ 平面的直線（即摩爾包絡線），C_o 是包絡線在 $\sigma_1 - \sigma_3$ 平面的截距，它代表單軸壓強度。

$$C_o = 2\tau_o[(\mu^2+1)^{1/2} + \mu] \tag{5-12}$$

除庫侖破壞標準外，格里菲斯（Griffith）二維破壞標準也被常用，它假設宏觀破壞能藉著最長與最關鍵方位的格里菲斯裂紋之啓動（initiation）而辨識，而據格里菲斯分析，在雙軸應力場中的橢圓形裂紋，當其處在最關鍵方位時，將會產生最大張應力集中。Griffith（1924）的破壞標準如下式：

當 $\sigma_1 > -3\sigma_3$

則 $(\sigma_1 - \sigma_3)^2 - 8T_o(\sigma_1 + \sigma_3) = 0$ (5-13a)

當 $\sigma_1 < -3\sigma_3$

則 $\sigma_3 = -T_o$ (5-13b)

相應的摩爾包絡線是一拋物線形：

$$\tau^2 = 4T_o(\sigma_n + T_o) \tag{5-14}$$

就像庫侖標準，格里菲斯二維標準也無法預測 σ_2 的影響。McClintock and Walsh（1962）指出：處於壓應力狀態裂紋在一些正應力（σ_c）作用下將會閉合，及其後的裂紋滑動將會遭摩擦所抵制，因而他們提出以下的修正後格里菲斯標準：

$$[(1-\mu^2)^{1/2}-1](\sigma_1-\sigma_3)=4T_o(1+\sigma_c/T_o)^{1/2}+2\mu(\sigma_3-\sigma_c) \quad (5\text{-}15)$$

其相應的摩爾包絡線為：

$$\tau=2\,T_o(1+\sigma_c/T_o)^{1/2}+2\mu(\sigma_n-\sigma_c) \quad (5\text{-}16)$$

就像庫侖標準一樣，此包絡線在二維應力空間為一線性關係。如 σ_c 很小則可不用考慮它，如此得到的簡化式（令 τ_o = $2T_o$）與庫侖標準略有相同外貌。前述數種標準的比較見圖 5-5，以上沒有一個標準能適當描述斷層破裂過程的複雜性，同時在壓應力狀態下，格里菲斯破壞標準中的假設條件也非正確（Scholz, 2002, 17-21）。

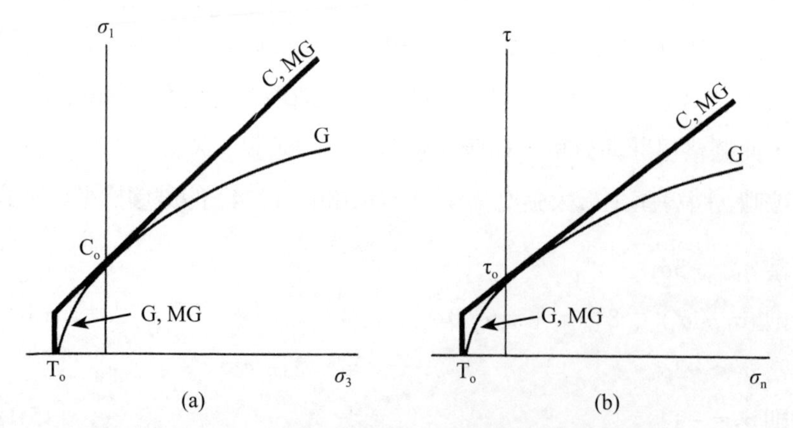

圖 5-5　庫侖標準（C）、格里菲斯標準（G）、與格里菲斯修正標準（MG）在以下空間的比較（Scholz, 2002, Fig. 1.10）：

(a) (σ_1，σ_3)

(b) (τ，σ_n)

3. 線型彈性破壞力學

裂紋傳輸涉及機械能與產生新裂紋表面所做的功之轉換，大部份情況下，機械能包含儲存的彈性能及邊界力所做的功，而在產生裂紋長度 c 的過程中，釋出的機械能定義為裂紋前緣（crack front）每單位寬度的裂紋延伸力（G），G 是促使裂紋尖端延伸入固體的熱力學驅動力，當裂紋傳輸時，另一反向的抵制力即是 G_c，岩石中模式 I（膨脹）裂紋的準靜態傳輸是在水溶液存在時發生。準靜態的裂紋傳輸速率（$\dot{c}$）是瞬間裂紋延伸力（G）的函數，即 $\dot{c} = \dot{c}(G)$，而在流體存在情況下，裂紋傳輸產生的條件如下：

$$(G - 2\gamma^{\star})\dot{c} \geqq 0 \qquad (5\text{-}17)$$

$\gamma^{\star}$是有效表面能（Segall, 1984）。

利用破壞力學來解析斷層移動問題，自然有其限制，最明顯的限制是，當它處理沿著斷層面的極端非均勻應力，或是整個斷層帶的應力依斷層相對滑動量而變時，斷層帶的模擬結果將可能極不合理。其次的限制是斷層帶附近的岩石如非線型性質，則破壞力學的應用也非適當，此時可使用其他的力學模型來處理。除以上限制外，在斷層帶內岩石彈性模數易受裂紋破壞的影響，而這形成了模擬地震的線性與非線性彈性裂紋模型在輸入上的難題。彈性模數的改變能導致斷層周圍應力場的改變，據 Heapetal.（2010）對不同岩石類型（花崗岩、砂岩與玄武岩）的循環應力實驗知，彈性模數隨著損壞程度增加的演化趨勢，對不同的岩石類型皆非常相似，唯一例外的是，不含裂紋的侵入型玄武岩，它僅呈現非常微妙的改變。通常在整個循環負載過程中，楊氏模數減少約 11～32%，波桑比增加約 72～600%。這些模數的變化皆歸因於每一循環中應力增加後，導致裂紋損壞水平的增加之故。而彈性模數的改變，也將導致差異應力的明顯減少及增加平均應力與最大主應力的轉動。基於彈性模數的演化對所有試驗岩類皆有相似的趨勢，這意味著不管斷層周遭的岩性如何，斷層破壞帶的應力修正皆可能具有相同形式。

以上關於破壞力學在裂紋傳輸的應用之敘述，主要是基於線型彈性破壞理論，然而如前所述，在處理斷層成長的過程因裂紋尖端存在有應力奇異性，故實際上彈性裂紋模型的應用有其困難，此情況下，較佳的選擇應是彈－塑性破壞力學模型，它將斷層周遭的小範圍視為是非彈性變形區，而小範圍之外才是彈性變形區，Dugdale-Barenblatt 模型是此種類型的最簡單模型，該模型在斷層的應用細節見 Cowie and Scholz（1992）。Chen and Bai（2006）利用應力疊加原理描述複雜的斷層尖端周圍破壞區之微裂紋成長特性，及提出地震孕育過程的解析方法，其法略介紹如下：

圖 5-6 描述受到構造應力作用的斷層，它與主應力 σ_1 方向夾一銳角（ψ），這一力學問題是相當於圖 5-7(a) 的左圖，其中斷層（或裂紋）表面存在有摩擦力。此圖可拆解為兩圖，其中之一的剪切問題之圖顯示斷層表面具有摩擦力；而另一軸向壓縮問題之圖則不具有斷層。剪切問題之圖可再拆解為兩圖（圖 5-7(b)），其中之一（具有裂紋）是典型的剪切破壞模式 II，另一則不具有斷層，如此解圖 5-6 的複雜問題即成為解圖 5-7 的簡單應力疊加問題。模式 II 在近裂紋尖端（$r \rightarrow 0$）存在應力奇異性，沿著斷層面近裂紋尖端處的彈性應力如下：

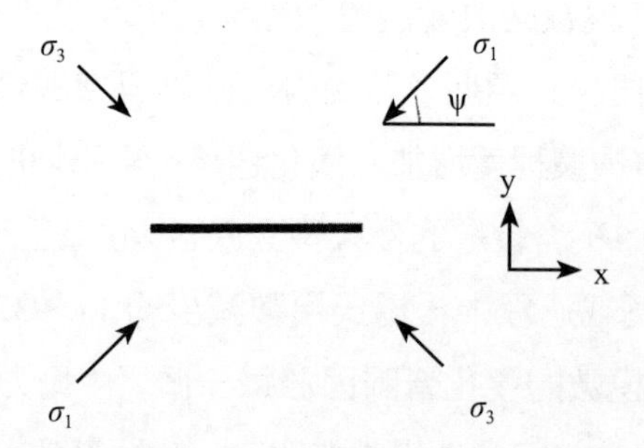

圖 5-6　受構造應力作用的斷層（Chen and Bai, 2006, Fig. 1）

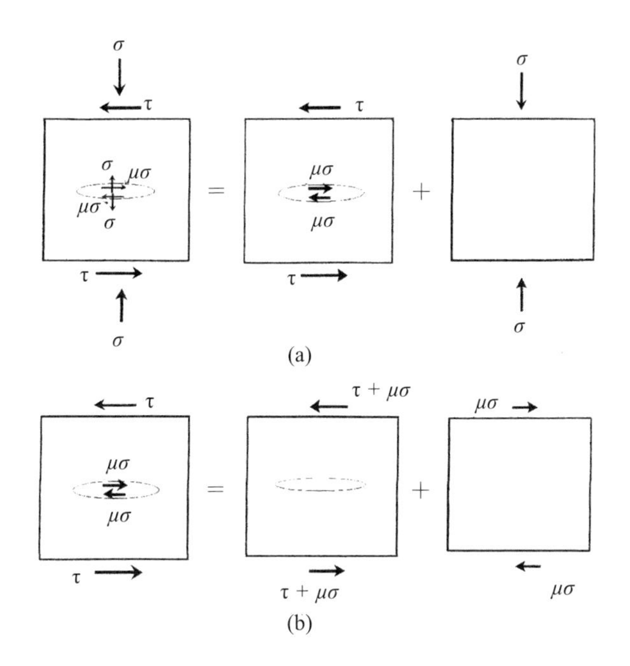

圖 5-7　應力拆解程序（Chen and Bai, 2006, Fig. 2）

$$\sigma_{xx}(r, 0) = 0 \tag{5-18a}$$

$$\sigma_{yy}(r, 0) = \sigma \tag{5-18b}$$

$$\sigma_{xy}(r, 0) = K_{II}/\sqrt{2\pi r} - \mu\sigma \tag{5-18c}$$

μ 是摩擦係數，K_{II} 是模式 II 的破壞強度因素，(r, θ) 是原點位在斷層尖端的極坐標，σ 與 τ 是斷層的正應力與剪切應力，

$$\tau = [(\sigma_3 - \sigma_1)/2]\sin 2\psi \tag{5-19a}$$

$$\sigma = [(\sigma_3 + \sigma_1)/2] + [(\sigma_3 - \sigma_1)/2]\cos 2\psi \tag{5-19b}$$

當應力超過屈服強度時，岩石將呈現塑性變形，此時斷層尖端周圍小範圍的介質將首先出現屈服現象，沿著斷層面屈服帶的長度設爲 r_b，其值大小由 Mises 屈服標準（Han and Reddy, 1999）決定：

$$r_b = K_{II}^2\left\{2\pi\left\{\sqrt{\frac{1}{3}[\sigma_s^2-(1-\nu+\nu^2)\sigma^2]}+\mu\sigma\right\}^2\right\} \quad (5\text{-}20)$$

ν 是波桑比，σ_s 是單一軸向壓縮應力下的屈服強度，

$$\sigma_s = \sqrt{(1/2)\,[(\sigma_{11}-\sigma_{22})^2+(\sigma_{22}-\sigma_{33})^2+(\sigma_{33}-\sigma_{11})^2} \quad (5\text{-}21)$$

σ_{11}、σ_{22}、σ_{33} 是主應力值，它們可由 σ_{xx}、σ_{yy}，及 σ_{xy} 決定（Jaeger and Cook, 1976）。當 $\sigma = 0$（即純剪切破壞模式 II）：

$$r_b = 3K_{II}^2/(2\pi\sigma_s^2) \quad (5\text{-}22)$$

4. 微裂紋的成長

假設斷層可被認爲是內側具有摩擦力的剪切裂紋，而斷層延伸則是一複雜的破裂過程，靠近斷層尖端屈服帶的張力微裂紋，其方位與最大壓應力方向一致。Chen and Bai（2006）建議的微裂紋模型見圖 5-8，根據該模型，許多具有相同形狀及初始長度的微裂紋，沿著斷層面均勻分佈在靠近斷層尖端屈服帶內，這個包含許多微裂紋的屈服帶內之岩石物質具有黏塑性（viscoplasticity）性質，意思是微裂紋周圍的岩石物質皆呈現黏彈性（viscoelasticity），在單軸壓力下的微裂紋延伸是順著最大壓應力方向，且隨時間而變，這些微裂紋將隨著時間而逐漸成長，最後它們互相連結一齊而形成一新斷層。沿著斷層面，斷層尖端屈服帶之應力應是固定值：

$$\sigma_{xx} = 0 \quad (5\text{-}23a)$$

$$\sigma_{yy} = \sigma \quad (5\text{-}23b)$$

$$\sigma_{xy} = (K_{II}/\sqrt{2\pi r_b}) - \mu\sigma \quad (5\text{-}23c)$$

局部應力場將在初始裂紋表面產生正應力（σ'）與剪切應力（τ'）：

$$\tau' = [(\sigma_2' - \sigma_1')/2]\sin 2\psi' \quad (5\text{-}24a)$$

$$\sigma' = [(\sigma_1' + \sigma_2')/2] + [(\sigma_2' - \sigma_1')/2]\cos 2\psi \quad (5\text{-}24b)$$

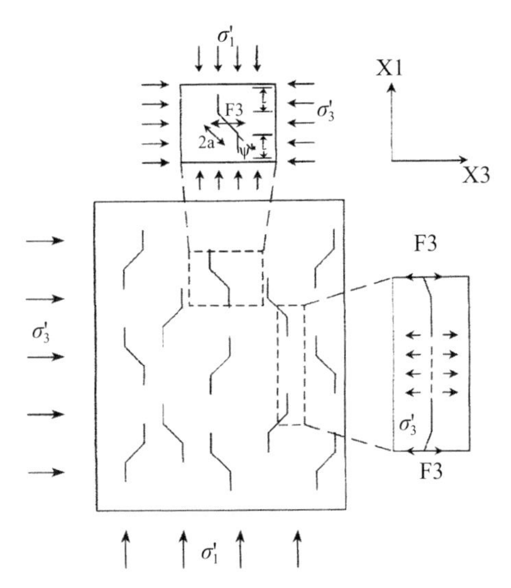

圖 5-8　微裂紋延伸模型（Chen and Bai, 2006, Fig. 3）

σ_1' 及 σ_2' 是屈服帶沿著斷層面的主應力，ψ 是延伸裂紋與主應力 σ_1' 的夾角。

設 $A = \sigma^2 + 4\,(K_{II}/\sqrt{2\pi r_b} - \mu\sigma)^2$，則

$$\sigma_1' = \frac{\sigma}{2} + \frac{1}{2}\sqrt{A} \tag{5-25a}$$

$$\sigma_2' = \frac{\sigma}{2} - \frac{1}{2}\sqrt{A} \tag{5-25b}$$

設 S 是翼狀裂紋中間點彼此間的距離，N 是每單位面積的微裂紋數目，則

$$S = 1/\sqrt{N} \tag{5-26}$$

微裂紋滑動使得翼狀微裂紋撐開 δ 寬的開口（未顯示在圖中），它在兩尖端間之區域產生張力，圖 5-8 的虛線區可設想如下：它受到作用於微裂紋中間點且平行於 X_3 的力（F_3）之作用，F_3（又稱 wedging force）可表示如下：

$$F_3 = (\tau' + \mu'\sigma')2a\sin\psi' \tag{5-27}$$

μ' 是有效摩擦係數，a 是延伸前微裂紋的半長度，ψ' 是初始微裂紋與主應

力 $\sigma_1^{\prime}$ 間的夾角，則作用於翼狀微裂紋的平均內應力：

$$\sigma_2^{i} = F_3/[S - 2(L + a\cos\psi')] \quad (5\text{-}28)$$

S 是翼狀微裂紋中央點彼此間之距離，在翼狀微裂紋尖端的應力強度因素如下式（Sammis and Ashby, 1988; Chen, 2003）：

$$K_I = F_3/\sqrt{\pi(L+\beta a)} + (\sigma_2' + \sigma_2^{i})\sqrt{\pi L} \quad (5\text{-}29)$$

$(L + \beta a)$ 是有效裂紋長度，L 是微裂紋的延伸長度，因此 β 是一項可以人為選擇的常數。選用適當的 β 值，使得當 $L = 0$ 時 K_I 可成為相等於傾斜裂紋的 K_I 值（Sammis and Ashby, 1988, p.6）。翼狀微裂紋尖端的 K_I 是由 $\sigma_3^{\prime}$ 的關閉力所導致（見 Sammis and Ashby, 1988, Fig. 2）。或者從圖 5-9 的三維圖形來解釋亦可，此示意圖顯示一橢圓形的剪切裂紋，其滑動方向用兩粗黑箭頭表示，此剪切裂紋不僅沒有在其本身的平面傳播，即它沒有在模式 II 邊緣（在該處裂紋邊緣是垂直於滑動向量）傳播，它反而以模式 I 的張力裂紋傳播，該裂紋以曲線形朝著最大主應力方向傳播，然後變成穩定。換句話說，裂紋的上尖端與下尖端（模式 II 格局）其成長是藉著在軸方向模式 I 單一裂紋的傳輸所致。

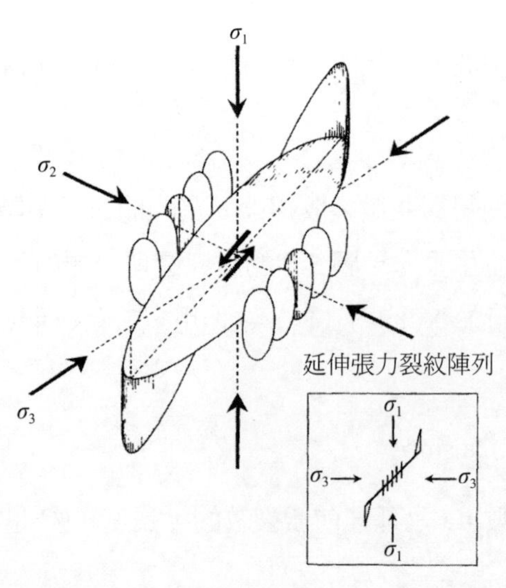

圖 5-9　示意圖顯示從脆性物質剪切裂紋邊緣啓動的張力裂紋傳輸，模式 II 與模式 III 其邊緣的格局是十分不同（Scholz, 1989, Fig. 1, p.311）

在模式 III 邊緣（在該處裂紋邊緣是平行於滑動向量）形成了張力裂紋排列，此種張力裂紋行爲的產生，不但與裂紋邊緣處張應力集中至少等於或大於剪切應力集中有關，且也因材料對於張力的抵抗力較弱所致（Scholz, 1989, p.310），如此在外側緣（這是模式 III）產生一個模式 I 軸向裂紋的排列。因此雖然初始裂紋是從模式 III 裂紋傳輸所致，但卻導致平行於剪切面的裂紋模式 I 排列，故可在尖端附近小範圍使用 K_I 值。設 T(L) 是從上一個微裂紋停止延伸到下一個微裂紋開始延伸的時間間隔，L 是延伸長度，則

$$T(L) = \{\exp[3/(\pi\beta_s(1 - \nu))][\eta/K_I^2 - (1 - \nu^2)/E] - 1\}/\alpha_o \tag{5-30}$$

β_s 與 α_o 是蠕變係數，η 是每單位面積的表面能，設 t_r 是破壞時間，它是微裂紋開始延伸到它們互相連結在一起之際的時間間隔：

$$t_r = \int_o^{to} T(L)dL \tag{5-31}$$

如利用 Gauss 公式來計算上式，則可寫爲：

$$t_r = \Sigma_{i=1}^{n} H_i T(L_i) \tag{5-32}$$

H_i（i = 1 ～ n）是加權因素，L_i（i = 1 ～ n）是介在 0 與 L_o 間的數目。L_o 是臨界長度，當 $L > L_o$ 則 T(L) = 0，這意思是微裂紋將加速成長直到破壞發生爲止。圖 5-10 是計算例子，它顯示破壞時間與微裂紋初始大小間在不同屈服強度下之關係，屈服強度決定屈服帶的應力水平，它並且影響破壞時間。屈服帶半徑（r_b）隨屈服強度的增加而減少，基於實驗室的試驗結果，取 350 MPa 爲花崗岩的屈服應力及 300 MPa 爲大理石的屈服應力，屈服帶半徑的範圍從 5 米到數百米，如圖 5-10 所示，破壞時間隨著屈服強度的增加而減少。

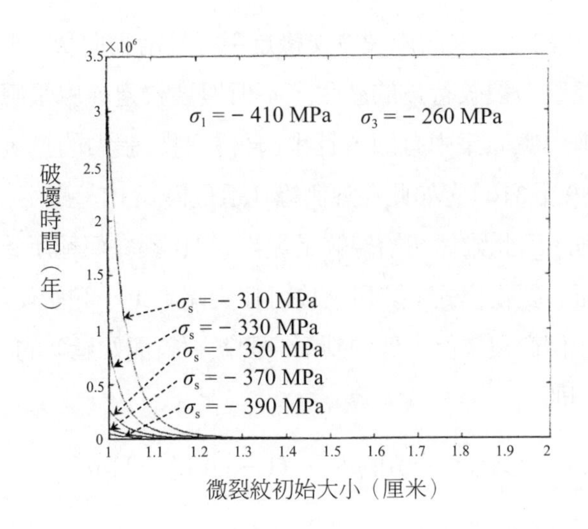

圖 5-10　對不同的屈服強度，破壞時間與初始裂紋大小的關係（基本實驗數據：$\sigma_1 = -410$ MPa，$\sigma_3 = -260$ MPa，$L_f = 50$ km，$\psi = \frac{\pi}{3}$，$\mu = 0.25$，$\psi' = \frac{\pi}{4}$，N = 0.308 m^{-2}，$\eta = 50000$ MPa，$\beta_s = 1\ (MPa)^{-1}$，$\alpha_o = 43.8$ 年）（Chen and Bai, 2006, Fig. 5）。

5-2　滑動弱化模型

1. 摩擦不穩定

實驗室中，節理岩樣在直接剪力作用下，其剪力強度隨著不連續面滑動位移的增加而減少。對於完整岩石（intact rock），其剪力強度在到達臨界值之後亦隨著滑動位移的增加而減少，以上這段文字就是滑動弱化模型（Slip-Weakening Model）的理論基礎，此模型事實上也可稱爲應變軟化（strain-softening）模型。

當岩石進行摩擦滑動之際，若有任何摩擦阻力的改變發生，則動態不穩定常會發生，若在實驗室尺寸，它被稱爲黏滑（stick slip）；若爲地質尺寸，它被稱爲地震。動態不穩定的發生，將引發伴隨著應力下降的非常突然的滑動，以上過程可能重複發生，即不穩定之後跟隨著一段時間的靜止，當靜止期間，應力又重新充電，然後跟隨的又是另一個不穩定。換

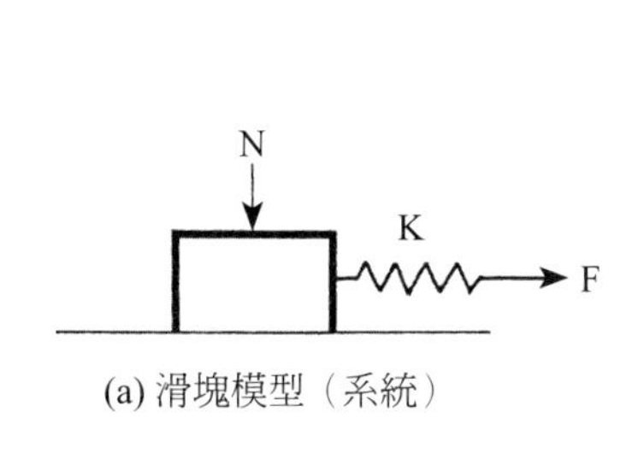

(a) 滑塊模型（系統）

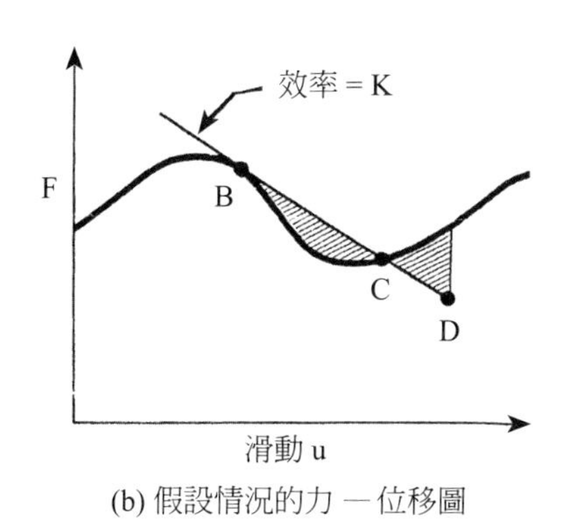

(b) 假設情況的力 — 位移圖

圖 5-11　描述摩擦不穩定起源的示意圖：

摩擦阻力隨著位移增加而減少的速率快於系統反應能力，陰影區代表不穩定滑動區（Scholz, 2002, Fig. 2.16, p.82）。

句話說，所有的滑動皆發生在不穩定期間，這種常見的摩擦行爲稱爲常規黏滑。不穩定條件的描述見圖 5-11，圖中的系統〔即滑塊模型（block-slider model）〕包括一個受力的簡單滑塊，外力（代表摩擦阻力）透過勁度（stiffness）K 的彈簧連接到滑塊，彈簧勁度代表斷層周圍岩石的彈性性質，摩擦阻力 F 到達最大值後，隨著滑動的持續進行而降低其值，這個階段彈簧開始卸載（unloads），而自切點 B 劃出的切線其斜率即是 K。自 B 點之後 F 隨 u 的減少快於 K（即滑塊產生加速度），而不穩定開始發生，在 C 點之後滑塊開始減速，在 D 點滑塊停止滑動，從能量保守的觀點看，BC 與斜線間的面積應等於 CD 與斜線間的面積。不穩定的條件如下：

$$\left|\frac{\partial F}{\partial u}\right| > K \qquad (5\text{-}33)$$

2. 滑動弱化

常規黏滑在岩石的摩擦滑動是很常見的現象，而地震的發生則是已經存在的斷層產生週期性的不穩定滑動〔或稱地震斷層活動（seismic faulting）〕所導致，故地震常被視爲是一種黏滑現象，也就是說，黏滑可作爲地震的機制之一。在圖 5-11，隨著滑動而降低物質強度的過程是一種滑動弱化（slip weaking）現象，它可能引起不穩定滑動。

圖 5-12 是四種岩石節理的滑動弱化曲線，圖中的 4b 曲線代表滑動硬化（hardening），滑動弱化模型及其相關理論不適用於此硬化情形。滑動

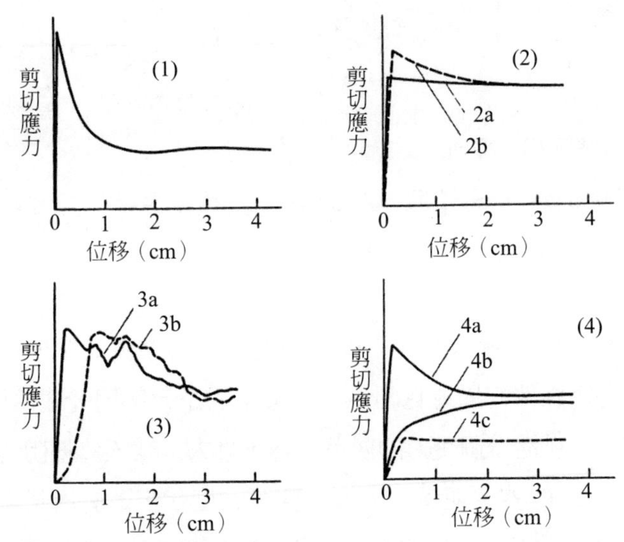

圖 5-12　四種岩石節理類型的滑動弱化曲線（Goodman, 1970；Atkinson, 1987, p.368）：

(1) 癒合（healed）節理與初期（incipient）節理

(2) 乾淨（不含雜質）、光滑的破裂面

2a) 磨光

2b) 未磨光（粗糙鋸齒狀）

(3) 乾淨、粗糙的破裂面

3a) 人為拉伸破壞及受擾動的試樣

3b) 未受擾動的試樣

(4) 有填充物的節理、剪力帶、頁岩薄片理及光滑層面

4a) 乾及輕微潮濕

4b) 濕：薄層

4c) 濕：厚層

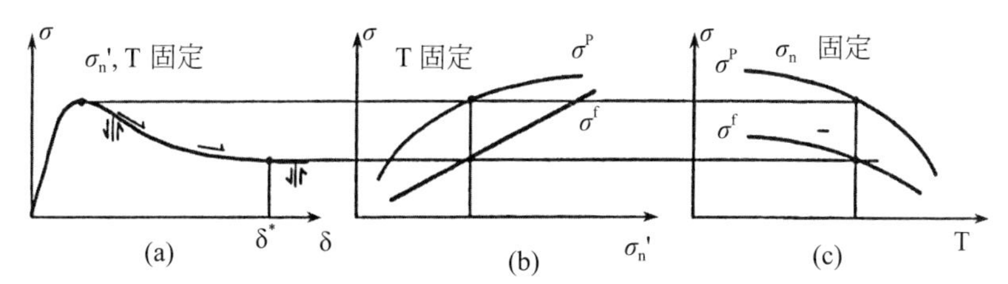

圖 5-13　滑動弱化模型的強度與應力、位移、溫度關係（Atkinson, ed., 1987, p.369）

弱化模型的一般表示法如下（Atkinson, et., 1987, p.369）：

$$\sigma = f(\delta, \sigma_n', T) \qquad (5\text{-}34)$$

式中，$\sigma_n' = \sigma_n - P$，是作用於滑動面的有效正向壓應力，P 爲孔隙壓力，T 是溫度，δ 是滑動位移，σ 是強度，式（5-34）可藉圖 5-13 說明如下，設

σ^p：最大強度（peak strength）

σ^f：殘餘摩擦強度（residual frictional strength）

則依圖號順序：

(a) 岩石在產生臨界滑動位移 δ^* 之後，遞減成爲 σ^f；同時並假設在最大強度之後，解除負載（unloading）及重施負載（reloading）的發生是沿著垂直路徑；同時假設移開負載之後沒有逆向滑動發生。

(b) $(\sigma^p - \sigma^f)$ 隨 σ_n' 的增加而增加，後來則隨 σ_n' 的增加而減少，這說明岩石從脆性到韌性變形的遞變。

(c) $(\sigma^p - \sigma^f)$ 隨溫度的增加而減少。

3. 從黏彈性特質看摩擦不穩定

滑動弱化模型雖可模擬斷層的滑動行爲，但據式（5-34），它與滑動速率及滑動狀態無關，故它無法描述岩石從一個地震週期到另一個週期的遞變。此外，就非穩態滑動情形而論，斷層的滑動行爲不僅與式（5-34）有關，且與系統勁度（stiffness）有關。所謂系統，它是包括負載系統與

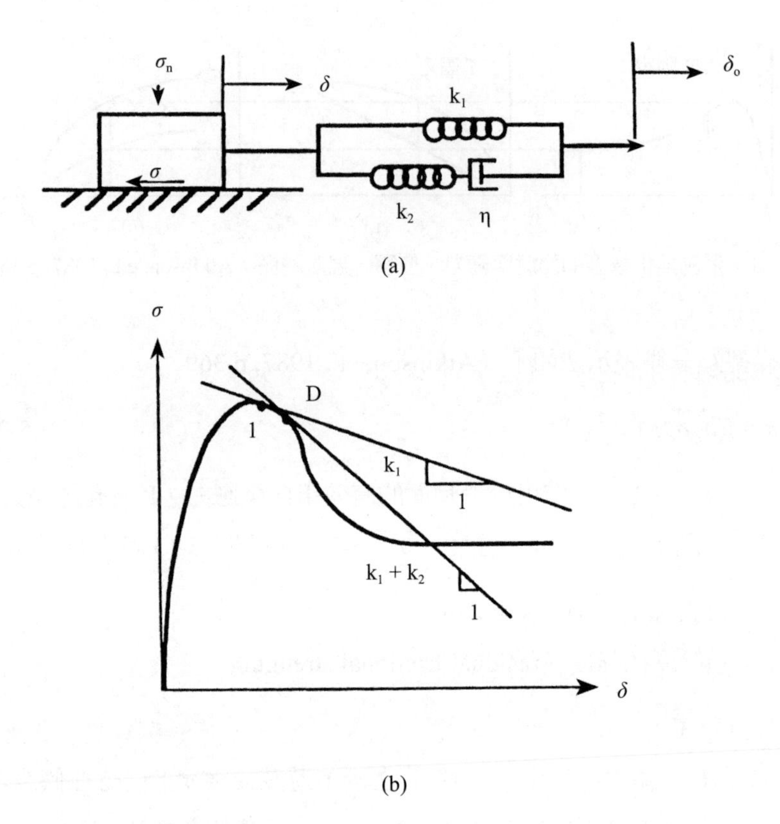

圖 5-14 (a) 結合標準的黏性與彈性兩種單元之單一自由度系統：

(b) l 代表不穩定的起始點，在此點（含此點）之前負載系統的勁度為 k_1；D 代表動態不穩定開始發生的點，在此負載系統勁度達到 $k_1 + k_2$ 的最大值；在 1 與 D 之間方塊可自行滑動（Atkinson, et., 1987, p.374）

含摩擦面的物體兩者，由於在眞實情況下，岩石受應力後的反應可能具有黏彈性（viscoelastically）特質，而非僅是彈性，故考慮勁度影響時不能單獨只考慮彈性影響。圖 5-14 是一結合黏性與彈性兩種單元的單一自由度系統，此系統的特質是：

(1) 對於長時間的回應，或是在 $\partial(|\delta_o - \delta|)/\partial t \cong 0$ 條件下，系統勁度爲 k_1；

(2) 對於短時間的回應，或是在 $\partial(|\delta_o - \delta|)/\partial t \to \infty$ 條件下，系統勁度爲 $k_1 + k_2$；

(3) 在介於 (a) 與 (b) 的情況下，阻尼延遲器（dashpot）將總系統勁度調整爲 k_2

在點 1 之前系統是穩定變形，斜率 k_1 的負載解除線切過滑動弱化曲線的 1 點，超越 1 點系統開始成爲不穩定狀態，一旦塊體開始迅速加速，阻尼延遲器也開始產生作用。在 1 與 D 點之間系統爲準靜態（quasi-state），此時負載點即使停止移動（即 $\delta_o = 0$），塊體仍然會繼續滑動到右方。從 1 到 D 的變形期間，可視爲地震的先兆時期，此時間的長短是由黏彈單元的性質來決定。在 D 點系統勁度達到 $k_1 + k_2$ 的最大值，自此點開始，動態不穩定眞正開始產生（地震也自此時開始）。D 點之後，負載位移 δ_o，即使僅增加一點點，卻能引起應力強度的巨大突降。

地震的此種震顫現象可從 Rudnicki and Kanamori（1981）的說法得到解釋，他們認爲斷層面上存在有一些粗糙區（asperities）（圖 5-15(a)），除非地震發生，否則這些粗糙區在殘餘摩擦應力作用下，並不會跟著斷層面上的其他部份滑動。換言之，斷層面的數個滑動區分別被粗糙區分隔，這些小而強（不易滑動）的粗糙區對斷層滑動過程有巨大影響，即使僅一處粗糙區被破壞（即產生滑動），卻可能引起相對大的地震力矩，且除非粗糙區的大小對斷層長度的比值很小，否則由粗糙區破壞所引起的應力下降可用來估計應變能變化。大面積粗糙區或一群大小面積粗糙區的集合體可能形成一大片的粗糙區，而此大片粗糙區的摩擦即產生大地震。小面積粗糙區或少數小面積粗糙區的集合，則形成小片的粗糙區，而此小片粗糙區的摩擦即產生小地震。此外，在粗糙區之外的部份（白色區域）滑動，即是所謂無震滑動（aseismic slip）（見圖 5-15(b)）。

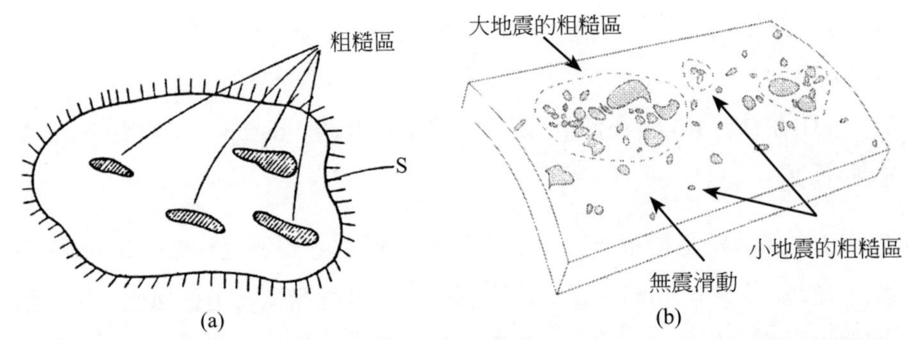

圖 5-15　(a) 斷層面的理想圖繪。S 曲線之外沒有相對位移發生（此即斷層的鎖住節段），S 曲線之內的斷層面在殘餘摩擦應力狀態下自由滑動，但以斜線表示的粗糙區，則除了地震發生之外，並未隨著滑動（Rudnicki and Kanamori, 1981, Fig. 1）

(b) 想像斷層面上鑲嵌著大小不同面積的強弱補片（即一個粗糙區或數群粗糙區），它可能形成一大的粗糙區，稀疏間隔的粗糙區或數群粗糙區可能引起反覆性地震（Wang, 2007, Fig. 17.5）

從以上敘述來看，滑動弱化模型的黏彈單元，其物理性質實是反映斷層面上粗糙區的滑動性質，且以上所提的非穩態延遲機制固然可用黏彈單元的勁度作用來解釋，但它可能也與多孔彈性介質（poro-elastic medium）的排水回應有關。滑動弱化模型的破壞機制亦可利用摩擦係數的變化加以解說（圖 5-16）。斷層面上任一點的摩擦應力（強度）可被假設爲是正比於正向壓應力，比率因子即爲摩擦係數（μ）。在滑動開始前的最初階段，$\mu = \mu_s$，μ_s 是靜態摩擦係數。當斷層開始滑動，μ 呈線型減少直到斷層滑動了一臨界距離 d_o。當滑動距離爲 d_o 時，$\mu = \mu_d$，μ_d 爲動態摩擦係數（Ida, 1972; Andrews, 1976a, 1976b; Day, 1982），此種滑動模式可由實驗室的實驗（見第 6 章的圖 6-21）得到印證（Okubo and Dieterich, 1984 及 1986）。

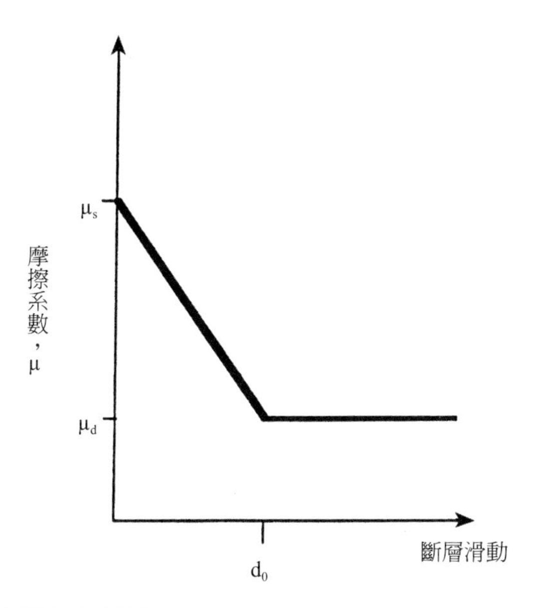

圖 5-16　滑動弱化模型破壞標準（Ida 1972; Andrews, 1976a, 1976b；轉引自 Harris and Day, 1997, Fig. 1）

Harris and Day（1997）基於以上的滑動弱化破壞標準研究低速層（LVZ）對破裂速度的影響，他們將斷層面模擬成一種鑲嵌在連續體（continuum）的平面，除了斷層面之外，連續體具有線型彈性動力行為與特質，斷層面切線方向的位移可以是不連續，剪切應力則由代表滑動摩擦的非線型法則所決定。除此之外，並假設最初的應力狀態是平衡的，數值計算使用平面應變有限差分方法。計算結果發現，當斷層介於低速層中間時，破裂速率隨著低速層寬度的加大而逐漸變慢。當低速層寬度很窄時（如 100 ～ 200 米），破裂速率約僅降低 3%；若低速層寬度很寬時（如 2 ～ 4 公里），則破裂速率的降低將會多於 10%。

5-3　黏彈塑性模型

地震循環的概念雖可用應變累積與釋放的簡單彈性反彈（elastic rebound）理論來描述，但實際上，在本質上其現象是較爲複雜及不規則。此種地震循環概念通常與兩板塊交接的俯衝帶有密切關聯，而描述地殼變形的黏彈模擬常被用於此種場合的模擬。原因是俯衝地震循環的地殼變形有強烈的時間依賴性，特別是在大地震後的最初數十年更是如此，同震（coseismic）變形僅限於在靠近破裂帶發生，而最大下陷可能發生在下傾的破裂端點上方，且常常是在海岸附近。例如稱爲卡斯卡迪亞（Cascadia）斷層的卡斯卡迪亞俯衝帶是一條非常長的傾斜斷層，分隔著胡安・德富卡（Juan de Fuca，簡稱 JDF）與北美（NA）兩板塊（JDF 板塊向下俯衝至 NA 板塊之下），其涵蓋的區域從溫哥華島（Vancouver Island）北端往南延伸至加州北部，此狹長區域包括海域與陸域兩部份，大城市如溫哥華與維多利亞（英屬哥倫比亞）、西雅圖（華盛頓州）、波特蘭（奧勒岡州）、與沙加緬度（加州）等皆位在此狹長的區域內。地震與火山活動在此俯衝帶頗爲活躍，上次的大地震發生在公元 1700 年，而在過去 3500 年內類似的大地震至少曾發生 7 次以上，地震返回期約爲 300 至 600 年。

Wang（2007）利用二維有限單元（finite elements）模擬卡斯卡迪亞前弧（fore arc）邊緣自 1700 年大地震以來的地殼變形，黏彈模型的斷層基本結構示意圖見 5-17。控制隨時間變化的變形之最關鍵（同時也是最不確定）參數是上部地函的黏度（viscosity），模型使用 10^{19} Pa s 作爲大陸上部地函（即圖 5-17 中的楔形地函）的黏度，此值與大陸內部黏度數據 $10^{21} \sim 10^{22}$ Pa s 比較是偏低，原因是卡斯卡迪亞俯衝帶是活躍的大陸邊緣帶，且自俯衝板塊釋出的流體加入到大陸上部地函後，也會降低後者的黏度，較低的黏度會導致較快的鬆弛（relaxation），而大陸楔形地函的應力鬆弛是黏彈變形在俯衝地震循環中最重要的性質，因此流體在應力鬆弛過程中居於關鍵角色。至於海洋地函黏度則使用 10^{20} Pa s，海洋地函比大陸地函有較高黏度的事實，可能反映因板塊脫水及缺乏額外流體加入之原因有關。

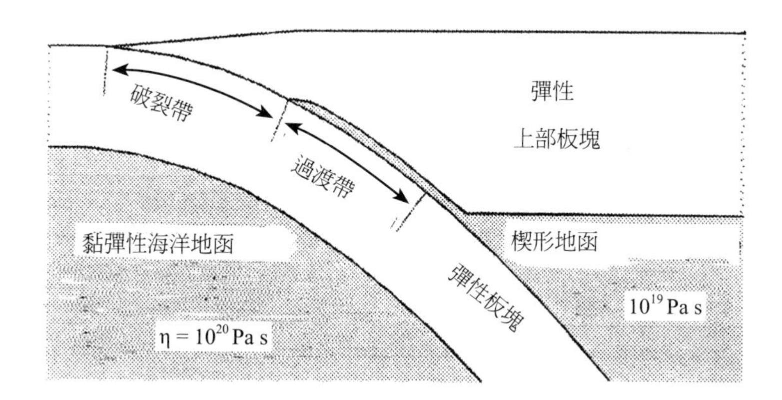

圖 5-17　黏彈模型的斷層結構示意圖，破裂帶：用向前滑動來模擬地震破裂及向後滑動率來模擬震間斷層鎖住。過渡帶：規定（prescribed）的滑動或向後滑動率在整個過渡帶中逐漸趨近於零，過渡帶的應力 — 應變行為也受覆蓋其上的黏彈薄層所支配（Wang, 2007, Fig. 17.10）

跨越大走滑（strike-slip）斷層兩側的地表面震間（interseismic）變形，其應變率在靠近斷層線之處是最高，它隨著與斷層距離的橫向加大而衰減。例如圖 5-18(a)(b) 顯示， 1906 年，跨越 SA 斷層及其鄰近海沃德羅傑斯河（Hayward-Rodgers Creek）與協和 — 翠谷（Concord-Green Valley）兩斷層破裂帶的速度分佈，最高應變率是發生在靠近 SA 斷層及其鄰近斷層之處。圖 5-18(c) 是 1906 年地震後的 90 年應變率記錄，它顯示 1906 年跨越破裂帶的應變率在地震後的最初期間是呈高值，但它隨著時間而逐漸遞減。2006 至 2007 年期間，Simushir 地震序列之後的黏彈變形也顯示相同現象（圖 5-19），此地震序列包含前後兩次大地震，即 2006 年 11 月 15 日，$M_w = 8.3$ 及 2007 年 1 月 13 日的 $M_w = 8.1$，地震前後的位移都被 2006 年安裝的千島弧（Kuril arc）地區 GPS 網路詳細監測到。因此地震序列前後觀測地點的位移速度可被加以比較，作爲研究的觀測時間從 2006 年 11 月地震之後起算，計超過 2.5 年的時間。從圖 5-19 可看出，在 Kunashir

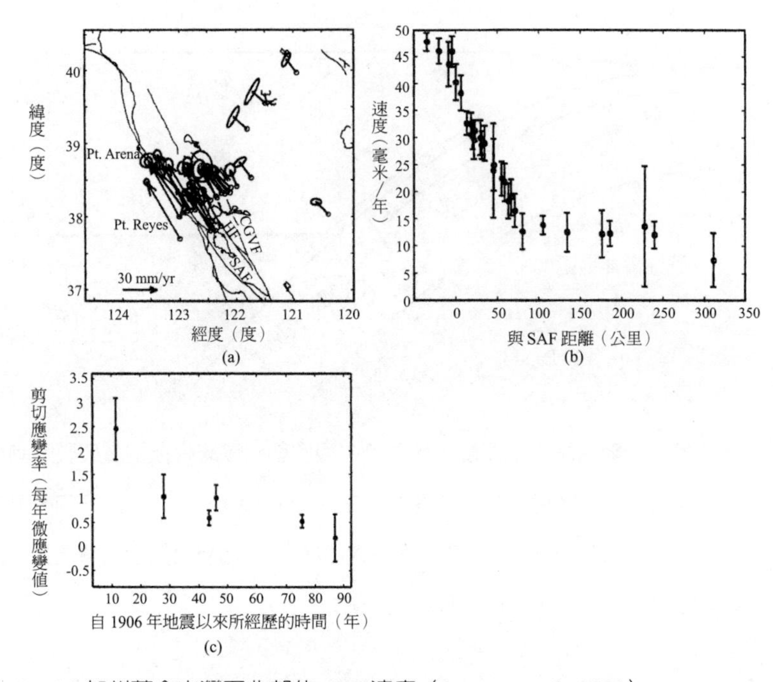

圖 5-18　(a) 加州舊金山灣區北部的 GPS 速度（Prescott et al., 2001）

・SAF: San Andreas 斷層

・HF: Hayward 斷層

・CGVF: Concord-Green Valley 斷層

(b) GPS 速度投影到垂直 於 SAF 的剖面，誤差線是 2σ

(c) 1906 年後的暫態應變率之三角與三邊測量（Kenner and Segall, 2003），誤差線是 2σ（轉載自 Johnson and Segall, 2004, Fig. 2）

（KUNA）、Shikotan（SHIK）、Iturup（ITUR）、及 Paramushir 群島（PARM）等 GPS 監測地點，觀測速度與大陸邊緣俯衝變形相關的主流西北趨勢並不存在明顯差異，但在靠近震央之處震後速度與主流趨勢有巨大差異。例如 Ketoy（KETC）、Matua（MATC）、及 Kharimkotan（KHAM）群島等處的速度轉爲相反方向，而在 Urup 島（URUP）其速度也有巨大改變；在 KETC、MATC、KHAM、及 URUP 等靠近震央的場址，其震後異常値隨

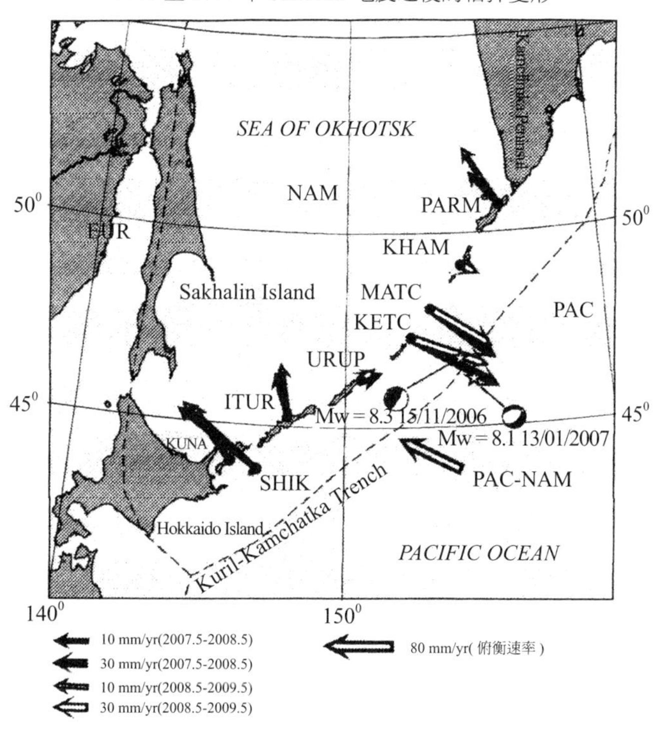

圖 5-19 2006 至 2007 年期間，Simushir 地震序列之後千島（Kuril）網路的 GPS 監測站獲得的位移－速度，2006 年 11 月 15 日（M_w = 8.3）及 2007 年 1 月 13 日（M_w = 8.1）兩場大地震的震央位置及震源機制也列在圖上（據 Global CMT 編目）。黑色箭頭代表 2007 年 5 月～ 2008 年 5 月間的平均速度向量，白色箭頭代表 2008 年 5 月～ 2009 年 5 月間的平均速度向量（Vladimirova et al., 2011, Fig.1）

著時間而減小。這些地點從 2008 年 5 月至 2009 年 5 月，其速度向量平均值小於 2007 年 5 月至 2008 年 5 月的平均值，這意味著 2006 年震源附近地區產生了震後遞變過程。從其發生時間與速度向量分佈來判斷，這個遞變過程極可能是上部地函至板塊的俯衝部份之黏性反應造成（Vladimirova et al., 2011, 1020-1021）。

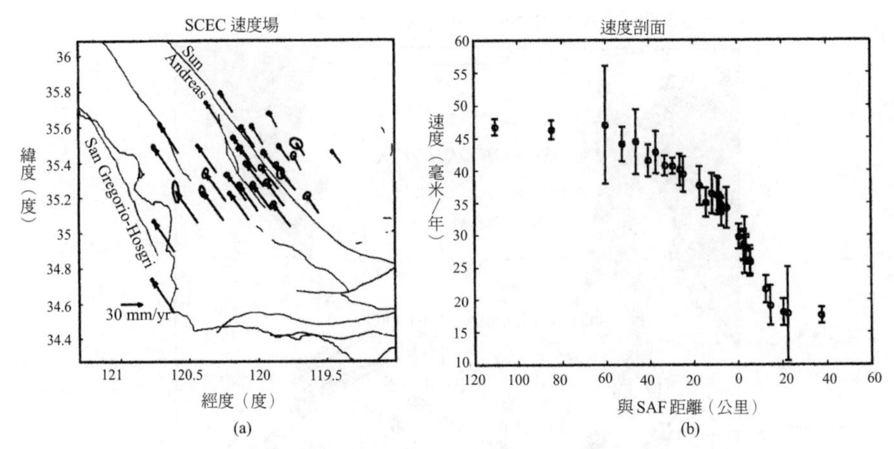

圖 5-20　(a) 南加州卡里索平原（Carrizo Plain）地區的 GPS 速度 — 由南加州地震中心（SCEC）測得

(b) GPS 速度投影到垂直於聖安德列斯斷層的剖面，誤差線是 2σ，σ 是模型參數的後驗概率密度函數，其定義式見 Johnson and Segall, 2004, p.B10403

圖 5-20 顯示，沿著 SA 斷層的卡里索平原（Carrizo Plain）部份，其 GPS 數據提供跨越斷層破裂部份（上次破裂是 1857 年）的目前速度分佈，此圖顯示的意義略不同於圖 5-18，後者是高應變率發生在靠近斷層線之處，遠離斷層線則應變率逐漸減小。但圖 5-20(b) 則顯示，在面向 San Gregorio-Hosgri 一側，其 GPS 速度（應變率亦然）在靠近斷層之處較低，而遠離斷層則較高。筆者推測，造成以上兩圖應變率變化不同調的原因，可能與破裂發生年代有關，兩者相差達 50 年，自 1857 年以來，卡里索平原地區在斷層破裂帶附近的地應力場可能已逐漸恢復正常，即 GPS 速度或應變率已降低到較低水平，但遠離斷層之處的應力場未知何故卻仍維持高檔。

以上斷層破裂帶周遭地表應變率的變化涉及俯衝帶地震循環的地殼變形，70 年代以來，相繼出現的數種黏彈性偶合（viscoelastic coupling）二維模型，它們假設斷層的深層震間蠕變發生在彈性岩石圈並耦合至黏彈性軟流圈，據此它們試圖解釋及預測俯衝帶應力與應變的相關問題（各種模

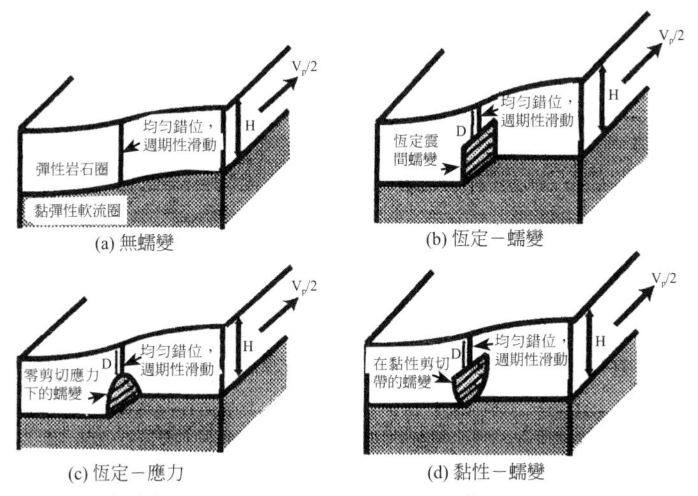

圖 5-21　黏彈耦合模型（Johnson and Segall, 2004, Fig. 5）

(a) 無蠕變：同震破壞了整個彈性板塊

(b) 恆定震間蠕變：斷層的蠕變部份以固定的滑動率滑動

(c) 恆定應力：蠕變部份是在零（或固定）剪切抵抗應力下進行

(d) 黏性剪切帶蠕變：蠕變部份的變形其行為反應就像線型黏性剪切帶一樣

型見圖 5-21），例如 Savage and Prescott（1978）的「無蠕變」模型，它假設同震斷層震破了整個彈性板塊，其間斷層面上並無震間（interseismic）蠕變發生，Segall（2002）曾應用此模型分析 SA 斷層數據。其次是動態「恆定 － 蠕變」模型（Savage and Prescott, 1978），它假設斷層在震間階段被鎖住（鎖住深度 0 至 D 深度），從 D 深度至彈性板塊的底部有蠕變發生，蠕變率固定（它等於板塊滑動速率）。其他兩種模型則透過邊界單元技術的應用而加入應力驅動蠕變，其中之一的「恆定 － 應力」模型是假設整個地震循環中斷層在深度 D 以下的蠕變，是在固定抵制性的剪切應力下進行。而另一的「黏性 － 蠕變」模型是假設斷層在深度 D 以下的部份，其行爲反應就像線性的黏性剪切帶。

本章提到的所有黏性耦合模型，包括 Savage-Prescott（1978）及 Johnson and Segall（2004）模型，都包含無限長斷層的定期性（periodic）運動，斷層就含在兩度空間的彈性體內，大型走滑地震的突然滑動，定期地被施加在地球表面至深度 D 之間，而彈性體之下是麥克斯威爾（Maxwell）黏彈性半空間（見圖 5-22）。

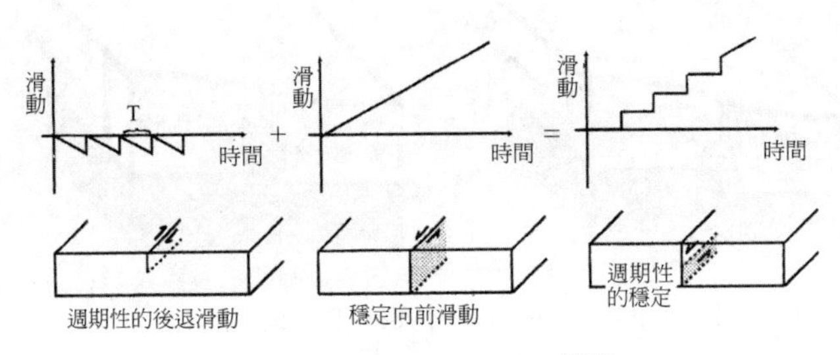

(a) Savage-Prescott (1978) 模型

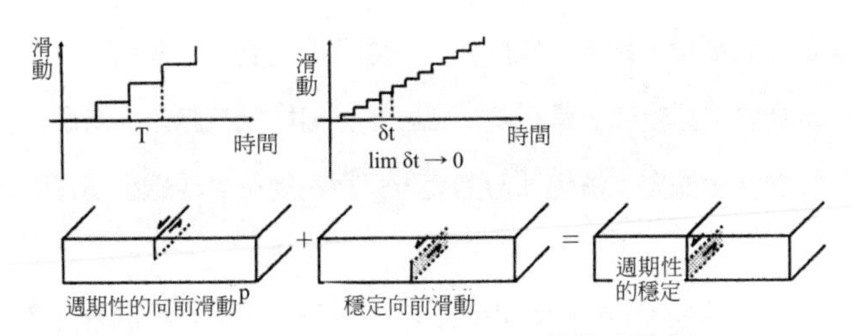

(b) Johnson and Segall (2004) 的修正模型

圖 5-22　(a) Savage and Prescott（1978）利用疊加法以獲得耦合模型
(b) Johnson and Segall（2004）利用疊加法以獲得耦合模型
不管 (a) 或 (b) 法，定期性滑動皆發生在延伸至深度 D 的斷層部份，在 D 與 H 深度間蠕變以相等於板塊滑動率的固定速度進行（Johnson and Segall, 2004, Fig. 6）

在深度 D 與 H 間斷層產生蠕變，在整個斷層深度，其長期滑動是均勻的。同震破裂及無震蠕變加載（load）黏彈軟流圈，而此軟流圈的鬆弛率（relaxation rate）是由鬆弛時間決定，鬆弛時間 = $2\eta/\mu$，η 是黏度，μ 是剪切模數。軟流圈藉著流動以鬆弛由斷層滑動導致的應力，不但如此，它並且反過來重新加載（reloads）彈性岩石圈。在無數次地震之後，軟流圈流動變成穩態，以致其流動模式以斷層定期滑動方式一再及時重複，而在岩石圈內固定的遠場速度是相等於斷層的長期滑動速率。

歷史數據與古地震研究顯示，地震的發生並非是眞正的週期性，反之，其發生卻是群聚在某時段（Grant and Sieh, 1994）。二維模型的缺點是它無法考慮地震對斷層其他節段的影響，然而如果用於模型中的地震復發時間及滑動率被考慮爲代表大走滑地震的平均頻率與規模，則透過理論模型與大地測量數據的比較，二維模型仍然可以產生有用資訊。圖 5-22(a) Savage-Prescott（1978）模型，直到深度 D 的定期向後滑動（back-slip）運動（相等於長期滑動率的負值），被加到整個斷層的長期向前穩定滑動，如此產生至 D 深度處的定期性滑動，與瞬間滑動的鎖住斷層及深度 D 以下的穩定滑動。穩定向前滑動產生彈性板塊的錯位（dislocation），即是兩側的板塊各以相等於板塊移動速率的一半進行相對滑動。定期後退滑動擾亂了穩定速度場並產生依賴時間的變形，及伴隨著斷層上面部份的鎖住與解開。

圖 5-22(b) 是 Johnson and Segall（2004）的修正模型（即黏性 — 蠕變模型），它類似於 Savage-Prescott（1978）模型，但不具有後退滑動觀念，它將定期向前滑動至深度 D 與穩定向前滑動（深度 D 至 H）兩種過程，疊加而產生定期穩定運動。斷層上部設定爲定期性的均勻滑動，以代表大走滑地震，在同震破裂之下，斷層產生蠕變以反映狹窄的線型黏性斷層帶內岩石圈的剪切應力。這個模型被應用到跨越卡里索平原及 SA 斷層的舊金山灣北部節段的 GPS 目前速度場，及 1906 年舊金山地震後的震後應變三角點測量。先前這些數據的分析應用常規的黏彈耦合模型（即 Savage-Prescott 模型），這些模型沒有應力 — 驅動蠕變（Segall, 2002），假設 D = H，即同震破壞向下延伸至整個彈性板塊，且斷層沒有震間蠕變，結果顯示：南加州 SA 斷層的卡里索平原部份與北加州（舊金山灣區北部）的軟流圈之鬆弛時間（黏度）有差異。爲了解釋此差異必須考慮北加州與南加州不同的岩石圈 — 軟流圈流變性。

Johnson and Segall（2004）的模型則是基於 SAF 的深處（在下部岩

石圈）應力一驅動震間蠕變，及耦合軟流圈的黏彈性流動，結果顯示，可應用北加州與南加州相同的流變性來解釋圖 5-18 及圖 5-20 的數據，其使用的流變估計值如下：彈性板塊厚度 44 ～ 100 km（95% 信心水平），斷層帶每單位寬度的黏度 0.5 ～ 8.2×10^{17} Pas/m，北加州與南加州的軟流圈鬆弛時間 24 至 622 年（0.1 ～ 2.9×10^{20} Pas）。據此，他們進一步估計 SAF（舊金山灣北部）的滑動速率每年 21 至 27 毫米及地震復發時間 188 至 315 年，而卡里索平原區域的 SAF 滑動率爲每年 32 ～ 42 毫米及地震復發時間爲 247 至 536 年。

圖 5-23 顯示：利用非蠕變（D = H，即同震破壞延伸至整個彈性板塊），以及黏性一蠕變模型計算地表速度與應變率後的比較。由圖知，1906 年，地震後約 10 年（即 $t/T = \frac{1}{30}$），利用蠕變模型可計算得到較高的應變率，因此黏性一蠕變模型可能比 Segall（2002）的推論，更能符合具有較高軟流圈黏度的三角測量數據。註：Segall（2002）利用 Savage-Prescott 耦合模型（D = H）模擬圖 5-18 及圖 5-20，詳情見 Johnson and Segall（2004）。

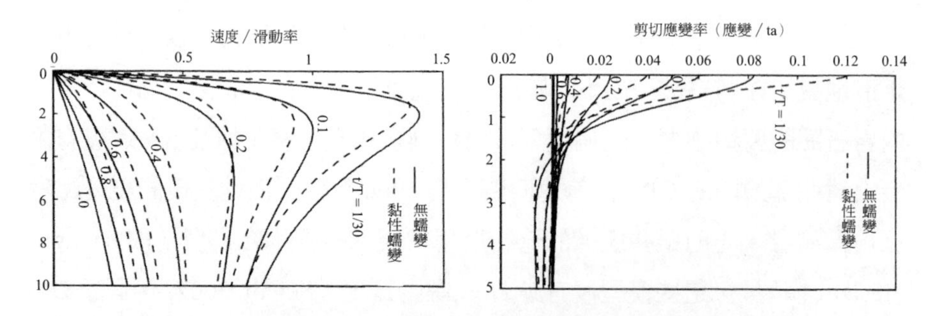

圖 5-23　應用恆定一蠕變及黏性一蠕變模型計算整個地震循環中，不同時間的速度與應變率，模型參數設定如下：$T = 10t_R$ 及 D = 0.5H，軟流圈的鬆弛時間 $t_R = 2\eta_f/\mu$，T 是地震復發間隔，t 是自從地震後的觀察時間，μ 是彈性剪切模數，D 是剪切帶深度，H 是彈性層厚度，η_f 是斷層帶黏度，$\eta_f = 0.1\eta_h$，η_h 是半空間黏度（Johnson and Segall, 2004, Fig. 11）

5-4　簡單摩擦模型

若據線彈性破壞力學（見前文），剪切應力在極靠近破裂前緣（rupture front）處急劇增加且形成奇異性，在滑動開始後剪切應力降低，在自然情況下，它大部份是無法恢復到原來水平，然而依應用模型而定，當滑動率減少時，它可被人爲安排成可能或不可能恢復到原來的應力水平。例如圖5-24(a)顯示，在靠近裂紋尖端處應力快速升高，而在一確定時間點靠近破裂前緣的應力集中是空間的函數。圖5-24(b)描述在滑動開始之際應力快速降低，而在一固定位置的剪切應力集中是時間的函數。這兩圖顯示滑動後降低的剪切應力，在稍後可能恢復到高於（如圖5-24(a)）或低於（如圖5-24(b)）原來應力水平，且在大部份情況下，動態應力降均將大於靜態應力降。

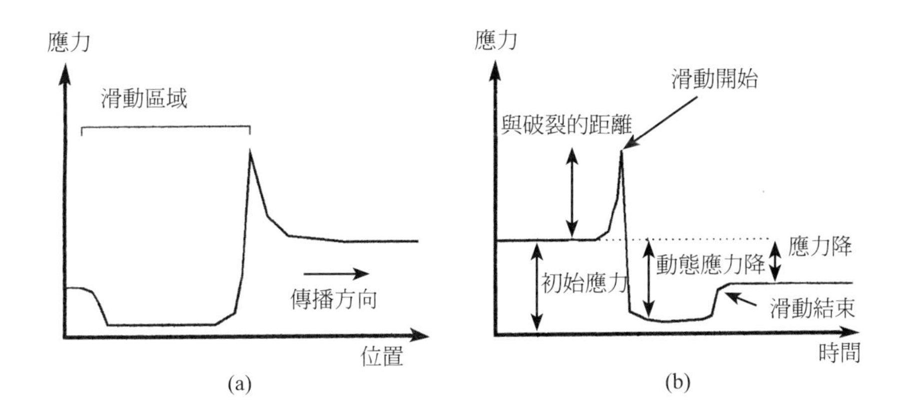

圖 5-24　(a) 在特定時間靠近破裂前緣的剪切應力集中為空間的函數

(b) 在固定位置靠近破裂前緣的剪切應力集中為時間的函數。（Aagaard et al., 2001, Fig. 1）

圖5-24充分顯示，在滑動過程中，滑動模型控制著摩擦應力的降低，因此它也支配著動態應力的下降。所謂應力降，指的是滑動之前初始剪切

應力與滑動過程中剪切應力的差值，在破裂前緣後方的動態應力降，其增加率控制著隨後發生的滑動速率，剪切應力降低越大（即動態應力降越大），滑動率就越大，此外較大的動態應力降也會在破裂前緣導致較大的應力集中。當滑動在每一點發生時，剪切應力的增加結合應力集中主宰著破裂速率，因此破裂速率及滑動率彼此間並非獨立關係，而是藉著動態應力降，使得兩者間互有關聯。

破裂的動態學也可自能量觀點來考慮，當破裂向前傳輸時，破裂前緣透過滑動來消耗能量。有兩種能量形式與滑動有關，其一是破壞能（fracture energy），它是滑動期間當摩擦減少時消耗的能量，此能量通常以熱能的產生來體現，它也相當於裂紋模型的破壞能（見圖 5-25 的三角形面積）。滑動同時也以震波方式釋出輻射能。對於特定的最大動態應力降，當破壞能增加時，破裂將消耗更多能量，如此輻射能將會減少釋出，在此情況下，滑動率（slip rate）及破裂速率（rupture speed）將減少。同樣地，減少破壞能，則有更多的能量可用於滑動（即釋出更多輻射能），此時滑動率及破裂速率將會增加。如破裂過程中消散的能量（及破壞能）多於釋出的能量（即輻射能），則破裂速率變成緩慢，最終會停止；如破裂的領先邊緣（leading edge）減速，則破裂將停止傳輸。圖 5-25 的滑動弱化距離（D_o）之定義是：在該段滑動距離剪切應力從破壞應力（σ_{fail}）減少到摩擦滑動應力（σ_{min}）。如剪切應力在整個滑動弱化距離呈線性減少，則每單位面積的破壞能等於 $\frac{1}{2}(\sigma_{fail} - \sigma_{min}) \times D_o$，此圖顯示破壞應力無法單獨決定破壞能。

基於以上破壞能的敘述，Aagaard et al.（2001）提出的簡單摩擦模型具有滑動弱化（摩擦力隨著滑動的進展而降低）及速率弱化（當滑動率趨近於零時摩擦力增加）的特質，這使得它能產生更實際的破壞行爲及更能抓住較複雜模型的一般特質。滑動弱化模型模擬眞正的似裂紋行爲，當滑動發生時，滑動摩擦下降到一些水平並停留在該水平，此後即使停止滑動

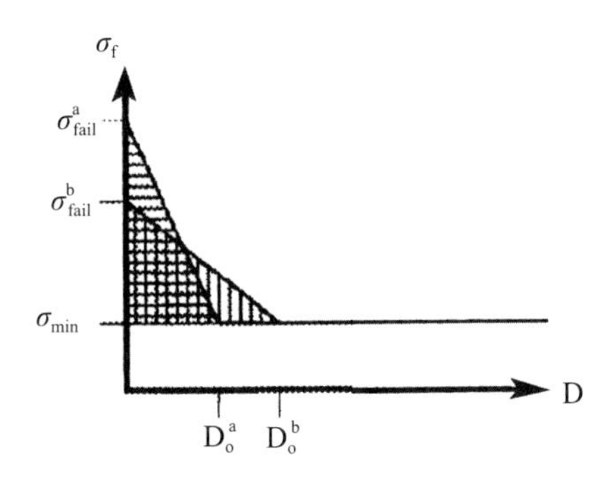

圖 5-25　摩擦應力（σ_f）是滑動距離（D）的函數，圖中的滑動弱化模型包含兩組參數（用上標 a 與 b 表示），這兩組參數模型有著相同斷裂能量（線條區），但不同的破壞應力（σ^a_{fail}與σ^b_{fail}）及滑動距離（D^a_o 與 D^b_o）（Aagaard et al., 2001, Fig. 2）

也不會發生剪切強度再加強，因此滑動往往衝過其最後值。當滑動率趨近於零時，摩擦力將逐漸增加，這時模型模擬似脈衝（pulse）行爲（或速率弱化行爲）。

對於滑動弱化模型，其摩擦係數在整個滑動距離（D_o）內線性地從最大值減少到最小值，μ_f 值的變化如下：

當 $D(t) = 0 \quad \mu_f = \mu_{max}$

當 $D(t) \leqq D_o \quad \mu_f = \mu_{max} - (\mu_{max} - \mu_{min})D(t)/D_o$

當 $D(t) > D_o \quad \mu_f = \mu_{min}$

此模型稱爲滑動弱化摩擦模型，原因是當滑動發生時，岩石物質的剪切強度呈現弱化，當滑動率減至零時，模型允許剪切強度再增強，因此摩擦係數可恢復到 μ_{max}，這樣將引起較小的靜態應力降（與動態應力降相較）。若無剪切強度再增強，則靜態應力降可能超過動態應力降。第二種摩擦模型（速度弱化模型）依賴滑動距離與滑動速率，它相當於在滑動弱化過程中（圖 5-25），將滑動距離以滑動速率取代，及滑動距離（D_o）用滑動速率（V_o）取代，同時在速度弱化模型中，用滑動後的摩擦係數 μ_{post} 取代 μ_{max}，以允許岩石物質在滑動前後可存在不同的剪切強度，完整的摩擦模

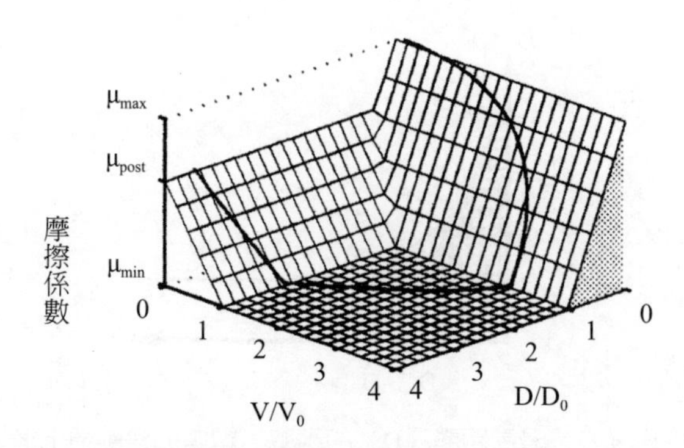

圖 5-26　滑動與速度弱化摩擦模型，厚線表示摩擦係數的典型軌跡，摩擦係數在整個滑動距離（D_o）中先是減少，然後當滑動率下降到 V_o 之下時則增加，三角陰影區是破壞能（Aagaard et al., 2001, Fig. 4）

型見圖 5-26。爲說明均勻半空間的動態破裂，設 $\Delta\sigma$ 代表斷層在均勻滑動下的動態應力降（$\Delta\sigma = \sigma_o - \sigma_1$），則它通常正比於剪切模數與滑動量：

$$\Delta\sigma = C_1 \mu D \qquad (5\text{-}35)$$

C_1 是依破裂尺寸而定的常數，D 是滑動距離。上式只是動態應力降的一般式，更具體的表示式如下：

$$\Delta\sigma = C\mu(D_{av}/W) \qquad (5\text{-}36)$$

其中 C 值如下：

當 $W = 1, C = C_D$

當 $W < L < 2W, C = C_D + 0.9[1 - (L/W)]$

當 $W > 2W, C = C_D - 0.9$

C_D 等於 1.6（地表破裂），2.1（深埋斷層）。L 與 W 分別代表斷層的長與寬，D_{av} 代表平均滑動距離（Aagaard et al., 2001, p.1776）。

假設初始剪切應力來自均勻應變場，即：

$$\sigma_o = \varepsilon_o \mu \qquad (5\text{-}37)$$

$$\mu = \rho\beta^2 \quad (5\text{-}38)$$

其中 ρ 是物質的質量密度，β 是剪切波速度，而最後的剪切應力

$$\sigma_1 = -\mu_{\min}\sigma_n \quad (5\text{-}39)$$

因此最小摩擦係數：

$$\mu_{\min} = (C_1D - \varepsilon_o)\rho\beta^2/\sigma_n \quad (5\text{-}40)$$

$\mu_{\max}$ 的決定見下例說明。若有效正應力是均勻（即不隨深度改變）且是均勻滑動，則我們需要的是均勻最小摩擦係數。如有效正應力隨深度成線性增加，則我們需要隨深度成反比增加的最小摩擦係數，然而此種摩擦係數將導致滑動隨深度迅速增加，此種滑動行爲與源頭倒置（source inversions）推得的滑動分佈相違（Heaton, 1990; Somerville et al., 1999）。

【例】均勻半空間的動態破裂在走滑（strike-slip）斷層的應用（Aagaard et al., 2001, pp.1772-1775）：

假設 60 公里長與 15 公里寬的走滑斷層位在 100 公里長、40 公里寬、與 32 公里深的範圍（圖 5-27）。此均勻半空間的質量密度是 2450 kg/m^3、剪切波速度是 330 km/sec、膨脹波速度是 5.70 km/sec，有限單元模型包含 3.0 百萬個單元。假設有效正應力等於靜岩壓，及來自均勻應變場的斷層面剪切牽引力（shear tractions）產生能導致斷層表面滑動的力，此力可應用到有限單元模型在期望滑動方向的切向自由度上，並令它產生的剪切應力能大於破壞應力，以開始物質的破壞。爲了挑選最初的剪切牽引力，剛開始時使用最大動態應力降 2.0 MPa，斷層面上的正應力因重力之故它隨深度而增加。

上文提到此模型允許當滑動停止時摩擦係數可恢復到最大值，這使得動態應力降大於靜態應力降，同時假設地震不會完全釋放出初始應力，均勻的初始剪切牽引力（4.0 MPa）朝斷層的埋藏邊緣遞減（在埋藏邊緣其

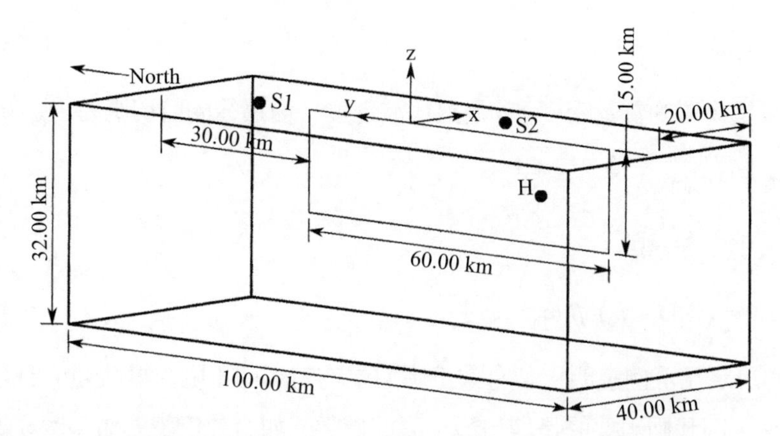

圖 5-27　走滑斷層的幾何範圍，H 代表震源位置（Aagaard et al., 2001, Fig. 5）

值 = 0）（Aagaard et al., 2001, Fig. 6），此初始牽引力的設定見下文說明。爲了設定摩擦係數的最大值（μ_{max}），必須決定破壞應力值，預期的初始應力應是介在最小滑動剪切應力（2.0 MPa）與破壞時的剪切應力（6.0 MPa）之間，因此選擇初始剪切應力爲 4.0 MPa。D_o = 0.150 m，μ_{max} 與 μ_{min} 隨著深度的增加而減少：

(1) μ_{max}

當 $Z > -250$ m, $\mu_{max} = 1.0$

當 $Z < -250$ m, $\mu_{max} = -250$ m/Z

(2) μ_{min}

當 $Z > -250$ m, $\mu_{max} = 0.333$

當 $Z < -250$ m, $\mu_{max} = -83.3$ m/Z

在地表若讓摩擦係數趨近無限大似乎不合常理，故設定 250 m 深度來裁減其值，即在 250 m 深度之上令 μ_{max} = 1，滑動弱化距離 0.150 m 相當於破壞能（3×10^5 J/m^2），這可產生合理的破裂速度。圖 5-28 描述數種重要的破裂特質，破裂以橢圓狀擴張，它在滑動方向的傳輸快於垂直滑動方向的速度。在滑動方向破裂呈現模式 II（剪切）裂紋行爲，而在垂直滑動方向破裂呈現模式 III（撕裂）裂紋行爲。在缺乏破壞能的情況下，模式 II 裂紋以瑞利（Rayleigh）波速度傳輸，而模式 III 裂紋則以剪切波速度傳輸（Freund, 1990）。瑞利波速度略少於剪切波速度，其差異值依物質的彈性常數而定。然而對於合理的破裂速度（破壞能），由於剪切波輻射模式的不對稱（Madariaga et al., 1998），滑動方向的破裂速度（模式 II）往往超過垂直於滑動方向的破裂速度（模式 III）。

圖 5-28 的橢圓實線代表破裂前緣，在平行於滑動的方向觀察到的破裂速度爲 2.2 km/sec（剪切波速度爲 3.3 km/sec），在垂直於滑動的方向觀察到的破裂速度爲 1.8 km/sec，這兩方向的波速依破壞能而定，據 Aagaard et al.（2001, p.1792），經常觀察到的結果是：垂直於滑動方向的破裂速度通常是 20% 地少於平行於滑動方向的速度。虛線橢圓代表另一

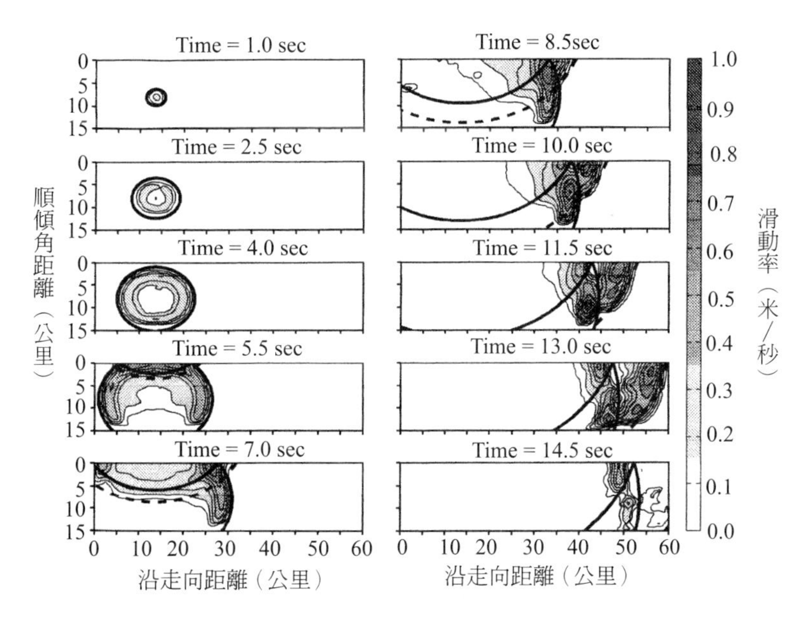

5-28　利用滑動弱化模型分析均勻半空間的斷層表面之滑動率，實線與虛線橢圓形線條代表破裂傳輸的前緣，其速度略多於剪切波速度，而介在剪切波與膨脹波速度之間（Aagaard et al., 2001, Fig. 7）

部份破裂前緣，它以速度 4.4 km/sec 沿著自由表面傳輸，這個速度介於剪切波速度（3.3 km/sec）與膨脹波速度（5.7 km/sec）之間。在 8.5 秒時，自由表面的破裂開始分離；10 秒時，自由表面產生兩個不同的滑動。通常移動快於剪切波速度的破裂部份，比慢於剪切波速度的破裂部份具有較大的滑動率。這種複雜的破裂產生 1.0 米的平均滑動，並且產生最後滑動的平滑分佈（圖 5-29），大滑動率發生在北端靠近斷層頂部處，它來自破裂的較快部份。

破裂的較快部份其傳輸速度是介在剪切波速度與膨脹波速度之間，而較慢部份的傳輸速度是介在剪切波之間。Burridge et al.（1979）及 Freund（1979）發現，模式 II 裂紋的穩定傳輸速度約爲$\sqrt{2}$乘以剪切波速度，Aagaard et al.（2001, p.1774）從模擬中發現，破裂的較快部份的傳輸速度約爲 1.3 乘上剪切波速度，且滑動分佈與深度的關係並不存在任何明顯趨勢。在層狀半空間中，藉著對埋藏的走滑斷層與逆斷層的模擬得知，平均應力降與平均滑動存在著線性關係（見圖 5-30）。

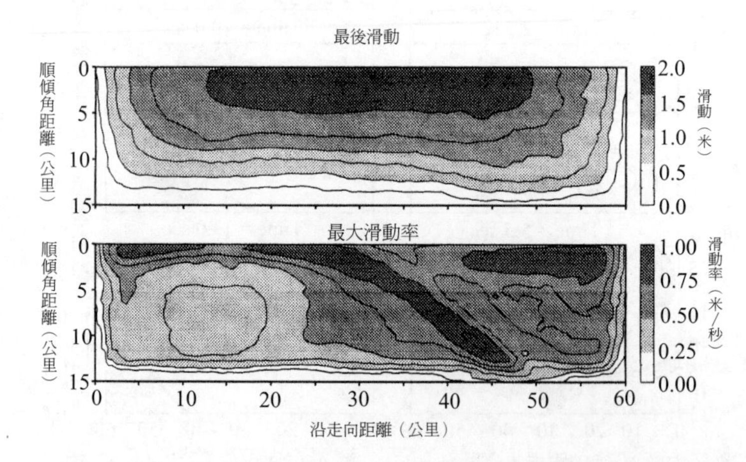

圖 5-29　均質半空間斷層表面上最後滑動與最大滑動率之分佈，破裂的雙功能（見圖 5-28）產生最大滑動率分佈的複雜性，但它對最後滑動分佈卻僅有微小影響（Aagaard et al., 2001, Fig. 8）

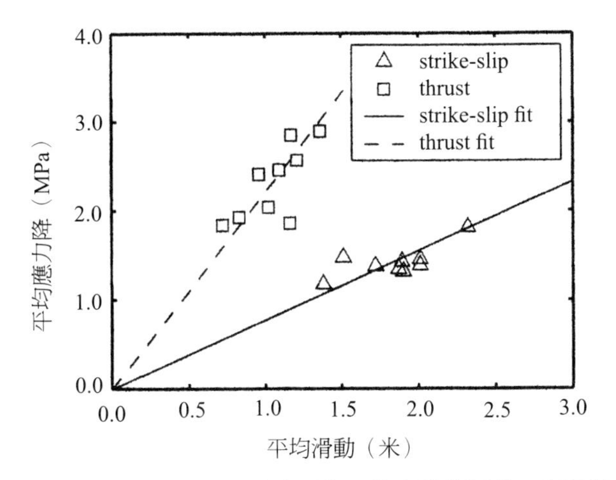

圖 5-30　對平滑斷層與逆斷層，平均應力降為平均滑動的函數，實線與虛線代表對每一種斷層的線性適合（Aagaard et al., 2001, Fig. 27）

6 地震與斷層運動力學（I）

6-1 摩爾圓的基本認識
6-2 岩石摩擦與不穩定滑動
6-3 地殼應力、斷層啓動、與摩擦
6-4 斷層晶核的形成、成長、與滑動變形
6-5 應力降與黏滑復發間隔
6-6 斷層互相作用
6-7 斷層與塊體轉動及應力轉動

斷層是一條其裂縫面兩側岩體有著可觀相對移動的大裂縫，斷層之所以重要，是因它們產生地震，因此了解斷層，必將增進對地震的認識及有助於抗震設計。

地震斷層活動是地殼變形過程中最壯觀的表現，目前斷層活動機制最重要的洞察是來自實驗室試驗及固體物質行為的理論模型，雖然藉著它們可發展出解釋與預測地震的關鍵觀念，但實質上的地球行為卻更為複雜。實驗室模擬斷層活動的試驗結果，受限於試樣尺寸大小與含有泥（gouge）物質的試樣，及在高溫、高壓與孔隙流壓環境下的複雜物理與化學反應等種種難以跟天然斷層相比擬之因素，因此對斷層活動與地震行為的了解，主要還是須自物質變形的理論模型（即物質流變（rheology）模型）著手。主要的流變模型有三類，它們是：

(1) 純彈性的脆性破壞模型

在小應力條件下，應變正比於施加的應力，一旦破壞強度到達岩石即忽然斷裂。

(2) 彈塑性模型

在小應力條件下，應變正比於施加的應力，一旦到達屈服應力（yield stress），應力－應變曲線隨即改變其斜率。當外加應力撤除後，有永久應變（變形）產生。若再施加應力，則屈服應力將高於前者。

(3) 韌性（ductile）模型

當施加應力超過屈服應力時，物質產生完全塑性行為，因此此種行為又稱為彈性－完全塑性行為。實驗室的試驗顯示，岩石在低圍壓時呈脆性，而在高圍壓時則呈韌性（即岩石可以流動）。在眞實環境岩石不僅受到圍壓，它還受到頂上岩體的壓應力，假設圍壓是 σ_3，而壓應力是 σ_1，則在差應力（$\sigma_1 - \sigma_3$）條件下岩石在小圍壓（< 400 MPa）時呈脆性，在中值圍壓（400～1200 MPa）時呈半脆性，在高圍壓（> 1200 MPa）時呈韌性。

斷層面的應力狀態可使用摩爾圓來描述，其應用到斷層面的應力分析之基本原理是假設在整個斷層滑動過程中，有效正應力（σ_n）維持恆定，因此摩爾圓可說明摩擦係數從靜態到動態摩擦水平的降低過程。表面看來此項分析並不複雜，但麻煩之處是，若滑動是在不同材料間進行，則正向應力將改變，若是 σ_n 減少，則其降低將影響動態斷層的弱化。Harris and Day（1997）的分析顯示，σ_n 能隨著時間改變，此等材料性質的改變在一些黏滑斷層並非少見，Li and Vidale（1996）在其文章中曾舉出一些在斷層一側嵌入窄狹並與斷層平行的低速帶之平滑斷層例子，另有一些學者則嘗試推測，斷層兩側可能存在顯著的速度變化之層次。若摩擦是在不同性質的材料間發生，則庫侖摩擦滑動將呈不穩定，除不同性質的材料之外，不均質材料的滑動會改變有效正向應力，而跨越斷層的多孔彈性（poro-elastic）性質（如滲透率）之不同，也會改變 σ_n 與 P_f（孔隙流壓）。

Rice et al.（2005）與 Pollakov et al.（2002）根據計算後認爲，當破裂尖端（rupture tip）往前擴展時，即使主要剪切力受限於一薄帶，但損壞帶將呈非彈性變形（圖 6-1），而此非彈性變形是靠近裂紋尖端處高應力集中的結果，它可能與滑動過程中的應力演化及能量流動互相作用，故它可能改變斷層的牽引力（Bizzarri, 2009, p.765）。雖然一般假設較強（剛性）的岩石圈之下是較弱（黏性）的軟流圈，但要留意的是，岩石在不同的時間標尺其表現是不同的，例如地函對於通過的震波它呈剛性，但在地質時間標尺它卻能流動。

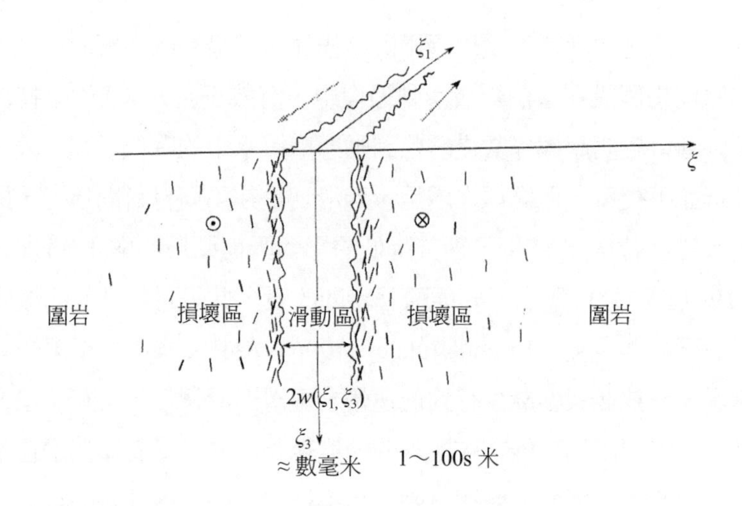

圖 6-1　根據地質觀察（Chester and Chester, 1998；Lockner et al., 2000; Sibson, 2003）獲得的斷層結構示意圖，滑動帶厚度 2W，它被周圍高度破裂的損壞區環繞，而最外圍是圍岩（Bizzarri, 2009, Fig. 1, p.745）

6-1　摩爾圓的基本認識

一世紀之前，德國工程師奧托・摩爾（Otto Mohr）（1835～1918）首先引進摩爾圓（Mohr Circle）到工程領域，此後地質學家與工程師即根據三個主應力中的兩個，並利用二維空間的摩爾圓，來計算作用在目標平面的正向應力與剪切應力，假設目標平面的垂直線與最大主應力 σ_1 夾 θ 角度。圖 6-2 的 σ_3 是圍壓，$(\sigma_1 + \sigma_3)/2$ 是平均應力（摩爾圓的圓心）。如在三維空間，平均應力 $= (\sigma_1 + \sigma_2 + \sigma_3)/3$，而差異應力是最大與最小主應力的差，在二維摩爾圓情況差異應力是摩爾圓直徑。假設 σ_n 與 τ 分別代表目標平面的正向應力與剪切應力，則

$$\sigma_n = (\sigma_1 + \sigma_3)/2 + [(\sigma_1 - \sigma_3)/2]\cos 2\theta \quad (6\text{-}1a)$$

$$\tau = [(\sigma_1 - \sigma_3)/2]\sin 2\theta \quad (6\text{-}1b)$$

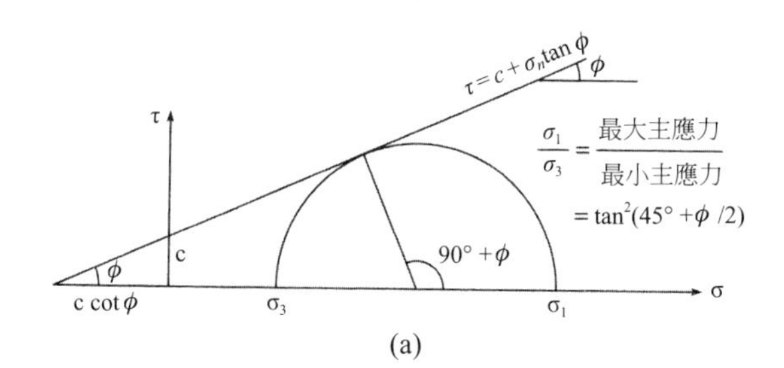

(a)

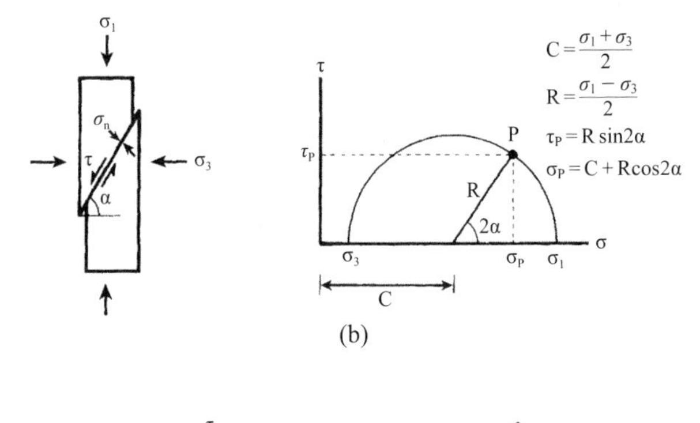

(b)

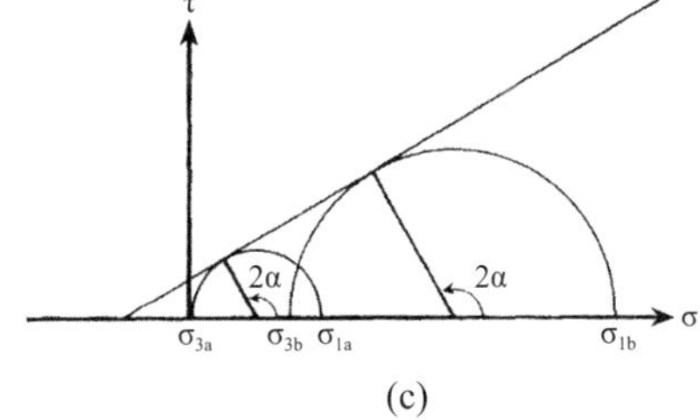

(c)

圖 6-2　(a) 描述乾岩石破壞的庫侖定律，它顯示地質物質在極限平衡條件下的剪切應力（τ），及整個破壞面上的正向應力（σ_n），τ_o（或 c）是凝聚力，μ 是摩擦係數

(b) 摩爾圓圖，它提供主應力（壓應力）的圖解法。主應力可被解析成平面（與 σ_3 方向夾 α 角度）上的剪切應力（τ）與正向應力（σ_n）分量（即圖中的 τ_p，σ_p）

(c) 摩爾 — 庫侖破壞標準，若已知最大主應力 σ_1 與最小主應力 σ_3，破壞將發生在包含中間主應力 σ_2 的平面上，該平面與最小主應力 θ_3 夾 θ（或用 α 表示）角度

2θ 是自 $+\sigma_n$ 軸逆時針量起的角度。爲了找出材料可能破壞的量化條件，通常在實驗室進行典型的三軸試驗，當實驗進行時，圍壓及溫度通常維持不變，而 σ_1 則持續增加直到破壞發生，或是一些其他別的臨界實驗門檻到達爲止，摩爾圓當然也可用來圖示破壞面的正向應力與剪切應力。連結數個摩爾圓的正向應力與剪切應力（兩者構成圖上的一個坐標點）之破壞值，即形成摩爾破壞包絡線，它是岩石在破壞處所有正向應力與剪切應力的軌跡，總之，摩爾破壞包絡線描繪岩石的穩定與不穩定應力狀態。

當剪切應力絕對值與正向應力的臨界值組合被超越時岩石破壞發生，因此乾岩石的庫侖－摩爾破壞標準（假設摩爾圓位在 x 軸的正方向）可表示如下：

$$\tau = c + \sigma_n\mu \qquad (6\text{-}2a)$$

$$\mu = \tan\varphi \qquad (6\text{-}2b)$$

c（或是以 τ_o 表示）是材料性質（凝聚強度），φ 是內摩擦角，對大部份岩類內摩擦係數（μ）介於 0.5 至 1.0 之間，它意味著當正向應力增加時，材料能超額忍受的應力。這個標準說明破壞面上的剪切應力（τ）與岩石固有剪切強度（c）、破壞面上的正向應力（σ_n）、及破壞面上的摩擦係數（μ）之關係。在如此系統上的應力，通常展現在互成正交的主應力軸坐標圖上。沿著坐標軸的應力是純粹的壓力，並無剪切應力，坐標軸上的應力分量就是主應力，σ_1 代表最大主應力，σ_2 是中間主應力，σ_3 是最小主應力，破壞將沿著一個包含中間主應力的平面上發生，但它卻與中間主應力值的大小無關，因此在評估破壞標準時僅須考慮最大與最小主應力即可。

爲了研究岩石在已知主應力坐標軸上的破壞，必須將破壞面上的應力解析成非主應力方向的剪切力與正向應力分量，而這可藉著摩爾圓爲之（見圖 6-2(b)）。首先利用應力軸上的 σ_1 與 σ_3 繪出一半圓，這半圓因此成爲與最小主應力 σ_3 方向夾 θ 角的平面上之正向應力（σ_n）與剪切應力（τ）之軌跡。當摩爾圓圖結合 Coulomb-Navier 破壞標準（圖 6-2(c)）時，破壞所需（即半圓與破壞包絡線相切之點）的 σ_1 與 σ_3 相對大小，以及破壞面方位角（θ）即可被決定。若摩爾圓未觸到以上式（6-2）的破壞包絡線，這表示材料尚未破壞，若將 σ_1 增加到使得摩爾圓觸及包絡線（假設在 F 點觸及），這代表岩石破壞且破壞發生在 F 點。值得注意的是，對於完整岩石（intact rock）：

$$2\theta = 90° + \varphi，因此\ \theta = 45° + \varphi/2 \quad (6\text{-}3)$$

由於完整岩石的固有剪切強度相對地大於已存在破壞面的岩石剪切強度，故裂隙岩體的破壞可能首先發生在先前存在（pre-existing）的破壞面上而非方位角 θ。如果岩石受到內部流壓 P_f，則壓應力將受到靜流壓的抑制，而有效主應力分量將成爲 $\sigma_i - P_f$，若用摩爾圓表示這相等於將半圓往左挪移一個相等於流壓（P_f）大小的量，因此在流壓存在時，有效正向應力是彈性應力減去孔隙壓力，而破壞標準可寫爲：

$$\tau = \tau_o + \mu(\sigma_n - P_f) \quad (6\text{-}4)$$

τ_o 是凝聚強度（常用 c 表示）。

從以上敘述來看，庫侖－摩爾破壞標準的主要功用是顯示一個正受到正向應力（σ_n）作用的表面，究竟能忍受多大的剪切應力，而不致使得該表面產生破壞。在式（6-2a）中若 $\mu = 0$，這將表示正向應力（σ_n）不影響斷層強度，此外，岩石的摩擦係數通常近於 1，從 $\mu = \tan\varphi$ 知，$\varphi = 45°$，故 $\theta = 67.5°$（見圖 6-3），由此可推論得：斷層（見圖 6-3 右圖虛線）的位置是發生在靠近最大壓縮應力（σ_1）的方向。且從圖 6-2 利用三角形的幾何關係可推論得：

$$\sigma_1 = 2c\tan(45 + \varphi/2) + \sigma_3\tan^2(45 + \varphi/2) \quad (6\text{-}5)$$

上式可被用來估計，當破裂發生時地殼的最大應力。據 Byerlee's law，針對不同岩石類型，從先存斷層滑動的實驗室試驗發現以下關係（詳情見式 6-9）：

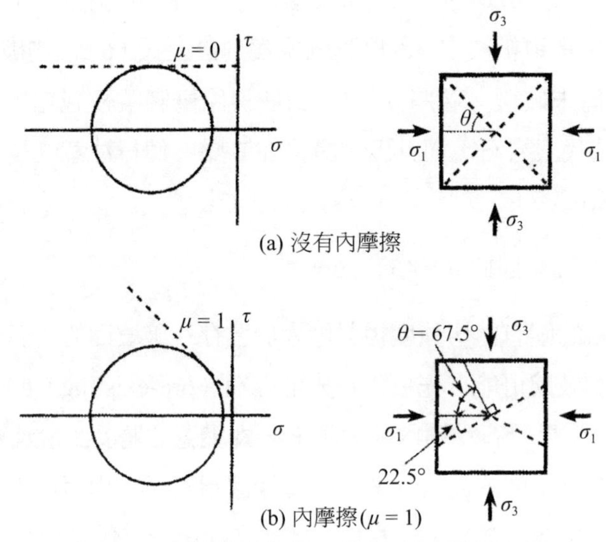

圖 6-3　內摩擦係數等於 1 的摩爾圓及斷層位置

當 $\sigma_n < 200$ MPa，$\tau = 0.85\sigma_n$

其中 σ_n 是正向應力。再由於 $\theta = 45° + \varphi/2$ 及 $\mu = \tan\varphi = 0.85$，故 $\varphi = 41°$，這導致 $\theta = 66°$ 及 $\tan^2\theta \approx 5$。在較淺深度處，若假設凝聚強度為零，則 $\sigma_1 = \sigma_3 \tan^2\theta$〔見（式 6-5）〕，故 $\sigma_1 \approx 5\sigma_3$，因此推論得，淺層地殼主應力的大小差異可達到 5 倍。

以上摩爾圓在完整岩石的破壞分析可被應用到斷層早已存在（即先存斷層）的情況，若該斷層在低應力水平沒有凝聚強度，則當剪切強度克服摩擦力之後將引起斷層的滑動。因此可以說當 $\tau = \mu\sigma_n$ 時斷層產生滑動，實際上岩石破壞常在其剪切應力高於摩擦滑動應力時才發生。這意味著若斷層面垂直線與最大壓應力（σ_1）的夾角介在 θ_{s1} 與 θ_{s2} 間時，最有利於斷層滑動（見圖 6-4）。圖中的摩爾圓位在 x 軸的負方向，故破壞包絡線與滑動線公式的符號不同於式（6-2）。

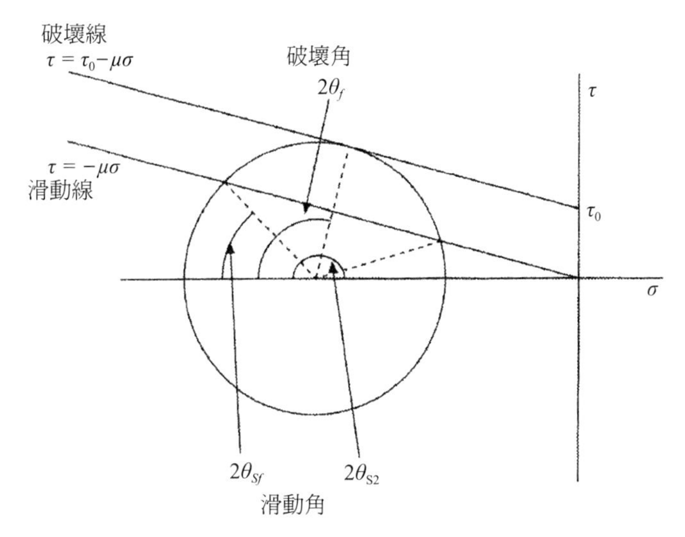

圖 6-4　摩爾圓與先存斷層

在自然界主應力的方位隨著構造環境而改變，其最小壓應力在逆衝斷層活動地區是垂直的（即 $\sigma_3 = \sigma_v$），及最大壓應力在正斷層活動地區是垂直的（即 $\sigma_1 = \sigma_v$），而中間主應力在沿走向滑動（strike-slip）的斷層活動地區也是垂直的（即 $\sigma_2 = \sigma_v$）（Anderson, 1951）。任何增加最大主應力或減少最小主應力，皆能增加摩爾圓半徑，此種情況下引起的彈性應力，其觸發效應將是最大（圖 6-5），因此若增加蓄水庫彈性負載的垂直應力，將對最大主應力是垂直應力的正斷層活動區域形成最大影響，而減少垂直應力（例如在採石場作業中移除表面負載）將對最小主應力是垂直應力的逆衝斷層活動區域有最大影響。增加孔隙流壓（例如注入流體）但不改變摩爾圓半徑，最後也會將摩爾圓往左側推移，因此不管構造應力的環境如何，此舉皆會將摩爾圓推向靠近破壞包絡線。

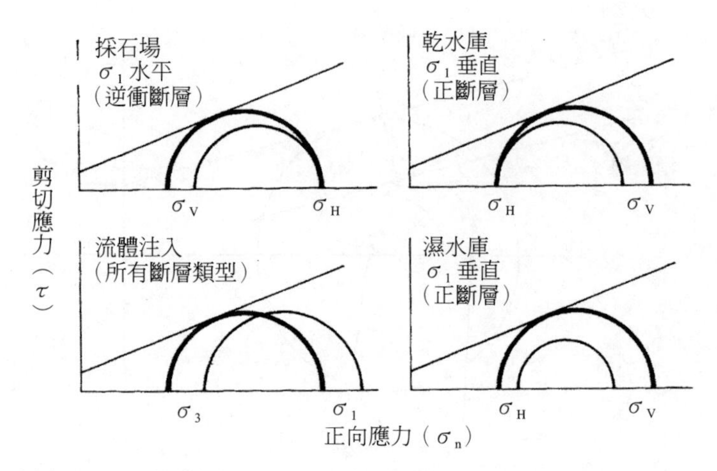

圖 6-5　本例顯示：誘導應力變化能在不同的斷層活動環境觸發破壞。細線圓代表原來的應力狀態，粗線圓代表應力改變後的狀態。為簡化問題，不計因 σ_V 增加引起的側向膨脹所導致的 σ_H 之少量改變

總結以上敘述：藉著簡單的摩爾圓與破壞包絡線之圖解法知，任何一種以下情形發生時將觸發地震（Simpson, 1986, p.25）：

1. 斷層面先前存在的應力條件，使得誘導應力大小足夠產生破壞
2. 觸發源頭力能驅動自然應力條件，並藉著以下方式使其接近破壞包絡線：
   (a) 藉著單純的彈性效應增加偏應力（deviatoric stress）以增大摩爾圓半徑；或
   (b) 透過增加孔隙流壓以降低有效應力，這將使摩爾圓朝破壞包絡線移動；或
   (c) 結合彈性與孔隙壓效應。

6-2　岩石摩擦與不穩定滑動

1. 常規黏滑與速度弱化

Biegel et al.（1992）及 Wang and Scholz（1995）從滑動啓動至穩態摩擦的演化中發現，常規黏滑與速度弱化可用示意圖 6-6 表示，具小位移的初始滑動行為則見圖 6-7。據圖 6-7，滑動在剪切應力施加之初即開始啓動，根據摩擦的彈性接觸理論（見 Scholz, 2nd ed., 2002, pp.57-63）得到的預測值，僅在滑動開始的數微米內符合理論值，滑動數微米之後，大多數的粗糙接觸成為充分滑動，而模型中假設的最初條件即不再適用。可以說一旦充分滑動發生粗糙互鎖（asperity interlocking），將引起摩擦阻力的增加，緊接著是滑動硬化，最後到達穩態摩擦（如圖 6-6），穩態值約為初始摩擦水平的兩倍，而最後的穩態摩擦值究竟多少，須依兩接觸表面的原始粗糙度而定。不同岩石的摩擦強度見圖 6-8，據此圖，除了一些黏土礦物之外，摩擦強度基本上與岩性無關，且黏土礦物（見文字數據點）在高負載下其摩擦行為呈非線性。

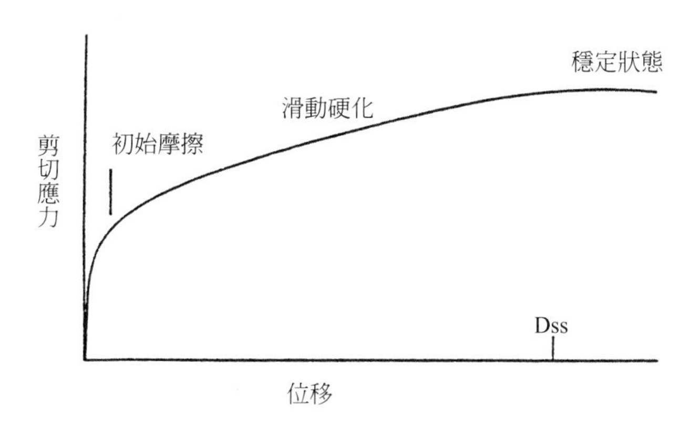

圖 6-6　從滑動啓動至穩態摩擦的演化，D_{SS} 是穩態位移（Wang and Scholz, 1995）

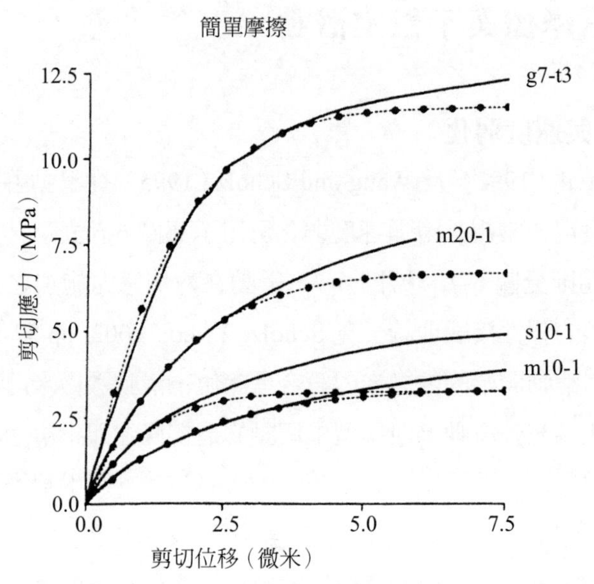

圖 6-7　具小位移的初始滑動行為，實曲線是實驗數據，點－虛曲線是接觸理論的預測值（Boitnott et al., 1992）

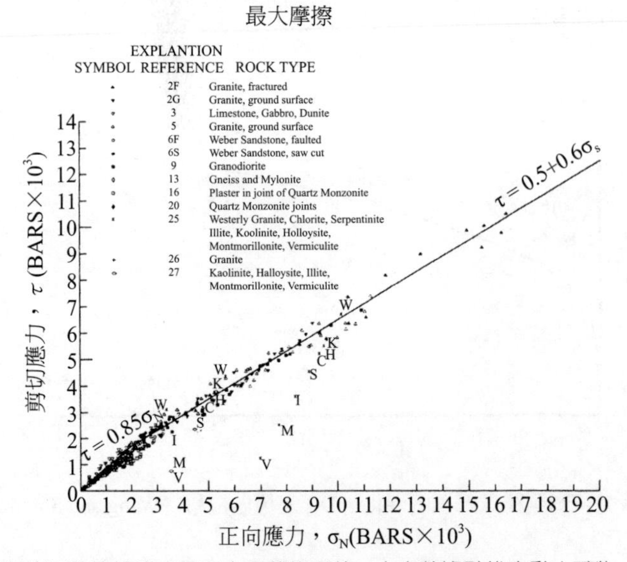

圖 6-8　不同岩石的摩擦強度是正向負載的函數，文字數據點代表黏土礦物（Byerlee, 1978）

若將摩擦定義爲 $\mu = \tau/\sigma_n$〔在式（6-2a）中，令 c = 0〕，其中 μ 是摩擦係數，σ_n 是正向應力，則 μ 與 σ_n 有反比關係。據以上摩擦定義式，當沿著斷層面的剪切應力（τ）相等於對滑動的摩擦阻力（$\mu\sigma_n$）時，斷層面預期將會發生摩擦滑動。以上的定義式即是庫侖標準，它能改寫成以主應力表示的其他形式。若岩石含水（設孔隙壓爲 P），當配合有利的斷層面方位，則摩擦滑動在發生時的「最大對最小有效主應力比率」將僅是摩擦係數的函數：

$$(\sigma_1 - P)/(\sigma_3 - P) = [(\mu^2 + 1)^{1/2} + \mu]^2 \qquad (6\text{-}6)$$

若最大對最小有效主應力比率小於式（6-6）的右邊值，則斷層狀態維持穩定（即沒有滑動發生）。若比率剛好等於右邊值，則滑動僅在居有利方位的斷層發生，而其他斷層應是穩定的（Zoback and Healy, 1984）。所謂促使滑動發生的有利方位之斷層，是指斷層面的垂直線與最大主應力（σ_1）夾 θ 角，θ 角與內摩擦係數（μ）的關係如下〔見式（6-3）〕：

$$\theta = \frac{1}{2}\left[\frac{\pi}{2} + \tan^{-1}\mu\right] \qquad (6\text{-}7)$$

中值主應力 σ_2 是在斷層面上，故若 $\mu = 1.0 \rightarrow \theta = 67.5°$；$\mu = 0.6 \rightarrow \theta = 60.5°$。因此有利方位斷層的摩擦係數（即剪切應力（$\tau$）對有效正向應力（$\sigma_n - P$）的比率）實是控制脆性地殼剪切應力（也是剪切強度）的基本要素。Byerlee（1978）根據來自不同岩類的廣泛實驗數據之研究指出，大部份岩石的摩擦值範圍落在 0.6 至 1.0 之間，而一些黏土及富含黏土的斷層泥，其摩擦值範圍約介在 0.15 至 0.55 之間，例如 SA 斷層的斷層泥即屬之（Morrow et al.（1982））。另據莫哈韋（Mojave）西部沙漠（靠近 SA 斷層）的水力破裂（hydraulic fracturing）應力測量結果，較深層（有效正向應力 160 至 200 bars 或 16 至 20 MPa）的數據顯示（註：1bar = 10^5pa，1 pa = 1 N/m^2 = 0.000145 psi），摩擦係數約爲 0.4，這個值與斷層泥摩擦值的範圍相符（Zoback and Healy, 1984, Fig. 11）。因此若依據

Byerlee's law，在地殼深度 $\sigma_n < 200$ MPa 之處，$\tau = 0.85\sigma_n$（即 $\mu = 0.85$）。當考慮斷層泥的存在時，$\mu = 0.85$ 似乎是偏高。

摩擦除了以上關係式，Jaeger and Cook（1976, p.56）另建議以下一般式：

$$\tau = \mu_o \sigma_n^m \qquad (6\text{-}8)$$

μ_o 與 m 是常數。Byerlee（1978）建議的摩擦關係式則更爲詳細：

(a) $\sigma_n > 200$MPa

則 $\tau = 50 + 0.6\sigma_n$（單位 MPa）　（6-9a）

(b) $\sigma_n < 200$MPa

則 $\tau = 0.85\sigma_n$（單位 MPa）　（6-9b）

以上的數種摩擦關係式除極少數情形外，它們皆與岩性無關，此外，它們也可適用於廣大範圍的硬性與韌性材料（從碳酸鹽到矽酸鹽物質），式（6-9）因其適用範圍較廣及它可估計天然斷層的強度，因此它被稱爲 Byerlee's law。當岩石進行摩擦滑動之際，若有任何摩擦阻力的改變發生，則動態常會發生不穩定（見第 5 章），不穩定滑動的發生，除由滑動弱化解釋之外，也可從以下角度來說明：

設 μ_s：靜態摩擦係數

μ_d：動態摩擦係數

摩擦過程中 μ_s 一旦被超越滑動即開始啓動，自此開始滑動即受到 μ_d 抵制，如 $\mu_s > \mu_d$ 不穩定滑動將發生，或是當以下不等式成立時，不穩定滑動也會開始發生：

$$(\mu_s - \mu_d)\sigma_n / D_c > K \qquad (6\text{-}10)$$

K 的涵意見圖 5-11，其中 D_c 是使摩擦從一個狀態改變到另一個狀態（例如從靜態變成動態）所需的臨界滑動距離。不穩定滑動並未能持久，對於常規黏滑必定有一機制，使得摩擦狀態在不穩定滑動之後能恢復其靜態值，這種現象即是所謂癒合（healing）機制。Rabinowicz（1956）發現，系統若呈現常規黏滑，就會有速度弱化（velocity weakening）現象，所謂速度弱化，是指在穩態滑動速度（V）之下，μ_d 將隨著 logV 而減少。速度弱化系統將總是呈現漸增的震盪，而最後到達常規黏滑狀態。反之，如速度強化系統經歷滑動不穩定，則不穩定運動將會迅速遭遏制，最後成爲穩定滑動狀態。因此如滿足式（6-10）條件，則癒合機制雖能導致滑動不穩定，但卻不足以引起常規黏滑（Scholz, 2002, p.83），以上種種滑動現象可透過對速度和狀態變量摩擦律的探討而得到初步的理解。

2. 速度和狀態變量摩擦律

時間和速度對摩擦律的影響見圖 6-9，圖 6-9(b) 顯示滑動－保持－滑動（slide-hold-slide）實驗的摩擦與位移變化，穩態滑動後接著是準靜態（quasi-static）滑動，它維持一段時間 t〔即所謂保持時間（hold time）〕，接著恢復穩態滑動，其滑動速度與先前的速度相同，此時由於重新啓動滑動，故可觀察到摩擦的增量（即 $\Delta\mu_s$），接著滑動速度衰減到先前的穩定值，這就是癒合效應。如此靜態摩擦（μ_s）隨保持時間（t）呈對數性地增加（見圖 6-9a）。圖 6-9d 是代表一項加強速度測試的實驗，實驗過程中，滑動速度突然增加一個數量級，此時一個立即的摩擦增量產生（這是所謂的直接效應），接著是在一些滑動距離內 μ 值衰減到一新（較小）的穩定值。動態摩擦（μ_d）依賴（對數性地）滑動速度而定。對 6-9(c) 的情況該依賴關係是負的，這種情形屬於速度弱化。

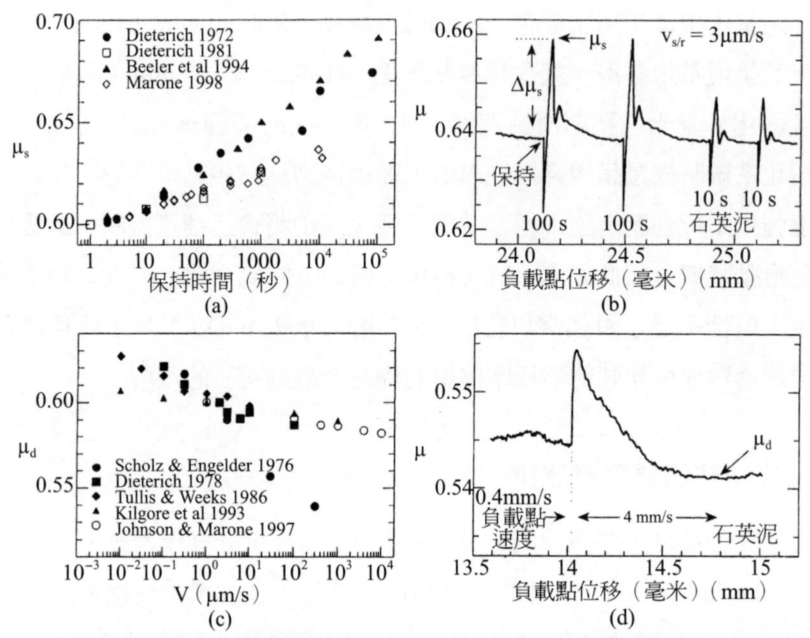

圖 6-9 (a) 靜態摩擦係數隨著保持時間（hold time）的變化測量，實心記號代表最初裸露的岩石表面，空心記號代表粒狀的斷層泥

(b) 摩擦對負載點位移圖，它顯示靜態摩擦及Δ μ_s 在滑動－保持－滑動的實驗中之變化，保持時間以秒計及滑動速度是 3 μm/s

(c) 動態摩擦係數對滑動速度

(d) 數據顯示，摩擦係數對於忽然提高滑動速度的反應，首先它呈短暫的迅速增加，接著衰減至新的動態摩擦值（Marone, 1998；轉引自 Scholz, 2002, Fig. 2.17, p.84）

以上的實驗觀察與Dieterich（1979a & b）的經驗性本構律（constitutive equation）相合，其後 Ruina（1983）據該本構律發展成速度與狀態依賴摩擦（RSF）律，RSF 律後來產生數種變形，其中與實驗觀察最符合的一種稱爲 Dieterich-Ruina（或是 slowness）律，它陳述：摩擦依賴瞬間滑動速度（V）及對時間有依賴性的狀態變數（θ）：

$$\mu \equiv \mu(V, \theta) = \mu_o + a\ In(V/V_o) + b\ In(V_o\theta/D_c) \qquad (6\text{-}11)$$

狀態變數（θ）的演化，依照：

$$\dot{\theta} \equiv \frac{d\theta}{dt} = 1 - (V\theta/D_c) \qquad (6\text{-}12)$$

D_c 是使滑動從一個值（例如靜態值）改變到另一個值（例如動態值）的臨界滑動距離。以上摩擦不僅可應用到岩石，也可用到包括塑膠、玻璃、與紙等材料。在靜態情況，$\theta = t$，Dieterich（1979）認爲 θ 可被解釋爲斷層兩側面接觸的平均時間，臨界滑動距離 D_c 是以恆定滑動速度 V 進行的滑動距離，因此 $\theta = D_c/V$ 及 $\theta_o = D_c/V_o$。因此穩態速度 V 的滑動可表示爲：

$$\mu_{ss} = \mu_o + (a - b)In(V/V_o) \qquad (6\text{-}13)$$

若 μ_d 定義爲速度 V 時的 μ_{ss}（即穩態的 μ 值），且假設 $V_o = 1$，則 $\mu_o \approx 0.60$（見圖 6-9c），

$$d\mu_d / d(InV) = a - b \qquad (6\text{-}14)$$

在靜態情況，代入 $V = D_c/\theta$ 則式（6-13）簡化爲 $\theta = t$，故對於較長的保持時間：

$$d\mu_s/d(InV) = b \qquad (6\text{-}15)$$

以上式（6-14）、（6-15）兩關係可以圖 6-10 表示，摩擦參數 a 與 b 永遠是 10^{-2} 數量級的正值，而直接效應的摩擦跳躍量（負載點速度亦從 V_1 跳躍到 V_2）可表示爲：

$$\Delta\mu = a\ In(V_2/V_1) \qquad (6\text{-}16)$$

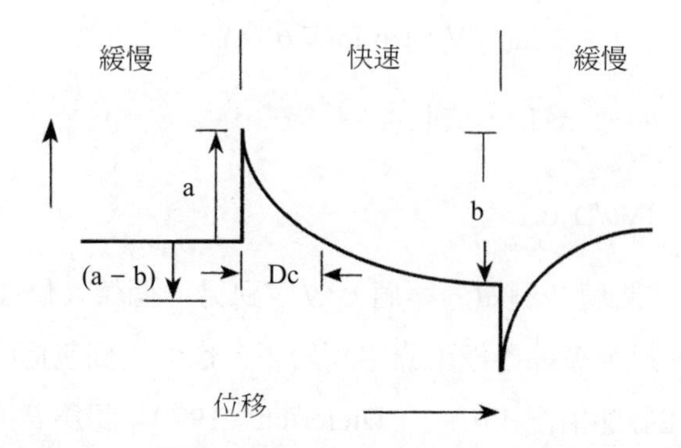

圖 6-10　示意圖顯示當速度改變 e 倍時，摩擦參數 a 與 b 的反應，此圖也定義速度－狀態摩擦律中的快與慢兩名詞（Scholz, 2002, Fig. 2.18, p.86）。

3. 斷層滑動率推估

跨越活動斷層帶的滑動速率，其測量值跨度達 10 個數量級，約從穩定的無震（aseismic）滑動率（每年 1～30 毫米）到短暫的同震（coseismic）滑動率（在數秒內它可能到達每秒 0.1～2 米）（Brune 1970），且地震通常在 10^2 至 10^4 年之時間間隔內重複發生。推測在糜棱岩（mylonite）帶的無震剪切應變率，可能在每秒 10^{-9}～10^{-12} 之間，但當地震滑動之際，在應變持續維持之處高多了的剪切應變率則可能是屬於局部現象（Sibson, 1986, p.151）。上文提到的黏滑動態不穩定，不論是從微觀物理到宏觀的地震斷層與山體滑坡（landslides），它均是控制摩擦過程的關鍵機制。爲了更清楚的了解該不穩定機制，Nielsen et al.（2009）針對動態裂紋問題進行實驗室模型斷層的單軸壓試驗，他們透過攝影以監測整個的（從準靜態自發（spontaneously）晶核（nucleation）形成階段，到動態突破及次音速或跨音速的裂紋傳輸（propagation）），結果發現：

(1) 晶核形成後以準靜態、緩慢〔以約 5% 剪切波（v_s）速度〕及穩定的裂紋前緣往前傳輸，然後加速到次剪切波速度，最後分叉成音速與次音速（介於 P 波與 S 波速度之間）；

(2) 滑動過程的複雜行爲包括走走停停等序列、不規則的裂紋傳輸、及短時間間隔內再破裂等，這意味著摩擦表面的迅速再強化及自癒脈衝的形成。

以上關於斷層的成長與演化之實際觀察可基於以下方法：

若知道斷層的總偏移（total offset）及初始年紀，則將它們與目前可靠的滑動率（由大地測量得到）相結合後，能對斷層的成長與演化產生有用的約束條件，例如漢德山帕納明特谷（Hunder Mountain-Panamint Valley）斷層帶，經利用空間大地測量技術後獲知，目前的滑動率是每年 5.0 ± 0.5 毫米，斷層總偏移量爲 9.3 公里，而它自誕生以來所經歷的時間（即斷層年紀）約介於 4 及 2.8 Ma 之間（1 Ma 代表一百萬年）。由大地測量估計得的滑動率頗大於從斷層總偏移與年紀的估計值，故推論目前斷層是處於加速滑動與演化的狀態，其滑動率爲每百萬年約每年 1.3 毫米（Gourmelen et al., 2011）。

6-3　地殼應力、斷層啟動、與摩擦

Anderson（1905，1951）在上世紀前半期開始發展現代斷層起源的力學概念，並強調它們在構造學（tectonics）上的重要地位。Anderson 認爲，斷層摩擦強度少於當初形成該斷層的應力，並且一旦形成，斷層面即成爲弱面，若後來應力場非處於優化方位（optimally oriented）則它可能被激活（activated）。斷層激活的條件尚包括：

- 垂直應力等於最大主應力，即 $\sigma_v = \sigma_1$（Anderson, 1951）。
- 飽和流體岩體。

設流體壓 = P_f，則有效主應力 $\sigma_1' = (\sigma_1 - \sigma_f) > \sigma_2' = (\sigma_2 - \sigma_f) > \sigma_3' = (\sigma_3 - \sigma_f)$（Hubbert and Rubey, 1959）。脆性斷層在符合庫侖破壞標準〔式（6-4）〕時形成破壞，它應形成在與 σ_1 夾 22～32°（Sibson, 1985a）之處。在構造活動活躍的環境，當 $\sigma_v = \sigma_1$ 時，正斷層裂紋啓動（initiation）的傾角應在

58° 至 68° 的範圍（Anderson, 1951; Sibson, 1985a）。若早已存在不連續（如成熟斷層），且其凝聚強度爲零，則該斷層的剪切破壞標準受制於庫命標準。

活動斷層方位的應力場方向或地震震源機制可藉著圖 6-11 來說明，該圖是一包含兩條強度包絡線的摩爾圓，其一是摩擦包絡線，它代表斷層強度；另一條庫命包絡線代表周圍岩石（假設均向性）的強度。大摩爾圓 A 顯示新斷層形成的條件，先存斷層有一大範圍的方位角（β），在新斷層形成之前它將被激活。在二維情況若先存斷層與 σ_1 間夾 θ_R（θ_R 是再激活角度），則其再激活（reactivated）條件可據式（6-4）改寫如下：

$$R = (\sigma_1 - P_f)/(\sigma_3 - P_f) = (1 + \mu\cot\theta_R)/(1 - \mu\tan\theta_R) \qquad (6\text{-}17)$$

P_f 是孔隙流壓，μ 是摩擦係數，從以上應力比率（R）的正值最小化程序，可找到斷層再激活的最佳化角度或是破壞面方位角（θ_R^*）（Collettini,

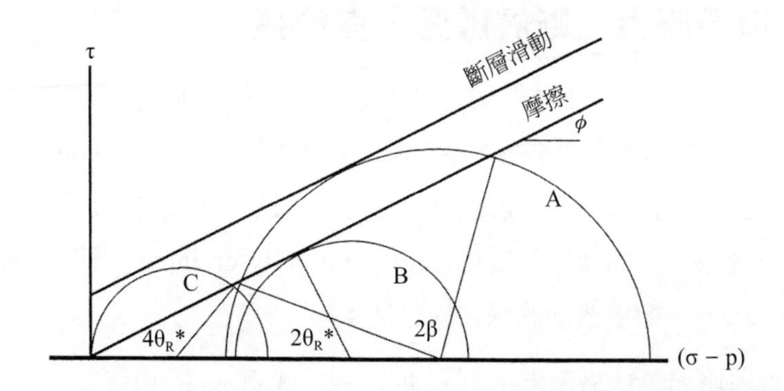

圖 6-11　兩條破壞包絡線的摩爾圓，一條代表斷層形成時的庫侖破壞包絡線，即它代表周圍岩石強度；另一條代表先前存在斷層的滑動摩擦標準包絡線，它也代表斷層強度。摩爾圓 (A) 提供斷層形成時的應力，具有一系列方位（β）的先存斷層，其在新斷層的最佳化方位形成之前先被激活。摩爾圓 (B) 指出先存斷層其最佳化方位的激活條件。摩爾圓 (C) 顯示斷層在鎖住角（$2\theta_R^*$）時的激活條件，大於該角度斷層無法被激活（Scholz, 2002, Fig. 3.4, p.108）

2011, p.262）：

$$\theta_R^* = 0.5 \tan^{-1}(1/\mu) \qquad (6\text{-}18)$$

θ_R^* 是破壞面的垂直線與最大主應力（σ_1）方向的夾角。當 θ_R 從這個最佳位置增大或減小時，則再激活所需的的應力比率（R）會增大（Silbson, 2000），就如式（6-17）所證實的，當 $\theta_R = 2\theta_R^* = \tan^{-1}(1/\mu)$ 時，摩擦鎖住（$R \rightarrow \infty$）發生，此 $2\theta_R^*$ 就是斷層的鎖住（lock-up）角度。在摩擦鎖住之前的斷層，其再激活應力場是由斷層岩石的摩擦性質所控制，此種應力狀態可用摩爾圓 B 表示（圖 6-11）。應力比在再激活角度（θ_R^*）時有最小值，而在鎖住角度（$2\theta_R^*$）時趨近無限大，此種極限情況存在於當 P_f 趨近 σ_3（但不超過 σ_3）時，摩爾圓 C 描述此種條件。若斷層摩擦鎖住角度超過 $2\theta_R^*$ 時，只有在張力超高壓條件下再激活才有可能發生（Silbson, 2000），此時

$$\sigma_3' = (\sigma_3 - P_f) < 0$$

然而 $P_f > \sigma_3$ 的條件極難維持，原因是：

・當 $P_f = \sigma_3 + T$（T 是岩石張力強度），高壓水力破裂形成排水高壓流體。
・對於低有效應力，滲透率通常增加（Patterson and Wong, 2005）。

因此當超過摩擦鎖住角度時，則形成一個新的最佳化方位斷層之可能性，絕對大於再激活一個先存斷層（Collettini, 2011, p.262）。

式（6-17）適用二維情況，它說明先存斷層的再激活是 θ_R 的函數，三維摩擦斷層的再激活分析見（Collettini and Trippetta, 2007; Lisle and Srivastava, 2004; Morris et al., 1996）。

6-4　斷層晶核的形成、成長、與滑動變形

1. 破裂的尺寸依賴性

最近的強動與遠震（teleseismic）波數據顯示，地震滑動具有領先的破裂前緣之特性（Heaton, 1990），Heaton 認為，破裂脈衝（即前緣）是從震源地區移動入斷層帶的鎖住部份，並進而促進鎖住帶的應力變化，有關這方面的細節說明是本節的重點之一。

摩擦與斷裂觀念的研究，在實驗模型的安排上有不同的格局，例如斷裂實驗常將完整岩石試樣置於圍壓（σ_3）之下，而單獨增加軸壓（σ_1）以觀察岩石的破裂情況（圖 6-12(a)）。當加載（loading）增加時，首先出現的是非線性裂縫閉合，其次是以下現象的依次出現，它們是：伴隨著釋出聲音的屈服（yielding），接著是到達極限強度時沿著準平面的不穩定斷裂，最後才是穩定滑動（圖 6-12(b)）。至於典型的摩擦實驗，它使用兩（或三）個固定岩塊，在固定正向應力（σ_n）作用下以指定的固定速度（V_i）滑動（圖 6-12(c)），表達速率和狀態變量（也稱 Dieterich law）的摩擦試驗見圖 6-12(d)。

以上實驗室模擬結果與地震的觀察結果可做相關性比較，其理由如下：

(1) 地震時也會有裂縫發生，裂縫的幾何形狀更遠為複雜，例如洛馬普列塔（1989）及蘭德斯（1992）兩地震形成的地表破裂等；

(2) 斷層晶核是在震源帶的小體積岩體內產生後，再沿著準平面的破裂脈衝（前緣）傳輸；

(3) 在地下數公里及存在熱液之深度處，當震間平靜（interseismic quiescence）時期，粉碎（由於摩擦）的斷層泥物質可能癒合及再膠結，經此過程後的泥物質行為可能類似於完整岩石；

(4) 地震的滑動成核（slip nucleation），類似於三軸壓負載下完整岩

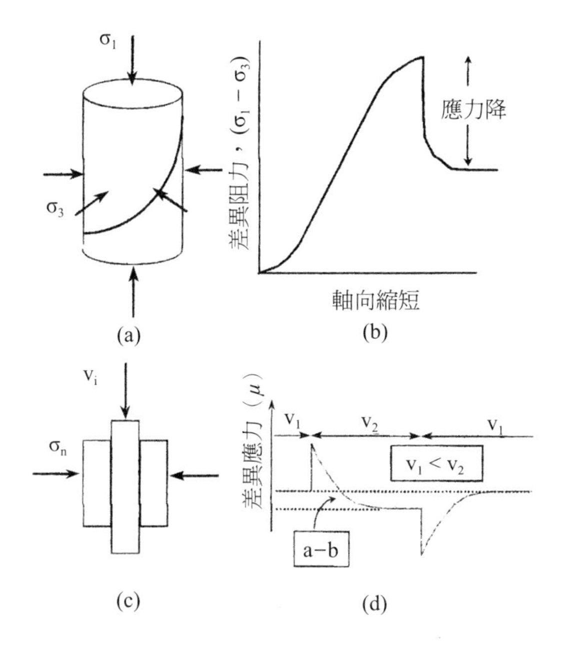

圖 6-12　地震力學的實驗模型：

(a) 在圍壓（σ_3）及軸壓（σ_1）作用下的完整岩石試樣，典型的屈服沿著準平面（較黑的曲線）發生

(b) 脆性岩石在三軸試驗的典型應力 — 應變曲線（包含破壞後滑動）

(c) 摩擦實驗的佈局：受到正向應力的三個固體岩塊，以指定的固定速度（V_i）滑動

(d) 摩擦阻力（灰色線）是滑動速度 V_1 及 V_2 的函數，速度弱化可由（a − b）值測量（Reches, 1999, Fig. 1）

石內部的破裂成核（rupture nucleation），從最近數十次地震的速度與地震圖分析，其結果顯示在主震 P 波到來之前有一個明顯的初始狀態存在，而這個狀態可能意味著：一些主震成核的小構造活動正在進行。

除了以上地震現象的觀察之外，實際上破裂本質尚具有一些依賴尺寸（scale dependence）的物理量，而此種尺寸依賴是破裂現象中最顯著的事實及特質之一。破裂現象的一些物理量具有尺寸依賴的性質之原因，可歸因於不均質材料的破裂表面並非平坦表面，因此破裂表面的實際面積，將極大地不同於其表觀面積。圖 6-13 包含現場與實驗室兩種不同性質的數據，其中來自實驗室試驗的剪切破裂數據不僅包含弱面（或先存斷層）的摩擦滑動破壞，同時也包括最初是完整岩石的試樣。圖中的表觀（apparent）剪切破裂能（G_c）是利用下式估計：

$$G_c = \frac{r}{2}\Delta\tau_b D_c \tag{6-19}$$

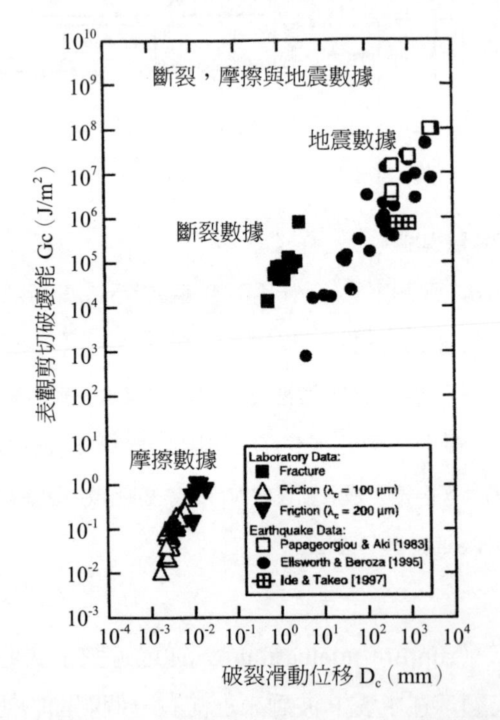

圖 6-13　表觀剪切破裂能（G_c）對破裂滑動位移（D_c）的雙對數圖。剪切破裂實驗數據（試樣使用完整 Tsukuba 花崗岩）來自 Table 1；摩擦滑動破壞的實驗數據（試樣使用預切的（precut）及具有不同粗糙度的斷層面模型）來自 Table 2 與 Table 3；地震破裂是使用現場數據，而載有以上實驗數據的 Table1 ～ Table 3 見 Ohnaka（2003）

其中 Γ 是無因次（dimension）參數，其定義式如下：

$$\Gamma = \int_0^1 \frac{\sigma(Y)}{\sqrt{Y}} dY \qquad (6\text{-}20)$$

$\sigma(Y)$ 是無因次剪切強度，Y 是在破裂帶自破裂前緣量起的無因次距離，$\Delta\tau_b$ 是破裂帶的應力降，D_c 是破裂滑動位移。實驗室鋸齒狀剪切破壞試驗見圖 6-14，岩樣的破裂角（θ）定義爲 σ_1 軸與宏觀破裂面的夾角，沿著宏觀破裂面的剪切應力爲：

$$\tau = \frac{1}{2}(\sigma_1 - \sigma_3)\sin 2\theta = \frac{1}{2}(\sigma_1 - P_c)\sin 2\theta \qquad (6\text{-}21)$$

P_c 是圍壓，沿著破裂面的滑動位移（D）爲：

$$D = \frac{\Delta l}{\cos\theta} - D_{el} \qquad (6\text{-}22)$$

Δl 是試樣的軸向位移，D_{el} 是試樣的彈性變形，而破裂面的滑動位移則定義爲破裂帶厚度兩側的壁面之相對位移（圖 6-14）。爲方便比較，在利用 Ohnaka（2003）Table 1～3 的數據及式（6-19）計算 G_c 時假設 $\Gamma = 1$。據圖 6-13，不論大尺寸的地震或小尺寸的實驗室（剪切破壞與摩擦滑動破壞）等三組數據分佈，G_c 皆隨著 D_c 的增加而增加（Ohnaka, 2003, pp. 6-18），這是 G_c 與 D_c 兩者皆是尺寸依賴的直接表明。G_c 的尺寸依賴是從理論關係式（6-19）得到的結論，而因 D_c 也是依賴尺寸，故 $\Delta\tau_b$ 及 Γ 皆是尺寸依賴（Ohnaka, 2003, pp. 6-18）。

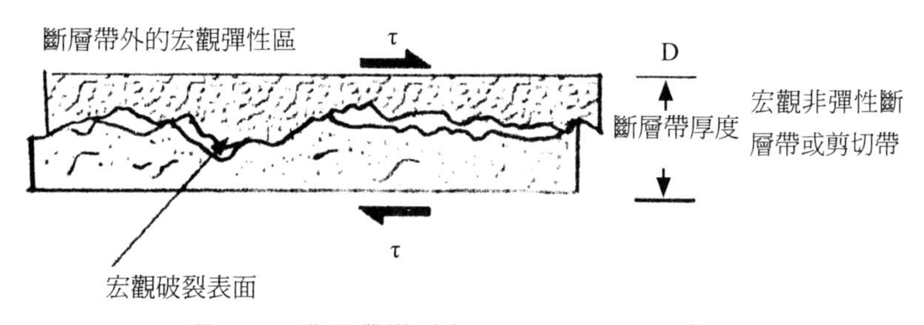

圖 6-14　斷層帶模型（Ohnaka, 2003, Fig. 1）

2. 斷層的滑動觀察

斷層滑動的特質簡述如下：

(1) 張力裂縫

據1992年蘭德斯地震（M7.5）後的地面觀察顯示，該次地震的最大水平位移約6米，它在地表產生一條壯觀的80公里長裂縫，部份破裂帶形成50至200米寬（兩壁平行）的剪切帶，該帶內存在著主要和次要的張力裂縫。一些較早期的主要地震，如1906年舊金山、1972年馬拉瓜（Manague）、及1968年霸銳山（Borrego Mountain）等地震，皆有類似於1992年蘭德斯地震的結構特質，這些共同特質是，大地震產生的破壞帶通常有數十到數百米寬，該帶內存在著張力裂縫、逆衝、狹窄剪切區、各種變形分佈、及沿著主斷層面的局部滑動，這種佈局意味著：即使是由成熟斷層產生的地震，也可能產生許多網路狀的新裂縫。

(2) 斷層帶的癒合

在地震成核深度，斷層帶內的粉碎及裂隙岩石碎片，若在熱液條件下，其癒合速度可能相對較快，例如石英在溫度400°～500℃時，其裂隙總是立即癒合（Bodnar and Sterner, 1987），若溫度維持在400℃以上，則裂隙在數小時至數天之後總是會完全癒合。Karner et al.（1997）研究斷層泥在熱液條件下的癒合，他們使用Sioux石英岩為試樣，且將細粒石英泥充滿鋸齒狀弱面，試樣在圍壓250 MPa、孔隙流壓75 MPa、及溫度230°～636℃之間時變形。實驗包括癒合－滑動或滑動－癒合－滑動等過程，癒合時間約1-28小時（圖6-15）。

從癒合－滑動實驗中發現，石英泥摩擦有快速的癒合速率，這意味著：若癒合時間是數個月或數年，則石英泥可能使得周圍石英岩的強度重新恢復。例如沿著SA斷層的大地震，其成核深度處的現場條件通常相當於以上提到的癒合實驗之條件。地震的成核深度通常在7～15公里，該處

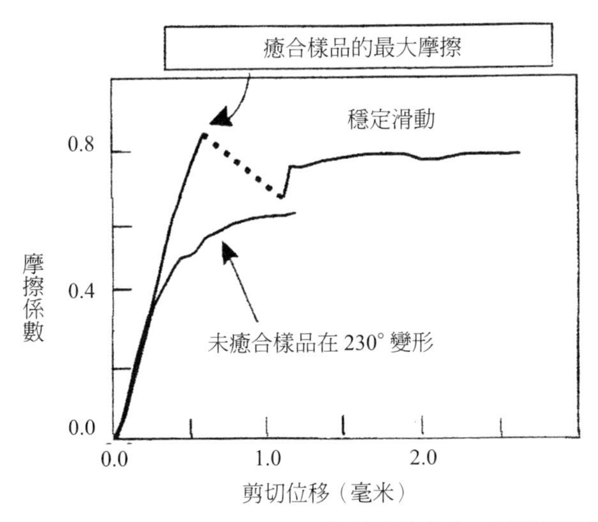

圖 6-15　圓柱狀 Sioux 石英岩試樣（圖 6-12a）的摩擦強度，試樣具有填滿細粒石英泥的鋸齒弱面，圍壓維持 250 MPa 及孔隙流壓 75 MPa。圖中顯示兩種試驗結果（Reches, 1999, Fig. 3, p.478）：

(1) 636℃ 癒合之後緊接著在 230℃ 的滑動（虛線）

(2) 一個在 230℃ 產生變形的未癒合試樣（厚線）。注意，癒合的石英泥顯著地強於未癒合試樣，其最大強度時的摩擦係數 $\mu > 0.8$；到達屈服後，接著是一大的摩擦降（$\Delta\mu \approx 0.17$），試樣再次破裂（筆者加入），未癒合試樣呈穩定滑動

溫度大約是 250°～400℃，且岩石飽和淡水或鹽水，每次地震皆造成密集的粉碎性細粒及讓斷層帶處於不均勻高應力之下，而高溫及孔隙流體的存在，將有利於碎泥的局部溶解與局部沉澱，例如二次礦化的成礦作用，即是在壓力－溶液的環境中促成。加州大地震的震間期約是 50～300 年，故有理由假設癒合將導致斷層帶的部份或全部恢復至原來強度（Reches, 1999, p.478）。

(3) 斷裂能

能量釋放率（G）可能是評估斷裂形成及擴展的最佳參數，它被定義爲沿著每單位寬度的裂縫前緣，當裂縫成長每單位長度時進入裂縫尖端的能量流通量，換句話說，G 是相當於產生每單位裂縫面積的能量，或可將它看待爲所有消耗於產生裂縫活動機制的能量，而這些機制包括地震輻射、熱產量、塑性變形、及新表面積的產生與加速等。Li（1987）基於裂縫幾何形狀、應力與應變強度、及彈性參數等不同方法計算 G 值，這些方法包括有磨光表面滑動的張力試驗、完整岩石的三軸破壞、有著鋸齒狀節理面的試樣、及地震與大斷層的蠕變活動等（見圖 6-16 及表 6-1）。

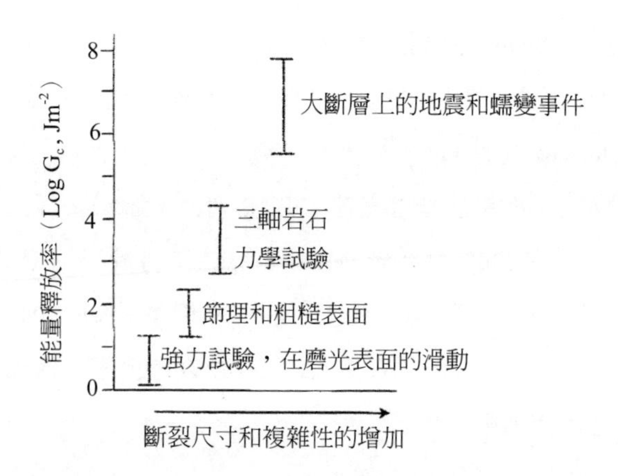

圖 6-16　由完整岩石三軸破壞試驗、沿著鋸齒狀節理面試樣的滑動、及當地震時斷層的蠕變活動等決定的能量釋放率（Reshes, 1999, Fig. 4, p.479）

表 6-1　沿著剪切不連續面滑動的能量釋放率 (Li, 1987)

岩石類型或面積	滑動類型	$G(Jm^{-2})$	參考資料
光滑的花崗岩表面	低正向應力	0.1-2.5	Okubo and Dieterich (1986)
碳酸鹽質岩類及砂岩	節理表面	10-1000	Li(1987)
花崗岩及輝長岩	完整岩石的三軸試驗	$(0.3\text{-}5)\times10^4$	Li(1987)
加州蠕變帶	大地測量數據	$(6\text{-}30)\times10^6$	Li(1987)
一般性斷層	一般性	$10^6\text{-}10^8$	Li(1987)

由於斷層泥在數年或數十年之後可能部份或全部再膠合（圖 6-15），故當地震之際，形成的大部份裂縫皆應被視爲新裂縫，表 6-1 的能量值可用來估計新裂縫的產生數量。

除了塑性流動之外，非彈性變形也是斷裂活動中新表面面積產生的機制之一（Scholz, 1990, p.167）。假設當地震時，裂縫尖端產生的新表面面積消耗 1% 的能量釋放率（實際上可能消耗更多），如 $G = 10^6 \sim 10^8\ Jm^{-2}$（表 6-1），則新表面消耗的能量 $E_s = 0.01\ G = 10^4 \sim 10^6\ Jm^{-2}$，矽酸鹽礦物的固有表面能 $\mu = 1 \sim 10\ Jm^{-2}$（Friedman et al., 1972），故當地震之際，從每平方米的斷層面積產生的新表面面積爲 $S = (E_s/\mu) = 10^3 \sim 10^6\ m^2$，在現場此新表面面積是以斷層泥帶的壓碎顆粒，或以新斷裂帶的形式表現出來，故能量釋放值可用來估計新裂縫的數量。

3. 斷層泥

從以上的敘述得知，斷層泥性質實是影響斷層癒合時間（或速度）的重要因素之一，不但如此，有些斷層泥也極大地影響黏滑（stick-slip）行爲，究竟斷層泥是如何產生的？其機械性質又如何？以下是一些與此兩問題有關的探討。

斷層泥是斷層活動中兩斷層面相對滑動時，由機械摩損形成的產物，加州的 SA 斷層其活動時間已數百萬年，準此，斷層兩側已相互移位多達數百公里，由此推測該斷層的斷層泥必已累積相當數量。SA 系統（包括海沃德及卡拉卡拉斯（Calaveras）斷層）計有三種類型的斷層泥（Wu, 1975, p.88）：

(1) 沿著 SA 斷層（聖胡安・包蒂薩（San Juan Bautisa）到帕克菲爾德（Parkfield）），及沿著卡拉卡拉斯及海沃德斷層，此些節段含有黏土泥。（**筆者按**：SA 斷層系統的泥物質實際上不只以上三種，它也包含石英與黏土的混合泥。）

(2) 聖胡安・包蒂薩北方靠近水晶春湖（Crystal Spring Lake）之處，含有糜棱岩。

(3) 聖辛哈托（San Jacinto）及 El Sinore 斷層，含有沸石（zeolites）。

在以上三種斷層泥中，黏土泥因其機械性及對水的特殊反應，故對斷層行爲的影響最大。黏土泥或糜棱岩的發生深度可能深至地下 12 公里，故斷層的機械行爲將完全受制於泥物質的物理與化學性質。斷層泥帶控制斷層活動的明顯例子見之於 1966 年帕克菲爾德地震，當時相對位移發生在充滿斷層泥的地塹（graben）之兩側。斷層泥中黏土礦物的形成，係因反覆的斷層移動或蠕變，以致圍岩被壓碎並磨成更小的細粒，這些細粒在高溫、高壓、與深成溶液（hypogene solutions）環境下產生物理與化學反應而形成斷層泥。據研究（MILLOT, 1970），地下溫度每增高 10°，黏土礦物形成的速率即會增加 3 至 4 倍。此外，來自圍岩或沿著斷層帶移棲的深成溶液，其 PH 值與組成（主要依受其侵入及形成反應的圍岩成份而定）對黏土的形成也居關鍵角色，而斷層帶及靠近斷層帶的反覆應變岩體也提供流體移棲的管道。因此綜合以上敘述黏土的形成依賴：

(1) 圍岩的組成。

(2) 溶液的組成：溶液主要以圍岩成分爲主，但也可能包括其他當它進行長程移棲途中加入的成分。

(3) 溫度與壓力。

含黏土的斷層泥如其剪切強度大於剪切應力，則它將繼續吸收水及膨脹直到它進一步弱化及當剪切應力超過黏土強度爲止，在斷層泥快速破壞之處，將產生應力降及形成地震。破壞之前黏土可能出現大應變，據 Olson and Parola（1961），破壞之前黏土可能產生 20～30% 軸向應變，這個現象可解釋發生在加州中部的數次地震中觀察到的蠕變〔或稱無震斷層活動（aseismic faulting）〕先兆。同時，帕克菲爾德地區的雁列式（en echelon）裂紋，也可能相當程度地與泥物質在災難性破壞發生前的廣泛蠕變有關。這種機制是十分不同於實驗室觀察到的情況，後者（實驗）指出黏滑前有加速蠕變現象（Wu, et al., 1975, p.93）。

另有一些黏土礦物當受到重複的剪切力時，其內摩擦角逐漸減少，這意味著它變得更易滑移，這時即使低構造應力也可能使斷層恢復活動，此種情況通常發生在互相錯鎖的顆粒重新排列，並調整其本身使成爲平行剪切面的鱗片狀黏土顆粒排列之際，此調整行爲持續進行，直到形成一個連續與閃亮的剪切表面爲止，此種效應往往能描述滑動面及其後沿著該面發生的斷層活動。由於黏土泥物質的強度很低，因此在含黏土泥的斷層帶連續破裂或非常小的地震可能發生，而這也可能說明在聖胡安．包蒂薩及查林（Cholaine）之間，沿著 SA 斷層節段，不管有無小地震發生，它過去應曾發生或多或少的連續蠕變與低應力降。不僅如此，由於黏土泥吸水後產生膨脹，因此在斷層周圍的地區，也可能觀察到波速異常。

上文主要針對黏土泥性質進行討論，然而斷層泥的組成有時未必全以黏土礦物爲主，它也可能包含碳酸鹽礦物或其他不同礦物的組合，有時候則以石英、黏土、與其他礦物的混合泥形式出現，例如取自美國地質調查所（USGS）乾湖流域（Dry Lake Valley）一號井（鑽進 SA 斷層帶深度 252 米處）的岩樣，經 X- 射線繞射技術的分析後，知其組成頗爲均勻，它們包括 26～33% 的石英、 12～17% 的長石（feldspar）、 0～8% 的高嶺土（kaolinite）、4～6% 的伊萊石（illite）、9～16% 的綠泥石（chlorite）、及 29～35% 的蒙脫石（montmorillonite）（Logan, et al., 1981）。又如來自泥濘山逆衝斷層（Muddy Mountain Thrust）的斷層泥，則僅包含石英顆粒（Engelder, 1974），因此下文將據實驗室試驗結果，說明石英斷層泥在應力作用下的反應及其性質（Engelder, 1975, 69-86）。

人造石英泥的層厚 0.17 厘米及粒子直徑 100～250 微米，它被安置於 10 厘米長及 5 厘米直徑的圓柱狀田納西砂岩試樣中間，而與圓柱縱軸夾 35° ± 0.1°，實驗在室溫下進行，圍壓加到 2.0 kb，孔隙壓加到 1.0 kb，滑動速率 10^{-2}～10^{-5} cm/sec。試樣從黏滑（圍壓 < 0.7kb）遞變到穩定

滑動（圍壓 > 0.7kb）的過程，說明滑動模式的過渡狀態存在。若與沒有石英泥的試樣之實驗結果相較，石英泥降低更多的摩擦係數與穩定滑動（10^{-5} cm/sec）後的黏滑應力降大小，若位移速率減少值介乎 10^{-3}～10^{-5} cm/sec，則應力降大小從 25 bars 增加到 50 bars。實驗結果意味著：在有效圍壓維持在少於 2.0 kb 且斷層帶含有石英泥的情況下，實驗室類型的黏滑僅在滑動表面（假設爲平面或近似平面）發展完成後始能充做震源機制（Engelder, 1975, p.69）。

以上略談黏土與石英斷層泥在壓力下的一些反應，然而當它們處在地下較高的溫度與壓力環境，其行爲變化實比上文所述更爲複雜，過去的一些實驗研究雖曾強調剪切應變對摩擦行爲的影響，但有更多的實驗研究則一再顯示，斷層泥的組成對斷層摩擦性質（包括強度與滑動穩定）實有最重要的影響。所有摩擦力弱的泥物質（滑動摩擦係數 $\mu < 0.5$）皆是由層狀矽酸鹽礦物組成，其摩擦隨滑動速度增加（稱爲速度強化行爲），這意味著該行爲將抑制摩擦不穩定，因此此種斷層泥將僅會導致穩定滑動行爲。相反地，具有較高摩擦強度的斷層泥（摩擦係數 $\mu \geqq 0.5$）可能呈現不穩定滑動的速度弱化與穩定滑動的速度強化兩種行爲，其中速度弱化行爲（$a-b < 0$；$a-b$ 是摩擦速率參數，見圖 6-10 及下式）是導致地震成核的不穩定斷層滑動之必要條件。這些泥物質的主要成分是長英礦物（quartzofeldspathic），有時候則包含具有摩擦係數較高的層狀矽酸鹽泥物質。強斷層泥將導致摩擦速率穩定參數（見下式）系統性地隨剪切應變的增加而減少（Ikari, et al., 2011, p.85），其中 V 是滑動速度。

$$a - b = \Delta\mu/\Delta\ln V \quad (6\text{-}23)$$

這意味著長英岩石中未成熟（即斷層年代較年輕）及偏移量（offset）較低的斷層隨著位移的增加，它可能變成發震（seismogenic）源。相反地，大部份富含層狀矽酸鹽的斷層除非泥礦物成分改變，或是泥物質強化發生及滑動僅限於局部範圍，否則預期斷層將出現穩定蠕變。

4. 斷層晶核的形成與成長之實驗室試驗及其衍生關係

脆性岩石受壓時，通常將促成斷層的演化及破壞，在斷層成長過程中將導致整體岩石的弱化，並通常將伴隨著猛烈的能量釋放（這就是地震）。關於斷層的晶核形成與成長，迄今仍然不是十分清楚，部份原因可能是斷層以剪切波速度成長，故欲詳細觀察斷層的擴張過程實有技術上的困難，除此之外，其他原因可能與斷層如何在平面上成長的課題缺乏適當的解釋理論有關。爲克服以上困難使用非破壞性分析技術決定當岩石變形時聲波發射（acoustic emission，簡稱 AE）源的位置，利用這項技術所做的實驗，可以顯示微觀斷層面的晶核形成與成長過程。所得的 AE 數據，其主要用途是決定微震的發生時間與它在三維空間的位置，以找出破壞究竟發生在岩樣的何處。

(1) Westerly 花崗岩及 Berea 砂岩的脆性破壞與聲波發射試驗

Lockner et al.（1992）應用採自垂直地層面的 Westerly 花崗岩及 Berea 砂岩（孔隙率 18%）的圓柱狀岩樣（試樣直徑 76.2 毫米，長度 190.5 毫米），在圍壓 $P_{conf} = 50 \pm 0.2$MPa 與軸壓（σ_{axial}）作用下，當試樣變形時，監測發生在岩石內部的高頻聲波發射（acoustic emission，簡稱 AE）。實驗時使用 6 個傳感器（transducer）陣列，以形成一組微型地震網路。傳感器在岩樣表面的位置，讓其儘量靠近 AE 源（初次的 AE 源位置是根據推測）並完全環繞該源頭，這樣的安排可保證在所有方向皆有好的空間解析度，除此並使用最小平方（least-squares）技術以估計震源位置。由於連續改善震源位置的估計，故 AE 位置可被反覆決定。差壓（$\sigma_d = \sigma_{axial} - \sigma_{conf}$）與應變分量繪於圖 6-17(a1) 與 (a2)（花崗岩試樣 G1）及圖 6-17(b)（砂岩試樣 S1）。

圖 6-18 代表實驗進行時花崗岩試樣 G1 的大振幅 AE 事件（event）之位置，底部圖是沿著破壞面的走向看試樣，中間圖代表試樣沿著逆時針方向轉動 90° 後再去正視斷層面，頂視圖代表從上往下看試樣，每一點

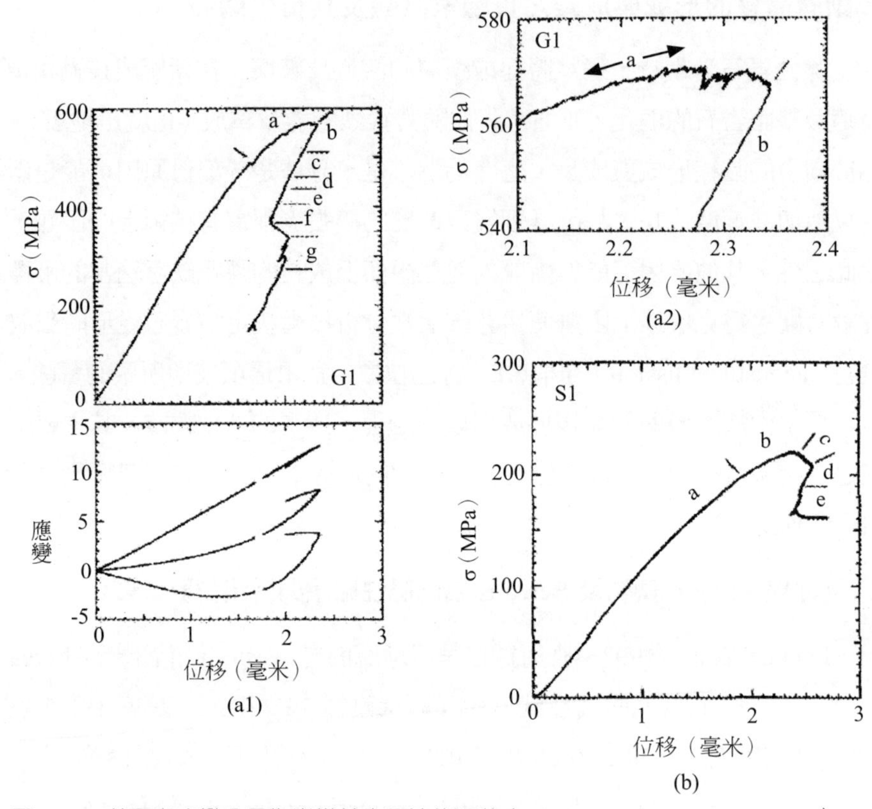

圖 6-17　差壓與應變分量為岩樣軸向壓縮的函數（Lockner et al., 1992, Fig. 3, 4, 5）：

(a1) Westerly 花崗岩試樣 G1

(a2) Westerly 花崗岩試樣 G1（在最大應力區的詳細應力－位移圖）

(b) Berea 砂岩試樣 S1

所有實驗皆在圍壓 50 Mp 下進行，對於 G1 試樣：應力曲線上指示的區域相當於圖 6-18 的 AE 位置。對於 Berea 砂岩試樣：應力曲線上指示的區域相當於圖 6-19 的 AE 位置

代表一個 AE 事件。砂岩實驗的許多特質不同於花崗岩實驗，前者的最高應力及應力降均較小，砂岩的裂隙傾角約 32°，而花崗岩約 18°～25°，當變形發生時發生在以上兩類岩石的 AE 也不同，花崗岩試樣在最高應力的

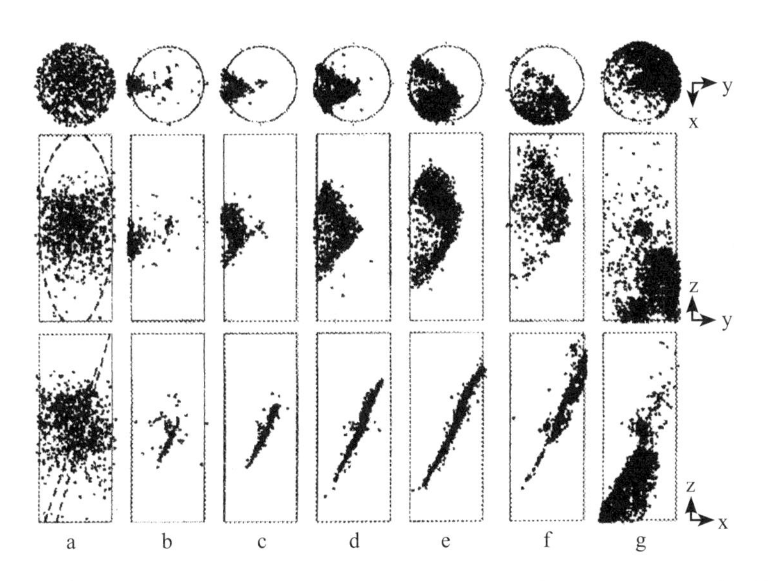

圖 6-18　試樣 G1 的 AE 位置，最底下的每一小圖（a ～ g）是沿著最終破壞面的走向看之圖；中間圖是斷層正視圖（b 試樣在看時已逆時針轉動 90°）；最上方的頂視圖則是從上往下看試樣。最終斷層面的表面痕跡之預測以虛線表示在圖 (a)，每點代表一個 AE 事件（AE 數據的總結見 Lockner et al., 1992, Table 1），每一小圖的應力間隔見圖 6-17(a1) 與 (a2)，斷層成核發生在圖 (b)（Lockner et al., 1992, Fig. 7, p.16）

60% 之下水平時，才有少量 AE 發生，而砂岩試樣在最高應力的 30%～40% 水平時即有顯著的 AE 發生，砂岩試樣的整體 AE 活動也比花崗岩強烈，這原因可能是應力作用下砂岩顆粒粉碎及滑動所致。

砂岩斷層活動的演化十分不同於花崗岩，砂岩試樣（S1）的 AE 位置見圖 6-19，(a)、(b)、(c)、(d)、(e) 相應的應力間隔見圖 6-17(b)，當初始負載開始時 S1 的 AE 活動即釋出強烈訊息（圖 6-19(a)），這個活動是位在最終的斷層面上。圖 6-19(b) 顯示強烈活動範圍已擴大，這意味著最初階段 S1 試樣的大部份，已有可觀及均勻的微裂紋活動。圖 6-19(c) 顯示應力已下降 10 MPa，這指出破壞帶已逐漸弱化試樣，故須將應力略微減少以維持固定的 AE 發射速率。圖 6-19(d) 指出 AE 活動已經移動到破壞帶的外圍，斷層的成核在此階段已完成，圖 6-19(d) 顯示狹窄的裂縫前緣（fracture front）已經形成，大部份的 AE 活動集中在裂縫的右側，它向外傳輸到試樣表面，圖 6-19(e) 顯示以上裂縫傳輸的過程仍然持續著。

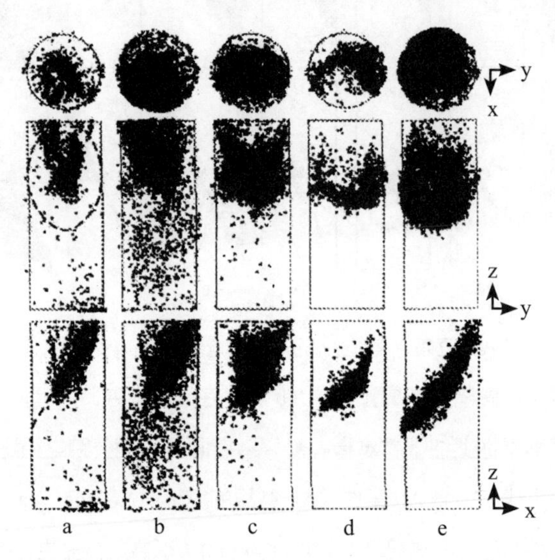

圖 6-19　試樣 S1 的 AE 位置（本圖的解釋與圖 6-18 相同），每一小圖的應力間隔見圖 6-17(b)。與花崗岩實驗不同之處是：從實驗開始 AE 即活躍地集中在斷層區域，這可能指出試樣內部有裂紋，圖 (d) 的 AE 活動似乎顯出其平面特質，而這個應力間隔也代表斷層成核（Lockner et al., 1992, Fig. 10, p.20）

(2) 三軸條件下的脆性破壞過程

Lockner et al.（1992, p.26）指出以上實驗的特色是：藉著控制軸向應力以維持固定的 AE 發射速率，如此可以減緩不穩定的裂縫傳輸速率，因此準靜態的斷層成長可以從容地在數分鐘至數小時之時間尺寸內加以研究。根據實驗觀察三軸條件下的脆性破壞過程涉及以下三個階段：

(a) 當加載至最高應力的過程中損壞已遍布整個試樣

對花崗岩試樣，剪脹（dilatancy）及相伴的微裂紋活動均勻分佈到整個試樣，沒有 AE 群集（clustering），然而對於砂岩試樣在加載的開始階段，即觀察到 AE 群集在那些最終將發展成斷層面的地區。此群集過程的最初階段是擴散，但當試樣加載之後，AE 的群集變得更局部化，這指出明顯弱帶或應力集中帶的存在，這些弱帶或應力集中帶將充當晶核誕生的場址，並且它將決定斷層面的位置。

(b) 斷層晶核

對花崗岩，當到達最高應力之後不久，在靠近試樣的中間平面處一個強烈的 AE 活動帶形成於試樣表面，晶核場址的體積約爲 2 cm^3，它迅速演化成初期斷層，其外形窄小就像半碟子形狀，如此裂縫的位置與方位即確定了，與成核過程相伴的是快速的應力下降。對砂岩試樣，成核階段涉及 AE 活動的相對擴散成一個大致的平面特質。

(c) 斷層擴張

對花崗岩與砂岩兩類試樣，新形成的斷層透過強烈 AE 活動特徵帶的發展而成長，這可將它解釋爲裂縫前緣的傳輸已跨越整個試樣。對於花崗岩，這個密集裂縫所在的區域〔稱爲加工帶（process zone）〕約爲 10～50 毫米寬，對於砂岩它是 60～90 毫米寬。加工帶的厚度垂直於裂縫表面，對花崗岩它是 1～5 毫米厚，對砂岩它約爲 10 毫米厚。以上結論意味著高度均勻的 Westerly 花崗岩之晶核大小雖僅是數立方公分，但此種大小尺寸的晶核一旦形成，其進一步的成長將是快速及不可控制的。對於不均質的砂岩試樣強烈的 AE 活動帶將形成在災難性破壞發生前，此種情況的成核過程涉及 AE 活動的集中到更緊湊地區，並逐漸演化成平面形狀。因此如果地殼中控制斷層成核的異質性有足夠大的尺寸，則晶核帶的發生與演化能夠進行遠程傳輸的可能性是存在的。

(3) 不穩定滑動條件

從以上對花崗岩與砂岩兩類岩石的 AE 實驗觀察知，斷層成核其實與導致不穩定斷層滑動的局部啓動有相同含義，成核過程可能伴同著可偵測的前兆，且它也決定震源的地點與地震發生時間，故它與地震預測有關。具有速率及狀態依持特性的斷層成核數值模擬結果指出：不穩定滑動啓動前通常有一長時間的加速穩定滑動，假設斷層補片是鑲在彈性介質中，則其不穩定滑動（即 stick-slip）條件如下（Dieterich and Kilgore, April 1996, p.3789）：

$$K_c = \xi\sigma/D_c \quad (6\text{-}24)$$

$$L_c = G\eta D_c/\xi\sigma \quad (6\text{-}25)$$

若勁度 $K < K_c$ 不穩定滑動將發生；$K > K_c$ 代表穩定滑動；$K = K_c$，系統呈中性穩定；當滑動距離 $L > L_c$ 不穩定滑動開始啓動。D_c 是狀態轉化所需的特徵滑動距離，經過這段滑動距離之後，滑動狀態從不穩定趨向穩定，D_c 的實驗量度範圍約自 2 至 100 微米，它隨著表面粗糙度及斷層泥顆粒大小與厚度等而異。L_c 是不穩定斷層滑動的最小補片半長度，因此它定義震源尺寸的下限，它同時也代表不穩定滑動發生前的加速滑動帶長度。G 是剪切模數，η 依滑動補片的幾何形狀而定，並假設它與補片的滑動及應力條件有關，其值近於 1。ξ 依負載條件及本構（constitutive）模型參數而定，σ 是有效正向應力。例如據 Dieterich and Kilgore（1996，p.3789）模擬 2 米長斷層滑動的實驗條件如下：σ = 5MPa, D_c = 2 微米 , G = 15,000MPa, η = 0.67, ξ = 0.4B = 0.004），B（或圖 6-10 的 b 值）是由實驗決定的常數，其值通常介於 0.005～ 0.015），觀察的滑動區域是 60～90 厘米長，而 L_c 的估計值是 75 厘米，在所有情況下（考慮觀察的不確定性及模型參數），不穩定滑動帶的長度絕不會小於預測的 L_c 值。

Reches and Lockner（1994）利用 Lockner et al.（1991, 1992）的觀察發展出斷層成核模型，該模型是基於以下假設：脆性斷層晶核的形成與成長是藉著平行於最大壓應力的擴張裂縫彼此間的相互作用而達成（圖6-20）。這個模型應用一片包含許多潛在裂縫且雙軸向皆加載的薄石板，在加載的早期階段，一些裂縫因產生擴張而改變其附近的應力場。擴張的裂縫呈現稀疏與隨機分佈，它們並不會互相影響，其分佈密度隨著加載的增加而呈非線性增加，並且在局部範圍一個裂縫因其隔鄰裂縫擴張之故，將達到穩定屈服狀態。在高度受應力的板塊，一個裂縫的擴張能引起其他緊密排列的隔鄰裂縫處於裂縫張開邊緣，這個密集裂縫所在的加工區，能藉著誘導張應力跨越新裂縫而延伸其範圍。當加工區延伸時，其中央部份因密集的裂縫活動而弱化，最後它因受剪切力而產生屈服，這個受剪切力作用、轉動及壓碎的方塊，即是後來發展成斷層帶的斷層晶核（Reches, 1999, p.481）。

(4) 斷層晶核的形成與成長之實驗觀察

從以上晶核形成的過程來看，裂縫互相作用的強烈程度，依賴新裂縫對第一個擴張裂縫的相對位置而定，由於受到第一個裂縫的應力感應，而導致擴張的新裂縫不久即進入臨界幾何狀態，被誘發的裂縫脫離第一個裂縫的軸線且位於模型的中心，最後剪切力破裂的方位即受制於這個離軸且具有建設性的裂縫之互相作用。據以上裂縫形成與互制過程，若二、三或更多互制裂縫的排列處於臨界幾何位置，它們將形成平行的張力裂縫（圖6-20）。由於被誘發的張應力之增加，使得加工區產生不穩定延伸後，再誘發新一輪的張力裂縫活動並產生斷層晶核。以上成核的過程，稱爲自我組織的開裂（self-organized-cracking），此種模型的基本假設是：斷層晶核係由擴張中的裂縫彼此互相作用而產生，此種假設導致四種推測，這些推測結果符合斷層晶核的形成與成長之實驗觀察：

(a) 互相作用的裂縫彼此互相踩踏，且它們與後來形成的斷層帶成斜交。

(b) 由擴張與互相作用的裂縫誘發的張力所產生的晶核帶，它以自我組織的方式擴展且維持其對加載應力的方位，其後的斷層則在它自己的平面傳播。

(c) 由裂縫互相作用導致的剪切力，並進而促使晶核形成及成長，以上實是一種因誘導張應力的加強而產生的不穩定過程；

(d) 此模型進一步預測，斷層與最大壓力軸間的夾角爲 20°～30°。

以上的實驗室試驗（圖 6-20）衍生下列關係的計算結果：

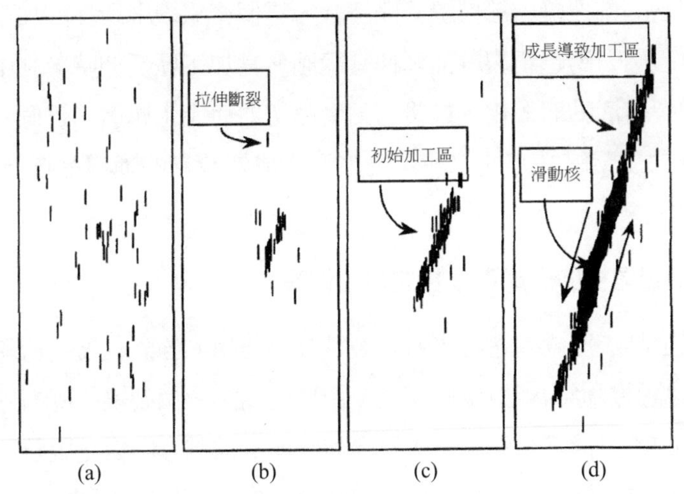

圖 6-20　藉著平行於最大壓應力的擴張裂縫彼此間之相互作用，使得脆性岩石的斷層晶核形成與成長（Reches, 1999, Fig. 5, p.481）。

(a) 初始階段：包含許多潛在裂縫的岩板。當軸向加載作用的早期階段，一些裂縫開始擴張，但它們未彼此互相作用

(b) 擴張裂縫的密度隨著加載的增加而增加，因隔鄰裂縫的擴張引起的張應力將在局部範圍促使一條裂縫產生穩定屈服

(c) 一條裂縫的擴張能導致隔鄰裂縫的擴張，並使後者處於裂縫張開的邊緣，互相作用的密集裂縫所在的區域稱為加工區（process zone）

(d) 藉著誘使張應力跨越新裂縫而延伸其範圍，加工區的中央部份由於密集的裂縫活動而弱化，最後因剪切應力而屈服。這個具有剪切應力與轉動的壓碎塊體之所在範圍，就是最後發展成斷層帶的斷層晶核

・最小成核時間。

・最小晶核片半徑。

・最小地震力矩。

(5) 地震晶核的簡單本構方程式推求

爲說明上述的各種衍生關係，下文敘述主要是基於脆性岩石變形的實驗觀察而得到。爲推求關於地震晶核的簡單本構（constitutive）方程式，首先利用類似於 Mogi（1962）及 Savage et al.（1996）的途徑來描述固定變形率條件下的淨剪切阻力：

$$\tau_o = \tau_f A_f/A + \tau_i A_i/A \tag{6-26}$$

τ_f 是抑制滑動的剪切阻力

τ_i 是抑制無裂縫物質破裂成長的剪切阻力

A 是變形帶每單位質量的最初接觸面積，$A = A_f + A_i$

A_f 是滑動（裂隙）地區每單位質量的面積

A_i 是斷層帶無裂隙部份每單位質量的截面積

假設抑制滑動的固有阻力小於裂紋成長的阻力，即 $\tau_f < \tau_i$，A 是常數。假設裂紋面積依 $A_f = C\delta$ 成線性增加，C 是常數（代表每單位質量的長度），δ 是滑動位移。依定義 $\Delta\tau = \tau_i - \tau_f$ 及 $d_* = A/C$，則式 6-26 變成

$$\tau_o = \tau_f - \Delta\tau\delta/d_* \tag{6-27}$$

這個關係（圖 6-21(a)）符合當完整岩石破壞時逐漸滑動弱化（Wong, 1986），及黏滑摩擦（例如 Okubo and Dieterich, 1984）的實驗室觀察（見圖 6-21(b)）。設

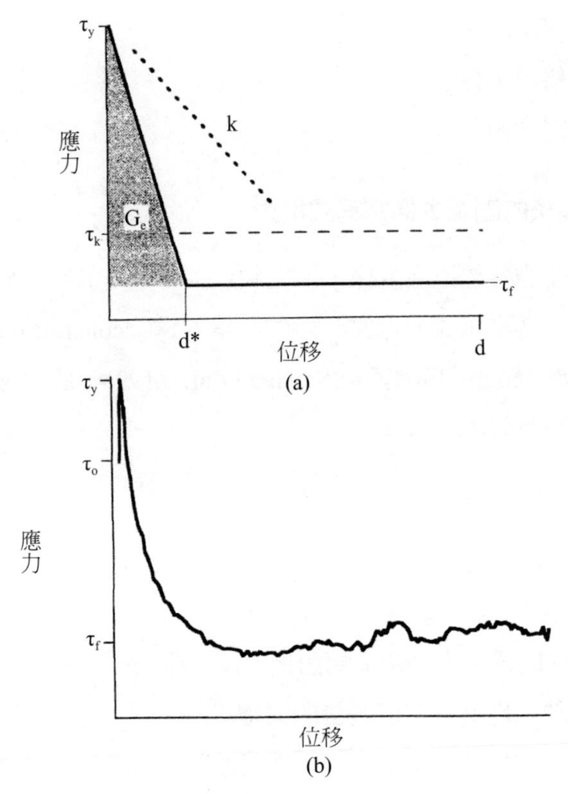

圖 6-21　斷層強度下降時的滑動弱化關係

(a) 理想的線性關係（Ida, 1972；Palmer and Rice, 1973）。經過特徵位移 d_* 的滑動後強度從峰值（屈服值）τ_y 下降到殘餘水平值 τ_f。強度下降之際，每單位面積的能量（或是陰影部份的有效剪切破壞能）$G_e = (\tau_y - \tau_f)d_*/2$ 可表示為 $G_e = (\tau_{kav} - \tau_f)d$，d 是總位移及 τ_{kav} 是整個斷層長度的平均位移。在這個示意圖中強度下降之際（實線）的最初位移率（即是滑動弱化率 $(\tau_y - \tau_f)/d_*$）是大於應力下降率（粗虛線）$\kappa = d\tau/d\delta$，而以上關係定義了不穩定與快速滑動的必須條件

(b) 花崗岩斷層表面的動態強度在正向應力 3.45MPa 作用下，其滑動弱化的實驗室觀察（Okubo and Dieterich, 1984；轉引自 Beeler, 2004, Fig. 1，p.1856） v = 裂紋尖端的化學反應速率

V = 跨越斷層帶的剪切變形率（或是滑動速率）

則　$V = \alpha v$　（6-28）

其中 α 是常數。

另據岩石摩擦（Tullis and Weeks, 1986；Blanpied et al., 1998）與完整岩石破壞的觀察，在廣泛範圍內的變形率通常符合下式所描述的關係：

$$\mu = \mu_* + a \ln V/V_* - \Delta\tau\delta/(\sigma_n d_*) \quad (6\text{-}29)$$

μ_* 是代表在 V_* 的穩態摩擦係數。上式描述低溫度、低應變、及低應變率下岩石剪切阻力與非彈性變形率有弱及對數的關係。在上式，依定義 $\mu = \tau/\sigma_n$，及 $\mu_* = \tau_f/\sigma_n$，$a = \Phi/\sigma_n$，其中 Φ 是與溫度及熱活化能有關的係數，$V_* = v_o/\alpha$，V_* 代表 d_* 時的參考滑動速率，v_o 是化學反應率參考水平，故

$$\tau = \tau_i + \Phi \ln V/V_* - \Delta\tau\delta/d_* \quad (6\text{-}30)$$

依式（6-29）及式（6-30），加載至脆性破壞時的強度僅依滑動速率及滑動位移而變，而 a 及 $\Delta\tau/(\sigma_n d_*)$ 兩係數則控制其相依性。由於板塊移動之故，在固定的構造應力加載速率 $\dot{\tau} = d\tau/dt$ 作用下直到破壞發生所需的時間僅依滑動速率而定：

$$t_f = [a\sigma_n/\dot{\tau}]\ln\left[\frac{\dot{\tau}}{\gamma V} + 1\right] \quad (6\text{-}31)$$

其中 $\gamma = \Delta\tau/d_* - \kappa$，$\kappa$ 是彈性勁度（stiffnEss）（Dieterich, 1994）（圖 6-22(a)）。在大部份加載期間斷層滑動速度雖小，但當應力提升時，滑動率也跟著變成顯著；同樣，破壞前的總累積位移是非常小，它僅在靠近破壞時變得顯著。

$$\delta = -\frac{a}{\gamma} \ln \{1 - \gamma V_s/\dot{\tau}\,[\exp(\dot{\tau}\, t/(a\sigma_n)) - 1]\} \quad (6\text{-}32)$$

上式見 Dieterich, 1994；Gomberg et al., 1998，V_s 是 $t = 0$ 的速度（圖

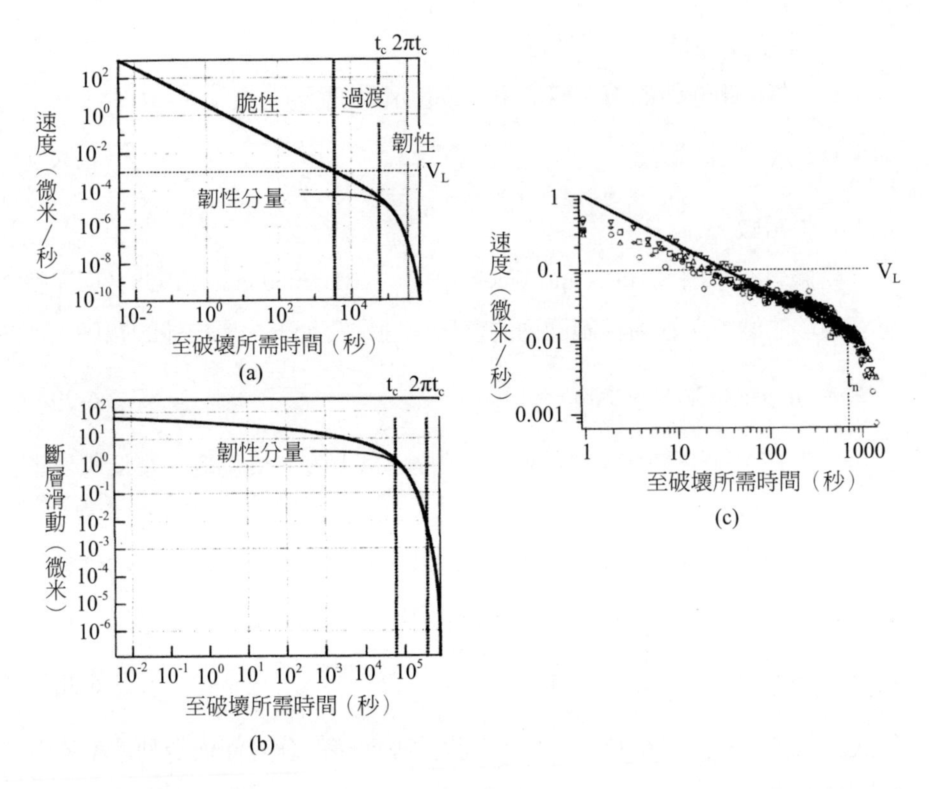

圖 6-22　至破壞所須的時間，(a) 與 (b) 是在固定負載率下使用式（6-30）模擬的結果，斷層依 $d\tau/dt = k(V_L - V)$ 被彈性加載，$V_L = 0.001\ \mu m/s$，勁度 $k/a_n = 0.000137/\mu m$, $\mu_* = 0.7$，$a = 0.008$，$\Delta\tau/(\sigma_n d_*) = 0.0024/\mu m$，初始速度 $t = 0$ 時 $V_s = 1.0 \times 10^{-10} \mu m/s$：

(a) 滑動速度相對於至破壞所須時間。在高速度時至破壞所需時間反比於滑動速度，在非常低速度時此種行為可由式（6-30）的韌性分量 $\dot{\tau}/\sigma_e = \mu_* + a\ln V/V_*$ 來描述，韌性行為的上部邊界是由特徵時間 $t_n = a\sigma_n/\dot{\tau}$（見標定 t_c 的虛線）。韌性行為局限的另一種估計 $t_n = 2\pi a\sigma_n/\dot{\tau}$ 也是用虛線表示（見 $2\pi t_c$）

(b) 位移相對於至破壞所須時間（計算法與 (a) 同）

(c) 對於在花崗岩斷層面上 5 種連續滑動事件的滑動速度，相對於至破壞所需時間之實驗室觀察。實驗室條件設定在圍壓 = 50 MPa，及 $V_L = 0.1\ \mu m$ / s，實線表示斜率 = −1，虛線 t_n 是成核時間的估計（Beeler, 2004, Fig. 5, p.1869）

6-22(b)）。再從圖 6-22(a) 看，曲線斜率從陡變緩的時間點與破壞時間點（即式 6-29 的完全解偏離其韌性分量之點）之間的時間。可被認爲是成核的持續時間（duration of nucleation）），當該段時間內斷層經歷可觀的先兆滑動。

成核的持續時間與滑動弱化分量，即式 6-29 的 $-\Delta\tau\delta/(\sigma_n d_*)$，無關，它完全受制於式 6-29 的韌性分量 $(a \ln V/V_*)$，且僅依 a 而變，$a = \Phi/\sigma_n$，其

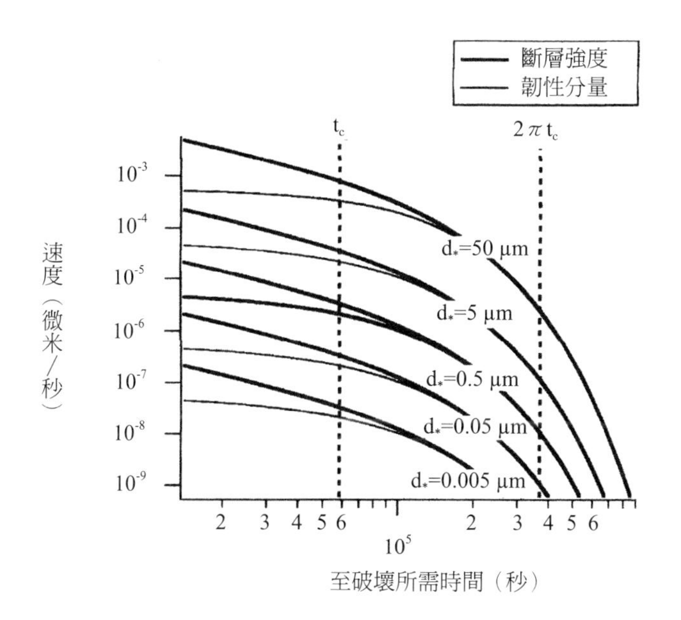

圖 6-23　對不同特徵長度 d_* 在固定加載速率下，簡單脆性破壞關係〔式（6-30）〕至破壞所需時間特質。斷層（粗黑線）依 $d\tau/dt = k(V_L - V)$ 關係被彈性加載，$V_L = 0.001\ \mu m/s$，勁度 $k/\sigma_n = 0.000137/\mu m$，$\mu_* = 0.7$，$a = 0.008$ 及初始速度（t = 0）$V_s = 1.0 \times 10^{-10}\ \mu m/s$，使用不同比率值 $\Delta\tau/(\sigma_n d_*)$，$d_* = 5\ \mu m$ 的曲線相當於 $\Delta\tau/(\sigma_n d_*) = 0.0024\ \mu m$，式（6-30）的韌性分量：$\tau/\sigma_n = \mu_* + a\ln V/V_*$，對於特定的 d_*，粗黑線及黑線的相交部份是成核持續時間，5 組曲線顯示成核時間本質上與 d_* 無關，此外，並顯示兩種成核時間估計，即特徵時間 $t_c = a\sigma_n/t$ 與 $t_c = 2\pi a\sigma_n/t$（Beeler, 2004, Fig. 6）。

中 Φ 是與溫度及熱活化能有關的係數，圖 6-23 的 5 組不同 d_* 曲線顯示成核持續時間本質上與 d* 無關。不僅如此，成核持續時間（t_n）的長短是特徵時間（$a\sigma_n/\dot{\tau}$）的數量級大小，它有兩種估計，即 $t_n = t_c = a\sigma_n/\dot{\tau}$（Dieterich, 1994），及 $t_n = 2\pi t_c = 2\pi a\sigma_n/\dot{\tau}$（Beeler and Lockner, 2003）。t_n 除了是有效成核時間外，若斷層破壞關係符合式（6-29），則可預測它也可能是餘震序列的持續時間，其解釋見 Beeler（2004, p.1867）。

爲評估 SA 斷層系統的預期 t_n 值，假設應力降 $t_n = 10$ MPa，地震復發間隔 = 30～100 年，$\dot{\tau} = 1.0 \times 10^{-8} \sim 3.17 \times 10^{-9}$ MPa/s，深度範圍 5～15 公里，$\sigma_n = 18$ MPa/km（約相當於靜水流壓），a = 0.0045（由實驗得到，見 Beeler and Lockner, 2003）及 $a\sigma_n = 0.4 \sim 1.2$ MPa。使用 $t_n = t_c$，預期的成核時間是 1.2～12 年，若使用 $t_n = 2\pi t_c$ 則成核時間是 7.6～76 年，這些值與一些餘震持續時間符合（Beeler, 2004, pp.1866-1867）。

具有固定應力降的圓形裂紋，其最小的地震晶核大小可由下式估計：

$$\text{最小半徑 } r_c = 7\pi G d_*/(16\Delta\tau) \quad (6\text{-}33)$$

例如 $G = 2.5 \times 10^4$ MPa，$\Delta\tau/(\sigma_n d_*) = 0.002/\mu m$，有效正向應力介於 90～270 MPa（5～15 公里深度），有效正向應力梯度 18 MPa/km，預期的晶核片臨界半徑 = 0.06～0.2 m，最小的地震規模可由下式估計：

$$M_o = G\pi r^2 \Delta\delta_s \quad (6\text{-}34)$$

M_o 是地震矩，r 是圓心破裂半徑，$\Delta\delta_s$ 是地震滑動位移。實驗室估計值如下：$\Delta\delta_s = 0.45$ 毫米，及靜態應力降 0.1～10 MPa，產生 r = 1.55～155 米，因此最小地震矩 $M_o = 8.5 \times 10^{11} \sim 8.5 \times 10^7$ Nm（Beeler, 2004, p.1872）。

5. 斷層晶核的形成與成長之地震證據

通常地震時震波速度隨時間呈線性增加（圖 6-24(a)），而這符合尺寸獨立（scale-independence）行爲，滑動傳輸的示意圖見圖 6-24(b)。然而

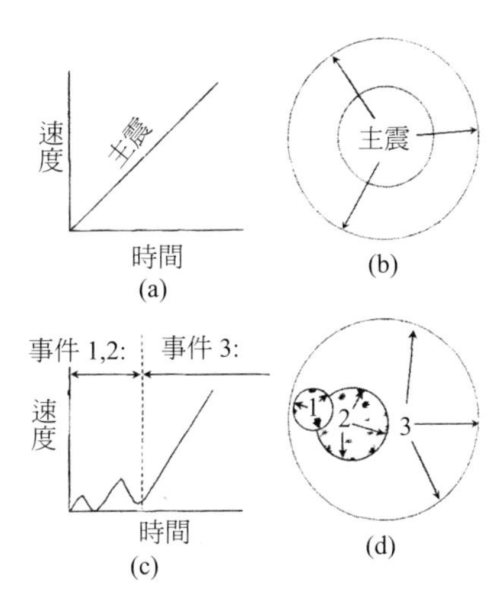

圖 6-24　地震的成核階段模型（Umeda, 1990；轉引自 Reches, 1999, Fig. 6, p.482）

Umeda（1990）與 Ellsworth and Beroza（1995）從數十次地震記錄中發現：在主震的 P 波抵達前出現不同的初始相位（圖 6-24(c)），這個相位具有低的震矩釋放率及低速度與隨後緊接著忽然增加的地震速度。相位的持續時間及發生時刻，與最後地震的規模有關，因此這與地震的尺寸獨立關係相違背。

Iio（1995）根據 1984 年發生在日本長野縣西部的地震，從其中 69 次微震觀察到「緩慢初始相位」的現象，他證明初始相位並不是來自儀器效應或是基底構造，因而他做出結論：這個初始相位反映微震的成核階段。因此據 Umeda（1990）, Ellsworth and Beroza（1995）及 Iio（1995）等人的研究結果：初始相位出現在所有被分析的地震（震矩規模 7.1～8.1 級）中。Ellsworth and Beroza（1995）因而也有相同建議，即這個初始相位即相當於地震的成核階段，他倆提出兩個觀念模型來解釋初始相位，其一是層疊（cascade）模型，其大意如下：

首先是發生一個小活動，這小活動隨後導致另一個較大的延遲破壞（即第二活動），這兩個活動結合一齊後最終導致主震（圖 6-24(d)）。

第二個模型是預前滑動（preslip）模型，據此，無震（aseismic）滑動（即蠕變）領先於一些預前滑動地區的小構造活動而發生，而這些活動導致主震。

以上實驗成核及地震成核模型（見圖 6-20 及圖 6-24），其共同的特徵是：當成核階段，一些破裂的產生位置彼此間靠得很近。故可以說數個破裂其彼此間的相互作用是從滑動到形成晶核的必須條件，而實際的觀察也證實以下說法：一條單一的剪切破裂無法成長，一旦數條破裂相互作用，它們就會形成初始的加工區，並導致滑動不穩定地傳播，就像是地震沿著膠結的斷層帶發生，或是完整岩石內部新斷層帶的成長（Reches, 1999, p.483）。

關於斷層的形成與成長，若透過示意圖（圖 5-9）表示，也許能更清楚的了解，岩石在壓力下的脆性破壞之實驗室觀察顯示，剪切斷層是形成在有利的庫侖方位，它們是源自張力（模式 I）裂紋排列的結合，而非來自剪切裂紋的傳播，換句話說，剪切裂紋無法直接在它自己的平面傳播。雖然圖 5-9 清楚說明了張力裂紋的產生原因，然而斷層是如何發展成目前的長度，仍然有爭論，有些情況顯示，當應力場方位有利於剪切力形成時，斷層可能因受到再激活而從模式 I 裂紋（節理）產生，此情況下節理將銜接起來形成「馬尾」構造，它們非常相似於圖 5-9 中出現在模式 II 末端的張力裂紋，及相似於圖 5-9 中在模式 III 邊緣所看到的景象。一項實驗研究的結果顯示，從模式 III 格局成長的裂紋，它最初是形成像圖 5-9 所示的張力裂紋排列（即第一組裂紋），然而當剪切力出現後第二組裂紋形成，後者連接第一組裂紋後形成碎石帶，最後再演變成平行於初始裂紋的剪切帶（Scholz, 1989, p.310-311）。

當斷層的滑動量逐漸累積，則斷層邊緣的應力集中將增加，而斷層將往前擴展，因此斷層滑動與其尺寸大小間可能存在系統性關係，圖 6-25 顯示，斷層最大的淨位移（D）對其寬度（W）的關係，W 是在斷層面上自垂直於滑動向量的方向量到的寬度值，W 隨著 $D^{1/2}$ 的增加而增加，對於此種特殊關係目前缺乏理論上的解釋。相同的道理，斷層帶厚度往往隨著漸進式的滑動而增加（圖 6-26），這可能與持續的摩擦磨損後不斷地產

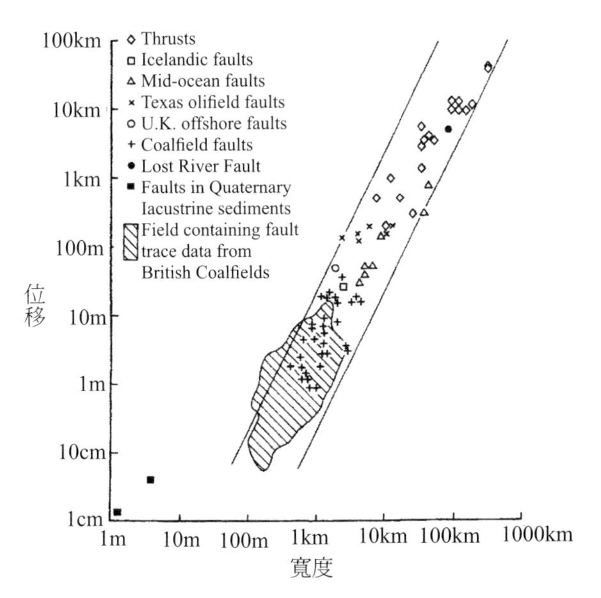

圖 6-25　最大的斷層總滑動位移（D）對其寬度（W）的關係，數據來自各種不同性質與地區的斷層（Walsh and Watterson, 1988；Scholz, 1989, Fig. 3, p.313）

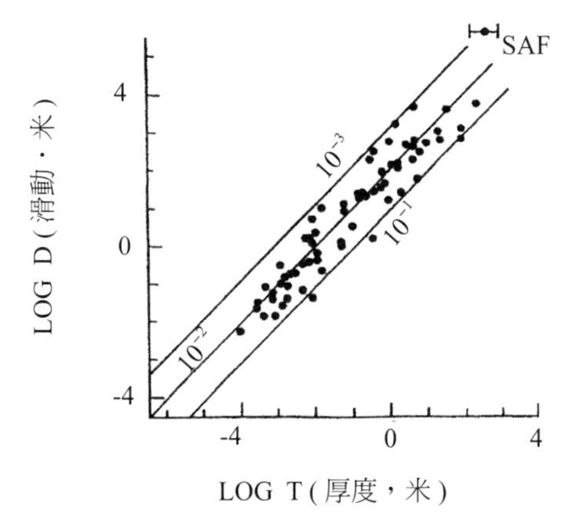

圖 6-26　斷層泥帶厚度（T）對平均斷層滑動量（D）的關係。SAF 表示聖安德列斯斷層的數據範圍，數據來自 Robertson（1982）與 Scholz（1987）兩者（Scholz, 1989, Fig. 4, p.313）。

生斷層泥有關。單一地震的滑動量（ΔD）也正比於產生破裂的斷層節段之最長尺寸（L），其比率常數依斷層滑動速率而定。據以上敘述，經驗性的斷層尺寸其彼此間關係可表示如下：

$$W = K_1 D^{1/2} \quad (6\text{-}35a)$$

$$T = K_2 D \quad (6\text{-}35b)$$

$$\Delta D = K_3 L \quad (6\text{-}35c)$$

其中 K_1、K_2、與 K_3 是可能依斷層種類與岩石類型等而變的常數（Scholz, 1989, p.314）。破裂的幾何形狀可能關聯到後來的斷層性質，例如以下一些促成滑動成核的破裂模式（Reches, 1999, p.484）：

(1) 雁列式（En-echelon）張力破裂（圖 6-27A）

地震成核的產生是因排列成雁列模式的張力裂縫之相互作用所致，這種模式導致相互作用裂紋間產生增強的應力感應，並促成裂紋的不穩定傳輸。

(2) 斷層平行剪切破裂（圖 6-27B）

許多裂紋最初其長度相等並互相平行，且也平行於斷層帶，這些斷開裂紋的共線排列將因逐漸成長而互相連接在一齊，最後形成一包含共線裂紋的大表面，這就是斷層晶核。

(3) 成雙的剪切破裂（圖 6-27C）

兩個較小裂縫若其相互間維持適當的方位關係，則它們的相互作用也可能產生大型的構造活動。

由於地震數據的侷限性，斷層成核地帶的破裂模式無法直接由地震觀察得到，它僅能根據類似圖 6-27 的定性評估。

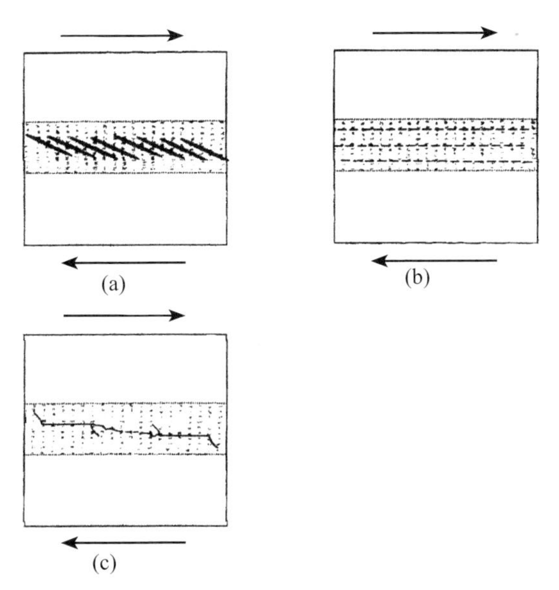

圖 6-27　地震成核的破裂模式建議：

(a) 雁形排列張力破裂，它們以自我組織的模式排列（Reches and Locker, 1994）

(b) 平行於剪切破裂的斷層（Kame and Yamashita, 1997）

(c) 成雙的剪切破裂（Trifu-Cezar and Urbancic, 1997；Shen et al., 1995）

6. 無震滑動

無震滑動（aseismic slip）在斷層活動過程中是一重要角色，它是在粗糙區之外的白色區域之蠕變滑動（見圖 5-15(b)）。加州中部 SA 斷層系統介於破裂帶（目前已鎖住）間有一長達 180 公里的節段，1906 年與 1857 年雖曾發生兩次大地震，但如今該節段卻穩定地進行蠕變滑動，1989 年，其蠕變節斷中心的滑動率是每年 35 毫米，而從該節段的中心至兩端點滑動率逐漸減至零。在此蠕變節段雖然有較高與較固定的斷層滑動率，但也只限於小型活動，它並未增加震矩釋放率（moment release rate），此種情況意味著不穩定區範圍內上部與下部穩定過渡帶（見圖 1-7

的 T4 及 T1）的合流爲一，故斷層在此節段的所有深度皆是穩定的。此蠕變節段可能發生三種機制：

(1) 斷層可能襯以本質上更具韌性的速度－強化物質，故較低的過渡帶（T1）被提升到較上層的過渡帶（T4）；

(2) 斷層（直至不尋常深度處）可能襯以未固結或富含黏土的斷層泥物質；

(3) 正向應力可能超乎尋常的低，並且少於不穩定的臨界值，由於固結度是正向應力的函數，故後兩種機制可能互相影響。

Allen（1968）曾指出，沿著 SA 斷層的蠕變節段頗常見到蛇紋石（serpentine），而斷層帶的其他地方則未見到它。

驗室研究顯示，蛇紋石通常能促進穩定滑動（Brace, 1972），此外，沿著 SA 斷層的蠕變節段存在有數公里寬的低速與低密度物質，它向下延伸至少 10 公里深（Feng & McEvilly 1983; Wang et al., 1986），但它並未出現在鄰近的鎖住部份（Mooney & Ginzbrug, 1986），這種現象意味著蠕變帶的孕震（seismogenic）範圍內，處處皆包含未固結物質，此種材質可能是速度強化物質，因此它將促成穩定滑動，就如 Marone and Scholz（1988）針對上部穩定過渡帶所建議的機制，而在該深度處高孔隙流壓的存在，可能是未固結物質出現的原因。

以上出現在 SA 斷層蠕變節段的行爲，在地殼的其他（如日本與紐西蘭）斷層卻是很少見，即使加州其他部份的斷層（除了索爾頓（Salton）谷斷層）外，其蠕變也是少見（Scholz, 1989, p.323-324）。

活動斷層帶的滑動率，其大小數量級差異頗大，從穩定的無震蠕變率，每年 1～30 毫米，到短暫的地震滑動率，每秒 0.1～2 米（Brune, 1976）。以上的滑動狀態通常在 10^2 及 10^4 年期間內不斷地重複進行，其間介乎以上兩極端間的中間值滑動可能發生。糜棱岩帶的無震剪切應變率估計可能在每秒 10^{-9}～10^{-12} 之間，但當斷層滑動期間在應變持續維持之處，更高得多的無震剪切應變率可能發生（Sibson, 1986, p.151）。無震滑動在舊金山灣區的走滑（strike-slip）斷層滑動及美國西北部地區沿著太平洋俯衝（subduction）板塊邊界的大型逆衝（megathrust）斷層滑動，與在日本的斷層滑動已被確認為居有重要地位。然而沿著斷層的地震帶與無震滑動帶的分佈，及不同大地震期間究竟發生多少次無震滑動，以及在那裡發生等問題目前尚未有明顯答案。

2004 年，帕克菲爾德地震期間及其後，研究人員首次在帕克菲爾德從大地測量技術獲得時間與空間解析度均充分的數據，他們因此能將同震（coseismic）及震後（postseismic）訊號分離，據此他們獲知震後滑動約等於 2004 年地震後第一個月期間發生的同震滑動之 60%。此外，GPS 數據顯示震後效應可能持續 10 年，而最後同震與震後滑動將平衡化斷層在地震期間存在的不足滑動（Bakun et al., 2005, p.971）。有關同震及震後滑動的說明見下節。

6-5　應力降與黏滑復發間隔

從震矩－規模數據的估計顯示，若每 10 年增加應力降 1-5MPa，將會改變地震復發時間（Marone et al., 1995），也就是說，斷層可能在震間（interseismic）期癒合（或是再強化）。Li et al.（1998）發現，1992 年，蘭德斯地震（M_w 7.3）後，斷層帶的 P 與 S 波速度隨時間而增加，這指出斷層帶的癒合與固結。以上這些觀察與實驗室試驗結果符合，後者指出靜態摩擦應力的增加是接觸時間的函數（Dieterich, 1978；Richardson and Marone, 1999），雖然如此，但地震應力降的估計與癒合及靜態摩擦的實驗室測量之關係，至今仍然未能真正了解，為了這個緣故，本節希望能闡明癒合力學及癒合與不穩定摩擦間的關係，而這對於黏滑復發間隔（recurrence interval）及地震週期（seismic cycle）的了解是頗為重要的。

(6) 從實驗室觀點探討黏滑復發間隔（黏滑週期）與應力降的關係

根據實驗室對黏滑週期（stick-slip cycles）的試驗（Karner and Marone, 2000），應力降（$\Delta\tau$）大小依賴加載速率（loading rate）、正向應力（σ_n）、復發間隔、及有效勁度等而定，若增大正向應力及減緩加載速率，則應力降增大及產生較長的復發間隔。試驗時若正向應力維持固定，而將跨越剪切面的累積滑動量繪製成時間的函數圖，其中試樣滑動量是從測定剪切力與載入點（load point）位移計算得到，而滑動的觀察是直接從安裝在試樣上的傳感器（transducers）得到。試驗結果顯示：

(1) 長期滑動率密切配合施加的加載速率（圖 6-28a）。

(2) 個別週期顯示，試樣黏滑間隔（即相對較小滑動的間隔或震間平滑）（interseismic stick））之後，緊跟著加速的前兆滑動（premonitory slip）及不穩定〔即快速運動或同震滑動（coseismic slip）〕（圖 6-28b）。

前兆滑動定義爲破壞前及在試樣屈服發生之際的滑動量（此時滑動關係背離線性彈性加載曲線）。復發間隔是從不穩定之後剪切應力最小的時間點量起，至下一個不穩定發生前剪切應力最大的時間點之時間間隔（圖 6-28b）。實驗數據指出，在固定正向應力 10 MPa 條件下，加載速率（V_L）與復發間隔（t_r）間有下述關係：

$$t_r = m(V_L)^n \qquad (6\text{-}36)$$

m 是比率常數，n 是冪律指數，而應力降與加載速率、復發間隔、及勁度間有下述關係：

$$\Delta\tau = V_L t_r K \qquad (6\text{-}37)$$

以上 K = 0.065 MPa/μm，而應力降定義如下：它是地震前後橫跨斷層的應力差異。假設長度 L 的斷層產生平均滑動量 D_{av}，則應變

$$\varepsilon_{xx} = \partial u_x/\partial x = D_{av}/L$$

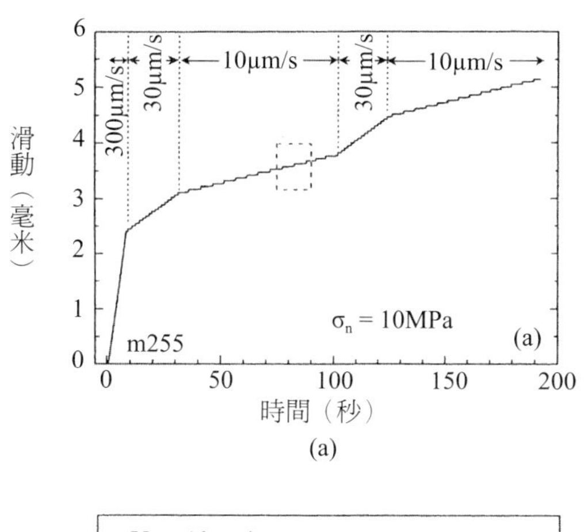

(a)

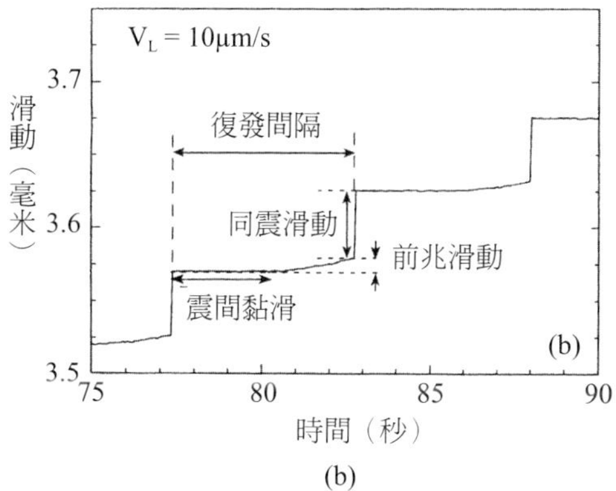

(b)

圖 6-28　跨越剪切面的累積滑動為試驗時間的函數（Karner and Marone, 2000, Fig. 2, p.190）

由 Hooke's Law，整個斷層的應力降：

$$\Delta\sigma \approx \mu\varepsilon_{xx} = \mu D_{av}/L \tag{6-38}$$

滑動若由震矩 M_o（常量）表示，則

$$D_{av} \approx cM_o/(\mu L^2) \tag{6-39}$$

其中 $c = L/W$，它代表斷層的形狀因子，W 是斷層寬度，L 是斷層長度，因此

$$\Delta\sigma = cM_o/L^3 \qquad (6\text{-}40)$$

式（6-40）只是一般式，對於不同類型的斷層，如圓形斷層、矩形走滑（strike-slip）斷層、或矩形順傾角滑動（dip-slip）斷層等，其形狀因子皆不同，故理論式亦略有差異。例如 1964 年阿拉斯加地震時的斷層應力降爲 1 MPa（或 10 bars）（筆者按：通常斷層的應力降約自 1 MPa 至數 MPa，板塊內部（intraplate）的地震似乎比板塊邊界（interpolate）處的地震有較大的應力降）。斷層尺寸可由餘震地區或大地測量數據估計，問題是長度 L 的估計涉及一些參數，而這些參數的假設具有高度不確定性，由於應力降依賴 $1/L^3$，故不確定性更遭放大。

Karner and Marone（2000）的試驗結果並顯示，應力降與復發間隔或應力降與不穩定發生前的加載位移間有準線性趨勢關係，但它與前兆滑動（至破壞）間則無系統性的依賴關係，這可能是因滑動表面性質的隨機變化所致（圖 6-29），例如強烈粗糙（asperities）數目多時，將導致升高材料破壞強度及抑制前兆滑動，如此使得試樣呈現較少屈服。如果在兩週期之間強烈粗糙數目不同，則前兆滑動、破壞強度、及應力降也可能改變（Karner and Marone, 2000, p.193）。實驗室試驗證實，模擬斷層的摩擦隨著固定接觸時間而增加，且隨著滑動速率的減少而增加（Dieterich, 1972; Beeler et al., 1994），這些數據均指出當震間時期斷層將強化（或癒合）。

上文是從實驗室觀點探討黏滑復發間隔（黏滑週期）與應力降的關係，這個關係的理解有助於對地震週期的預測。所謂地震週期，指的是在斷層的某一部份因地震而引起反覆破裂的現象，「週期」這個名詞並不意味著地震是定期性的活動，換句話說，它並非像日出或日落般類似時鐘的行爲。這原因是：斷層是地殼內部發生在近似二維平面的裂縫，沿著斷層兩側的岩體以相反方向移動，由於斷層面是粗糙的，故沿著斷層面的岩石並不會彼此自由滑動，相反地，它們因沿著斷層面的摩擦力之故，而長期被鎖住。岩石內部在數十年至數千年期間逐漸累積應變，在該段期間斷層

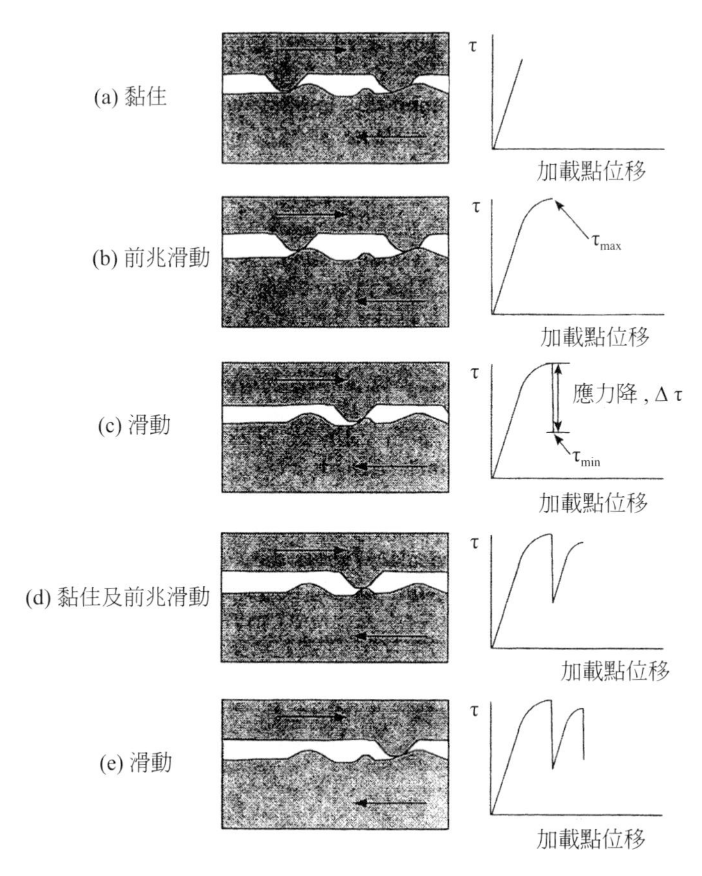

圖 6-29　示意圖顯示：粗糙接觸的大小規模與數目可能影響黏滑不穩定的剪切負載行為，此圖顯示最大強度與應力降受粗糙數目的特質所影響，(a) ～ (e) 代表裸露表面上剪切滑動的連續圖片（Karner and Marone, 2000, Fig. 8, p.193）：

(a) 試樣受到彈性負載後產生小程度滑動

(b) 緊隨其後的是屈服與前兆滑動

(c) 破壞時試樣迅速滑動，及其剪切負載出現急遽的降低

(d) ～ (e) 粗糙週期重覆發生

晶核也逐漸形成及成長（詳情見 § 6-4），最後當壓抑已久的應變能釋出時，斷層產生破裂及斷層任一側（或兩側）的岩石快速滑動，在斷層破裂

發生的那一剎那，就是地震發生的時刻。

(7) **斷層滑動階段**

通常地震週期依斷層滑動性質可分隔爲三個階段，它們是震間（inter-seismic）滑動、同震（coseismic）滑動、及震後（post-seismic）滑動等。斷層應變累積與最後破裂的情形見示意圖 6-30，彈性應變（變形可恢復）緩慢累積的階段與不同地震之間斷層的摩擦鎖住過程吻合，因此這屬於震間相態，而忽然的破裂即是地震，這屬於同震相態。震間彈性應變的累積是一長期過程，直到積聚的彈性應變超過鎖住斷層的摩擦力爲止，而在這一刻之前，由於分隔岩石的斷層被摩擦力鎖住，故靠近斷層的岩石並不能隨著其同側較遠端的岩石塊體一齊自由移動，因此它對其同側岩石塊體產生赤字（deficit）移動。

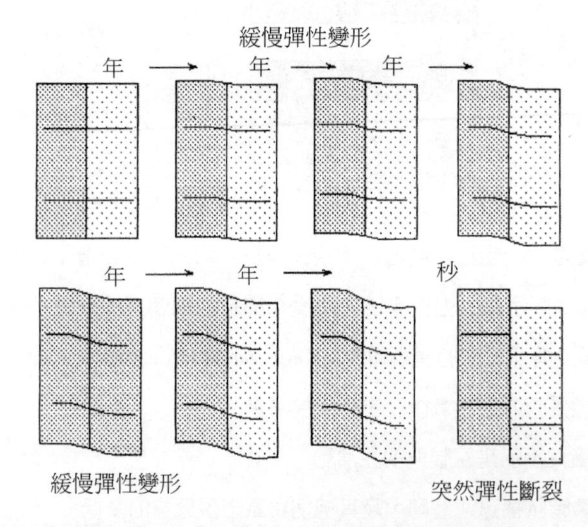

圖 6-30　緩慢的彈性變形示意圖

當斷層破裂時地震發生，在那一刻斷層任一側的岩石恢復其原來未變形時的形狀，也就是說，靠近斷層的岩石在地震這一剎那彌補其先前的赤字。地震週期的第三種相態是數分鐘至數年的震後階段，它是地震後，當地殼與斷層兩者調整其本身至達到由地震引起的地殼應力修正狀態之階段。當震後階段，至少有兩個過程引起地殼額外的移動，其一包括額外但輕微的沿著斷層之滑動，此種額外滑動有些是由於發生在破裂斷層的地震餘震。在大地震後地殼較深處回應前次地震引起的地殼應力變化而產生流動，這種情形很像水體內部爲了重新平衡各處壓力而有部份水從高壓處流出之情狀。當地震時岩石若因太熱而無法產生斷裂就會產生岩石流動。圖6-31 圖示地震週期的三階段，各階段的滑動與應力說明如下：

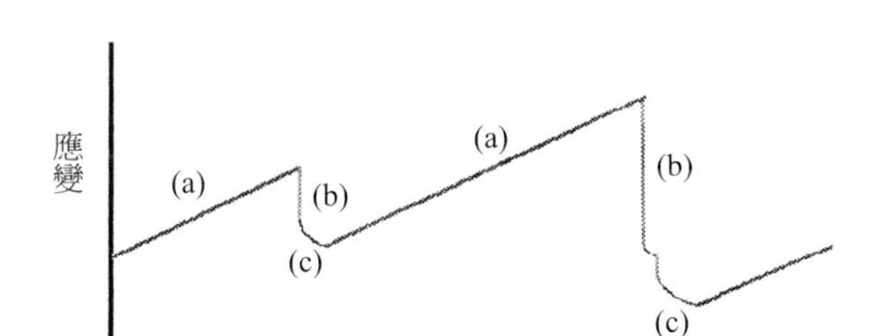

圖 6-31　地震週期。此圖顯示沿著單一斷層其應變累積與釋放歷史

(a) 震間滑動

應變在兩地震間穩定累積，地震的發生不規則且只是反覆地產生斷層破裂。在非常靠近斷層的兩側岩石由於斷層鎖住，故它們不能滑動，但距離數十公里遠的兩側岩石，它們彼此卻有顯著的相對移動，原因是離斷層較遠處之地殼相對於橫跨斷層的另一側較遠地殼必須相對滑動，否則在靠近斷層之處將不會累積應變。

(b) 同震滑動

指在地震發生的剎那間之移動，如果在靠近與遠離斷層之處測量同震滑動量，它將顯示與出現在震間運動相反的模式。原因是當地震之際靠近斷層破裂帶之高度應變岩石（它們在震間期很少移動或全然沒有移動），滑動回至先前較少應變的狀態。相反地，遠離斷層破裂帶的地殼（它們在震間期曾穩定的移動）現在則累積很少或沒有應變，地震時當它們滑動回先前較少應變的狀態時，因此能少移動或全然沒有移動。同震滑動常能在地表產生數十米（或更多）的位移，例如：集集地震之際地表即曾產生大滑動位移，其情形略說明如下：

1999 年，台灣集集地震發生後「台灣車籠埔斷層鑽進計劃（TCDP）」的研究結果顯示：最嚴重的同震滑動在深度少於 10 公里的地殼處發生（Ma et al., 1999; Kao and Chen, 2000），而長達 12 米的大滑動位移，則在靠近地表的斷層北側端點被發現（Ma et al., 2003）。斷層北側端點產生大滑動的原因之一可能與當地震發生時的斷層面潤滑機制有關，潤滑降低了動態摩擦阻力。在斷層的北側節段雖有巨大位移出現，但地面加速度水平及建築物損壞卻較輕微。

據滑動速度的估計顯示：斷層滑動發生得非常快速（約 1～3 米 / 秒），且滑動也較順暢，如此產生了較低水平的高頻輻射。相反地，斷層的南側節段則具低滑動速度且有小得多的位移（約 3～4 米），但卻有高頻率加速水平（Song et al., 2007）。此種斷層南北節段在地震中的不同反應引起對斷層運動的爭論。

進一步的研究（Hung et al., 2009）顯示：最淺的斷層帶發生在 1,111 米深度處（由 A 井岩心得知），它是 1 米厚的斷層泥帶，其中包括 12 厘米厚的硬結黑色物質，這可能就是集集地震發生之際的滑動帶，它具有以下特徵：

・平行地層面的逆衝地層，其傾角約 30°；

・非常低的電阻率；

・低密度及低 V_p 與 V_s；
・高 V_p/V_s 比率及高波桑比
・低能量與波速異向性（anisotropy），及在 1 米厚的地層泥帶內具有低滲透率特性；
・CO_2 及 CH_4 的氣體排放量增加；
・主要滑動帶內出現蒙脫石（smectite）。

(c) 震後滑動

指地震後的滑動（可能數天、數個月、或有時數年），此型態的滑動通常不同於穩定的震間滑動。曾經歷巨大破裂的斷層常在破裂後繼續配合先前的顯著滑動，然而震後滑動最後會衰退回先前的穩定震間滑動。

綜合以上敘述，若沿著同一斷層的許多地震週期之累積移動量已知，則如何據它估計滑動發生的時間？例如加州中部的 SA 斷層，若其一生共產生 315 公里的偏移量，該處典型的同震滑動為 5 米及平均震間期為 200 年，則產生以上位移須多少時間？計算法如下：

$$
\begin{aligned}
\text{滑動時間} &= (315\ \text{km} \times 1000\ \text{m/1 km})/5\ \text{m} \times 200\ \text{yr/cycle} \\
&= 63000\ \text{cycle} \times 200\ \text{yrs/cycle} \\
&= 12.6 \times 10^6\ \text{yrs}
\end{aligned}
$$

事實上，在加州中部，沿著 SA 斷層的滑動證據顯示，該斷層誕生在 10～15 百萬年前，故以上的滑動時間估算尚屬可靠。

以上是從時間－應變角度說明斷層週期，事實上，沿著斷層面應力隨著時間的變化也呈週期現象。在地震之前應力逐漸累積直至到達破壞水平，地震發生之際產生應力降，地震之後接著是應力降的逐漸恢復，直到下一場地震發生而週期又再重新開始。地震週期的規律性形成了各種地震預測模型的基礎。在高應變累積地區，沿著相同斷層節段的兩大地震，其復發時間可能從數十到數百年。在較穩定地區大地震的復發時間可能從數千到數十萬年。圖 6-32 顯示，沿著斷層帶的應力隨時間而變的圖解，地震的自然週期由理想化的固定復發時間及固定應力降來表示。若增加剪切應力（例如增加水庫負載或在礦區移除覆岩）及／或減少有效正向應力（例如增加孔隙壓），這將導致迅速增加應力及推前破壞發生的時間，因而修正斷層週期的自然過程。

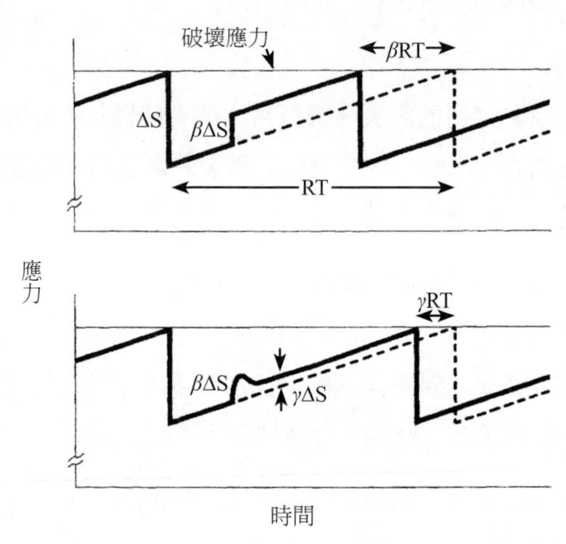

圖 6-32　圖解表示斷層帶應力，正斷層週期以虛線表示，當震間期（重複時間 RT）地震應力降（ΔS）逐漸恢復，當破壞水平到達時斷層產生破裂而週期重新開始。破壞應力的數量級可能達 kbars，而應力降則可能僅數十 bars 或更少。

上圖：如果大小為 $\beta\Delta s$ 的誘導應力改變發生，則重覆時間將會縮短 βRT 之值。

下圖：誘導應力的變化包含一個暫態分量。

在以上兩種情況（即上下兩圖），誘導應力的改變如在週期內的最後 βRT 年發生，則它將觸發斷層破裂（Simpson, 1986, Fig. 4, p.32）

(8) 究竟須增加多少異常壓力，始能推前破壞發生的時間？

究竟須增加多少異常壓力，始能推前破壞發生的時間？這依引發的應力（或稱誘導應力）變化之大小與地震之間待恢復的總剩餘應力值之比較而定，即使震源深度處的周圍應力具有 kbars 數量級，但地震僅能釋出其部份應力，應力降通常只有數十 bars 或更少，因此對於展現重複地震的斷層在遠離破壞源頭之處，其應力狀態絕不會多於一個應力降（約數十 bars）之值，在大部份的震間期間，即使一個較小的應力改變（數 bars）也可能足夠觸發破壞，要做到此的先決條件是：先前存在的應力狀態必須高且接近破壞水平。圖 6-32 顯示，就觸發地震言，應力的絕對水平並不重要，而誘導應力大小與啓動破壞所需的應力恢復值間之差異才是重要。再從完整岩石與先存斷層面的岩石之破壞比較看，後者破壞前僅須克服摩擦力，而前者則需要施加更高的剪切應力，才能克服岩石凝聚強度以形成破壞，因此大地震不太可能在缺乏先存斷層的地區發生。根據以上說法，一場明顯的誘導地震是否發生，將依以下數個因素而定（Simpson, 1986, 31-34）：

- 是否有潛在斷層面存在？
- 這些斷層是否處在誘導源的影響範圍？
- 受誘導的應力變化是否集中在這些斷層？及
- 在當前的構造應力體制內這些斷層幾何形狀是否有利於破壞發生？

(9) 斷層癒合速率

Marone et al.（1995）從加州卡拉韋拉斯（Calaveras）斷層產生的反覆地震數據估計現場斷層強化（或癒合）速率，其研究指出相同結論，即當震間時期斷層逐漸強化，且每 10 倍復發間隔增量（例如 10 增至 100 或 100 增至 1000）應力降即會增加 1-3MPa，或是斷層癒合以足夠產生每 10 倍復發間隔增量，即有 2～6 倍應力降增量的速率進行。研究並指出，現場數據推估的斷層癒合速率僅在當斷層有高強度時（例如 60 MPa 數量級），始能與實驗室測量一致，如斷層強度弱（如有效正向應力及剪切強度爲 10 MPa 數量級），則癒合速率將會 5～10 倍低於現場地震的估計值。

斷層癒合速率的實驗室試驗結果與由地震現場數據所得的結果不盡相符，本是意料中之事，原因是實驗環境無法 100% 模擬眞實的地震環境，而很多實驗室的量度並不能得到所要求的答案，它尙需透過理論模型來求得解析解。理論模型具有一些理想假設，除此，Bhat et al.（2011）在對 Westerley 花崗岩受到大壓縮負載下的微觀力學進行研究時發現，若增加負載速率，則實驗與理論結果的差異將會減少。

(10) 斷層鎖住帶與滑動帶的基本概念

文章至此，已對斷層的形成及應力降等問題做了詳細解說，而在進入下節的斷層如何互相作用之前，先得理解斷層鎖住帶與滑動帶的概念，它們最初是源自 Bowden and Tabor（1950, 1964）的摩擦黏附理論，他們設想所有的眞實表面皆具有如圖 6-33 所示，故當兩表面結合在一齊時，它們僅在粗糙區接觸，而所有這些接觸面積的組合，即是眞實的接觸面積 A_r，A_r 通常極小於接觸表面的幾何面積 A，因此直接與摩擦相關的是 A_r 而非 A。對兩眞實表面的摩擦以上模型畢竟太簡單，它未曾考慮材料類型、溫度、滑動速度、及表面粗糙度（roughness）等因素，因此它只能作爲摩擦的初步觀念架構，有關摩擦的表面變形機制，後文將有詳細闡釋。

關於地震節段的蠕變及鎖住部份，若用帕克菲爾德節段來做說明也許更爲眞實。帕克菲爾德在過去數年（1934, 1966, 2004）曾分別發生過數次相似規模及破裂程度的地震，該節段的西北段毗鄰穩定滑動的蠕變部份，該處並無大地震；東南段則毗鄰鎖住部份，該處的破壞來自過去極少數的幾次大地震（如 1966 年地震）。爲何西北段呈蠕變（或無震滑動）而東南段則鎖住？其眞正理由迄今尙未清楚，鄰近斷層處的岩體性質與流體超高壓，過去曾被用來解釋蠕變與鎖住節段的形成原因，若要進一步清楚節段邊界及其形成原因，可能必須結合包括斷層深處幾何、斷層流變性、及應力水平等因素來進行綜合研究（Bakun et al., Oct. 2005, p.970）。

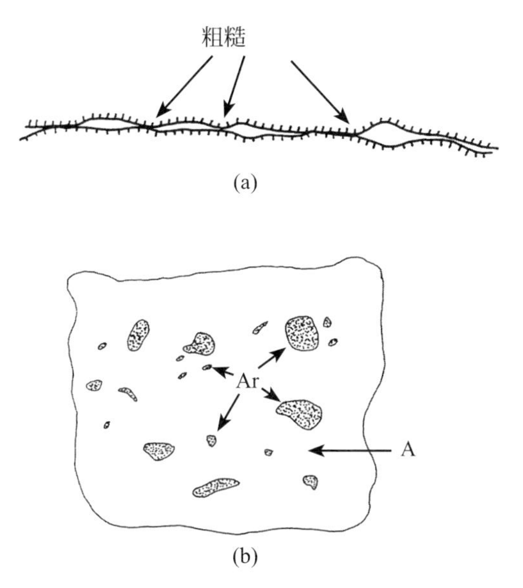

圖 6-33 接觸表面的剖面與平面示意圖。平面圖上的點畫區代表粗糙（asperity）接觸區，各粗糙區結合起來構成了真實接觸區 Ar（Scholz, 2002, Fig. 2.1, p.55）

6-6 斷層互相作用

斷層的發生通常並非單一現象，在同一地區經常有數條斷層同時存在，它們透過其本身應力場，彼此間可能以各種不同方式互動或互相作用（interaction）；有些斷層本身被分割爲數個節段，這些節段將與鄰近斷層產生互動。如此的互動，可能促進或是抑制斷層成核及成長、扭曲斷層滑動、產生斷層連鎖與合併、及影響附近斷層的蠕變率等。1989 年，洛馬普列塔地震影響附近海沃德斷層的蠕變率。海沃德斷層是 SAF 系統的主要分支，它在不足 100 公里的長度內，至少有 68 公里存在蠕變，在過去數十年沿著海沃德斷層的蠕變率，從靠近南端的每年約 9 毫米改變到近北端（奧克蘭）的每年約 3 毫米，對於大部份斷層，其平均蠕變率爲每年 4.8 毫米，在 1989 年 10 月 17 日 M7.0 的洛馬普列塔地震發生前，海沃德斷層的平均蠕變率維持穩定，但地震後（上一次更大的地震是 1906 年 M7.8

的舊金山地震），沿著大部份海沃德斷層，其蠕變率有明顯改變，這些改變與 SAF 應力降計算值有密切關聯，這意味著洛馬普列塔地震可能鬆弛海沃德斷層的應力，並且可能會使後者的大地震延遲數年發生（Lienkaemper et al., 1997）。

1811 及 1812 年，美國中部新馬德里地震帶（New Madrid Seismic Zone，簡寫 NMSZ）發生一系列大地震（M_w = 7.0～7.5），大地震之後在同一地區又有十多次中型地震（M > 5）發生，但其發生地點大部份位在 NMSZ 斷層帶之外。

NMSZ 的構造與地震史略說明如下：主要的 NMSZ 斷層系統包括布萊斯維爾拱（Blytheville arch）及布萊斯維爾拱斷層帶、西北走向的捲軸腳（Reelfoot）斷層、及東北段的新馬德里北方斷層，其中僅捲軸腳斷層暴露在地表，其他斷層的圈定皆是利用地震活動、反射波及航空磁測（aeromagnetic）等數據得到。

NMSZ 地震的原因迄今尚未清楚，古地震數據指出約公元 900 至 1450 年在 NMSZ 地區曾發生規模類似 1811～1812 年地震的大地震，這些數據意味著NMSZ地區在過去2000年期間大地震的復發間隔約為500年，然而 GPS 數據卻顯示目前 NMSZ 及其鄰近地區的應變能是微不足道，這種結果與古地震數據的結論不符合。雖然 NMSZ 地區在過去數十年曾發生過數千次微型地震（M < 4），但自從 1812 年以來，大部份的較大型地震（M > 5）並非發生在 NMSZ 斷層帶，而是在其周圍地區。這種不相符情形引起了一個問題：下一次美國中部的大地震最可能在哪裡發生？

為解答以上問題，Li et al.（2005）使用三維黏彈有限單元模型，來模擬 NMSZ 及其周圍地區在 1811～1812 年數次大地震釋出的應力與應變能演化，計算結果顯示：從 1811～1812 年地震活動之後累積的庫侖應力與應變能，高到足以產生今日伊里諾南部及阿肯色東部的一些已記錄到的破壞性地震，因此推測 1811～1812 年 NMSZ 地區數次大地震釋出的應力與應變能，已經移棲到伊里諾南部及阿肯色東部等 NMSZ 周圍地區，這個說法符合該兩州的地震帶分佈，後者繼承的應變能在今日足能產生 M = 6～7 的破壞性地震，NMSZ 斷層帶的應力與應變能轉移特性間接解釋北美板塊的穩定性。北美板塊內的每年應變率小於 2×10^{-9}（Gain and Prescott, 2001），這意味著自從 1812 年以來遠場負載（< 0.02 MPa）極小於從 1811～1812 年地震釋出的應力（5 MPa），這與累積應變能是由構造負載（tectonic loading）支配的板塊邊界帶地震之說法有極大的差異。爲了與古地震關於 NMSZ 的 500 年大地震復發間隔之證據相調和，勢必須加入一些局部負載的機制，這些機制包括一些能弱化 NMSZ 岩石圈的熱液活動等（Li et al., 2005）。

另一個斷層互動的例子見於南加州的 SA 斷層，當地震週期的震間期斷層應力的演化，主要是反映由構造板塊運動驅動的彈性應變累積。Loveless and Meade（2011）應用大地測量約束塊模型研究，因地震週期過程導致的非局部應力改變後知：若與隔離的 SA 斷層模型之估計比較，南加州斷層互相作用產生的總震間彈性應變場可能增加大彎（Big Bend）地區 SA 斷層的莫哈韋（Mojave）與聖貝納迪諾（San Bernardino）節段之應力降（增加多達 38%）。假設 1857 年特洪堡（Fort Tejon）地震以來斷層系統行爲維持穩定，則以上節段的剪切應力累積（達到 1MPa）僅是來自 SA 斷層除外的其他斷層之相互作用，這幾乎是 3 倍大於最近南加州地震導致的同震與震後應力變化值。

Bowman et al.（2001）觀察加州一些地區自 1950 年以來規模大於或等於 6.5 級的地震後發現，在地震發生前，南加州地區的斷層有震矩加速釋放的現象，但北加州的 SA 斷層卻無此種現象。斷層透過靜態應力轉移的長期互動並不限於以上的數個例子，同樣的現象在土耳其、阿拉斯加、日本、加州、或世界其他地方均曾被觀察到。不但如此，最近幾場大地震當其單一地震發生之際，動態破裂從一條斷層傳輸到另一條斷層之事實也曾被觀察到，這些情況大部份集中於走滑（strike-slip）斷層。一些大地震，如 1957 年蒙古戈壁－阿爾泰（Gobi-Altay）地震（$M_w = 8.3$），及 2002 年阿拉斯加迪納利（Denali）斷層地震系列，它們皆涉及走滑斷層系統間的互動。在一些構造複雜的環境（如南加州的洛杉磯地區）斷層以更複雜的方式互動，它們在走滑與逆衝斷層系統間可能彼此互動，即一組斷層的破裂可能在後來觸發其他組斷層的破裂。據 Anderson et al.（2003）對南加州破裂地區的走滑與逆衝斷層系統模擬，其靜態與動態應力轉移之結果顯示：大型的北聖哈辛托（San Jacinto）斷層地震可能觸發馬德雷牧場（Sierra Madre-Cucamonga）逆衝斷層系統的連串破裂，因而可能在洛杉磯都會區邊緣引起規模 7.5～7.8 級的地震。

6-7 斷層與塊體轉動及應力轉動

1. 斷層與塊體轉動

據 Anderson（1951），斷層方向與斷層滑動應僅與地殼應力有關聯，然而地殼內部斷層的區域發展趨勢之複雜性與複雜的幾何分佈，使得它們與區域應力狀態常少有關聯。在實驗中當岩石在差異應力作用下引起的破壞面（即斷層），通常對最大主應力方向形成一可預測的角度，該角度（或稱爲最佳破壞方向）依岩石強度性質而定，且通常靠近 30°，在均勻材料情況有兩個相等可能性的破壞面可能形成，這稱爲共軛（conjugate）斷層面。相對於最大應力方向，共軛斷層的滑動具有相反的意義，每一個共軛斷層面皆能滿足庫侖律的破壞標準。Anderson（1951）認爲，當岩石裂縫在地殼應力作用下至最終形成斷層，其過程是由庫侖滑動律決定，因爲此故大部份的構造地質教科書（如 Billings, 1972）皆存在有類似圖 6-34 的圖形。圖 6-34 與圖 6-35 在應力方向、斷層滑動的意義、及共軛斷層面的發生等皆存在相似性。

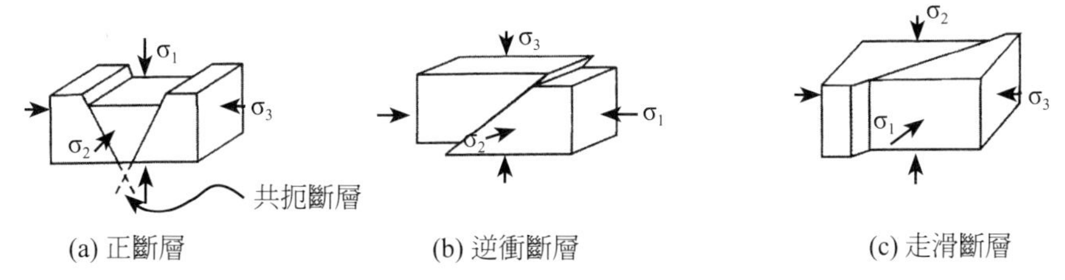

圖 6-34　三個主應力方向的方位與剪切破壞的三種型態，形成以下三類斷層（Nur and Ron, 2003, Fig. 2, p., 672）：

(a) 如最大壓應力是垂直，則可預期正斷層型態的產生

(b) 如最小壓應力是垂直，則可預期逆衝斷層型態的產生

(c) 如中值壓應力是垂直，則可預期走滑（strike-slip）斷層型態的產生

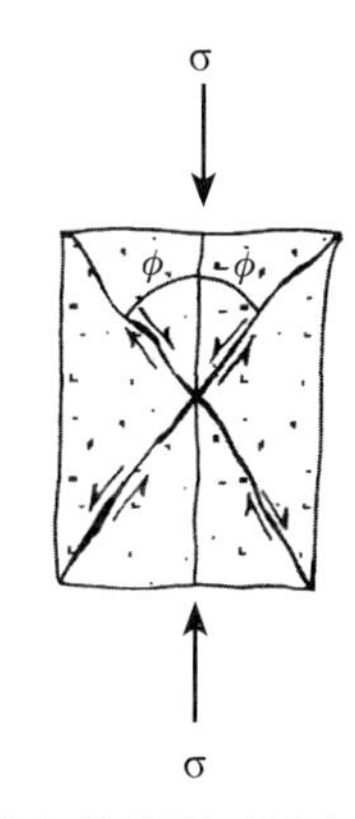

圖 6-35　剪切斷層的庫侖破壞標準之輪廓圖（可由實驗室試驗支持）。在未含斷層的岩體剪切斷層活動的發生角度（相對於最大壓應力）僅依賴岩體的摩擦係數與強度，此破壞面發生在最佳斷層方向。由於應力是對稱，故斷層活動可能是左旋或右旋，此模糊性產生了共軛斷層之概念（Nur and Ron, 2003, Fig. 1, p.672）。

大部份的自然界斷層與圖 6-34 及圖 6-35 所載者不同，現場斷層系統的幾何與教科書所載產生歧異的原因包括：

(1) 最大應力方向與斷層滑動方向的夾角（或是共軛斷層的夾角）。

(2) 整體斷層系統的複雜性。例如舊金山灣區斷層系統的錯誤角度之

關係（圖 6-36），該圖顯示灣區的許多斷層有差別極大的走向，當第一眼看該圖時，一些斷層（例如東灣南北方向的斷層）可能被認爲是與聖安德列斯斷層（SAF）成共軛，其夾角爲 25～35°，但實際上它們並非共軛，大部份在該圖上的斷層是右旋（right lateral），即它們與 SAF 有相同的滑動意義而非相反意義，故它們與 SAF 並非共軛，換句話說，假設灣區的一些斷層對於目前的應力方向具有最佳方向，但另一些斷層卻非如此。

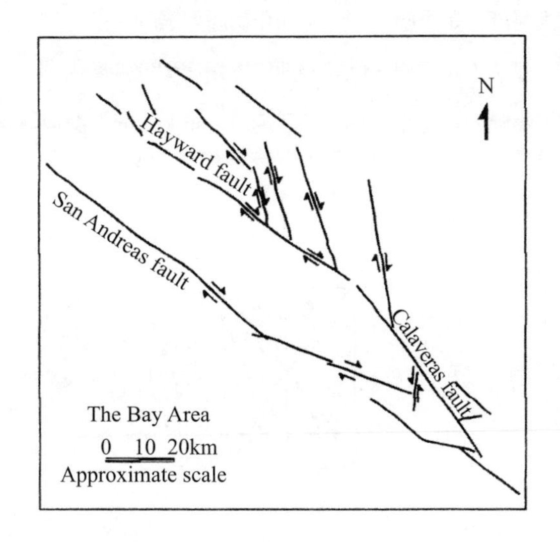

圖 6-36　舊金山灣區的活動斷層線圖，當第一眼看它之際，似乎東灣地區的斷層與卡拉韋拉斯（Calaveras）及海沃德（Hayward）兩斷層成共軛，然因所有斷層其滑動意義是右旋（筆者按：原文寫左旋，應是筆誤），故實際上它們並非共軛。很明顯地，對目前的應力場而言，一些活動斷層並非處於最佳方位（Nur and Ron, 2003, Fig. 5, p.675）

相同的例子也出現在南加州（圖 6-37），由於許多斷層的方位呈現不同方向，故很難去想像它們屬於何種類型，對於這些斷層的幾何形狀、滑動模式或滑動意義，很難從庫侖律去預測。例如左旋（left lateral）加洛克（Garlock）斷層與右旋的 SA 斷層，其夾角約爲 120°。從滑動意義看，雖然以上兩斷層是共軛，但其夾角卻是庫侖律預期值的 2 倍。

以上兩圖例顯示現場情形與實驗室試驗、庫侖律、及 Andersonian 斷層理論等未必符合，這種情況的產生原因有兩種可能解釋：

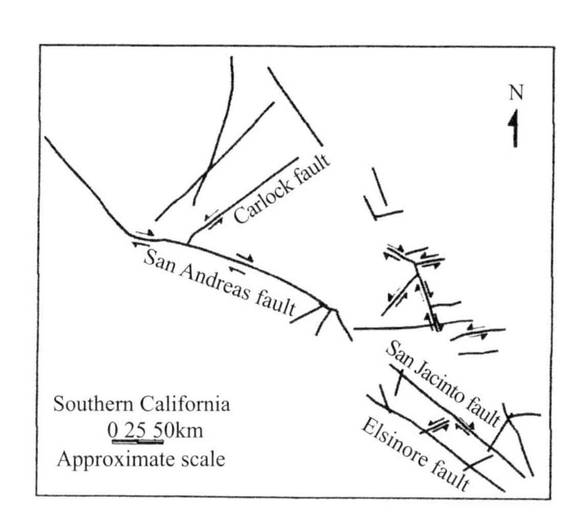

圖 6-37　南加州活動斷層的線圖，此地區斷層的滑動方向與滑動意義是如此複雜，以致大部份斷層相對於目前的應力方向，並非處於最佳方位（Nur and Ron, 2003, Fig. 6, p.676）

- 庫侖率與地殼內部的斷層活動無關聯，它只是做爲好的實驗指引，地殼對應力的反應並非依照庫侖方式。
- 許多在地殼內部縱橫交錯的斷層，當其最初形成時並非是目前的方向，或是它目前相對於最大主應力的幾何關係。斷層在長時間中可能歷經轉動，或是應力場可能歷經轉動，或是以上兩種可能性皆有。

沒有證據顯示，大型走滑斷層對區域應力的反應必須依照庫侖律。岩石若具有已經存在的切割面，當它受到非靜水壓時，若照庫侖律即使它不是處於最佳破壞方向的方位（包括走向與傾角），滑動也能沿著切割面發生（圖 6-38），即使切割面與最大主應力夾角十分不同於最佳破壞方向的角度，但只要作用在它的剪切應力足夠高且正向應力足夠小，滑動仍然可能發生。若定義最佳破壞方向與斷層滑動方向的夾角爲臨界角（φ_c），又若先存斷層的形成角度超過 φ_c，則該斷層不會產生滑動。切割面的方位雖然超過 φ_c，但若外加應力足夠大，則新的破壞面必須形成以滿足進一步的破壞變形。通常此新臨界角或鎖住角（locking angle）超過最佳破壞方位角度約 30°，而這也意味著目前地殼的活動，及先存斷層相對於目前的地殼應力狀態並非處於最佳方位之說法應是可能的。

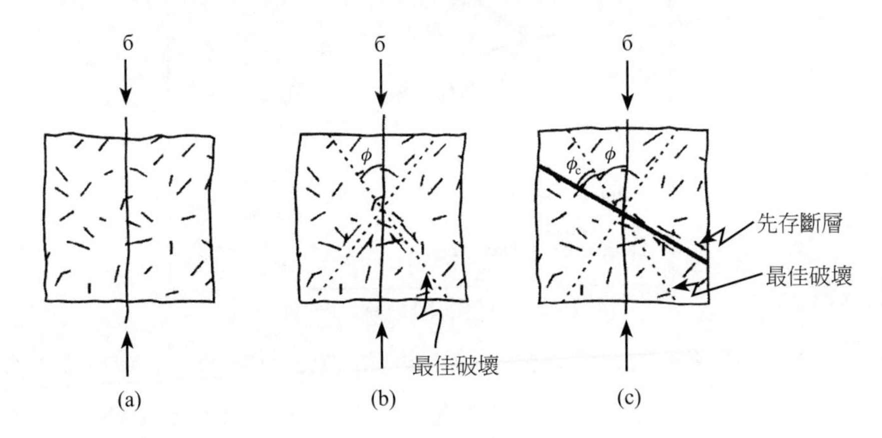

圖 6-38　只要已經存在的切割面與最佳破壞方向的夾角小於臨界角（φ_c），則即使不是處於最佳方位，但滑移也能沿著切割面發生（Nur and Ron, 2003, Fig. 7, p.677）

根據以上說法，庫侖律應被界定於：當斷層形成時，它應是處於形成當時區域應力場環境的最佳方位。推測，如此一個形成於最佳方位的斷層，它隨著時間的推移目前已經從其形成時的最佳方位轉動一些角度。圖 6-39 是加州莫哈韋沙漠（Mojave Desert）及加州東部橫向山脈地區的斷層分佈圖，中央莫哈韋沙漠（CM）包含平行的西北向右旋走滑斷層，而東部莫哈韋沙漠（EM）及東部橫向山脈（Transverse Ranges，簡寫 ET）則包含東西向左旋走滑斷層。若將目光對準加洛克 -SA 斷層系統，當最初一瞥，你可能會以爲圖中的斷層互爲共共軛，然而它們間的夾角約爲

120°，而非最佳的 60°，而且該斷層系中沒有一條斷層相對於目前應力場是處於最佳方位。

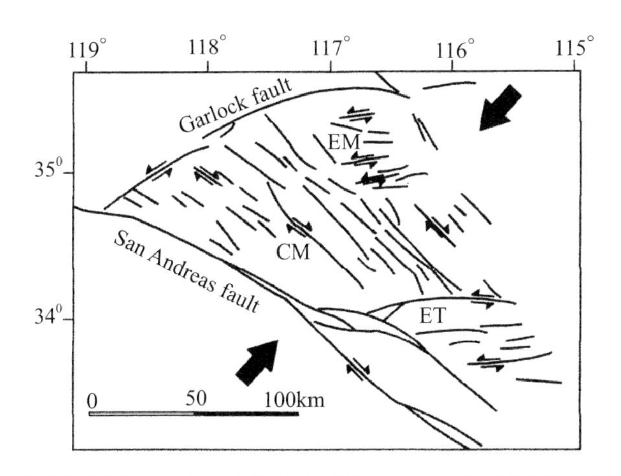

圖 6-39　中央莫哈韋沙漠（CM）、東部橫向山脈（ET）、及東部莫哈韋沙漠（EM）的詳情圖。每一範圍包含一組約略平行的斷層群，CM 存在逆時針轉動的右旋滑動斷層，EM 及 ET 存在順時針轉動的左旋滑動斷層，箭頭指出最大構造壓應力的目前方向（Nur and Ron, 2003, Fig. 8, p.678）

以上論點也可自目前 SA 斷層對加州地殼遠場（far-field）應力場方位是處於高角度（high angle）的狀態得到支持。所謂高角度是，指高正向應力及低剪切應力，它不利於滑動；而低角度則是指低正向應力及高剪切應力，它有利於滑動，因此 SA 斷層對加州遠場應力場的高角度，意味著斷層並非處於破壞的有利方位，由此假如摩爾－庫侖律與斷層初形成時是相關的，則這些約形成於相同年代的斷層，必須是曾經形成在與當時最大主應力方向夾最佳角度的狀態，但經歷長時間之後，它們轉動一些角度，或是應力場曾經轉動，例如由 1992 年 M7.3 蘭德斯地震之後，南加州的局部應力方位轉動約 20°，推測：雖然從相對意義來看是未必，但從絕對意義來看 SA 斷層卻是脆弱的。

SA 斷層的北段及中段在 1906 年與 1857 年曾分別破裂過，但斷層南段自從 250 年以來未曾發生過大地震，假設 SA 斷層的其餘部份每年平均滑動率數公分，則斷層南段的最小滑動逆差（赤字）累積值約爲 7～10 米的數量級，這數值與該斷層有記錄的最大共震偏移（co-seismic offset）相仿。從 SA 斷層南段缺乏歷史性大地震的事實來看，它意味著三種可能性：首先，在帕克菲爾德及聖胡安巴蒂斯塔（San Juan Batista）間的 SA 斷層可能正經歷大蠕變。前次，SA 斷層南段的滑動率可能明顯的低於斷層其他部份測得的每年 30～40 毫米，這原因可能是滑動被轉移到鄰近斷層，特別是轉移到 SA 斷層西側的聖哈辛托（San Jacinto）斷層。最後，SA 斷層南段可能以高滑動速率（每年約 30 毫米）累積彈性應變，而目前可能處於地震循環的震間階段之晚期，換句話說，SA 斷層南段在未來不久發生大地震的機率頗高（Fialko, 2006, pp.1-2）。

圖 6-40 說明斷層轉動的發展過程，圖中點線圖區域受到南北壓應力的作用（圖 6-40(a)）後，形成兩個最佳方位共軛斷層，其中之一的左旋走滑斷層呈東北方向，另一條右旋走滑斷層呈西北方向（圖 6-40(b)），這兩條共軛斷層的夾角大約是 60°（或從最大壓應力往任一方向量起約 30°）。當區域繼續受壓及滑動持續時，斷層及斷層間的塊體也開始轉動，其轉動方向總是遠離壓縮方向而趨向伸張方向。當這兩斷層滑動及轉動時在滑動量與轉動量間，總是存在著一個簡單的幾何關係，即右旋斷層逆時針轉動，而左旋斷層順時針轉動（圖 6-40(c)）。當滑動與轉動增加時，相對於主要壓縮方向斷層逐漸變成更不利的方位。當轉動變得足夠大時，斷層即停止滑動，然後一組新的最佳方位斷層必須形成以適應連續壓縮，這些新斷層的滑動將抵消老的、遭鎖住的斷層（圖 6-40(d)）。庫侖律預測新老斷層系統間的角度大小，依岩石摩擦係數與凝聚強度而定其通常值約介於 25°～40° 間。在一些地方以上過程持續經歷過一段很長的地質時間之後，老斷層的轉動、鎖住、及新斷層的形成能重複發生，並導致非常複雜與混沌的斷層模式。在此種過程中，只有一個參數它始終很清楚地與庫侖

律掛鉤，此參數即是同齡的任何兩條共軛斷層系之夾角在它們形成之際，總是被最大壓力線所平分。

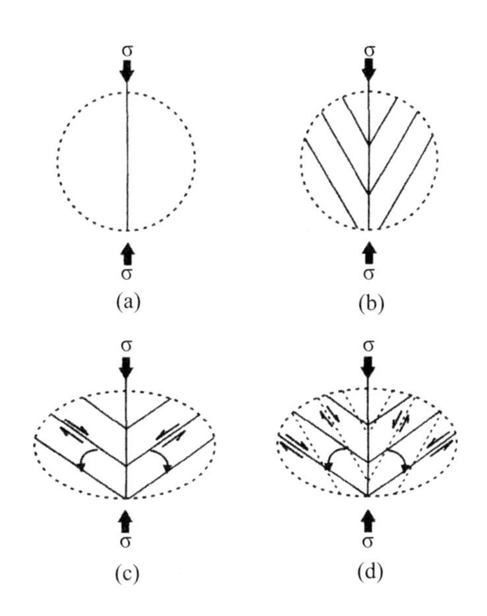

圖 6-40　圖中二維模型顯示：藉著走滑位移及斷層塊區轉動的同時活動，可描述斷層網域的發展（Nur and Ron, 2003, Fig. 9, p.679）：

(a) 施加構造應力

(b) 最初的斷層格局

(c) 變形後左旋斷層系順時針轉動，而右旋斷層系則逆時針轉動

(d) 當斷層轉動超過臨界角（φ_c）時新的最佳方位斷層形成，而原來已轉動過的老斷層現在則停止滑動。當從老斷層遞變到新的最佳方位斷層之際，在此兩斷層系之間的斷層滑動能夠被加以區分，蘭德斯破裂帶可能是以上狀況的例子

圖 6-41 提供斷層轉動、鎖住及形成過程的例子，它顯示年輕斷層抵消老斷層，同時也出現發自聖蓋博（San Gabriel）塊體（位在 SA 斷層與聖蓋博斷層之間）的物質轉動。基於現場的交叉關係，以虛線表示的走滑

斷層是年輕斷層，而以粗實線表示的斷層是較老斷層，隱含的旋轉由古地磁數據（Terres and Luyendyke, 1985）所證實，該數據顯示約 53° 的順時針轉動，這已足夠大到須有新斷層產生的條件。由於所有斷層的滑動是左旋，此種順時針轉動感是符合上文所述的斷層模型。

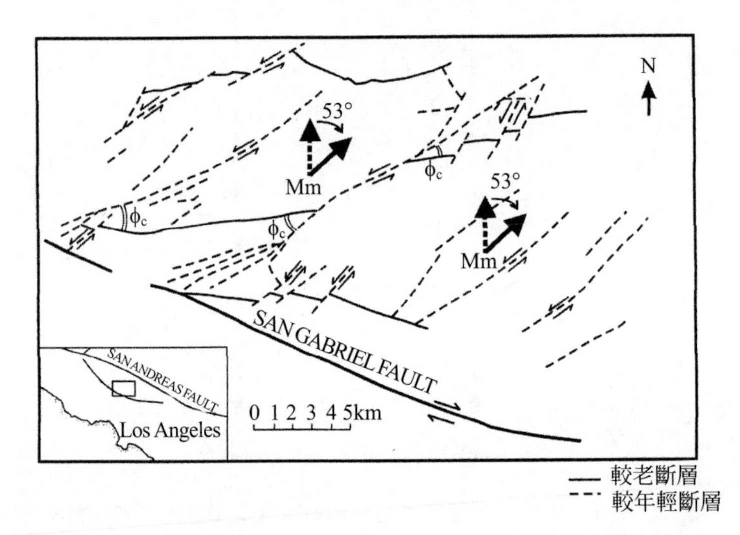

圖 6-41　聖蓋博（San Gabriel）山脈的多組走滑斷層系。年輕的東北向走滑斷層抵消老的東西向斷層，兩組斷層有相同的左旋運動感，因此它們不是共軛。由古地磁決定的轉動角度是順時針方向 53°（Terres and Luyendyke, 1985），這與現場觀察到的左旋滑動符合（Nur and Ron, 2003, Fig. 10, p.680）

2. 應力轉動

上節所述的物質轉動模型，其主要功能是在於預測一個對稱轉動模式，基於此模式中央莫哈韋（CM）的斷層與塊體應逆時針轉動，東部莫哈韋（EM）及東部橫向山脈（ET）則應順時針轉動，且它們的轉動角度應相同。然而古地磁的磁偏角異常及堤壩（dike）數據卻指出一個清晰的非對稱模式，即東部莫哈韋及東部橫向山脈的右旋滑動部份經歷一極大（約 50°）的順時針轉動，該轉動是極大於預期的 30°，而左旋滑動（順時針轉動）部份則完全符合模型預測。至於中央莫哈韋（西北向右旋斷層）則全然沒有轉動，這當然是有違模型的逆時針轉動預測。很顯然物質轉動模型並不符合非對稱的事實情況。爲了調和此種觀察到的非對稱轉動，方法之一是考慮應力場轉動的可能性。

圖 6-42 顯示來自圖 6-40 的方框圖，但移除應力在整個地質時間維持穩定的限制；不僅如此，應力被允許轉動。首先想像在外加應力的情況下，所有原來的斷層（左旋與右旋）皆形成於其最佳方向（圖 6-42），與圖 6-40 不同的是，在整個地質期間當變形演進時，圖 6-42 的主應力方向並非固定；不僅如此，主應力方向可以轉動，而斷層與塊體也可以轉動，這樣的結果直接導致物質轉動的非對稱性，即在一個領域（例如右旋滑動），它是相對於壓縮方向及應力轉動方向的塊體轉動之總和，而在另一個領域（例如左旋滑動），它是物質與應力轉動的差異值。

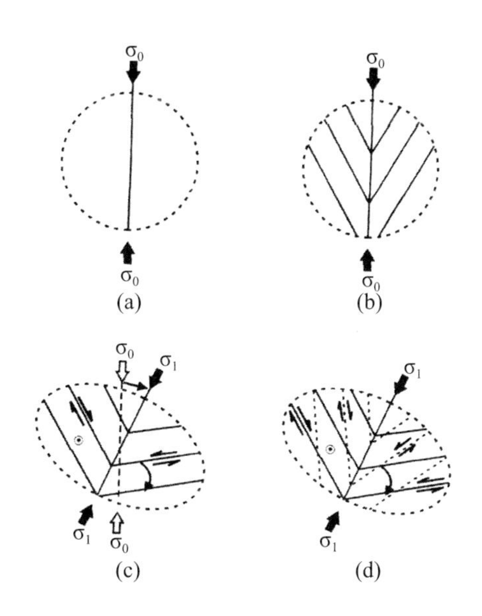

圖 6-42　圖 6-40 的塊體與斷層轉動模型，再加上應力轉動（Nur and Ron,2003, Fig. 15, p.685）。

若在順時針轉動的應力場與塊體轉動有相同速率的特殊情況，右旋斷層應沒有轉動，而左旋斷層應是雙倍轉動。圖 6-43 顯示莫哈韋地區斷層與塊體的物質轉動與應力轉動。

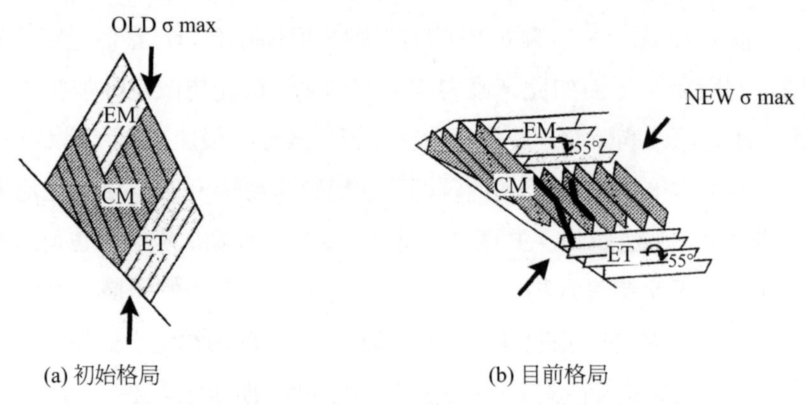

圖 6-43　塊體轉動、應力場轉動、及莫哈韋地區最佳方位新斷層的形成。

(a) 在初始格局，東部莫哈韋沙漠（EM）與東部橫向山脈（ET）的左右旋斷層其方位角是 30°

(b) 在目前格局，古地磁的證實及一些構造數據均顯示：EM 及 ET 的左右旋斷層其方位角約為 55°，且其塊體與斷層皆順時針轉動，並且中央莫哈韋沙漠（CM）的斷層沒有逆時針轉動。這些物質轉動意味著整個（EM、CM、及 ET）斷層系統經歷 15° ～ 25° 的應力場轉動，以致形成今天的 N15°W 方向。由於現存的斷層相對於目前應力場是處於如此不利地位，故新斷層應形成（見 CM 的點線，蘭德斯－莫哈韋線可能是屬於此類新斷層）（Nur and Ron, 2003, Fig. 16, p.685）

雖然對莫哈韋地區自地質時代以來的應力方向變動史所知不多，但 Zoback and Thompson（1978）認爲，在大盆地（the Great Basin）地區的主應力方向自中新世以來曾順時針方向轉動約 30°，如該區域的應力行爲受制於太平洋、費拉隆（Farallon）、胡安－德－富卡（Juan-de-Fuca）、及北美構造板塊的大幅度相對移動，則此種應力受制現象也可能被應用到莫哈韋地區。此種順時針應力轉動的現象可用來解釋物質轉動不對稱現象。

對於莫哈韋地區， 20°～30° 的順時針應力轉動可以調和不對稱，基於此可以大膽推測：約略 30° 的物質轉動應已發生在每一條共軛的莫哈韋斷層，其發生的時間是在當斷層形成及當它們開始鎖住的這段期間。對中央莫哈韋的右旋斷層，預期的逆時針物質轉動約略被應力場的順時針轉動抵消。與此相對照的是，其左旋斷層經歷 30° 順時針物質轉動，再加上應力場轉動後總共轉動角度達約 50°～60°。圖 6-44 顯示當老斷層開始鎖住之際，它與新斷層組在遞變地區如何分割其滑動，這種滑動分割現象在蘭德斯地震及後來的赫克托礦區（Hector mines）地震已分別被觀察到。經過長期的地質時間後，當滑動變成只限於新斷層組時，此種分割過程將停止進行。

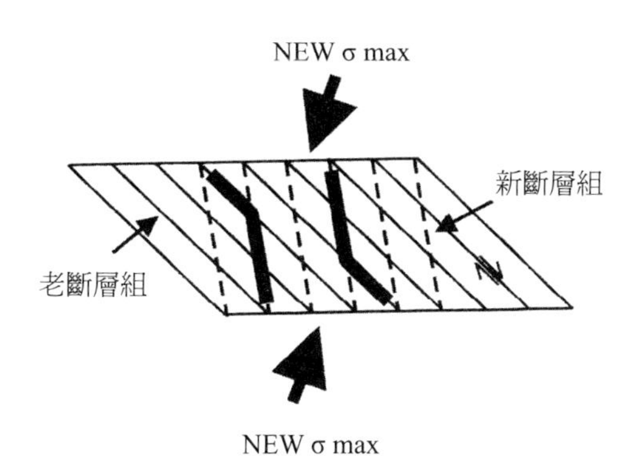

圖 6-44　示意圖顯示：蘭德斯及赫克托礦兩地震的滑動劃分，粗黑線代表破裂，它從老斷層（實線）彎曲並延伸進建議中的新斷層方向（虛線）（Nur and Ron, 2003, Fig. 17, p.686）

7 地震與斷層運動力學（II）

7-1 能量背景

§5-1 曾提到裂紋尖端存在應力奇異性，故線型彈性破壞力學不適用於尖端周遭的小範圍非線性區，除此之外，尖端背後的裂紋不具有凝聚性的假設也不符事實。實際上，當斷層受到剪切力作用時，沿著整個斷層面摩擦皆存在，由於以上因素，線型彈性破壞力學在解析裂紋延伸（或斷層擴張）問題時有其困難（見以下詳細說明），當然也不可能得到可靠答案。本節擬從能量觀點重新探討此問題，期能從中得到一些較簡易的解決線索。

地震可被認爲是一條動態運行的剪切裂紋，在裂紋擴張過程中，它維持能量平衡。從線型彈性破壞力學的角度看，一條靜態裂紋若欲產生新表面，它必須消耗能量 U_s，因此整個系統的總能量（U）可表示爲：

$$U = (-W + U_e) + U_s \tag{7-1}$$

其中 W 是裂紋延伸增量（δ_c）時外力所做的功，而延伸過程中內部應力能的改變是 U_e，其中括號內的兩物理量之結合代表機械能。式（7-1）藉著加入動態能及裂紋尖端之後新裂紋表面所做的摩擦功，可將它改寫如下：

$$U = (-W + U_e) + U_s + U_k + U_f \tag{7-2}$$

其中 U_s 是產生新裂紋的表面能，U_k 是動態能，U_f 是對摩擦所做的功。在裂紋延伸時平衡條件如下：

$$dU/dc = 0 \tag{7-3}$$

其中 c 是裂紋的半長度，這表示裂紋延伸時系統總能量必須減少，因此在平衡條件下，總能量也必須達成均衡。在動態條件下，以上平衡條件（式 7-3）可表示爲時間的函數，而能量均衡的平衡式可寫爲：

$$\dot{U} = (-\dot{W} + \dot{U}_e) + \dot{U}_s + \dot{U}_k + \dot{U}_f \tag{7-4}$$

其中

$$\dot{U}_f = \frac{\partial}{\partial t}\int_{\Sigma o}\sigma_{ij}\, u_i\, \eta_j dS \qquad (7\text{-}5a)$$

$$\dot{U}_s = \frac{\partial}{\partial t}\int_{\Sigma o} 2\gamma dS \qquad (7\text{-}5b)$$

$$\dot{U}_e = \frac{\partial}{\partial t}\frac{1}{2}\int_{V-Vo}\sigma_{ij}\, \varepsilon_{ij}\, dV \qquad (7\text{-}5c)$$

$$\dot{W} = \int_{So}\sigma_{ij}\, \dot{u}_i\, \eta_j\, dS \qquad (7\text{-}5d)$$

$$\dot{U}_k = \frac{\partial}{\partial t}\frac{1}{2}\int_V \rho \dot{u}_i\, \dot{u}_j\, dV \qquad (7\text{-}5e)$$

S 是斷層面積，Σo 是環繞裂紋尖端的環形路徑，σ_{ij} 與 u_{ij} 是尖端的應力與位移，S 是環繞裂紋的外部邊界（見圖 7-1），η_j 是垂直於 S 邊界的單位向量，ρ 是密度，γ 是具體表面能。基於線型彈性破壞力學的假設條件裂紋不具有黏性，故 $\dot{U}_f$ 消失，然而若摩擦存在則因 σ_{ij} 與 u_i 未知，故整個裂紋表面（Σo）的積分無法估計，因此剪切裂紋的動態破裂問題無法根據式（7-4）求解，這是破壞力學應用到剪切裂紋的基本難題，爲了克服此項困難，以下利用與能量均衡（式 7-4）無關的應力－破壞標準以解問題（Scholz, 2002, p.184）。

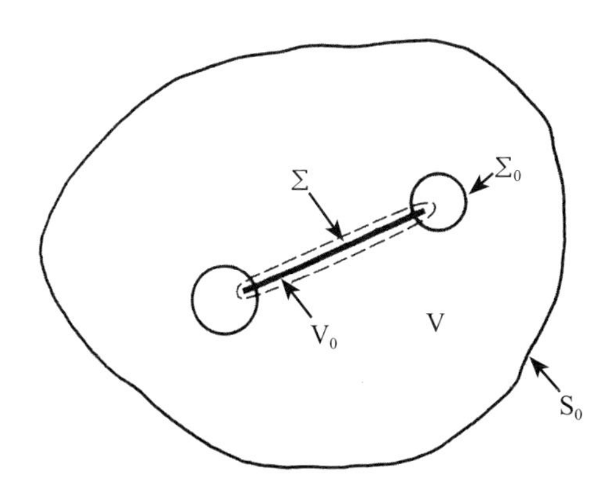

圖 7-1　動態能量均衡的積分領域

首先決定整個破裂期間的地震輻射能，假設選擇一足夠大的體積（例如整個地球），則在外部邊界所做的功消失，因此輻射出的地震能（E_s）

可表示爲：

$$E_s = \Delta U_k = -\Delta U_e - \Delta U_f - \Delta U_s \quad (7\text{-}6)$$

假設破裂過程中，剪切應力從初始值 σ_1 下跌至最後值 σ_2，將差異定理（divergence theorem）應用到式（7-5c）後內部應變能的變化將是：

$$\Delta U_e = -\frac{1}{2}(\sigma_1 + \sigma_2)\Delta\bar{u}A \quad (7\text{-}7)$$

其中 $\Delta\bar{u}$ 是平均滑動及 A 是斷層面積，假設滑動之際摩擦應力固定且假設它等於動態摩擦 σ_f，則動態應力降 $\Delta\sigma_d = \sigma_1 - \sigma_f$，而地震能爲：

$$E_s = \frac{1}{2}(\sigma_1 + \sigma_2)\Delta\bar{u}A - \sigma_f\Delta\bar{u}A - 2\gamma A \quad (7\text{-}8)$$

若再進一步假設不計近場（near-field）高頻率加速度，且令 $\sigma_2 = \sigma_f$ 及不計表面能，則

$$E_s \approx \frac{1}{2}\Delta\sigma\,\bar{u}A \quad (7\text{-}9)$$

上式表示，當地震之際從應力－破壞標準推導得到的地震輻射能僅考慮應力改變，而未曾考慮總應力，這與斷層活動所做的功依賴總應力的實際情況不符，爲了對斷層擴展的問題能有更周詳的思考，§7-3 將從能量釋放的觀點重新闡釋此問題。

7-2　地震如何觸發

地震的發生是地球內部（地殼或地函）的應變忽然被釋出所引起，應變忽然釋出之發生，是因應變物質的強度已被物質內部累積的應變水平超越之故，例如斷層在其受摩擦而鎖住（摩擦力可抑制斷層滑動）的節段，當節段內的累積應變超越摩擦力時，斷層即產生破裂，而地震是指當斷層破裂時，釋出能量至他處地殼所引起的地面振動，這些振動即稱爲地震波。前文提及從震源（即破裂處）輻射出的地震波包含體波與表面波兩種，體波自所有方向通過地球內部，而表面波的移動則是沿著地球表面。

從表面看來地震及其發生，似乎是很容易了解的問題，但一場地震是否能導致另一場更大型地震，則是容易發問但不容易回答的問題。地震觸發的基本觀念是如果一條斷層的應力狀態已經接近破壞點，則來自他處的地震可能輕微地進一步增加整個斷層面的應力，這種輕推的力道對斷層的破裂提供必要的觸發力，譬如一個站於鋼繩上本已搖搖欲墮的人，只要輕推他一把，即可讓他翻倒的道理一樣。

當兩個構造板塊互相碾磨而過時，也能緩慢累積應力，例如北美板塊相對於底層的太平洋板塊，它在沿著 SA 斷層面上朝南方移動，當板塊兩側以相反方向移動時，施加上去的剪切應力平行於斷層面，而當斷層對立側的岩石互相擠壓時，它們互相施加垂直於斷層面的第二種應力（即正向應力）。當剪切力超過斷層的摩擦阻力、或當擠壓斷層兩側的應力一齊緩和時，任一側的岩石將彼此擦肩（滑動）而過，然後忽然地，巨大能量以地震形式被釋出，而先前的兩個應力分量（即剪切應力與正向應力）當加在一齊時，即稱爲庫侖應力。沿著滑動的斷層節段庫侖應力減少，由於應力不能就這樣消失，它必須再分佈到沿著相同斷層的其他節段，或是轉移到附近的其他斷層。轉移到其他地點的應力通常很小（小於 3.0 bars，或大部份情況下，它僅是地震時斷層應力總改變值的 10%），但它卻可能觸發後續的大小地震。Helmstetter（2003）研究南加州地震後認爲，即使最小型的地震也可能觸發大地震，小型地震觸發大地震的機率較大型地震低，但因其數目較多，故總的來說，它們可能觸發更多的地震。

1. 土耳其伊茲米特地區的應力轉移

自從 1939 年以來，土耳其的北安納托利亞（North Anatolian）斷層已發生 12 次重大地震，最近的一次（1999 年 8 月 M = 7.4，伊茲米特（Izmit）地震）計 25,000 人喪生及損失 65 億美元財產。Stein（2005）猜測，該斷層在每一次破裂之後均有部份應力被轉移，如此導致後來包括伊茲米特在內的多次連續地震。1999 年 11 月，由於靠近伊茲米特的斷層節段有一些庫侖應力轉移出去，因而觸發靠近 Düzce 市（在伊茲米特東方 100 公里處）的 7.1 級強震，幸運的是，在地震發生的兩個月前，地震學家 Barka 已經計算出來自伊茲米特應力轉移的應力增量，並將結果發表在 *Journal of Science*。Barka 的地震發佈，使當局關閉 Düzce 的學校建築，因而減輕當地的地震損害。伊茲米特的應力轉移，同時也將在未來數年升高附近伊斯坦堡（Istanbul）的強震可能性（每年升高 2～4%），未來 30 年（自伊茲米特地震之後），伊斯坦堡地區發生大地震的可能性達 62%，但如假設大地震是隨機發生，而非由應力轉移所觸發，則其地震機率將僅 20%。

2. 加州蘭德斯地震的互動

其他的地震互動例子見於 1992 年 M ＝ 7.4 的蘭德斯地震，它使相距不到 25 公里的 SA 斷層系統，其應力從接近破壞提升到破壞水平。爲了了解結合一場或多場地震的庫侖條件是否可能觸發未來的地震，King et al.（1994）首先考慮一個適合產生餘震的破壞標準及由主震引起的應力改變。他們發現，蘭德斯地震的餘震分佈及其附近的數個中型地震，如約書亞樹（Joshua Tree）、霍姆斯特德谷（Homestead Valley）、與大熊（Big Bear）地震等，皆可由庫侖標準來解釋，即最佳方位斷層的庫侖應力，其應力提升值達 0.5bars 之處的餘震是豐富的，但在庫侖應力下降達 0.5bars 之處的餘震卻是稀少的。他們更發現，過去歷史時期中，數場中型地震在未來蘭德斯震央及沿著許多蘭德斯破裂帶，提升其應力達 1 bar，這使蘭德斯地震提早 1～300 年發生，而蘭德斯破裂，則提升未來大熊地震（M = 6.5）餘震場址的應力達 3 bars。

以上提到的各種現象，其實就是庫侖應力轉移，其意思是地震雖降低滑動後斷層的剪切應力平均值，但剪切應力卻在斷層傳輸的尖端及其他地點升高。庫侖應力在特定斷層的變化與區域應力無關，而與斷層幾何形狀、滑動狀況、與摩擦係數有關。結合蘭德斯與大熊兩地震的應力變化之研究後，King et al.（1994）進一步預測以上兩地震將提升沿著南 SA 斷層的聖伯納迪諾（San Bernardino）節段的應力達 2～6 bars。實際上，南 SA 斷層在以上的該節段，自從蘭德斯地震之後，小型地震的發生率已經增加，而未來除非這些升高的應力，藉著 SA 斷層 M～6.5 地震規模的發生來紓緩，否則它們可能促使南 SA 地層的下一場大地震之發生，至少提早 10 年來到。

3. 台灣集集地震的互動

總之，King et al.（1994）的觀察結果強烈意味著：庫侖應力增強的地區應被認爲是未來地震可能發生的候選地區。1999 年 9 月 20 日，台灣集集地震（M = 7.6）發生前後的震央周圍之地震活動率與應力增加，是另一個說明地震觸發機制的佳例。集集地震的發生，是菲律賓海板塊與沿著 Rukyu Arc 及台灣東北沖繩海槽的歐美板塊碰撞的結果，若將 50 個月後假設爲集集震後期，且假設它從主震之後 3 個月開始起算，則在主震發生的第 1 個月內，在靠近主震的震源地區發生 9 次 M > 6.0 餘震，而在主震發生後的 1～3 個月期間，整個台灣島的地震活動有廣泛的增加，這可能與集集主震的應力轉移有關，但也有可能是來自其他機制。3 個月之後的 50 個月期間，地震發生率顯著下降達 40～90%，這與黏滑（stick-slip）斷層應力陰影的計算結果相符。除了地震活動增加之外，集集主震前後的應力也有顯著變化，地震前僅有 37% 逆衝（thrust）活動及 49% 走滑（strike-slip）活動的地區，其剪切應力計算值的增加大於 0.1 bar，但地震後，卻有 85% 的逆衝活動及 65% 的走滑活動地區，其剪切應力計算值的增加大於 0.1 bar（註：1 bar 是海平面的大氣壓大小，1 bar = 0.1 MPa）（Ma et al., 2005）。

4. 應力轉移現象的進一步闡明

以上概略說明土耳其的伊茲米特、加州的蘭德斯、及台灣的集集等大型地震，其產生的應力轉移可能分別觸發未來遠域與近域地區地震的發生，這種應力轉移的現象進一步闡明如下：

Gomberg et al.（1997）首先假設斷層是一種黏滑過程，然後他們使用簡單的彈簧滑塊模型，再結合一個依賴速率與狀態摩擦的本構關係，以測試當暫態應力結合來自近域與遠域震波後可能觸發地震的說法。他們的假說是：若無暫態負載的助力，地震最終雖也會因固定背景負載的作用而發生，但暫態負載的加入則能加速（或推前）地震的發生時機。其模擬結果顯示，暫態應力導致地震的發生，且當暫態負載停止作用之後不穩定可能受激發（即地震觸發可能延遲發生）。地震發生與觸發延遲兩者皆非線性地依賴地震週期中暫態負載何時被應用上去而定。這意味著即使斷層是在一恆定速率的負載作用下，但帶來破壞所須的應力並非線性地由負載時間所決定，不穩定發生時機也非線性地依暫態負載速率而定，較快的速率將更快加速不穩定的發生，這意味著高頻率及／或持續時間較長的震波將增進地震發生的次數。模擬結果與簡單的計算意味著：近域（數十公里）的中／小型地震及規模大於近域 2～3 倍的遠域（數千公里）地震，兩者在觸發地震上可能同樣有效。

5. 延遲效應

主震的應力轉移對周圍地區的其他地震，除了可能促使它們提早發生之外，也可能形成延遲效應。2005 年 10 月 8 日，沿著 Jhelum 河的 Balakot-Bagh 斷層破裂造成的克什米爾（Kashmir）地震（M = 7.6），導致 87,000 人死亡及數百萬人無家可歸，地震發生在 Indus-Kohistan 地震帶，震央在 Kishenganga（Neelam）山谷。最佳方位斷層的庫侖靜態應力圖顯示，應力朝沿著 Indus-Kohistan 地震帶走向的破裂帶西北方增加，而在此大區域範圍內的 2005 年破裂帶，其西南與東北側的應力則減少，這可能是 Main Boundary 逆衝斷層（靠近 Peshawar 及 Tarbela 水壩）北方的活動斷層，以及靠近 Main Mantle 逆衝斷層的 Raikot 斷層等兩者延遲其地震活動的原因（Parson et al., 2006）。

典型 SA 斷層的地震序列，其餘震的發生位置及震源機制通常非常相似於其從前的活動，但 Michael et al.（1990）觀察，1989 年洛馬普列塔地震（M_s 7.1）的主震應力降，以及餘震序列對 SA 斷層應力狀態的影響後卻有不同發現。他發現在主震發生前，大部份發生在 SA 斷層及薩金特（Sargent）斷層蠕變節段之地震是屬於右旋滑動，這意味著地震帶的大部份主應力軸是南北走向，而中間主應力軸（σ_2）是垂直。但主震發生後，餘震的發生位置與震源機制比之前均有猛烈變化，特別是在餘震帶的中央部份（該處主震破裂發生），可以發現各種類型的震源機制。不但如此，由於近斷層帶的大部份餘震，其震源機制不符合先前應力狀態，這意味著與先前單純的地震活動相較，該處存在有非常複雜的應力狀態。這同時也提示：主震釋出大部份（可能不是全部）作用在斷層面上的剪切應力，且主震破裂帶的南方、北方、及緊鄰的上方，其應力狀態則反映主震的應力轉移。有關地震的時間延遲及轉移，將在 §7-5 與 §7-6 做更深入的說明。

7-3　地震力學

1. 構造應力

靠近斷層帶的應力分佈是時間與空間的函數，在地震前後（即震間期），應力在數十年至數世紀的時間尺度內逐漸改變，而當地震之際（同震期），它在數秒至數分鐘的時間尺度內變化。關於地震之後斷層附近地區的應力場改變之事實，可以台灣在 921 地震之後的車籠埔斷層鑽進計畫（TCDP）來說明：

台灣西部主要斷層之一的車籠埔逆衝斷層系統具南北走向及長度 60 公里，朝東傾角約 30°， 1999 年，車籠埔斷層破裂及引起 M_w = 7.6 的集集（位在台灣中部南投鎮東邊）大地震。震央深度 10 公里，它位在 120.81°E 及 23.86°N，位置靠近集集鎮，地震導致的地表裂縫（沿著車籠埔斷層），其總長度約 80～90 公里，垂直位移約 8.9 米，這次地震的地表破裂情形由台灣強動網路（全島約 600 處監測站）及 GPS（全島約 130 處監測站）詳細記錄下來。滑動在 80×40 公里的面積內發生，震央位在南部區域，而破裂則向北方延伸。2004 年，以勘察集集地震斷層運動力學爲目的的車籠埔斷層鑽進計劃（TCDP）開始啓動，它計打了兩口深井（#A 與 #B），#A 鑽深達 2000 米，它靠近台中市大坑河及位在集集地震地表破裂帶之東 2.4 公里的台地。#A 在 500-1900 米層段施行偶極聲波成像儀（Dipole Sonic Imager，簡寫 DSI）測井，以及地層微型成像（Formation MicroImager，簡寫 FMI）測井（logging）等地球物理與岩心調查，其目的在鑑識地層面及剪切帶位置。#A 岩心取樣深度從 431.34 米至最大深度的 2,003.26 米，#B 岩心取樣深度則從 950 米至 1,350 米，這種連續取岩心的做法，提供觀察與分析斷層剖面及了解地震機制的最好機會。鑽井穿過上新世至更新世的卓蘭層、上新世的錦水頁岩、及更新世的桂竹林層，並由 #A 岩心鑑識出 12 個主要斷層帶，其中包括車籠埔斷層與三義斷層（Hung et al., 2009）。

連續的岩心資料顯示，深度 1,110 米及 1,680～1,707 米處發現活躍的剪切帶，它們分別是車籠埔斷層與三義斷層，前者代表剪切帶從 1013 米延伸至 1300 米深度。利用一種基於岩心的應力測量方法 ─ 非彈性應變恢復（ASR）技術，以決定施測當時的三維主應力方位與大小，初步結果顯示，在車籠埔斷層上方的較淺深度及下方的較大深度之間，存在主應力方位的改變。但整體應力方向（～N115°E）大體上平行於區域應力場，且平行於菲律賓海板塊相對於歐亞板塊斷的收斂方向。由於在不同深度處均可觀察到平均應力的改變，且在車籠埔斷層附近存在有重大的應力異常方位，在深度 1000～1310 米（靠近錦水頁岩上部及下部邊界）出現突然的應力（σ_{Hmax}）轉動與速度異常，這意味著集集地震發生時，地層面產生滑動的可能性，同時當然也證明目前在 TCDP 場址的應力分佈，可能受車籠埔斷層面破裂的影響（Wu et al., 2007）。

以上略述車籠埔斷層帶在震間期的應力場變化，而此種震間期的應力變化可視爲是準靜態變化，此情況下靜態應力隨著空間位置的不同而有不同，它在靠近複雜的斷層幾何位置之處產生應力集中，爲了簡化問題解題時可在一個標定的數公里長度內平均化靜態應力，此範圍廣大的應力場稱爲宏觀靜態應力場；若在斷層的局部複雜之處，則該處的應力場稱爲微觀靜態應力場。當地震時應力變化非常快速，應力場在斷層面上的大部份地方皆減少，但在一些地方則可能增加，特別是在靠近應力集中發生的邊緣之處，該處的應力場若在斷層運動中的一個時間尺度內取其平均值，則可稱它爲宏觀動態應力場；若針對破裂啓動的時間尺度，則可稱它爲微觀動態應力場。以下針對各種不同類型的應力場逐個提出探討（Kanamori 1994, 208-214）：

(1) 宏觀靜態應力場

圖 7-2 是三個地震周期的宏觀靜態應力時間史，地震後當震間期斷層面的剪切應力單調地從 σ_1 增至 σ_o，當它趨近 σ_o，斷層因破壞而引起地震，應力降至 σ_1，而一個新的周期開始，應力差 $\Delta\sigma = \sigma_o - \sigma_1$ 就是靜態應力降，σ_o 是地震前斷層面上的構造剪切應力，σ_1 是地震後斷層面上的構造剪切應力，T_R 是地震復發時間。沿著活動板塊邊界的典型地震序列，$\Delta\sigma \approx 30$～100 bars 及 $T_R \approx 300$ 年。σ_o 及 σ_1 的絕對值無法直接用地震學方法決定，僅 $\Delta\sigma$ 能夠被決定。. 如果斷層活動涉及動態磨擦，則反覆發生的動態摩擦應力（σ_f），將導致沿著斷層面的局部熱流異常。

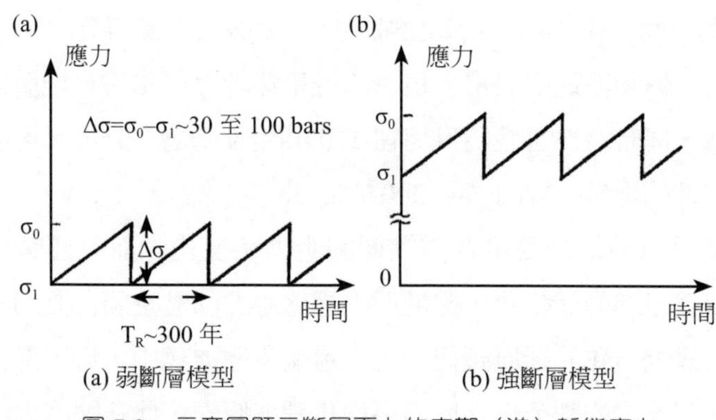

圖 7-2　示意圖顯示斷層面上的宏觀（準）靜態應力

（Kanamori, 1994, Fig. 1, p.208）

沿著 SA 斷層由於缺乏局部熱流異常，故推測當斷層活動時其 σ_f 有較低的值（200bars 或更少）。後來對 SA 斷層帶的研究雖然也認爲 σ_f 有較低值（少於數百 bars）（Mountand Suppe 1987；Zoback et al. 1987），然而實驗室測得的岩石摩擦強度，卻顯示斷層的剪切應力呈高檔水平，可能高於 1kbar（Byerlee 1970；Brace and Byerlee 1966）。圖 7-2(a)(b) 代表兩種反映以上不同推測的模型，它們是弱斷層模型（$\sigma_o \approx$ 200bars）及強斷層模型（$\sigma_o \approx$ 2kbars），σ_o 代表斷層強度。實際上，σ_o 與 σ_1 可能依斷層面的不同位置及不同的地震觸發時間而有明顯不同，同時加載速率可能隨時間而改變，故圖 7-2 顯示的時間史並非是固定不變的。

(2) 微觀靜態應力場

地震斷層常應用彈性介質中的裂紋來模擬它，圖 7-3 顯示靠近裂紋尖端的靜態剪切應力分佈（Knopoff, 1958），據此一個單純彈性介質且無限薄的裂紋，其尖端應力（圖 7-3 的 σ_{zy}）是無限制的，它隨著與裂紋尖端距離（r）的增加而呈 $\frac{1}{\sqrt{r}}$ 關係的減少，即它與 $\frac{1}{\sqrt{r}}$ 呈正比率關係。在實際的介質，靠近裂紋尖端的材料在某應力水平（屈服應力）時產生屈服，這導致靠近裂紋尖端的應力成為有限性。實質的斷層帶，其強度可能是高度不均勻及存在有許多局部弱帶（微斷層）與幾何不規則性，其分佈見圖7-4。

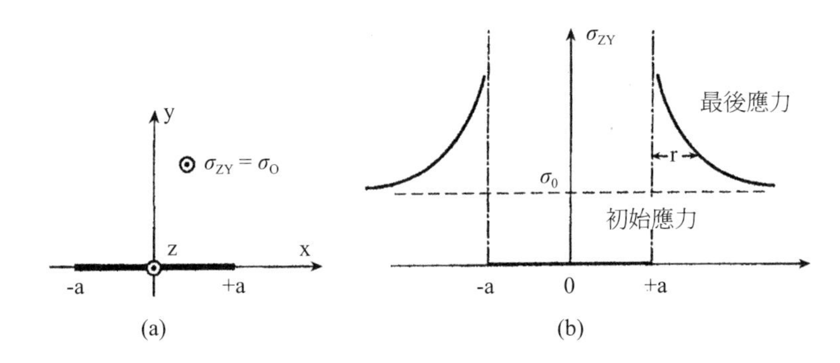

圖 7-3　靠近裂紋尖端的靜態應力場：

(a) 幾何形狀：寬度 2a 的二維裂紋，裂紋延伸自 $z = -\infty$ 至 $+\infty$，裂紋因受剪切應力 $\sigma_{zy} = \sigma_o$ 而形成

(b) 裂紋形成前（虛線）的剪切應力 σ_{zy} 及裂紋形成後（實線）的剪切應力 σ_{zy}（Kanamori, 1994, Fig. 2, p.209）

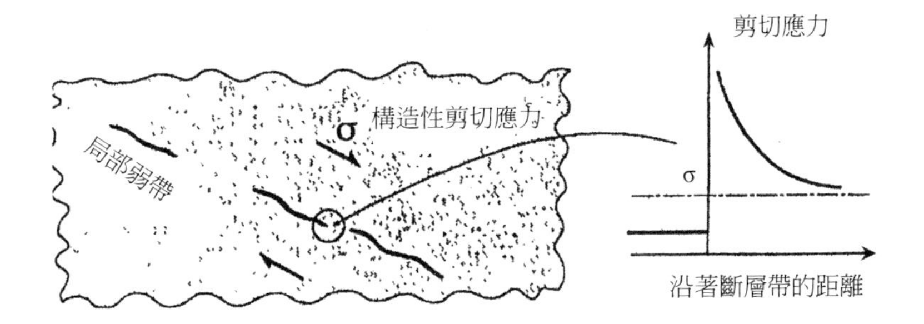

圖 7-4　示意圖顯示地殼內的斷層帶。左圖粗體實曲線代表在構造剪切應力（σ）下的局部弱帶（微斷層），右圖顯示靠近微斷層（或微裂紋）尖端的應力集中，微斷層的剪切應力未必是 0，但卻明顯地小於加載應力（σ）（Kanamori, 1994, Fig. 3, p.210）

當斷層系統受到構造應力（σ）加載時，應力集中發生在許多微裂紋尖端，靠近應力集中的尖端處之應力會極高於加載應力（σ），當靠近斷層尖端的應力到達一些破裂標準（如 Griffith, 1920）所決定的門檻值，及假設摩擦特性利於不穩定滑動（如 Dieterich, 1979b；Rice, 1983；Scholz, 1989），則斷層產生破裂，此時斷層強度是指破裂啓動（$= \sigma_o$）之際的構造應力 σ，而非是靠近斷層尖端極高於 σ_o 的應力。微觀應力分佈主要是受微斷層（即微裂紋）分佈所支配，由於後者分佈頗爲複雜，故前者也非常複雜，但若在數公里的斷層長度內來求其平均值，則微觀應力可能接近加載應力。

(3) **宏觀動態應力場**

雖然斷層活動之際動態應力變化可能非常複雜，但其宏觀行爲卻仍可藉下文描述。假設 t = 0 時，斷層在構造應力 σ_o 下瞬間破裂，則正好鄰接斷層面的位移可由圖 7-5(a) 表示。當滑動時斷層運動被動態磨擦 σ_f 所抑制，故動態應力降 $\Delta\sigma_d = \sigma_o - \sigma_f$ 是推動斷層運動的有效應力。通常 σ_d 隨時間而變，據 Brune（1970）$\Delta\sigma_d$ 與斷層一側的粒子速度（$\dot{U}$）有關，在破裂啓動之後，剪切力循著斷層垂直方向傳播，當時間 t 時，它到達 βt 的距離，超過 βt 之處則擾動尚未到達，假設此時斷層位移爲 u(t) 及瞬間應變是 $u(t)/\beta t$，由於此位移是由 $\Delta\sigma_d$ 引起，故

$$\Delta\sigma_d = \mu u(t)/\beta t \qquad (7\text{-}10)$$

其中 β 是實際的宏觀粒子運動速度（即 S 波速度），μ 是剛度（rigidity），由此得到

$$u(t) = \Delta\sigma_d\, \beta t/\mu \qquad (7\text{-}11a)$$

$$\dot{u}(t) = (\Delta\sigma_d/\mu)\beta = \dot{U} = \text{常數} \qquad (7\text{-}11b)$$

圖 7-5(b) 的曲線 (1) 顯示此種情況的 u(t)。當斷層破裂延伸遭遇阻礙或是當斷層運動的末期時，斷層運動減緩及最後停止（見曲線 (2)）。由

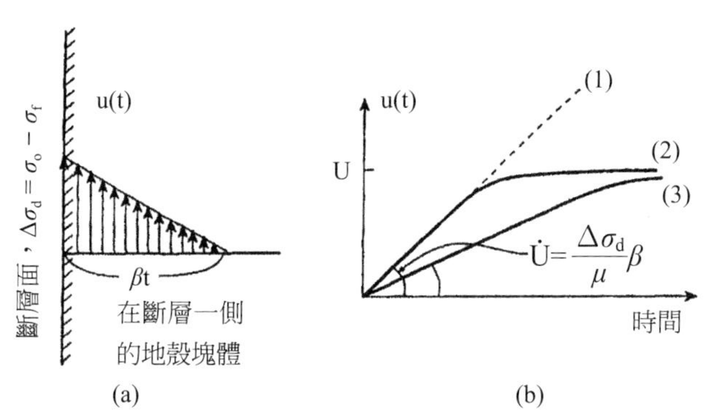

圖 7-5　(a) 在時間 t 的位移是斷層垂直距離的函數，斷層應力指的是有效應力（動態應力降）$\Delta\sigma_d = \sigma_o - \sigma_f$，及擾動傳播到 β_t 距離之處

(b) 斷層一側的粒子運動是時間的函數：

曲線 (1)：代表 $\Delta\sigma_d$ 瞬間被施加到一無限長斷層

曲線 (2)：代表 $\Delta\sigma_d$ 瞬間被施加到一有限長斷層

曲線 (3)：代表 $\Delta\sigma_d$ 被當作傳播應力且被施加到一有限長斷層

（Kanamori, 1994, Fig. 4, p.211）

於斷層並非瞬間破裂，而是以有限破裂速度 V_r 傳播，它通常是 β 的 70～80%，它慢於由曲線 (1) 所定義的速度，並且破裂一旦開始，它就不再是時間的函數。如果令 D（=2U）代表斷層偏移量，及 T_r 代表滑動時間，則平均宏觀粒子速度是：

$$\langle \dot{U} \rangle = D/(2T_r) \qquad (7\text{-}12)$$

如此，式（7-11b）意味著：

$$\langle \dot{U} \rangle = \frac{1}{c_1}(\Delta\sigma_d/\mu)\beta \qquad (7\text{-}13a)$$

$$\Delta\sigma_d = c_1\left(\frac{\mu}{\beta}\right)\langle \dot{U} \rangle \qquad (7\text{-}13b)$$

$\langle \dot{U} \rangle$ 是平均斷層偏移粒子速度，c_1 是常數，它由斷層幾何形狀來決定，通常令 $c_1 = 1$。

(4) 微觀動態應力場

在實際的斷層帶斷層幾何形狀頗爲複雜，其強度及材料性質皆是非均質，故應力場非常不同於由一簡單裂紋計算所得。據 Freund（1979），反平面（antiplane）剪切模式 III 問題的穩態裂紋傳播說明如下：

均勻遠場應力 $\sigma_{yz} = \sigma_o$，裂紋在 +x 方向延伸，它以固定速率 $V_r < \beta$ 之速穩定傳輸，裂紋表面從 −a 延伸到 a，在此過程中應力等於動態磨擦應力 σ_f：

$$\text{若 } x > a \rightarrow \dot{u}_z = 0，\sigma_{yz} = (\sigma_o - \sigma_f)\sqrt{\frac{x+a}{x-a}} + \sigma_o \qquad (7\text{-}14a)$$

$$\text{若 } -a < x < a \rightarrow (V_r/\mu)(\sigma_o - \sigma_f)\sqrt{\frac{a+x}{a-x}}，\sigma_{yz} = \sigma_f \qquad (7\text{-}14b)$$

$$\text{若 } x < -a \rightarrow \sigma_{yz} = (\sigma_o - \sigma_f)\left[\sqrt{\frac{x+a}{x-a}} - 1\right] + \sigma_o \qquad (7\text{-}14c)$$

在 x = −a 的尾緣處沒有應力奇異性，故

$$\sigma_o - \sigma_f = \frac{\mu U}{2\pi a}\sqrt{1 - \left(\frac{Vr}{\beta}\right)^2} \qquad (7\text{-}15)$$

U 是裂紋一側的總位移，$\sigma_o - \sigma_f$ 是動態應力降（$\Delta\sigma_d$），這些結果以圖形顯示在圖 7-6，奇異性的程度依靠近裂紋尖端的物理條件而定，例如依賴速度和位移的凝聚力等條件。在眞實的斷層帶由於其強度有限，故速度和應力必定是有限。假設 $V_r = 0.7\beta$

$$\text{得} \quad (\sigma_o - \sigma_f) = (\Delta\sigma_d) = \frac{2\mu}{\pi Vr}\langle \dot{U} \rangle \approx \left(\frac{\mu}{\beta}\right)\langle \dot{U} \rangle \qquad (7\text{-}16a)$$

利用式（7-14）平均粒子速度可表示如下：

$$\langle \dot{U} \rangle = \frac{1}{2a}\int_{-a}^{+a} \dot{U}_z \, dx = \frac{\pi Vr}{2\mu}(\sigma_o - \sigma_f) \qquad (7\text{-}16b)$$

其中 V_r 是破裂速率，比較式（7-16a）與（7-13b），其差異僅在於 c_1。在決定 $\langle \dot{U} \rangle$ 與模型時，須考慮所有不確定性，而這個不確定性當藉著 $\Delta\sigma_d$ 表示粒子速度時是無法避免的，c_1 常被假設爲 1。

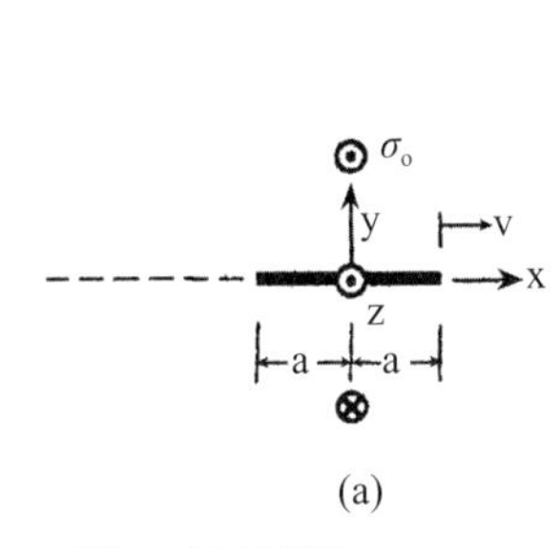

(a)

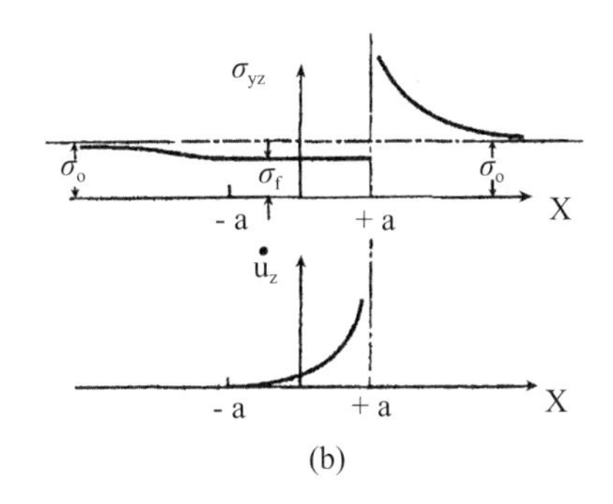

(b)

圖 7-6　穩定裂紋傳播：

(a) 幾何形狀（與圖 7-4a 同），裂紋以速度 V_r 在 x 方向傳播

(b) 剪切應力 σ_{zy} 及粒子速度 $\dot{u}_z$ 是距離的函數

（Kanamori, 1994, Fig. 5, p.212）

在靠近領先前緣的粒子速度有助於激發高頻率加速度，但眞實的機制卻是頗爲複雜。高頻率加速度能因不規則的破裂速度、材料強度的忽然改變、或摩擦特質的忽然改變而激發。Chen et al.（1987）表明，應力降與凝聚力是控制裂紋成長、終止、與癒合的主要因素，而地震輻射的複雜性，則由複雜的癒合過程及複雜的裂縫傳播所引起。

以上的討論均假設 V_r 是常數，但在眞實的自發性裂紋傳播，破裂速度 V_r 是由材料性質（如凝聚能與表面能）及裂紋幾何形狀所決定。在大部份地震的應用上，$V_r/\beta \approx 0.7\text{-}0.8$，且穩定的次音速裂紋傳播被認爲是合理的。

2. 靜態應力降

靜態應力降（$\Delta\sigma$）可由位移（u）對位移發生面積上的適當標尺長度 $\check{L}$ 之比率得到：

$$\Delta\sigma = c\mu(u/\check{L}) \tag{7-17}$$

依斷層幾何形狀而定，$\check{L}$可能是斷層長度 L、斷層寬度 W、或斷層面積 S。由於靠近斷層的應力與長度並非均勻，故通常滑動與應力降是空間的複雜函數，在應用上為求簡化可使用某一定面積（例如整個斷層面）的平均應力降，而局部面積的應力降則可能極大於以上平均值。靜態應力降的估計可應用下列方法（Kanamori, 1994, p.218）：

(1) 從斷層偏移量 D 及標尺長度 $\check{L}$ 計算

D 與$\check{L}$可由大地測量數據估計。Tsuboi（1933）使用此法於 1927 年的日本 Tango 地震，他斷定地震的應變數量級是 10^{-14}，若轉換為應力降則是 30bars（假設剛度 $\mu = 3 \times 10^{11}$ dyne/cm^2），Chinnery（1964）用相同的方法估計地震應力降，其值約為 10～100 bars。

(2) 從 D 與斷層面積 S 計算

D 由地表破裂估計，S 由餘震面積估計。當大地測量數據不可能得到時使用此法，然而不幸的是，地表破裂未必能代表相應深度處的滑動，同時有些地震未曾產生地表破裂，例如 1989 年加州的洛馬普列塔地震。雖然許多地震其餘震並沒有發生在有大滑動的地區，而是發生在其周圍地區，但整個餘震分佈似乎吻合破裂帶範圍，因此通常整個餘震範圍可被當作為破裂帶範圍。然而因餘震面積的擴展通常是時間的函數，因此關於餘震及餘震面積的鑑識總是存在著一些模糊空間。

(3) 從震矩 M_o 與斷層面積 S 計算

S 可由餘震面積、地表破裂、或是大地測量數據估計。此法在大地震場合是最常用的方法，震矩 M_o 可從全世界大部份大地震之長期表面波及體波得到可靠決定，而數據則是來自遍布全球的地震監測站之大地震數據。當地震幾何形狀固定時，由 $M_o = \mu DS$ 知，震矩是一純量，M_o 可由 D 與 S 決定。若定義$\check{L} = S^{1/2}$，則平均應變改變是 $\varepsilon = c_1 D/S^{1/2}$（$c_1$ 是由斷層幾何形狀決定的常數，通常可設為 1），因此應力降是

$$\Delta\sigma = \mu\varepsilon = c_1\mu D/S^{1/2} \quad (7\text{-}18)$$

(4) 從 Mo 及計算

$\check{L}$ 可由震源脈衝寬度（τ）或是震源光譜的特徵頻率（f_o）（常稱爲 cornerfrequency）估計。此法常用於較小（M < 5）的地震，這種情況震矩可由體波決定。小地震場合其地震面積常未知，因此通常假設它爲半徑 r 的簡單圓形斷層模型。如震源單純則脈衝寬度約等於 r/V_r，因 $V_r \approx 0.7\beta$，故 $\tau = c_2r/\beta$（c_2 通常可設爲常數 1，見 Geller 1976；Cohn et al., 1982）。另一種決定震源尺寸之法是使用震波頻譜，S 波頻譜的 f_o 與 r 有關聯，理論上如震源單純，則脈衝寬度 τ 可以轉化爲 f_o，但若震源複雜，則 f_o 無法直接由轉換得到。由於此法有許多假設（如假設圓形斷層），且由個別地震決定的值有許多不確定性，故通常從許多小地震的值先求得平均值，會較有意義。

(5) 從斷層面上的滑動分佈計算

滑動分佈可由高解析度地震數據估計。此法從觀念看是最直接的，但除非能得到高品質數據，否則難以應用它。斷層面的滑動函數可以直接決定，它可被用來估計平均應力降與局部應力降。

(6) 從以上方法的結合計算

許多應力降的決定是綜合以上方法的結果，圖 7-7(a) 顯示大型與巨大地震的 M_o 與 S 之關係，通常 log S 正比於 $\left(\frac{2}{3}\right)$ log M_o，由於 $M_o = \mu SD = c\Delta\sigma S^{3/2}$，此圖指出 $\Delta\sigma$ 在大範圍 M_o 內是一個定值，圖中直線代表圓形斷層模型的 $\Delta\sigma$ 趨勢（$\Delta\sigma$ = 1,10, 及 100bars），$\Delta\sigma$ 依斷層幾何形狀及其他因素而定。對於大型與巨大地震 $\Delta\sigma$ 的變化範圍約從 10 到 100bars。對於較小地震必須使用較高頻率波以決定震源尺寸，但高頻率波的較強衰減及發散將增加震源尺寸決定的困難。由於此困難故圖 7-7(a) 的 $\Delta\sigma$ 趨勢線

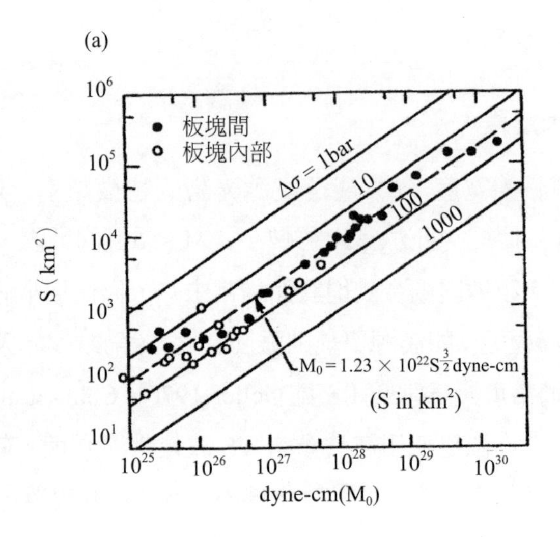

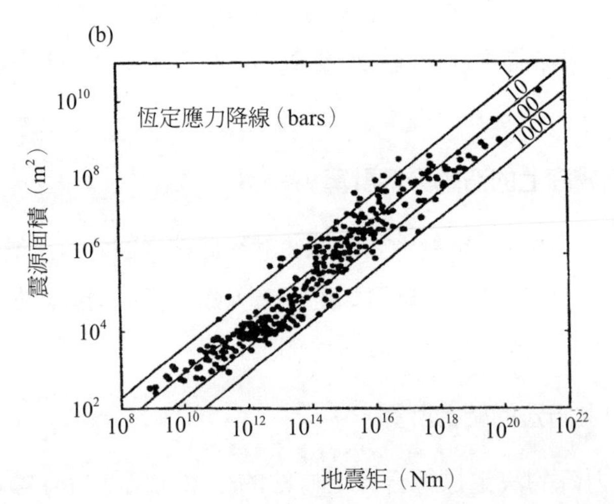

圖 7-7 (a) 大型地震的斷層面積(S)與震矩(M_o)之關係(Kanamori and Anderson, 1975)

(b) 小型及大型地震的震矩(M_o)與震源面積之關係(Abercrombie and Leary, 1993)

(轉引自Kanamori, 1994, Fig. 6, p.217)

是否能適用於非常小型的地震，是一項值得思考的問題。AbercrombieanddLeary（1993）據靠近加州卡洪山口（CajonPass）的深井（深度 2.5 公里）之觀察結果，提議 $\Delta\sigma$ 趨勢線可用於至少 r = 10 米的小型地震（圖 7-7(b)）。

以上這些結果意味著：$\Delta\sigma$ 在 100 米或更長的距離之平均值約在 1 至 1,000 bars，而對應的 M_o 範圍約在 10^{16} 至 10^{30} dyne-cm。

3. 動態應力降

動態應力降 σ_d 是驅動斷層產生運動的應力，它支配斷層運動的粒子速度（$\dot{U}$），因此 $\dot{U}$ 是一個提供估計 $\Delta\sigma_d$〔利用式（7-13b）或式（7-16a）〕的重要震源參數。由強動儀器記錄到的最大地面運動速度，提供了對斷層運動粒子速度的粗略估計。由於觀察到的波形是局部錯位函數與斷層破裂函數的迴旋值（convolution）（註：迴旋值的計算見高等工程數學的迴旋值定理，例如可參考 Kreyszig（1983），p.222），故斷層運動的粒子速度不容易直接決定。Kanamori（1972）據一個非常簡單的模型估計得 1943 年日本鳥取（Tottori）地震的斷層運動粒子速度，其值約爲 42 cm/sec，用相似的方法決定其他數個日本地震的結果分別爲：1948 年，福井（Fukui）地震的 $\dot{U}$ 是 1 m/sec（Kanamori, 1973）；1931 年，埼玉（Saitama）地震的 $\dot{U}$ 是 50 cm/sec；1963 年，若狹灣（Wakasa Bay）地震的 $\dot{U}$ 是 30 cm/sec（Abe, 1974b）；1968 年埼玉地震的 $\dot{U}$ 是 92 cm/sec（Abe 1975），這些結果指出 $\Delta\sigma_d$ 的範圍約自 40 到 200bars〔使用式（7-13b）〕及 20 至 100 bars〔使用式（7-16a）〕。

總結來說，$\Delta\sigma_d$ 的變化範圍約自 20 到 200bars，它約略與 $\Delta\sigma$ 相同（即 $\Delta\sigma_d \approx \Delta\sigma$）（Kanamori, 1994, p.220）。但 $\Delta\sigma_d$ 的變化也有可能更低，2008 年 6 月 8 日，希臘東地中海地區，強震襲擊沿著 Morvi 山麓的 Paloponnese 西北部，這是 300 年來第一個發生在希臘大陸地區的走滑（strike-slip）型強震，走向 NE-SW 的斷層產生具有微少逆斷層分量的右旋運動，

震矩（M_o）範圍約 3.10×10^{25} dyn.cm～16.50×10^{25} dyn.com（$M_w = 6.4$），平均滑動（根據計算）76 厘米及應力降（$\Delta\sigma$）約 13 bars。對於希臘的走滑地震，此應力降算是高的了，這主要是因斷層強震有相對較長的復發（recurrence）期（$T > 300$ 年），因而引起斷層增加其剛性。$\Delta\sigma$ 與 T 的資訊指出：該斷層既非強斷層也非弱斷層，同震運動形成的垂直位移約爲 3.0～6.0 厘米（Papadoppoulos, 2010）。但由強動數據的彙編資料（Heaton et al., 1986, Fig.20）卻指出：觀察到的粒子地面運動速度之上限約爲 1 m/sec，若考慮測量的不確定性，$\dot{U}$ 的上限可設爲 2 m/sec（Kanamori 1994, p.219）。

4. 能量釋放

地震的能量釋放是由受動態應力驅動的斷層運動所引起，最簡單考慮此問題的方法是，從彈性介質的單一裂紋著手，當裂紋擴展時應力降從 σ_o 到 σ_1，當滑動時，則摩擦應力抑制裂紋運動，此時總能量改變：

$$W = \frac{1}{2} S(\sigma_o + \sigma_1)\overline{D} = S\overline{\sigma}\,\overline{D} \qquad (7\text{-}19)$$

S 是裂紋表面積，$\overline{\sigma}$ 是平均應力，$\overline{D}$ 是整個裂紋表面的平均位移。由於摩擦應力（σ_f）抑制滑動，能量 $H = \sigma_f S\overline{D}$ 將以熱形式散失，如不計裂紋尖端所產生的新表面能量（即表面能），則可假設總能量與熱能的差值（E_s）將被彈性波輻射出去，因此

$$E_s = W - H \qquad (7\text{-}20)$$

若 $V_r/\beta = 0.7\text{-}0.8$，則表面能 $\approx \frac{1}{4} E_s$（Husseini, 1977），故輻射能 $\approx \frac{3}{4} E_s$。以上輻射能佔總能量與熱能差值的比率，也依斷層長寬比而定。在極端情況，輻射能可能僅是 E_s 的 10%。式（7-19）與（7-20）的關係可由圖 7-8 說明，垂直軸是斷層面（裂紋表面）上的應力，水平軸是以 S 量度的位移，總能量釋放（W）是梯形 OABC 面積：

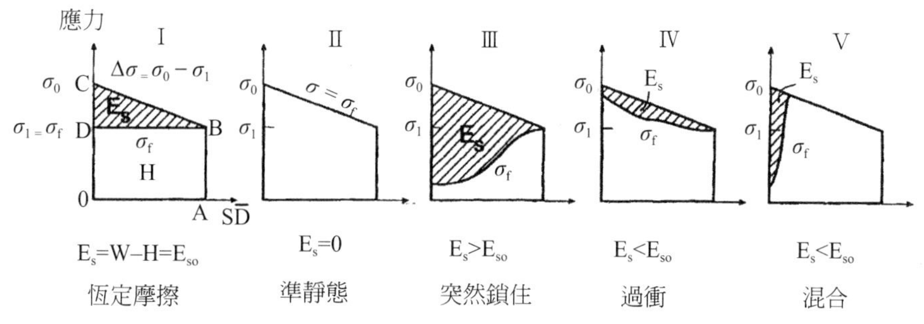

圖 7-8　示意圖表示應力釋放模型的能源預算：

案例 I：恆定摩擦（Constant friction）模型

案例 II：準靜態（Quasi-state）模型

案例 III：突然鎖定（Abrupt-locking）模型

案例 IV：過衝（Overshoot）模型

案例 V：混合（Hybrid）模型

（Kanamori, 1994, Fig. 8, p.222）

(1) 案例 I（最簡單情況）：假設 σ_f = 常數及 $\sigma_1 = \sigma_f$（地震後斷層剪切應力等於地震中動態摩擦應力 σ_f），熱損失 $H = \sigma_f S\ \overline{D}$（由長方形面積 OABD 表示），$E_s$ 由三角形面積 DBC 表示，因此

$$
\begin{aligned}
E_s = W - H &= \frac{1}{2} S\overline{D}[(\sigma_o + \sigma_1) - 2\sigma_f] \\
&= \frac{1}{2} S\overline{D}[(\sigma_o - \sigma_1) - 2(\sigma_f - \sigma_1)]
\end{aligned}
\tag{7-21}
$$

如假設 $\sigma_1 = \sigma_f$，則因 $M_o = \mu S\overline{D}$，故

$$
E_s = \frac{1}{2} S\overline{D}(\sigma_o - \sigma_1) = \frac{\Delta\sigma}{2\mu} M_o \tag{7-22}
$$

M_o 與 $\Delta\sigma$ 可由地震方法獨立估計，故輻射能可由式（7-22）估算，但由於 $\sigma_1 = \sigma_f$ 的假設缺乏直接證實，故利用此法估算得到的 E_s 只是概略值。

(2) 案例 II 的摩擦應力可以調整，故它總是等於斷層面應力，本例的摩擦應力由直線 CB 表示，沒有能量輻射（$E_s = 0$），全部消耗的應變能是

用於產生熱及新裂紋表面。

(3) 案例 III 包含一忽然下降的摩擦，它可能發生在滑動剛開始時，此案例顯示一個較大的應力被提供，以驅動斷層運動，它比案例 I 輻射出更多地震能。

(4) 按例 IV 是介於按例 I 與 II 間的中間案例，其輻射能少於案例 I，但表面能居於重要地位，斷層運動時的動態應力降（$\sigma - \sigma_f$）雖少於靜態應力降（$\Delta\sigma = \sigma_o - \sigma_1$），然而短時間內動態應力可能達到非常大，然後迅速下降到低水平，以致 Es 小於案例 I，這種情形也可能發生在案例 V。大 $\Delta\sigma_d$ 發生於裂紋啓動之際，但它也可能發生在斷層運動的任何時刻。

以上這些模型有助於了解複雜斷層活動的基本行爲，但眞正的斷層帶可能有非常不同於圖 7-8 的行爲，它可能介於不同的構造領域（如俯衝帶、轉化斷層（transform fault）、與板塊內部的斷層等）之間，或可能位在相同領域但不同特性的斷層之間（如慢滑動率與快滑動率斷層之間），因此眞實斷層可能涉及多於一種的機制。由式（7-22）$\Delta\sigma = 2\mu E_s/M_o$，如 σ_f = 常數及 $\sigma_1 = \sigma_f$（案例 I），則 $\Delta\sigma_d = \Delta\sigma$。

對於案例 III、IV、及 V：

$$2\mu E_s/M_o = \Delta\sigma_d = \eta_s \Delta\sigma \quad (7\text{-}23)$$

當 $\eta_s > 1$ →式（7-23）適用於案例 III；

當 $\eta_s < 1$ →式（7-23）適用於案例 IV 及 V。

傳統上，E_s 可透過 Gutenberg-Richter 的平均經驗關係式（Guterberg and Richter, 1956），由地震規模 M 估算：

$$\log E_s = 1.5M_s + 11.8 \quad (7\text{-}24)$$

E_s 單位是 ergs，M_s 是表面波大小，式（7-24）求得的 E_s 是平均值，並非準確估計值。圖 7-9 顯示，南加州地震的 E_s 與 M_o 關係，其中動態應力降是由式（7-23）計算得到（$\mu = 3\times10^{11}$dynes/cm^2），出現在圖中的地震如下：

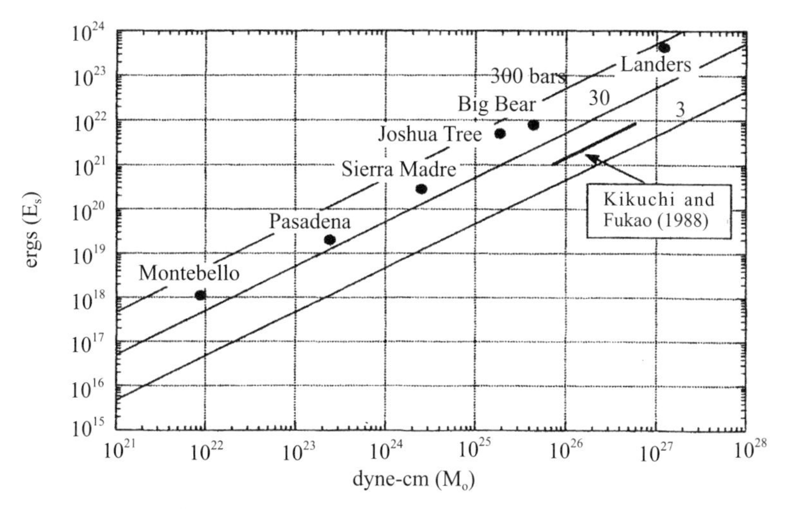

圖 7-9　震矩 M_o 與輻射能 E_s 的關係，粗實線代表由 Kikuchi and Fukao（1988）決定的大地震之 E_s/M_o 比率範圍（Kanamori, 1994, Fig. 9, p.225）

- 1989 年，蒙特貝羅（Montebello）地震（M = 4.6）
- 1988 年，帕薩迪納（Pasadena）地震（M = 4.9）
- 1991 年，馬德雷（Sierra Madre）地震（M = 5.8）
- 1992 年，約書亞樹（Joshua Tree）地震（M = 6.1）
- 1992 年，大熊（Big Bear）地震（M = 6.4）
- 1992 年，蘭德斯（Landers）地震（M = 7.3）

以上地震的應力降範圍約自 50 至 300 bars，這明顯高於由 Kikuchi and Fukao（1988）自 E_s/M_o 比率估計得到的許多大地震之值。

5. 應力降與滑動率的關係

斷層滑動率的變化從每年 1 毫米到每年數厘米，慢滑動率的斷層通常有長的復發時間（如 1927 年，日本 Tango 地震，M = 7.6，復發時間 > 2000 年），而快滑動率的斷層，則通常有短的復發時間（如 1966 年加州帕克菲爾德地震，M = 6，滑動率 = 3.5 厘米 / 年，復發時間 22 年）。具有長復發時間的斷層比短復發時間的斷層之地震，其每單位斷層長度輻射出更多能量。圖 7-10 顯示，由 Kanamori and Allen（1986）獲得的結果，即使 Tango 地震與帕克菲爾德地震有相同的斷層長度，但前者地震規模比後者大 1.6 倍。又如 1992 年的加州蘭德斯地震，儘管其規模較大，但因其斷層長度僅爲 70 公里，故蘭德斯地震的復發時間相信是非常長。

前文顯示，每單位斷層長度的較大量能量釋出意味著較大的動態應力降，故這也同時意味著當斷層滑動率減少時動態應力降增加，由此推測有較長復發時間的地震，也會有較大的動態應力降。以上說法的含意是斷層強度隨時間增加，而這過程中斷層兩側則逐漸鎖住（Kanamori, 1994, pp.226-227）。

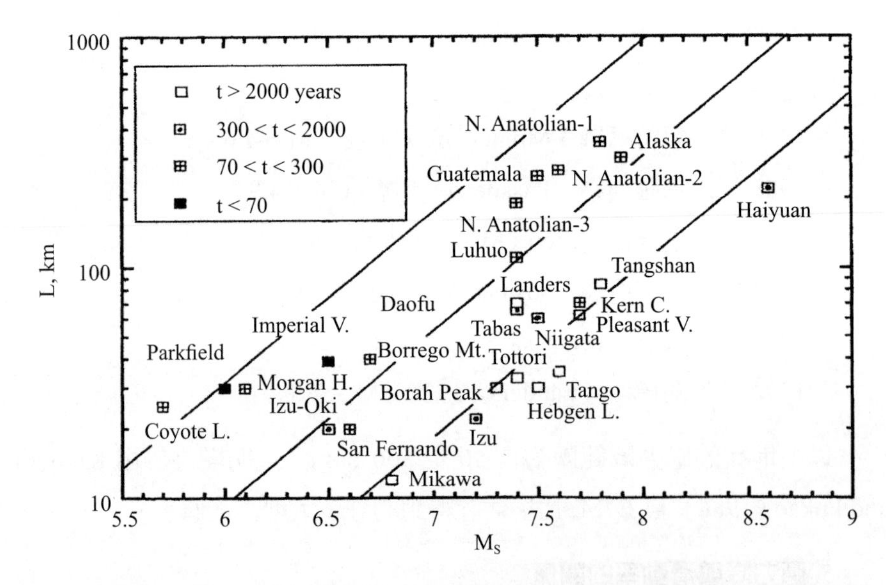

圖 7-10　斷層長度 L 與表面波大小 M_s 的關係，有長復發時間的地震。其斷層長度短於那些有相同 M_s 但具短復發時間的地震之斷層。由於釋出的能量 E_s 正比於 $10^{1.5}$Ms，以上關係意味著有長復發時間的地震，比那些短復發時間地震其每單位斷層長度輻射出更多能量（Kanamori, 1994, Fig. 10, p.226）

總結本節（§7-3）關於地震力學的敘述，可概括爲以下三項結論（Kanamori, 1994, pp. 231-233）：

(1) **斷層強度**

斷層運動的粒子速度似乎界定在約 1～2 m/sec，它約相當於 $\Delta\sigma_d$ 的上限（約 100～200bars）〔據式（7-16a）〕，由 E_s/M_o 比率（圖 7-9）決定的 $\Delta\sigma_d$ 值支持以上推論。再從 $\Delta\sigma_d \approx \Delta\sigma$ 的觀察看，斷層強度（σ_o）不能太高於 400 bars，由此推論地殼強度變化頗爲顯著，因此雖然活動斷層帶（如 SA 斷層）的強度低，但高應力必定廣佈於它之外的其他地殼，而地震即發生在地殼較脆弱之處。一些具有低滑動率的斷層地震往往有高應力降，由於滑動率低，因此即使高應力降，但這些地震並不會產生明顯的熱流異常，而熱流異常的缺乏，則意味著當斷層運動時有低的動態摩擦。

(2) **靜態應力降對動態應力降**

由斷層運動的粒子速度估計到的 $\Delta\sigma_d$ 值，其平均值與 $\Delta\sigma$ 約有相同數量級，然而 E_s/M_o 比率的現有數據意味著：對於具有 $\Delta\sigma_d \approx \Delta\sigma$ 的一簡單模型，輻射能 E_s 似乎明顯地小於預期，這似乎與由滑動及滑動 — 速度數據得到的結果不相符。由於估計以上任一參數皆存在有大的不確定性，故輻射能的差異沒有意義，然而如果差異大且又要解釋此差異，方法之一可從 $\Delta\sigma_d$ 對時間的大幅度依賴著手。$\Delta\sigma_d$ 僅在斷層產生運動的片刻有非常大值，此後即迅速減少，此行爲可由圖 7-8（III）顯示。Iio（1992）發現，在大斷層運動之前的初始慢速滑動的證據，Wald et al.（1991）發現 1989 年洛馬普列塔地震，在其主要破裂發生之前約有 2 秒的慢速破裂之證據，這些慢速先兆活動可能是當斷層運動之際，動態摩擦依賴時間之特性的體現。

(3) **斷層面上的應力狀態**

由破裂模式的複雜性推斷得到沿著斷層面的機械性質異質性（heterogeneity），可能是斷層地震最重要的元素之一。由於不同的斷層節段可能有很大不同的強度與磨擦特性，故不同節段必須考慮不同的破壞機制。當破裂在一長度發生，不同節段以複雜的方式彼此互動，因此引起複雜的地震輻射。斷層機械性質可能受許多因素所支配，它們是斷層帶岩性、溫度、孔隙壓、斷層幾何形狀、相對於構造應力的斷層方位、及滑動速率等。破裂啓動、傳播、及停止等皆受各節段的機械性質所支配。每一地震週期的整體破裂模式，依不同斷層節段如何彼此互動而定，由於目前得到的有關斷層滑動及粒子速度分佈之數據，其品質較以前得到者為佳，故它們對了解不同的地震機制可能提供重要線索。

7-4　地震互動

從 1811 至 1812 年，新馬德里地震帶及南加州 SA 斷層的斷層互動兩例子（見 §6-6）來看，許多地震的發生並非是一獨立事件，就像從較長的時間尺度來看斷層一樣，地震透過其應力場，它們彼此間也產生互動。Nalbant et al.（1998）研究自 1912 年以來，發生在土耳其西北部及愛琴海（Aegean Sea）北部地區 29 場地震（Ms ≧ 6.0）後得到的結論顯示：其中 23 場可能與更早期的地震有關，及 16 場明顯地與更早期地震有關。

美國地質調查所（USGS）專家為了研究地震的互相作用（interaction），他們比較全球最長的兩條斷層之一，土耳其的北安納托利亞斷層（NAF）與加州的聖安德列斯斷層（SAF），企圖從中挑選適合研究的對象。這兩條斷層有頗大的相似性，它們都是大陸性轉化型斷層，有相似的滑動率與總長度，但在上世紀 SAF 僅產生兩次 M ≧ 6.7 的地震（即 1906 年與 1989 年地震），但 NAF 則產生 10 次各種規模的地震，因此就地震互動的研究而言，NAF 提供較優越的自然實驗環境。

NAF 的地震互動研究結果顯示：當一大型地震發生時，它改變其鄰近斷層的破壞條件，自然也改變未來地震發生的概率。除此，在觸發地震之後的第一個 10 年期間，庫侖應力變化的暫態效應居於主導地位。將以上研究結論應用到南加州後，可解開一些應力觸發的迷思：對於 1932 年之後發生的中小型地震庫侖應力改變的影響，僅在 5 年內可以辨識（Harris et al. 1995），但在相同地區 1857 年 M = 7.8 大地震，對庫侖應力改變的影響卻可持續長達 50 年（Harris and Simpson, 1996）。大型地震與小型地震一樣，暫態效應將在 5～10 年內衰退，但僅有大型地震能大大地擾亂永久概率，因此其影響能在暫態效應消退之後繼續存在一段長時間（Stein et al., 1997）。

1. 地震互動可能增強地震活動

地震彼此間的互動，可能引起同震應力增加的地區及地震靜止的應力陰影（stress shadow）（見後文說明）地區增強其地震活動，爲了闡釋此種現象不同的破壞標準在過去曾被用來說明岩石破壞條件，其中最被廣泛應用的是庫侖破壞標準，它要求在破壞發端之際，斷層面上的剪切應力與正向應力之適合條件，相似於摩擦力在先前存在的斷層面上之條件。據庫侖標準，當庫侖應力 σ_f〔即式（6-4）的 τ〕超過某一特定値時破壞發生，此時

$$\sigma_f = \tau_s - \mu(\sigma_n - P) \qquad (7\text{-}25)$$

且當以下條件成立時，最大庫侖應力 σ_f^{max} 發生：

$$\tan^{-1} 2\beta = \frac{1}{\mu} \qquad (7\text{-}26)$$

β 是破壞面方位角，它是破壞面的垂直線與最大主應力（σ_1）的夾角〔見式（6-18）〕。τ_s 是破壞面上的剪切應力，σ_n 是正向應力，P 是孔隙流壓，μ 是摩擦係數。τ_s 必須總是正値，但依潛在滑動方向是右旋或左旋，τ_s 可被賦予正號或負號。

假設地震適合簡單的庫侖摩擦模型，則庫侖破壞函數的靜態應力變化（ΔCFS）將決定潛在滑動性的增強或減弱：

$$\Delta CFS = \Delta\tau_s - \mu(\Delta\sigma_n - \Delta P)$$
$$\approx \Delta\tau_s - \dot{\mu}\,(\Delta\sigma_n) \quad (7\text{-}27)$$

其中 $\Delta\tau_s$ 是斷層潛在滑動面的剪切應力變化（順著斷層滑動方向假設 $\Delta\tau_s$ 為正值），$\Delta\sigma_n$ 及 ΔP 是斷層正向應力與孔隙壓力變化（在壓縮方向假設 $\Delta\sigma_n$ 為正值），μ 是摩擦係數，$\dot{\mu}$是表觀磨擦（apparent friction），或稱有效磨擦係數，

$$\dot{\mu} = \mu(1 - B) \quad (7\text{-}28)$$

B 是 skempton 係數（$0 \leqq B \leqq 1$），由於我們通常無法知道 B 的適當值，故無法知道$\dot{\mu}$與 μ 的關係。通常隨著時間孔隙流體擴散將會使 P 回到零，故$\dot{\mu}$將提升至 μ。若斷層有相對較少的累計滑移量（即斷層面可能較粗糙），$\dot{\mu}$常介在 0.4～0.8 之間。若斷層有較大的累計滑移量或較高的孔隙壓（即斷層面可能較光滑或充分潤滑），則可設$\dot{\mu}$ = 0.0～0.4（Parsons et al., 1999），例如台灣車籠埔斷層在過去 1900 年內，其平均滑動率為每年 8.5 毫米（Chen et al., 2004；Ma and Chiao, 2003），由此推測該斷層摩擦性可能較低，故$\dot{\mu}$可設為 0.4（Ma et al., 2005, B05S19）。

2. 關於 CFS 的兩點歸納

據以上敘述可得以下關於 CFS 的兩點歸納：

・若 $\Delta CFS > 0$ →滑動潛力增強；

・若 $\Delta CFS < 0$ →滑動潛力受抑制。

在同震應力改變的情況，$\Delta\sigma_n$ 及 ΔP 並非獨立量，任何飽和多孔介質內正向應力（或岩石圍壓）的突然改變，將導致相應的孔隙流壓之改變，它們之間可用以下的簡單關係式表示：

$$\Delta P = B\Delta\sigma_{kk}/3 \quad (7\text{-}29)$$

B 是 skempton 係數，它依賴孔隙空間幾何相對於應力場的關係而定，例如若孔隙是一裂紋且如壓應力垂直於該裂紋，則 B = 1；如壓應力平行於該裂紋，則 B = 0。如以正向應力的變化（$\Delta\sigma_n$）及未排水（瞬間）波桑比（v_u）表示，則

$$\Delta P = \frac{B}{3}\ [(1 + v_u)/(1 - 2v_u)]\Delta\sigma_n \qquad (7\text{-}30)$$

若 $v_u = \frac{1}{3}$，則 $\Delta P/\Delta\sigma_n = \frac{4}{3}$ B。

ΔCFS 的計算依賴地震的幾何及滑動分佈、區域應力的假設大小與方位、及 $\dot{\mu}$ 的假設值。在任何情況下，ΔCFS 的不確定性總是受滑動分佈的不確定性所支配。區域應力大小對地震應力降比率，僅在靠近斷層時才顯出其重要性，離斷層越遠其重要性越少。1975 年的 M5.2 高威湖（Galway Lake）、 1979 年的 M5.2 霍姆斯特德谷（Homestead Valley）、 1986 年的 M6.0 北棕櫚泉（North Palm Springs）、及 1992 年的 M6.1 約書亞樹（Joshua Tree）等地震，持續地在 1992 年蘭德斯震央地點增加約 1 bar 的庫侖應力，它們也同時在沿著未來蘭德斯地震的 70% 破裂面增強 0.7～1.0 bars 庫侖應力（Scholz, 2002, pp.235-236）。

3. 同震應力的改變將影響蠕變活動

同震應力的改變，早已證實它將加速或減速蠕變斷層的滑動率。1968 年，M6.8 霸銳山（Borrego Mountain）地震觸發離它有一段距離的迷信山（Superstition Hills）、帝王（Imperial）、及 SA 等斷層的無震滑動。蘭德斯、約書亞樹、及大熊等地震，它們每一個皆觸發其西南方斷層在正值 ΔCFS（即應力陰影）區域的蠕變活動。洛馬普列塔地震的應力陰影，則導致海沃德斷層蠕變的停止活動，直至後來構造負載消除了陰影區爲止始再恢復其蠕變。

以上所謂「應力陰影」，其定義是若一條斷層完全處在另一條斷層的

應力下降影響範圍，則它將變成不活躍的狀態及沒有新斷層能在該處形成晶核。若基於一較長的時間尺度，則結合各次地震的 ΔCFS 及構造負載模型，且將其應用到像 SA 及北安納托利亞斷層等活動板塊邊界，可能會發現大部份的中等至大地震將連續發生在正值 ΔCFS 的區域（Deng and Sykes, 1997; Nalbant et al. 1998）。

同樣道理，由大地震產生的應力陰影可能促使周圍地區的其他地震靜止，這將持續到陰影被構造負載克服爲止（Jaum and Sykes, 1996; Harris and Simpson, 1996）。似乎低至 0.1 bar 的靜態應力改變，即能觸發地震活動（Reasenberg and Simpson, 1992; King, et al., 1994），這只是地震應力降的一小部份值。如果此事要成眞，則除非這非常低的觸發水平所來自的破裂點，須非常靠近被觸發的地點不可，同樣的道理也可以引申到水庫觸發地震的觀察。一項有趣的問題是：觸發應力是否有一最低門檻？答案迄今是沒有（Ziv and Rubin, 2000）。

4. 因應力轉移而觸發不同地點的地震

因應力轉移而觸發不同地點的地震之例，也見於 1988 年 6 月 27 日 M = 5.3（用 LE1 表示），以及 1989 年 8 月 8 日 M = 5.4（用 LE2 表示）的兩場愛爾斯曼湖（Lake Elsman）地震。大部份 LE1 的餘震群集在主震的西北方，而落在後來 LE2 的場址（圖 7-11(a)）。與 LE2 相比，LE1 的餘震比較稀疏，且其衰減率也較小，這種情形與加州的餘震統計相符。LE1 最大的餘震規模 M_L = 2.9，而 LE2 的餘震衰減率雖是正常（圖 7-11(b)），但其大餘震規模對小餘震規模的比率，則是不尋常的高，其中包括主震 30 分鐘之後的 M_L = 4.3，7.7 小時之後的 M_L = 4.5，及 34 天之後的 M_L = 3.4（圖 7-11(c)）。White and Ellsworth（1993）鑑別出：M_L = 0.8 及 M_L = 1.2 的餘震，其發生僅是在洛馬普列塔主震之前的 3.25 小時（圖 7-11c），以上兩小餘震皆位在 LE2 餘震帶的西北端。

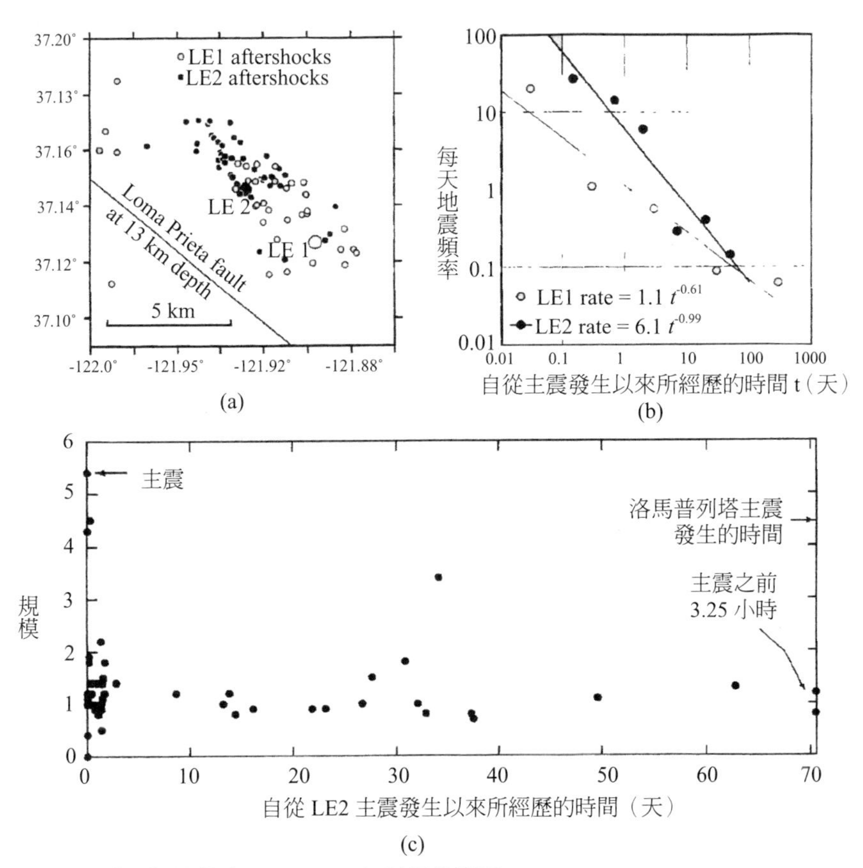

圖 7-11　愛爾斯曼湖（Lake Elsman）地震的餘震：

(a) LE1（6/27/1988 至 8/8/1989）及 LE2（8/8/1989 至 10/17/1989）

(b) 餘震衰減速率。

(c) 地震規模是自 LE2 主震發生後所經歷時間的函數

（Perfettini et al., September 1999, Fig. 1, p.20173）

Perfettini et al.（1999）的研究結果顯示：LE2 因 LE1 之故，其應力水平被帶到接近庫侖破壞，但愛爾斯曼湖的兩場地震雖然將應力轉移至洛馬普列塔斷層的破裂面及震源，但它們並沒有導致未來洛馬普列塔的震源帶產生破壞。相反地，它們在後來洛馬普列塔地震發生最大滑動的場址處，降低該地震破裂面的正向應力（或鬆弛（unclamped））約達0.5～1.0bar（即

0.05～0.10MPa）。最大鬆弛及滑動結合一起後意味著：愛爾斯曼湖地震的確影響洛馬普列塔地震斷層的破裂過程，更可能的是，它們影響後者的滑動分佈。鬆弛斷層（詳細定義見後文）將局部降低滑動阻力，如果因正向應力的降低，而使得流體擴散入斷層的鬆弛部份，則影響破裂的過程將被加強。以上的結論意味著：前震可能影響主震滑動分佈，而非影響主震成核的場址。

最近 Ishibe et al.（2011）從日本 8 場具有走向滑動機制的大型歷史地震（自從 1923 年開始且其規模大於 6.5）中，針對庫侖破壞函數的靜態應力變化（ΔCFS），將目前的地震活動與過去 8 場地震做相關性比對，結果顯示：最近的震央分佈與過去 4 場地震的正 ΔCFS 地區有良好相關，這 4 場地震是 1927 年 Tango， 1943 年 Tottori， 1948 年 Fukui，以及 2000 年 Tottori-Ken Seibu 等。然而其他 4 場地震（如 1931 年 Nishi-Saitama， 1963 年 Wakasa Bay， 1969 年 Gifu-Ken-Chubu，以及 1984 年 Nagano-Ken-Seibu 等）則沒有觀察到明顯的相關。同時最近地震的 ΔCFS 機率分佈也明顯指出：最近的地震其發生集中在正 ΔCFS 地區，這意味著目前的地震活動可能受到過去許多大型歷史地震的影響。

5. 應力互動造成的地震群集

從以上敘述可知，由於應力轉移或相互作用，使得一些大地震在空間或時間分佈上形成群集（clustering），結果其復發是在數年或數十年之內，而非典型的數百年（或更長）的個別斷層復發速率。由於應力互動造成的地震群集有以下三個著名的地震序列：

(1) 沿著北安納托利亞斷層（土耳其）擴展的地震序列

北安納托利亞斷層是一條大活動走滑斷層，它介於歐亞板塊與安納托利亞板塊的交界邊界，它有著全球斷層密度最高的斷層帶，因而它提供地震群集與擴張破裂序列的理想案例研究。在 1939 至 1999 年的 60 年間，從斷層的東端到西端的地震顯示，這些地震從一個斷層節段跳躍到另一個節段。1912 年，一個額外的地震發生在馬爾馬拉（Marmara）斷層系統，但該次地震並不屬於序列的一部份。在 1999 年的 3 個月期間，北安納托利亞斷層曾發生兩場 M > 7 的毀滅性大地震，其一發生在 8 月 17 日，規模 M7.6，又名科賈埃利（Kocaeli）地震的伊茲米特地震。三個月後的 11 月 12 日，規模 M7.2 的迪茲傑（Düzce）地震在伊茲米特地震震央東方 110 公里（68 哩）處發生，這兩次地震導致近 19,000 人死亡及 48,000 人受傷，且因幾乎有一半全國基礎設施是位在此兩地震的周圍地區，故有二千萬人受到影響，這佔整個國家人口的三分之一，在伊茲米特地震之後，保險損失估計約爲 20 億美元（1999 年幣值）。

(2) 2004 年末至 2005 年初的 3 個月內，兩場 M > 8.5 地震襲擊印尼蘇門答臘（Sumatra），及隨後發生且持續至今的地震序列

2004 年 12 月 26 日，蘇門答臘及安答曼群島海岸外的印度洋發生 M9.3 地震，它帶來傳播橫越整個印度洋海盆的毀滅性海嘯，依照美國地質調查所的說法（USGS, 2008），如同時考慮該地震的直接與間接影響，則該場地震是自有地震記錄史以來排名第四的致命性地震，其他三場地震分別是 1556 年中國陝西省渭水流域的華縣地震、1976 年中國的唐山地震、及 1138 年敘利亞 Aleppo 地震。就在 M9.3 的印度洋地震發生後 3 個月，2005 年 3 月 28 日，發生自 2004 年以來的第二大地震（M8.7）-Nias 地震，它襲擊 2004 年破裂帶南方，導致多於 1000 人死亡，海嘯也再度產生，這一次它在遠方僅引起少量的損壞，自此之後，沿著蘇門答臘俯衝帶（又稱爲巽他海溝（Sunda Trench））又發生數場其他大型（M > 7）與致命地震。

蘇門答臘斷層是一條大型的陸地走滑斷層，它從北至南縱貫蘇門答臘島，由於斷層靠近主要人口中心，故發生在該斷層的較小地震（M < 7）也具有災難性的後果，2004 年，印度洋地震及海嘯造成的財產損失估計

爲 50 億美元（2004 年美元幣值）。2005 年 3 月，發生的群集地震，其震央位在 2004 年地震震央的南方約 200 公里（124 哩）處，它導致廣泛的停電及更多的損壞，特別是 Nias 島，它靠近 2005 年 3 月的地震震央，因此當 2005 年地震來襲時，島的西南部份產生比 2004 年地震更多的損壞。

(3) 1811-1812 年美國中部新馬德里地震序列，在兩個月期間內有 4 場 M > 7 地震發生

在 1811 年末至 1812 年初的兩個月期間，有 4 場 M > 7 地震發生在沿著阿肯色、田納西、肯塔基、密蘇里、伊利諾等州界的斷層系統。其中第一場地震發生在 1811 年 12 月 16 日，估計規模爲 7.2 至 8.1 級，最後一場地震發生在 1812 年 2 月 7 日，估計規模爲 7.5 至 8.0 級，這兩場地震被認爲曾造成兩條斷層帶破裂，它們分別是西北走向的三葉樹林（Cottonwood Grove）斷層及向西傾斜的捲軸腳（Reelfoot）逆衝斷層。第二場地震是序列中規模最小的，它發生在與第一場地震的同一天（即 1811 年 12 月 16 日），規模爲 7.0 級。第三場地震（規模 7.0 至 7.8 級）發生在 1812 年 1 月 23 日，它可能是新德里地震帶內發生在東北臂（Northeast Arm）的走滑破裂，也有可能是由新德里地震帶之外的地震所觸發。

雖然 1811 至 1812 年的地震序列改變密西西比河河道，並摧毀整個樹林，但因 19 世紀初該地區人口稀少，故死亡人數及基礎設施的損壞皆少，目前新德里地區的人口多，大城市包括孟菲斯（Memphis）、傑克遜（Jackson）、瓊斯伯勒（Jonesboro）、及開普吉拉多（Cape Girardeau）等，因此如地震序列發生在現在，其破壞性不言可喻。據風險管理解決方案公司（RMS, 2008）的分析研究指出，若是今天重複 1812 年 2 月 7 日的地震，將對周圍地區造成超過 1150 億美元的保險損失。

自從 1811 至 1812 年地震序列以來，新德里地區的斷層再無發生任何重大的地震，據古液化數據推估，該地區的地震返回期約爲 500 年，再據應力轉移理論模型的推估，三葉樹林斷層與捲軸腳逆衝斷層間有明顯的互動關係，因此它們最有可能導致 1811 至 1812 年群集地震序列的再次發生（Hall et al., 2006）。

7-5　時間延遲機制

以上的數個例子清楚地說明地震常因庫侖應力的轉移而觸發，但對於受觸發的地震之時間延遲（time delays）則未加以說明。實際上，依狀況的不同延遲的時間範圍可能自數十秒至數十年，這些時間延遲的相關機制與平常餘震的時間延遲可能沒有不同。由地震產生的暫態震波，即使其動態庫侖應力負載常數倍高於後來受觸發的地震之靜態應力，但它並不會觸發廣泛的地震活動。這種觀察意味著地震對於暫態負載可能比較不靈敏（Scholz, 2002, p.238），但這並不意味著地震不會被暫態震波所激發。例如暫態應力對蘭德斯地震（1992）的餘震之觸發即佔有重要地位，觸發餘震的暫態應力，其大小是百倍大於靜態應力的變化（Kilb et al., 2000）。

摩擦不穩定總是在成核過程中經過一些滑動之後發生，速率－狀態－摩擦律（見 §6-2）將可解釋它為何如此的原因，例如直接效應提到：斷層受到忽然強加上去的剪切力時將會強化，而如此的強化僅在有限滑動時才會弱化，這個隨後弱化所需的時間是由演化律所決定，同時它也依賴負載的大小與作用時間、地震周期中斷層的位置及摩擦係數等。Gomberg et al.（2001）比較蘭德斯與赫克特礦區地震的後續觸發地震後顯示：後續地震的不同空間模式是來自震波傳播方向的差異，震波在破裂傳輸方向的輻射將被放大（這是所謂的方向性效應），因此暫態觸發並不受限於靠近主震之處。例如內華達州小髑髏山（LittleS kull Mountain）的地震序列，已被證實是由遠在 280 公里之遙的蘭德斯地震所觸發（Anderson et al., 1994）。這種遠距離的靜態應力變化本是微不足道，且震波的最高暫態應力也僅是 2bars（Gomberg and Bodin, 1994），但如它已非常靠近地震週期的末期階段，則它仍可能觸發小髑髏山的地震序列。

除了以上 Gomberg et al.（2001）的比較之外，來自蘭德斯的表面波也被觀察到，它立即在許多遙遠的地點產生強烈增加的微震（Hill et al., 1993），所有這些地點皆有熱液或岩漿活動，但也存在有例外情況，如加州帕克菲爾德，它雖位在缺乏熱液的區域，但卻有高度的微震活動，且雖然其暫態應力與前者（指熱液或岩漿活動）相若，但卻未觸發任何地震（Spudich et al., 1995）。

1. 斷層夾緊與鬆弛效應

地震觸發有一些時間效應，它是由不同的震後鬆開（relaxation）效應導致的應力改變所引起，其中之一的多孔彈性鬆開效應引起庫侖應力轉移時的時間依賴性。當同震庫侖應力轉移時，快速強加上去的正向應力將導致相同符號與大小相仿的孔隙流壓改變，此種孔隙壓變化將因流體擴散而立即開始遞減，遞減速率由系統的局部擴散能力所決定，如此導致隨時間增加的斷層夾緊（clamping）效應而強化斷層，並導致隨時間增加的鬆弛（unclamping）效應而弱化斷層。換句話說，式（7-27）的 μ' 將隨時間而增加，因此在夾緊的情況下，觸發地震的可能性隨時間而減少，而鬆弛的情況則相反。

以上所謂夾緊，其意思是 $-\mu\Delta\sigma_n < 0$，即增加正向應力；而所謂鬆弛，其意思是 $-\mu\Delta\sigma_n > 0$，即降低正向應力。鬆弛與夾緊兩種效應可藉圖 7-12 關於蘭德斯地震的離斷層（off-fault）餘震來說明，在說明前先解釋幾個名詞。首先，所謂離斷層餘震，是指發生在地震主斷層附近的餘震，而同斷層（on-fault）餘震是指發生在地震主斷層面上的餘震。餘震是地震序列的構成要素之一，地震序列包括前震 — 主震 — 餘震序列、主震 — 餘震序列、及地震群（swarm）等。前震與餘震序列緊密地與一個較大的地震（主震）相關，而地震群則代表其地震序列與主震無關。偶然地兩個或更多主震可能在時間與空間上有緊密相關，這些地震稱爲雙重（doublets）

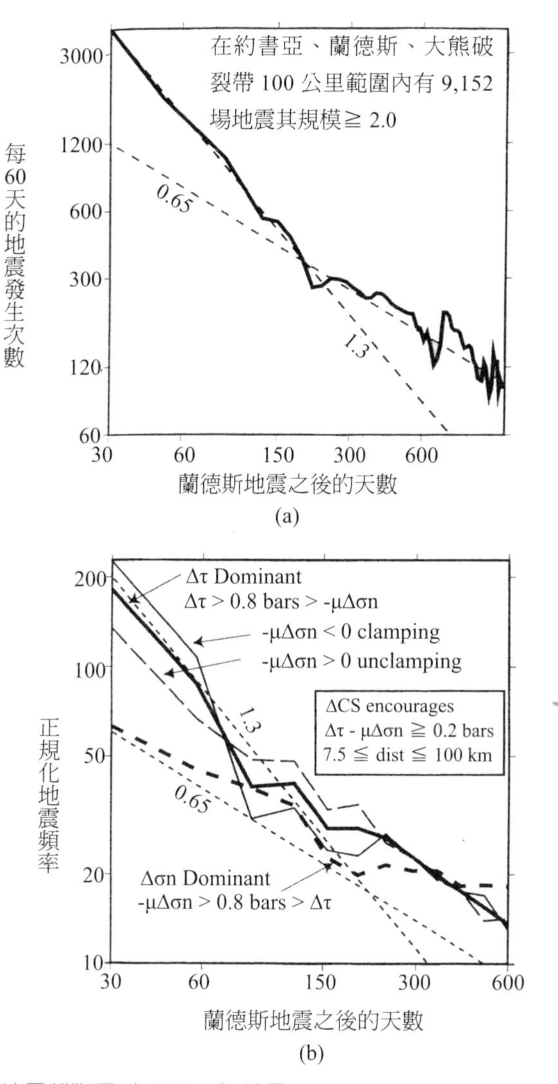

圖 7-12　蘭德斯地震離斷層（off-fault）餘震：

(a) 地震頻率（次數）隨時間的衰減

(b) 時間衰減依由剪切應力變化支配及由正向應力變化支配的性質之不同，而分隔為兩組，由剪切應力支配的一組，更細分為斷層夾緊與斷層鬆弛兩群（Seeber and Armbruster, 1998；轉引自 Scholz, 2002, Fig. 4.27, p.241）

或多重（multiplets）。若以上所有不同性質的地震混合在一齊，則稱為複合地震（compound earthquake）。序列中的餘震是最普遍存在的，它幾乎跟隨任何規模的淺層構造地震之後發生，餘震序列的衰減遵循大森律（Omori Law）（見式 3-2）。

圖 7-12(a) 顯示：短期間（< 200 天）內，地震頻率在整體時間內的衰減快於大森律，而長期間則慢於大森律。如果是 100% 速率 — 狀態 — 摩擦效應，則時間衰減應是依照大森律（Dieterich, 1992；Gombergetal., 2000）。短期間的快速衰減，是受那些 ΔCFS 的主要貢獻者是來自 $\Delta\tau$ 的地震所支配，而長期的慢速衰減，是受那些 ΔCFS 的主要貢獻者是來自 $\Delta\sigma_n$ 的地震所支配。慢速衰減的地震都涉及斷層鬆弛，而這種情況的觸發機率隨著時間而增加，故其衰減率都比大森律慢。即使在那些受 $\Delta\tau$ 支配的地震中，其斷層夾緊者皆較鬆弛者有更快的衰減率（圖 7-12(b)）（Scholz, 2002, p.240）。

2. 延遲機制的例子

圖 7-13 是一個說明以上延遲機制的例子，1987 年 11 月 23 日，一場 M_s = 6.2 地震，使一條毗鄰右旋迷信山（Superstition Hills）斷層的東北走向斷層產生左旋運動，12 小時之後，另一場 M_s = 6.6 的地震從以上兩斷層的鄰接處啓動，破裂傳輸到東南方的迷信山斷層，這個例子的應力互動幾乎全是鬆弛情況，正向應力約減少 30 bars，而相對比較下，剪切力改變可不計，且雖然正向應力對速率 — 狀態 — 摩擦略有影響，但延遲時間幾乎可確定是受多孔彈性效應所支配。1927 年的日本 Tango 地震與以上例子有非常多相似性，當時兩條互相毗鄰且幾乎成正交共軛的走滑斷層在一次單一地震中破裂，兩條斷層的破裂並沒有時間延遲（Kasahara, 1981）。

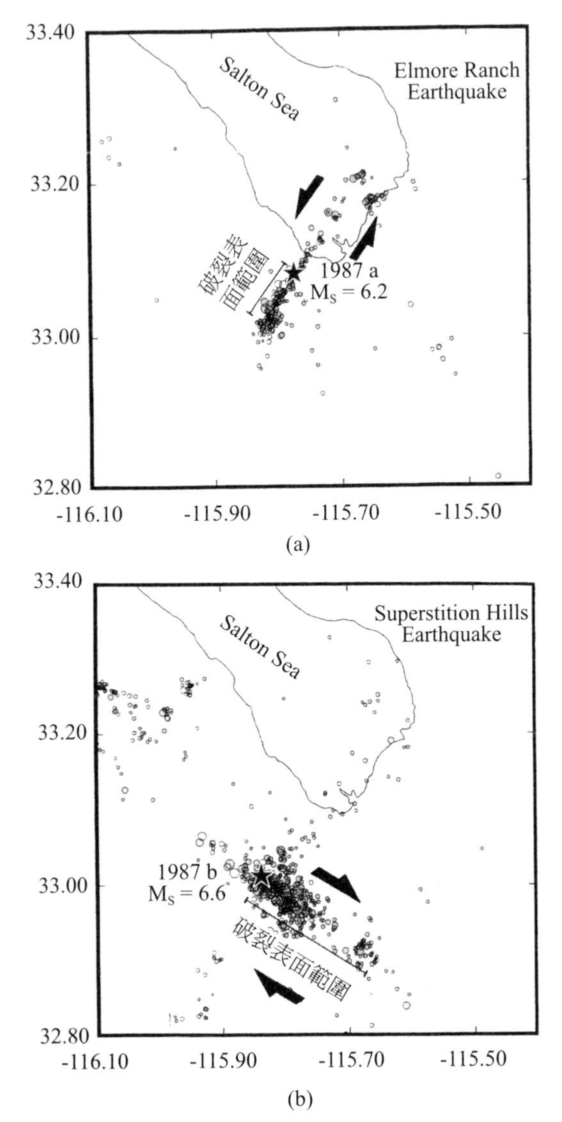

圖 7-13　1987 年 11 月，發生在靠近加州迷信山（Superstitution Hills）的複合地震序列：

(a) 左旋埃爾莫爾牧場（Elmore Ranch）斷層首先在一場 $M_s = 6.2$ 地震中破裂。

(b) 12 小時之後，右旋迷信山斷層在一場 $M_s = 6.6$ 地震中跟著破裂。第二次地震是在靠近毗鄰以上兩斷層之處啓動，星號代表震央（Hudnut et al., 1989；轉引自 Scholz, 2002, Fig. 4.28, p.242）

除了涉及岩漿活動外，遙遠觸發的機制可能與一般的餘震沒有差異。如果速率 ─ 狀態 ─ 摩擦是惟一可應用的機制，則以上這些斷層皆應遵循大森律，然而因尚有其他延遲機制（如多孔彈性效應），故斷層延遲行爲將偏離大森律。明顯偏離的現象在同斷層餘震並不常見，推測其原因是因此種情況下相對於 $\Delta\tau$，$\Delta\sigma_n$ 通常微不足道，以致在時間延遲上，多孔彈性效應與速率 ─ 狀態 ─ 摩擦效應相較變成微不足道。然而同斷層餘震與離斷層餘震之間尚有一個重要的區別：在震矩的釋出上，若將同斷層餘震與主震相較前者只是二級現象，但被觸發的離斷層餘震可能與觸發它的地震有相同規模或甚至於更大，其原因可能是，它們發生在新鮮且尚未破裂的斷層節段，而非發生在主震破裂帶內或靠近應力已被完全釋出的破裂帶（Scholz, 2002, p.243）。

7-6　地震遷移

圖6-44曾描述：破裂帶可能從老斷層延伸進新（年輕）斷層，該圖中，莫哈韋 ─ 蘭德斯地震線是一條新出現或年輕的斷層系統（也見 Nuretal., Oct. 1993），其存在由以下超越莫哈韋地區，而跨越較大的東加州剪切帶（統稱爲莫哈韋斷層系統，見圖 7-14）之觀察予以支持。每一莫哈韋斷層系統的地震震央，其位置是以震央至 SAF 的距離表示，如此將震央距離與地震發生時間所對應的點繪於圖上，它們包括 1947 至 1998 年的莫哈韋、1908 年死谷（Death Valley）、及 1872 年歐文斯谷（Owens Valley）等地震，震央分佈大略顯示從西北到東南的向南傳輸，及平均傳輸速率約爲每年 2.5 公里。這條互動傳輸線與 SAF 將在 2005 至 2010 年間相交，這意味著在該段相交期間 SAF 發生大地震的可能性。2004 年 9 月 28 日，加州帕克菲爾德東南方 11 公里處的聖安德列斯斷層發生 M_w=6.0 地震，斷層的破裂帶所在節段與 1966 年相同，這比預期的時間範圍略提早數個月發生。

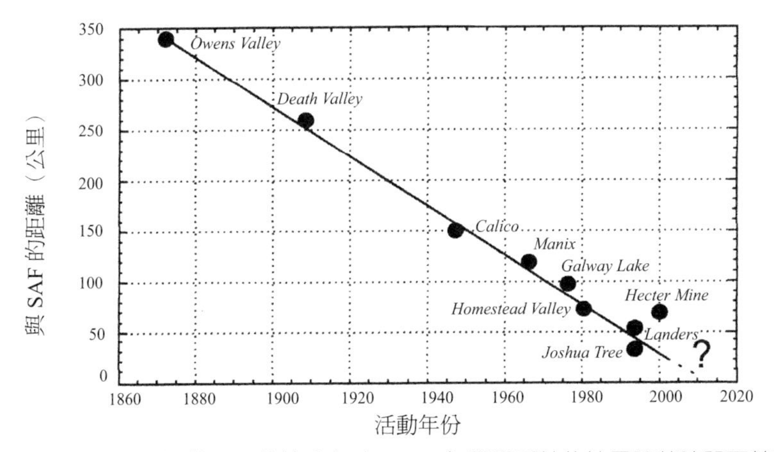

圖 7-14　在東加州剪切帶，沿著莫哈韋（Mojave）斷層系統的地震隨著時間而轉移。地震的發生位置〔從互動傳輸線（即圖中的粗黑實線）量起至 SA 斷層的距離〕與時間構成圖中的黑圓點，互動傳輸速度大約是 50 年間 130 公里，即每年 2.5 公里。若將時間往前推移則可包括，1872 年歐文斯谷（Owens Valley）及 1908 年死谷（Death Valley）等地震，其互動傳輸速度仍然維持相同，即 120 年間 320 公里。若將黑實線往右下方延伸，它將與 SA 斷層相交於 2005 至 2010 年之間，這是否意味著聖安德列斯斷層大地震將會發生在那段期間？（Nur and Ron, 2003, Fig. 18, p.686）

地震互動傳輸的現象不僅發生在莫哈韋斷層系統，沿著其他斷層系統也被觀察到，如北安納托利壓斷層（1936 迄今）及南加州的聖辛哈托（San Jacinto）斷層（1925-1987）（Sanders, 1993；Rydelek and Sacks, 2001）。這類型的地震傳輸其精確的含意目前仍然未清楚，但它似乎是與非常長程的機械互動有關，也有可能是構造力經由地殼脆性部份下方的斷層傳輸。

物質（斷層與斷層間的塊體）與應力轉動及地震傳輸的理論目前還是處於發展階段，藉著此種理論才得以將斷層幾何形狀、現場的斷層活動、及斷層力學等關聯在一齊。如果沒有此種轉動理論，則似乎不可能解釋目前現場的斷層複雜性及其所產生的地震活動，未來在看待物質與應力轉動的問題時，不宜將它們分開對待，而是應視它們爲一種同時發生的耦合行爲。

8 斷層運動與流體

千百年來，地殼上部的力學行爲強烈地依它是否飽含水或是不飽含水而定，許多證據顯示，即使深至脆性 — 韌性過渡帶的地殼，也可能飽含水。流體在多孔彈性（poroelastic）岩體的存在，導致岩體依時間而變的特質顯著地影響斷層間相互作用的物理及地殼的應力轉移，如果水飽和上部地殼〔即淺層地震的發震帶（seismogenic zone）〕，則地殼須被視爲是多孔彈性物質，飽和的深度至少達 15 或 20 公里。

如果水飽和地殼岩石，則後者必須處於應力、孔隙壓力、及地化過程互相作用的不平衡狀態。如孔隙壓力（P_p）小於局部的最小主應力（σ_{min}），則由於逐漸產生的非彈性孔隙閉合或塡充，地殼將處於乾燥狀態，或是在地殼滲透率較低與高孔隙壓之處孔隙壓將可能升高至與最小主應力相同水平，但是當 $P_p \rightarrow \sigma_{min}$，則地殼將處於破壞邊緣。因爲這些緣故及爲了了解地震周期現象，我們不應忽視流體在地殼存在的事實，而尤應注意的是流體對斷層的影響。

過去一般人僅知道抽取地下水將可能引發地盤下陷，或是地盤注水（例如水庫進水）將可能觸發地震，但他們不知道的是，前者與地震也有關聯。2011 年 5 月 11 日，西班牙東南部（靠近分隔歐亞與非洲構造板塊的邊界地區）古鎭洛卡（Lorca）曾發生芮氏規模 5.1 級的地震，造成 9 死及 167 人受傷，這是西班牙 50 餘年來死傷最慘重的一次地震。科學家透過衛星影像發現，50 年來因農民挖掘深井及過度抽取地下水供農業灌漑，導致相鄰的愛爾托瓜達蘭丁盆地（Alto Guadalentin basin）的地下水位下降約 250 公尺，地下水的移出增加 Alhama de Murcia 斷層應力。加拿大西安大略大學的學者岡薩雷茲（Gonzālez）認爲，它不但加速觸發地震，同時也支配斷層破裂帶的大小與地震規模（Becky Oskinat Live Science.com on 10/21/12）。以上事件詳情發表於 2012 年 10 月 21 日出刊的 *Journal of Nature Geosciences*。

從反面角度來看，斷層運動對流體（壓力）也施加一定的影響，即使遠至數百公里處發生的地震，也可能導致地下水位多達 10 厘米以上的改變。例如 1994 年 9 月 1 日，加州彼得羅利亞（Petrolia）地震（M_w = 7.2，震央距離 Δ= 2.71°；註：Δ= 震央至地震儀的距離，測量時以角度表示，360° 代表地球圓周長度），在 2.5 天內，它產生 15 厘米的水位降低。1999 年 9 月 30 日，墨西哥的瓦哈卡（Oaxaca）地震（M_w = 7.4，Δ = 34.65°），它立即產生 11 厘米的水位降低。2002 年 11 月 3 日，阿拉斯加州迪納利（Denali）地震（M_w = 7.9, Δ = 2 5.2°）亦使地下水位忽然下降。

1999 年 9 月 21 日，台灣集集地震（M_L = 7.3）發生後，濁水溪沖積扇的 179 座監測井中有 157 座井記錄了地下水位變化，其中有 67 座井的水位記錄值變化頗大，約從 1.0 至 11.1 米，這 67 座井大約集中位在南北走向的車籠埔斷層之西側 2 至 50 公里處，地震之際，類比（analog）記錄儀觀察到震盪與階梯狀水位變化。地下水位的同震（coseismc）變化不僅發生在限制含水層，同時也發生在半限制含水層與非限制含水層。水位改變的恢復約費時數分鐘至數個月，這主要依限制層的水文條件而定，至於井內同震水位變化的正負方向與大小，則視與車籠埔斷層的距離而定。集集地震結果顯示：水位上升主要發生在斷層下盤地區，而水位下降則主要發生在靠近斷層跡的狹窄地帶（Chia et al., 2001）。

地震對水文變化的影響範圍頗廣，可檢測的徑流變化可能發生在距震央數十或數百公里處，而井內地下水位改變可能發生在離震源數百至數千公里之處（Montgomery and Manga, 2003）。地下水位改變只是地震導致水文變化的跡象之一，其他如河流排放量及泉水流量的改變也可能相伴而生，例如根據對以下三場正斷層地震的觀察：

- 1959年8月17日，蒙他那州的賀伯金湖（Hebgen Lake）地震（M = 7.3）
- 1980年11月23日，義大利南部伊爾皮尼亞（Irpinia）地震（M_s = 6.9）
- 1983 年 10 月 28 日，愛德荷州（Idaho）的博拉峰（Borah Peak）地震（M_s = 7.0）

在這些大型正斷層地震之後，泉水及河流排放量的增加不但達到最大值且持續數天，超額流動則持續 6 至 12 個月。若將河流排放量轉換爲等值降雨量之後，發現在靠近震央之處等值降雨量超過 100 毫米，而在距離大於 50 公里之處，等值降雨量維持高於 10 毫米。但 1964 年 3 月 27 日，阿拉斯加地震（$M_w = 9.25$）之後，在強烈地面震動的地區卻發現其水位通常降低，且大部份河流的排放量也減少（圖 8-1）。1906 年，舊金山地震之後北加州的泉水流量增加。1983 年，愛德荷州的博拉峰地震其釋出的能量雖少於 1906 年舊金山地震的 10%，及少於 1964 年阿拉斯加

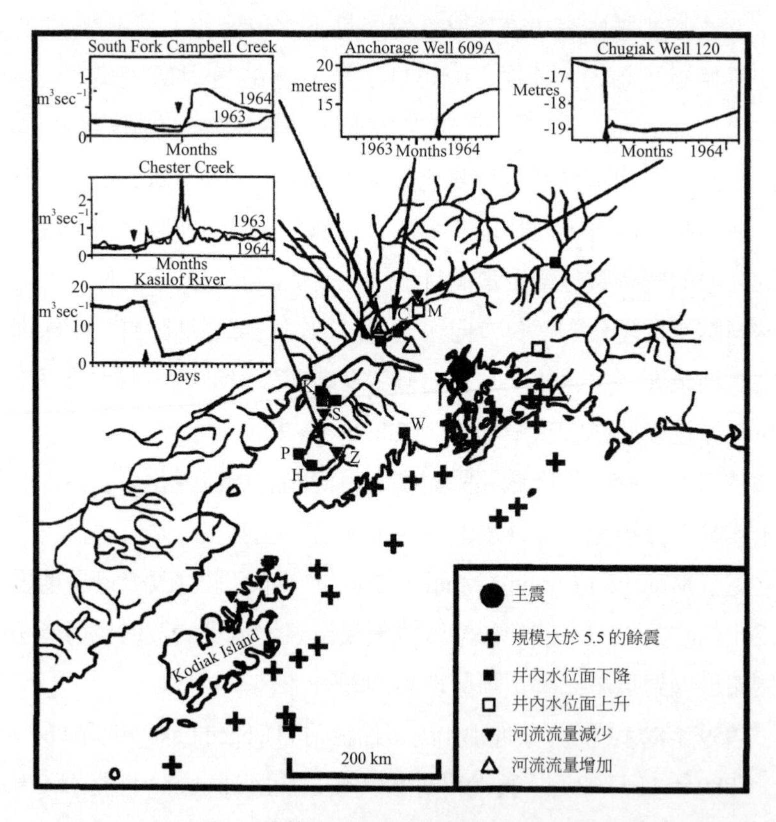

圖 8-1　1964 年 3 月 27 日，阿拉斯加地震後在震央周圍地區的河流流量及井內水位記錄。K = Kenai, S = Soldatna, H = Homer, A = Anchorage, C = Chugiak, M = Mantanuska, P = Anchor Point, Z = Kasilof, W = Seward, V = Cordovs（Muir-Wood and King, 1993, Fig. 13）

地震的 1%，但其水文衝擊至少是大於後兩者一個數量級。Muir-Wood and King（1993）的研究顯示，地震的水文效應是由斷層位移類型所決定，而非僅是受制於地震規模。

Brodsky et al.（2003）透過靠近俄勒岡州的格蘭茨帕斯（Grants Pass）之地熱井觀察後得到以下看法：由於熱能流動，循環流體產生了不穩定的滲透率結構，而震波的震動則鬆脫了新沉澱物，並使得斷層與裂縫的孔隙壓迅速地進行再調整（可能導致 4×10^{-2} MPa 的壓力變化），其結果是迅速降低斷層的局部有效應力與促成地震。

8-1　多孔彈性體

以下方程式是基於恆溫（isothermal）條件及靜態空間異質（spatially heterogeneous）係數的假設條件下，將孔隙壓與平均應力聯合考慮而得到，而多孔彈性介質中孔隙壓與平均應力的解題，則是基於以下兩方程式，其一是由質量保守及達西律聯合推導得到的擴散（diffusion）方程式：

$$\beta\left(\frac{\partial P}{\partial t}+B\frac{\partial \sigma}{\partial t}\right)=\frac{\partial}{\partial xi}\left[\kappa_{ij}(x)\frac{\partial P}{\partial xj}\right] \quad (8\text{-}1)$$

另一是由應變相容（compatibility）條件推導得到的平衡方程式：

$$\partial^2/\partial x_j^2[AP+\sigma]=0 \quad (8\text{-}2)$$

其中

$$A=2(v_u-v)/[B(1-v)(1+v_u)] \quad (8\text{-}3)$$

$$\beta=\mu\varphi(C_f+C_r) \quad (8\text{-}4)$$

$P=P_{total}-P_{ref}$ 是由參考壓力（例如靜水壓或地震前水壓）推導得的孔隙壓，$\sigma=\sigma_{kk}/3$ 是由參考平均應力狀態推導得的平均應力，B 是 skempton 係數，v_u 及 v 是未排水及排水波桑比（Poisson's ratios），μ 是流體黏度（viscosity），φ 是孔隙率，C_f 與 C_r 是流體與岩石壓縮率（compressibility），$\kappa_{ij}(x)$

是可變的空間滲透率張量。

由於異質滲透率在地殼變形的研究中可能居重要地位，故滲透率通常不假設爲常量，而孔隙壓與平均應力的初始及邊界條件在解題前須根據問題予以設定。如解題的目的是在求得變形量，則結合孔隙壓的線型彈性方程式可列之如下：

$$\frac{\partial}{\partial xi}((\lambda + G)u_{k,k} + \frac{\partial}{\partial xk}(Gu_{i,k}) = \frac{\partial}{\partial xi}(\alpha P) \quad (8\text{-}5)$$

其中 u_i 是位移向量的三個分量，λ 是 Lame 係數，G 是剪切模數，λ 與 G 兩者也有可能是空間變數而非常量，α 是 Biot-Willis 參數，它是 skempton 係數及排水與未排水波桑比的函數：

$$\alpha = 3(\nu_u - \nu)/[B(1 - 2\nu)(1 + \nu_u)] \quad (8\text{-}6)$$

8-2　斷層流體

1. Mandel-Cryer 效應

在進入斷層流體的主題之前，不妨先了解 Mandel-Cryer 效應。Cryer（1963）藉著一個飽和流體的多孔彈性球體（初始壓力，P_o），來比較 Terzaghi 與 Biot 的固結（consolidation）模型（圖 8-2）。Terzaghi 固結理論僅考慮孔隙壓的簡單擴散過程，它相當於式（8-1）中設 B = 0，或在式（8-2）中令 A = 0，則式（8-1）中的時間導數爲 0。Biot 的理論則聯合考慮孔隙流體流動與彈性變形。依 Terzaghi 理論球體中心的孔隙壓在最初瞬間之後的短時間內保持在 P_o 水平，然後在向內擴散的邊界效應影響下緩慢減少。Biot 模型則指出，球體中心孔隙壓在最初瞬間之後的短時間內立即增加至初始壓力之上，最後它因向內擴散的邊界效應而減小。令人驚奇的是，在靠近球體外邊界處當孔隙流體洩出時應力的變化，若據 Biot 理論，當靠近邊界的流體外流時應力向內轉移，球體中心的流體因被困住而無法立即外流，由於球體內部壓應力之故，使孔隙壓增加，以上的現象即稱爲 Mandel-Cryer 效應，此種效應在一維情況不能成立。

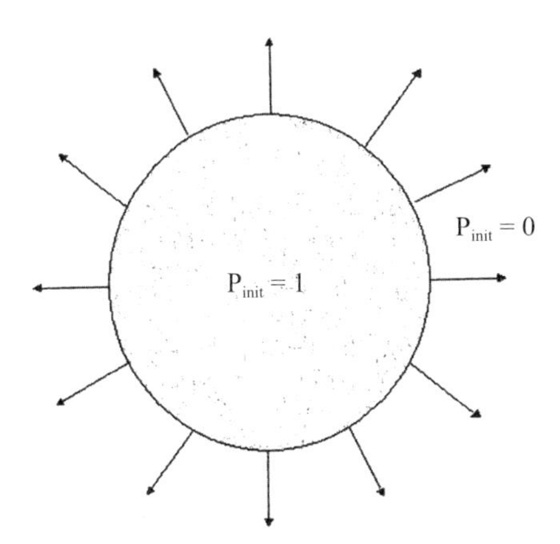

圖 8-2　用來比較 Terzaghi 與 Biot 固結理論的 Cryer 球體模型。最初瞬間球體邊界的孔隙壓下降至 0，而球體內部及邊界的平均應力則維持恆定，當時間增加時流體流出邊界（Bosl and Nur, 2000, Fig. 1, p. 270）

爲了研究孔隙壓在多孔彈性體內結合孔隙流壓與變形的耦合效應，Bosl and Nur（2000, pp.270-271）在一矩形網格立方體內模擬 Terzaghi 與 Biot 的擴散理論，並利用二維及三維數值過程解式（8-1）與式（8-2）。在三維情況 Cryer 效應較顯著，但定性方面仍維持與二維相同結果，立方體內部的壓力最初維持在 1Pa，外側邊界則維持 0Pa，未排水的波桑比可變。當 $\nu_u = \nu$，式（8-2）的 A = 0，此時孔隙壓遵循簡單（未耦合）的擴散曲線及式（8-1）的擴散模型（設 σ 是常數，故 $\frac{\partial \sigma}{\partial t} = 0$）。就如 Mandel-Cryer 效應所預期，立方體中心的孔隙壓維持在初始壓力 P_o 一段時間，然後約略呈指數性地衰退，衰退率則依擴散率而定。若 $\nu_u > \nu$，式（8-2）的 $A \neq 0$，則孔隙壓一開始即增加，可以說 Mandel-Cryer 效應的大小依排水與未排水波桑比的差異而定（見圖 8-3）。

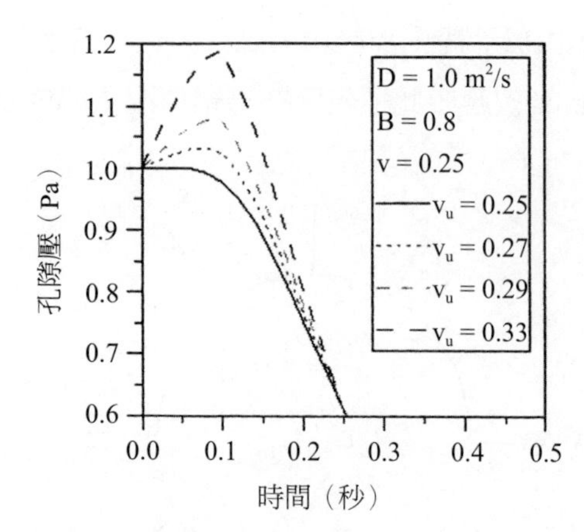

圖 8-3　Mandel-Cryer 效應的實驗證明：立方體中心的孔隙壓依排水與未排水波桑比的不同值而定（$v_u = v = 0.25$ 的曲線是 Terzaghi 固結理論的結果）（Bosl and Nur, 2000, Fig. 2, p. 270）

由多孔彈性效應導致的異常高孔隙壓，可歸因於流體被困在球體中心的低滲透率區域後該處平均壓力由周圍向內轉移所致。此種實驗結論可應用至飽和流體的斷層，其重要的結論是：如流體被困在斷層核心的低滲透率帶，則孔隙流體壓力可能升高至超過預期值。

在數學處理上，孔隙流體壓力（以下簡稱流壓或孔隙壓）可視爲是多孔彈性介質應力張量的第七分量，故流壓是地殼上部應力的一部份，斷層內部升高的孔隙流壓因而在地震物理居有重要地位。升高的孔隙壓藉著局部正向應力的施加，而降低斷層相對兩側的摩擦，相反地，斷層帶內孔隙壓的降低，將強化斷層及抑制滑動。當各種過程結合在一起同時發生時，有時它可能引發斷層帶內的複雜行爲，例如機械變形、流體流動、熱能輸送、地化改變等各種形式的熱絡活動。

加州 SA 斷層多年來一直處於臨近破壞的脆弱狀態，一項可能的原因是斷層帶內部存在有高孔隙流壓，在一些情況下即使沒有明顯的流體來源或外加應力存在，斷層內部的孔隙壓也有可能升高。有時候因礦物沉澱之故，使得垂直於斷層面的流通管道阻塞而形成低滲透率，如此最後可能導致異常的高孔隙壓及岩體破壞。斷層帶的一些典型模型通常假設斷層泥的滲透率是低值，而周圍破壞帶由於角礫岩及大範圍微裂紋存在，故其滲透率相對較高。

針對地震周期與流體的關係，Byerlee 模型（Byerlee, 1994）假設滲透率在斷層區域隨處及隨時間而改變，飽和有礦物的流體自斷層帶流出、沉澱、與阻塞孔隙，因而極大降低滲透率。至於對 SA 斷層，Rice 模型（Rice, 1992）假設垂直於斷層核心之處有非常低的滲透率。基於 Mandel-Cryer 效應，當孔隙流體從斷層表面排出時，應力自周圍轉移至斷層核心，而孔隙壓也因此漸增加，最後當孔隙壓增加至足夠高時，將導致斷層的有效剪切應力超過其摩擦強度，例如當 $v_u = 0.29$，$v = 0.25$，$B = 0.8$ 時，Mandel-Cryer 效應引起的斷層帶壓力將增至高於初始孔隙壓達 11%（Bosel and Nur, 2000, p.271）。處於臨界應力狀態的斷層，即使一相對少量的孔隙壓增高也足以超越斷層破壞門檻。

2. 流體與斷層運動的關係

流體與斷層運動的關係頗爲複雜，它們包括斷層帶內長期性的結構與組成之演化，斷層蠕變、晶核形成、裂紋傳輸與阻滯、與地震破裂循環等。除了一般廣爲人知的流壓在主控地殼斷層帶強度之物理角色外，流體也能透過不同的化學效應施加機械影響，以及促成礦化（mineralisation）作用的進行，例如層狀的 Zn-Pb 礦藏，它們過去常被認爲是同生（syngenetic）的海底礦藏，但其實也可以將它們解釋爲早期的後生（epigenetic）礦藏，這表示它們形成於從斷層的流體通道轉變成流體阻障時的深度。此種礦藏的形成可設想如下：流體沿斷層面向斷層上方移棲，直到它到達斷層岩石的滲透性較周圍岩石差之水平始停止向上移動，在該處流體朝側向移棲，而當流體與岩石反應或流體互相混合時即可能形成礦藏（Barnicoat, et al.,

2009）。

前文提及SA斷層脆弱的原因，可能是它含有超高靜液壓，除此之外，也有可能是來自活性流體存在之故。有些人認爲斷層黏土可能導致異常低的摩擦。然而從收集自 SA 斷層（深度少於 0.4 公里），其富含天然黏土的斷層泥及人工合成斷層泥之實驗指出，在靜液壓及實際的現場圍壓條件下，因摩擦係數太大，以致它無法與熱流或應力方位數據互相調和（Hickman, et al., 1995, p.12,833）。在脆性斷層及剪切帶內的流體，其潛在來源是來自當變質作用進行時的礦物脫水反應、困在孔隙空間的沉積層鹽水、因循環而被帶向下的雨水、及從岩漿熔出的流體等。礦物脫水包括蒙脫石到伊萊石遞變過程中釋出的水、沸石（zeolites）脫水及其他蝕變的海床玄武岩中含水礦物之脫水等。

8-3 流體與斷層運動

在斷層型態中，正斷層（normal fault）不但是重要的地震災害來源，在經濟意義上它也具有結構特質。若在沉積盆地正斷層可能形成關鍵的儲油層構造，它在一些情況可能對流體移棲形成封閉阻障，而在另一些情況則可能作爲大量流體流動的跨地層通道，因而熱液（hydrothermal）礦化過程中正斷層具有重要地位，例如 Pb-Zn-Ag 礦及與火山地形相伴的 Au-Ag 石英礦脈系統。以上這些均是流體相互作用的證據，它們在淺地殼深度（小於 1-3 公里）也是很常見的。爲了以上這些緣故，本節以正斷層爲主軸，說明它與流體的互動特質。

在構造活躍的大部份地區發震（seismogenic）帶延伸到深度 10-15 公里之處，該處大型正斷層地層破裂（M > 6）的成核活動，可能出現在固結良好的沉積岩或結晶質基底岩層，在此種深度雖然較少見到流體介入正斷層活動，但卻可能存在超壓晶液。因流體可降低斷層強度及潛在上影響地震破裂的成核、停滯與復發，故它對於斷層發展及重新啓動具有關鍵重要地位。

1. 構造活躍地區的脆性破壞

脆性破壞結構的方位在其初形成之際，主要依應力場方位及脆性破壞模式而定，它同時也可能受制於岩體內存在的異向性（anisotropy）。構造活躍地區最簡單的應力系統是基於 Anderson（1905）所建議，其假設條件（見以下）主宰著整個脆性發震地殼的行爲模式：

- 零剪切力邊界條件加上地球自由表面（假設爲平面）
- 各處的壓應力爲垂直（即 $\sigma_v = \sigma_1$）
- 最小主應力（σ_3）是水平（見圖 8-4(a)）

另一種邊界條件是：若地殼中下部存在有韌性次水平帶，則應力軌跡會自垂直與水平方向轉動 45°（圖 8-4(b)），這種邊界條件是頗爲重要的，因爲 σ_1 軌跡傾斜 45° 將有助於解釋非常低角度脆性分離斷層的啓動機制，這在美國西部及其他地方都是常見的。σ_1 軌跡偏離的其他假設機制包括在通過超壓流體地區時產生應力折射，及應力在岩脈與其他侵入體附近的再調整方位等（Sibson, 2000, p.472）。

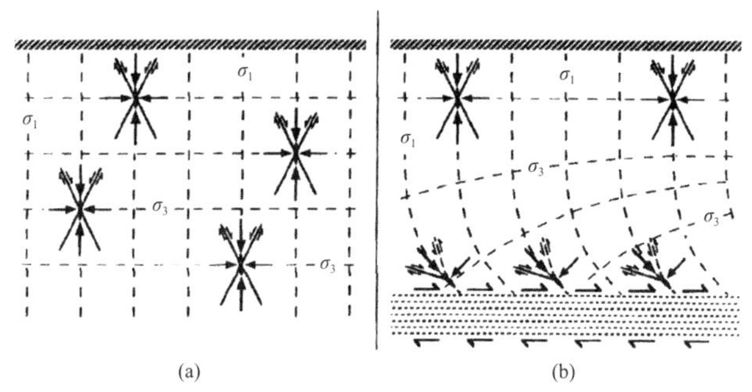

圖 8-4　延伸構造體系的應力軌跡顯示預期的脆性斷層與破裂之初始方位（Sibson, 2000, Fig. 2）：

(a) Andersonian 的延伸應力狀態

(b) 因基部剪切力而產生偏轉的軌跡

2. 複合正斷層的破裂特質

在低 σ_v' 情況包含有不同堅硬層次（或張力強度層次）的低位移正斷層，其脆性破壞模式具有雁行狀（en chelon）的庫侖剪切力複合結構，而在各堅層中形成擴張狀的凹凸部份（圖 8-5(a)）。在相同情況下，若流體滲入與通過一個遭受拉伸的岩體，則後者可能發展出由庫侖剪切力、拉伸剪切力、與拉伸破裂相互聯繫的破裂網格，且除非應力場對各堅層形成對稱，否則網格結構通常頗不規則（8-5(b)）。在許多情況下，斷層破裂網格結構的形成似乎是正斷層發展的前兆。在靠近地表處由於靜水壓條件、或在含有超靜水壓的較深地層、或是因擴張狀凹凸部份內的應力不均勻，而導致 σ_3 局部減小。

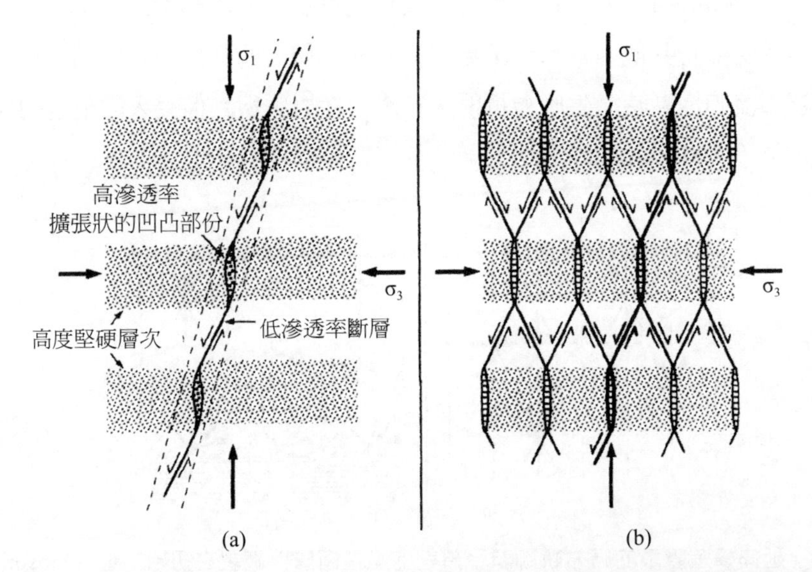

圖 8-5　在構造活躍區堅硬（高張力強度）帶的分層，對脆性破壞模式的影響（Sibson, 2000, Fig. 5）：

(a) 複合正斷層：應力通過高度堅硬的層次時，形成擴張狀的凹凸部份

(b) 含有流體的拉伸狀靜脈斷裂網格之發展，其特點是在各堅硬層中形成拉伸狀紋理

3. 流體與正斷層系統的互動

流體與正斷層系統的互動，分為靜態與動態兩種（Sibson, 2000, pp.490-493）：

(1) 靜態互動

正斷層與流體流動間的相互作用，主要依斷層帶與周圍岩石間的相對滲透率而定，在地殼較淺處沉積盆地內形成於高孔隙砂岩中的不活躍斷層，它對於通過斷層及沿著斷層面移棲的流體可充作滲透性不良的封閉阻障（圖 8-6(a)）。相對地，形成於硬質低孔隙率岩體（如火山岩、深成岩、

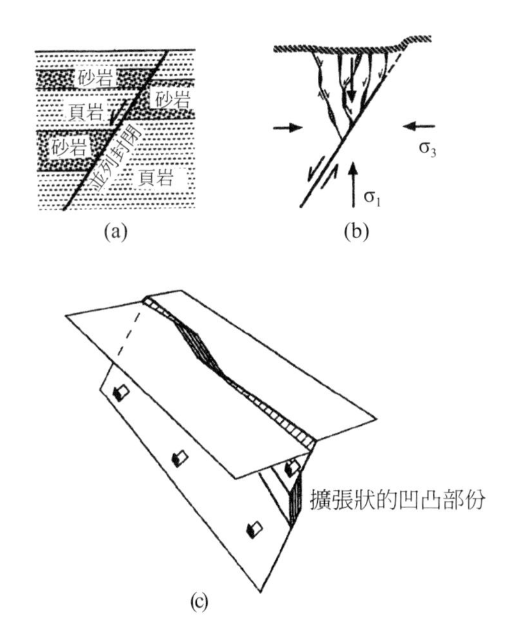

圖 8-6　流體與正斷層間的消極相互作用（Sibson, 2000, Fig. 14）：

(a) 並列的地層（滲透性良好的砂岩對滲透性不良的頁岩並列）形成一個封閉屏障

(b) 在正斷層上盤靠近地表之處，形成了高滲透率馬尾狀網格

(c) 正斷層帶內部的擴張狀凹凸部份反映出地表樣貌

與變質岩）中的正斷層，在靠近地表處的斷層上盤可能形成高度的岩石變形，其外形具有馬尾狀的拉伸靜脈 — 破裂網格，特別是若斷層的主要部份藉著熱液膠結而維持其凝聚強度時更是如此（圖 8-6(b)），正斷層帶內部的擴張狀凹凸部份則反映出地表樣貌（圖 8-6(c)）。

(2) 動態互動

有兩個複雜的相互關聯因素影響流體與正斷層彼此間的動態相互作用，它們是構造應力狀態的改變及斷層帶滲透率的可能調整活動正斷層附近的流體流動。透過正斷層的加載（loading）減弱特質，水平最小壓應力 $(\sigma_h) = \sigma_3$，且在逐步加載期間所有的平均應力及斷層正向應力皆減小，只有當破壞時，它們才會增加，而垂直壓應力 $(\sigma_v) = \sigma_1$，則維持恆定值（圖 8-7(a)）。斷層帶滲透率在當破裂產生之後的震後最初時刻可能是最高的，但它也有可能在整個加載循環期間改變。斷層帶附近的流體再分佈受三個動態過程（單獨或聯合）所影響：

(a) 平均應力循環

水平最小應力 $\sigma_h = \sigma_3$ 及關聯到正斷層剪切應力的累積與釋出之平均應力，可能引起大量流體的再分配，特別是在靠近地表的高孔隙率岩體更是如此。σ_3 與 $\bar{\sigma}$ 的忽然增加，伴同著正斷層破裂，導致流壓的短暫增加及斷層帶流體的逐出（圖 8-7(a)）。

(b) 在擴張不規則處的抽吸泵作用

快速的同震擴張（例如擴張斷層的凹凸部份）可能導致流壓的局部暫態減少（圖 8-7(b)）。

(c) 斷層活塞作用

震後活塞排出作用是破壞後滲透率增加的結果，它可能發生在處於局部高壓的深度處之正斷層（圖 8-7(c)）。

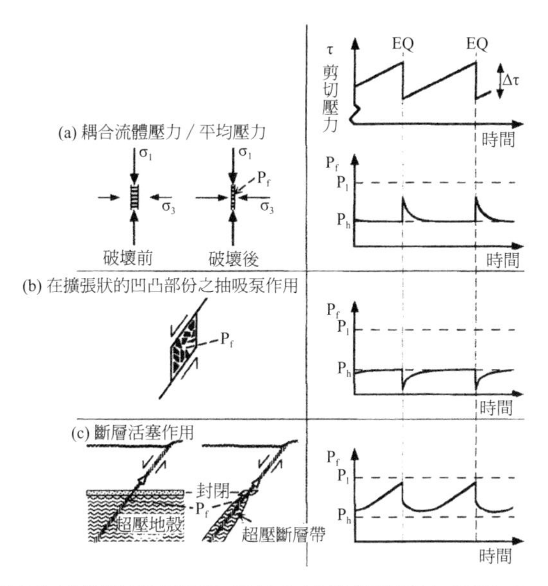

圖 8-7　正斷層的動態流體相互作用結合地震剪切應力循環（EQ：地震滑動增量，P_h：靜水壓，P_l：靜岩流壓）（Sibson, 2000, Fig. 15）：

(a) 破壞之際水平與平均應力均升高，因而裂縫閉合處的流壓也升高

(b) 在擴張狀的凹凸部份內部流壓局部性地同震減小

(c) 來自局部超壓區（在封閉水平層之下）的斷層活塞作用

8-4　斷層應力狀態、孔隙壓力分佈、與斷層脆弱性

從絕對意義看 SA 斷層是脆弱的，理由是它在剪切應力遠小於實驗室摩擦強度（基於 Byerlee's Law，假設摩擦係數 f = 0.6-0.9）的情況下發生移動。SA 斷層從相對意義來看，它也是脆弱的，理由是鄰近地殼岩石的力性似乎較斷層爲強，此情況影響 SA 斷層及其鄰近地殼的應力狀態，使得區域應力場中呈現水平方向的最大主應力（σ_1），它與 SA 斷層成一陡峭角度，它極大於由基本摩擦模型預測的 25° 至 30°，或是極大於 $45° - \frac{\varphi}{2}$，$\varphi = \tan^{-1} f$，f = 0.6-0.9（Rice, 1992）。

前文提及在斷層帶內孔隙壓分佈是較高的，其值近似於垂直於斷層的壓應力，而遠離斷層當愈深入鄰近地殼，孔隙壓就愈小，這種說法符

合 SA 斷層的絕對脆弱與相對脆弱的主張。以上應力分佈的可能存在，使得像 SA 斷層的垂直斷層隨時處於走滑破壞的臨界狀態，而鄰近地殼的主要地應力方向則與 SA 斷層成一大角度（但小於 90°）。當斷層帶內孔隙壓力趨近於垂直於斷層的壓應力時，它處於逆衝（thrust）破壞的臨界狀態（Rice, 1992）。

以下使用摩爾圓概念說明斷層帶與周圍岩層的應力狀態，以及孔隙壓力對斷層的影響（Rice, 1992, pp.476-483）：

首先來看一最簡單的情況（圖 8-8 上圖），將一片軟延展性（ductile）薄層（模擬斷層情狀）鑲於一較硬的延展性固體，此系統受到垂直於斷層的大壓應力 σ_{xx} 及剪切應力 σ_{xy} 的作用，σ_{xy} 大到足以引起軟層產生塑性流動，但較硬固體則不發生變形，故所有固體內的應變皆為零，而因斷層帶內外的應變分量皆須相同，故斷層帶內的應變分量（ε_{yy}，ε_{zz}，及 ε_{yz}）也皆為零，且 $\varepsilon_{xx}=(\varepsilon_{yy}+\varepsilon_{zz})=0$，因此軟層僅能在單純剪切力（相對於斷層邊界）下變形，及 ε_{xy} 是斷層帶內的惟一非零應變分量。本構（constitutive）關係也要求軟層內除 σ_{xy} 外的所有偏應力（deviatoric stress）分量消失，

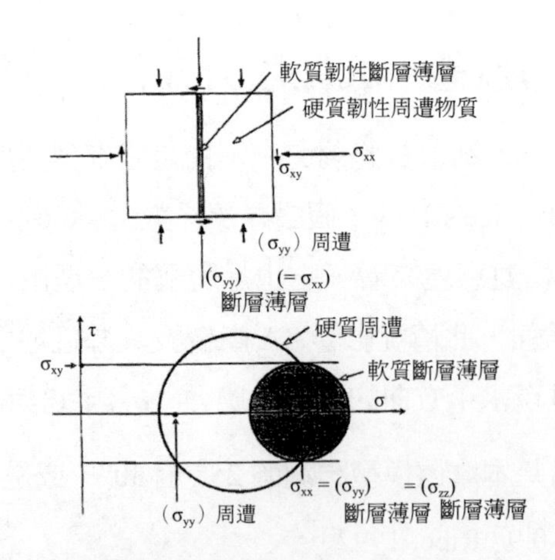

圖 8-8 鑲在較硬質韌性周遭物質的軟質韌性層，如此導致的軟層應力場將不同於周遭物質的應力場（Rice, 1992, Fig. 2）

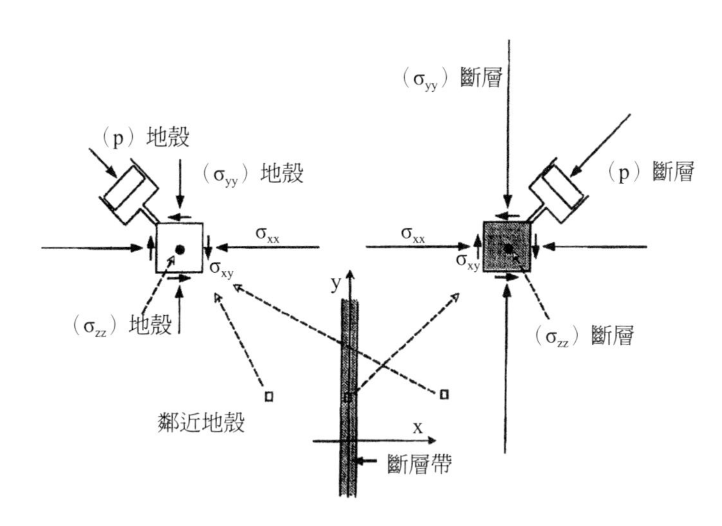

圖 8-9　在斷層帶核心及其周圍地殼內部的應力與孔隙壓，假設斷層帶內部的孔隙壓是高水平，當深入周圍地殼，則孔隙壓漸減（Rice, 1992, Fig. 3）。

這也意味著軟層（斷層）內 $\sigma_{yy} = \sigma_{zz} = \sigma_{xx}$，而軟層內及硬層（周圍物質）內的 σ_{xx} 具有相同值。

軟層與硬層的摩爾圓見圖 8-8 下圖，雖然軟層（較小直徑的圓）比周圍硬層（較大直徑的圓）的剪切應力小，但形成在軟層內部的主應力卻明顯地大於周圍硬層（Rice, 1992, p.481）。圖 8-9 顯示，模擬 SA 斷層的脆性斷層帶及周圍脆性地殼內的應力狀態，此圖的 x-y 平面可被設想爲是一相當於沿著斷層（如 SA 斷層）的走滑（strike-slip）帶且平行於地球表面的平面，x 與 y 軸是位在一通過垂直於走滑斷層帶的水平面上，y 軸是水平及沿著斷層跡方向，x 軸是垂直於斷層，z 軸則垂直於 x-y 平面。最大水平應力 $\sigma_{hor,max}$ 的方向與斷層垂直方向成 Ψ 角，而與斷層跡方向成 90° − Ψ（卡氏應力分量見圖 8-10），在鄰近地殼的臨界俯衝破壞狀態下。σ_1 是水平及 σ_3 是垂直，因此 $\sigma_{hor,max} = \sigma_1$，及 $\sigma_{hor,min} = \sigma_2$，而作用在沿著斷層面的正向應力（$\sigma$）及剪切應力（$\tau$）分別爲：

$$\sigma = \frac{1}{2}(\sigma_{hor,max} + \sigma_{hor,min}) + \frac{1}{2}(\sigma_{hor,max} - \sigma_{hor,min})\cos 2\Psi \quad (8\text{-}7a)$$

$$\tau = \frac{1}{2}(\sigma_{hor,max} - \sigma_{hor,min})\sin 2\Psi \quad (8\text{-}7b)$$

假設滑動沿著斷層面發生，其摩擦條件如下：

$$\tau = f(\sigma - P) = \tan\varphi(\sigma - P) \quad (8\text{-}8)$$

上式的 $\varphi = \tan^{-1}f$，f 是摩擦係數（f = 0.6～0.9，故 $\varphi = 31° \sim 42°$），P 是局部孔隙壓。由此解得適合摩擦條件的孔隙壓（P）如下：

$$P = \sigma_{hor,min} - (\sigma_{hor,max} - \sigma_{hor,min})\cos\Psi\sin(\Psi - \varphi)/\sin\varphi \quad (8\text{-}9)$$

上式顯示，任何時候當最大應力相對於斷層（圖 8-10 的 $\Psi < \varphi$）是處於足夠陡的角度時，則適合破壞條件的 P 值將會超過 $\sigma_{hor,min}$（Rice, 1992, p.479）。

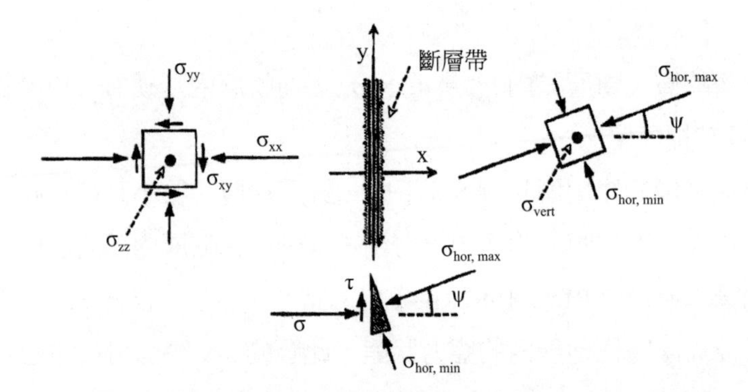

圖 8-10　通過垂直走滑斷層帶的任一水平面之應力狀態，y 軸是水平及沿著斷層面，x 軸是垂直於斷層面，及 z 軸是在垂直方向（Rice, 1992, Fig. 1, p. 478）

設想斷層帶內的孔隙壓有略高於周圍的值，它在 x 軸方向呈連續變化，最大值是發生在斷層核心的 x = 0 處，它逐漸向相同深度的附近地殼減小。除此，且假設斷層帶與鄰近地殼有完全相同的強度性質，即它們的摩擦係數（f）相同，及在違反 Amonton-Coulomb 不等式，$\tau < f(\sigma - P)$，

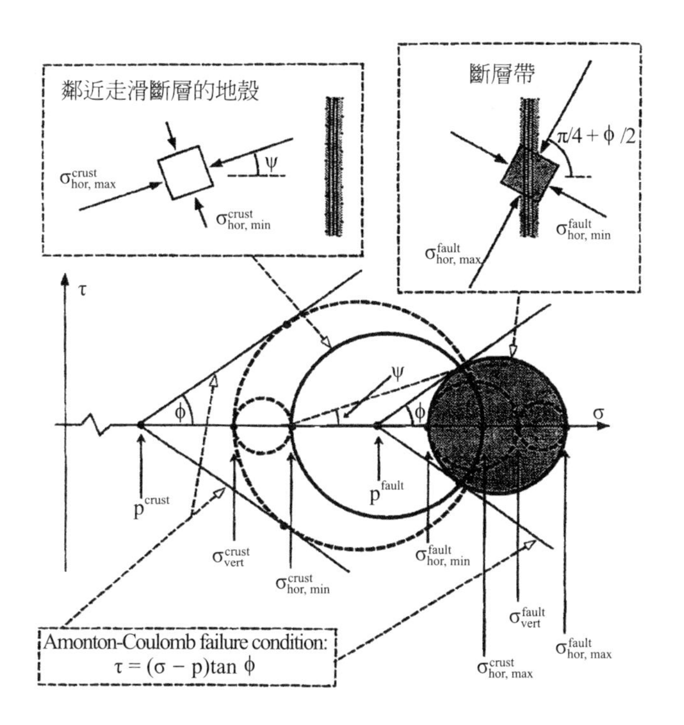

圖 8-11　最大主應力方向與走滑（strike-slip）斷層成一陡峭角度的應力狀態之破壞例子。圖中顯示，斷層核心的走滑破壞與鄰近地殼的俯衝破壞之臨界應力狀態。假設孔隙壓及應力隨著以上應力狀態間之距離（x）成連續性變化。雖然斷層核心之內的孔隙壓大於鄰近地殼的最小主應力，但在斷層核心的每一點，其孔隙壓皆小於核心的最小主應力。本例使用 $\varphi = 35°$（$\tan\varphi = 0.7$）及 $\Psi = 18°$（Rice, 1992, Fig. 4）。

時遵循相同的破壞律。

圖 8-11 是最大主應力方向與走滑斷層間維持陡峭角度時的摩爾圓破壞例子。這個圖描繪走滑斷層帶壓力最大的核心處（x = 0），與鄰近地殼的共存應力狀態，水平應力以實線表示，兩摩爾圓相交的共同點（σ，τ）相當於垂直於斷層的壓應力 σ_{xx}（$= \sigma$），及平行於斷層的剪切應力 σ_{xy}（$= \tau$）。

摩爾圓的垂直應力以虛線表示，斷層帶與周圍岩層等兩區的最大摩爾圓，分別符合相同的 Amonton-Coulomb 破壞條件，即 $\tau = f(\sigma - P)$。在走滑斷層的核心破壞發生在 $x = 0$ 的平面。若摩擦係數 $f = 0.7$（$\varphi = 35°$），則斷層帶核心處於走滑破壞的臨界狀態，其內部的主應力方向與斷層形成 27.5°（$= 45° - \frac{\varphi}{2}$）的小角度，而同時鄰近地殼則處於俯衝破壞的應力臨界狀態，其主應力方向與走滑斷層夾 72°（$= 90° - \Psi$，設 $\Psi = 18°$）。斷層內的孔隙壓愈大，它（指孔隙壓）就愈靠近 σ_{xx}（即靠近兩摩爾實線圖相交點的坐標），或是靠近斷層核心的局部最小主應力。

9 岩石性質與土壤循環強度

9-1 岩石電阻率與孔隙率

八十年代末，科學家曾設計一套電場觀測陣列，以監測加州帕克菲爾德地區的長期電阻率變化，該陣列跨越 SA 斷層及應用 5 至 18 米長的偶電極（dipoles），它曾偵測到數種超乎雜訊水平的波動，大部份的這些波動都與突發的地震活動無關，它們可能來自地下水位面升降、異常的應變與蠕變、或磁場風暴。然而在兩年觀察期間的最大波動正好與一個張力應變異常吻合，而此最大波動與張力應變異常，則領先 M = 3.71 地震約一個月，這是陣列安裝以來發生在帕克菲爾德地區的最大地震。縱然如此，由於資訊不足，故無法確切判定導致電阻率改變的機制（Park, 1991）。

由於在適當條件下的岩石狀況幾乎總是依孔隙流體而定，故觀察到的岩石電阻率（ρ）其變化必須與孔隙體積（V_p）或孔隙流體電阻率（ρ_F）的變化有密切關聯，對於一般的地下水成分 ρ_F 對壓力或空氣（或水蒸汽）的存在較不敏感，因此電阻率變化必須主要與孔隙體積 V_p（或膨脹孔隙率 V_p/V_p）的變化相關（見以下經驗式）：

$$\rho/\rho_F = (V_p/V_T)^{-m} \qquad (9\text{-}1)$$

V_T 是總體積，V_p/V_T 是孔隙率，m 是常數（近於 1），ρ_F 是孔隙流體電阻率。膨脹孔隙率的獨立估計可由以下關係式爲之：

$$V_p/V_T = (V_p/V_T)(\Delta V_p/V_p) \qquad (9\text{-}2)$$

其中 $\Delta V_p/V_T$ 是膨脹應變，V_p/V_T 是靠近斷層的岩石總孔隙率，例如與聖費爾南多（San Fernando）地震有關的膨脹應變估計值≦ 2×10^{-5}（Hanks, 1974），而松代（Matsushiro）地震群（swarm）的膨脹應變估計值爲 10^{-4}（Nur, 1974)，因此可以假設 $\Delta V_p/V_T$ 的值約爲 10^{-4}。

地殼岩石的孔隙率較難以估計，但一些觀察則可顯示其約略範圍。孔隙率可分爲三種，它們是氣孔（pore）、裂紋（crack）、及裂縫（fracture）等，其範圍見圖 9-1，圖中約 30 種結晶岩石的裂紋與氣孔孔隙率是來自不同的實驗測量（Sprunt and Brace, 1974; Brace et al., 1965; Braceand Orange, 1968; Nurand Simmons, 1970），黑色部份顯示不含石英的岩石，其左方虛線代表文章發表當時的孔隙率測量值。

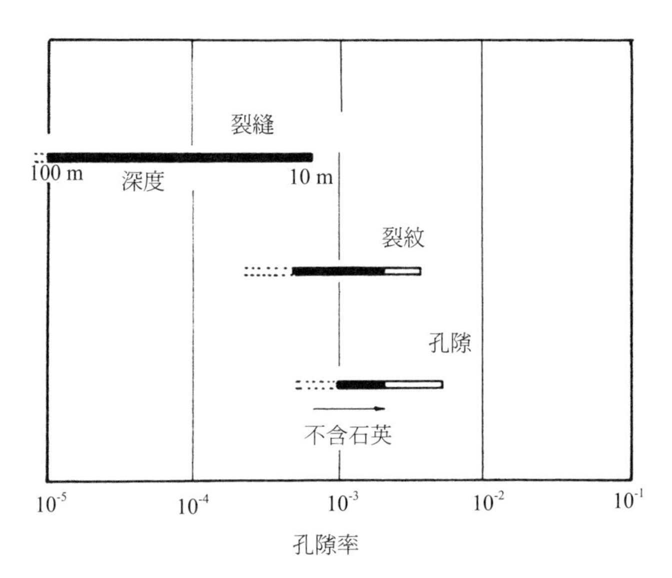

圖 9-1　三種孔隙率類型的大小範圍，數據來源見內文說明（Brace, 1975, Fig. 6, p. 215）

裂縫孔隙率是基於 35 處水庫壩址的岩石鑽孔研究（Snow, 1968），其形成來自節理、斷層、解理（cleavage）或地層面開口，其大小隨深度而變，通常隨著深度的加深裂縫與裂紋孔隙率往往變小，而在高有效應力下，它們可能消失。氣孔孔隙率可能不隨深度而變，一些結晶岩石的大部份氣孔是形成在其早期的高溫與高壓階段，因此在地殼深處的總孔隙率很少低於氣孔孔隙率，對許多岩石其總孔隙率約爲 10^{-3} 數量級。因此依式（9-2），如假設 $\Delta V_p/V_T \approx 10^{-4}$，$V_p/V_T \approx 10^{-3}$，可得膨脹孔隙率 $(\Delta V_p/V_p) \approx 10^{-1}$，這與 Anderson and Whitcomb（1973）由電阻率估計到之值符合。

岩石電阻率無法可靠反映地震活動的原因，在於它強烈依賴溫度與地下水含量等物理參數之故，例如山崎（Yamazaki, 1967）在東京西南方60公里處的西浦半島西部海岸監測站使用電阻率可變電感器（resistivity variometer）的監測後知，地面電阻率通常隨著潮汐頻率而呈週期性改變，除此之外，他也發現電阻率隨著地震的發生而形成階梯狀變化，這種變化即使地震是在遙遠之處發生，但只要其規模夠大，也同樣可觀測到。另一方面從實驗室試驗知（Yamazaki, 1965, 1966），對於凝結性弱的安山質凝灰岩（andesitic tuff），其岩石電阻率對應變變化極爲靈敏，兩者間有非線性關係，施加的應變愈小，電阻率變化的放大就愈大。對於10^{-4}以下的小應變，電阻率變化／應變其比率的放大因子超過100，因而山崎（Yamazaki）的結論是：地殼應變是反映潮汐頻率變化的電阻率改變之主要原因。山崎對電阻率的觀察除了得到以上重要結論，他後來再經過6年（自從1967年）的地面電阻率觀測後，得到地震規模（M）與震央距離（△）的關係如下（Yamazaki, 1975）：

$$M = -12.5 + 2.5\log_{10} \triangle \qquad (9\text{-}3)$$

△：單位是公里

自從1983年起，Utada et al.（1998）繼續山崎的觀察工作，他們安裝每分鐘自動取樣的數字記錄器及可被加速計（accelerometer）觸發的高速（50Hz）數字記錄器，以進行現場監測。除此之外，並進行實驗室實驗，期間長達10年以上，其結論是：震前電阻率變化是不可能存在。其觀察結果顯示震前電阻率變化呈不規則狀，這可能歸因於降雨、強風、或儀器失常，如果它剛好在地震前出現，則它可能可視之爲前兆。此外，同震電阻率改變並非由地殼應變導致，原因是同震電阻率改變出現一清楚的季節性變化模式，同時它也非永久性改變，而是暫時性現象，因此不可能將這些電阻率特質認爲是由地震產生的應變導致。

9-2　波速異常與深度及應力之關係

1. 波速異常與深度之關係

圖 9-2 的現場速度比（V_p/V_s）與深度的各種關係曲線，分別來自數種不同來源，它們可能得自鑽孔數據或得自長基線的折射實驗。不管何種

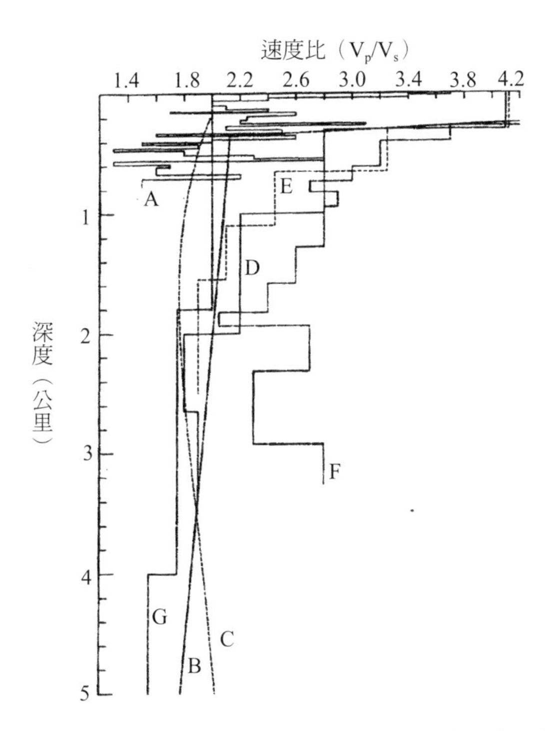

圖 9-2　從現場鑽孔測得的 V_p/V_s，V_p/V_s 是由鑽孔數據推斷或由長基線折射實驗得到（Nicholson and Simpson, 1985, Fig. 11, p. 1121）：

(A) 密西根盆地（Stewart et al., 1981）

(B) 加州帝王谷（Imperial Valley）（Archuleta, 1982）

(C) 前蘇聯塔吉克斯坦（Tadjikistan）（Kulagin and Nikitina, 1968）

(D) 及 (E) 日本東京地區（Ohta et al., 1980）

(F) 德州墨西哥灣沿岸（Gulf Coast）（Lash, 1980）

(G) 加州中部聖安德列斯（San Andreas）（Malin et al., 1981）

情況，V_p/V_s 在最初數公里內均快速減少，這與在前蘇聯中亞、美國中部、及南加州等三個構造互異地區，觀察到的薄層微震之震波行程時間（travel times）比率，t_s/t_p，在近地表數公里內，隨深度迅速減少的現象符合。從 P 與 S 波速度的現場測量顯示，在低有效應力水平環境下，高 V_p/V_s 比與高裂紋密度有相關聯（Moos and Zoback, 1983）。因此微震數據與鑽井數據的研究意味著：高 V_p/V_s、高裂紋密度、及低有效應力水平等，皆是近地表的相當普及特質（Nicholson and Simpson, 1985, p.1120-1121）。

又據 Hadley（1975），在實驗室對花崗岩與輝長岩（gabbro）的試驗結果顯示，在相同飽和條件下以上兩類岩石的震波速度比（V_p/V_s）對應變存在有相同的依賴性。雖然岩體內液相與氣相的遞變將會降低 V_p/V_s，但對於相同的膨脹容積應變，乾岩石對 V_p/V_s 的降低效應，卻至少是 2 倍多於飽含水的岩石。基於以上發現，他認爲開放型的乾燥裂縫比任何其他機制（如含水裂縫），更能產生較大的 V_p/V_s 降，因此其結論是：現場乾裂縫應被認爲是最有效產生異常低震波行程時間比率（t_s/t_p）的因素。

2. 波速異常與應力的關係

V_p/V_s 的異常變化可作爲地震先兆，圖 9-3 是 V_p/V_s 隨時間變化的示意圖，V_p 是壓縮波速度，V_s 是剪切波速度，（$\overline{OA}$）代表膨脹前階段由於遠場構造應力增加，使得 V_p/V_s 逐漸增加到一穩定水平，這引起最初出現在震源區的開放裂紋之閉合，$\overline{AB}$ 代表 V_p/V_s 維持在固定階段。V_p/V_s 的降低（$\overline{BC}$）象徵著膨脹階段，這個階段反映主應力施加在震源區後引起新裂紋開啓（open），同時主應力軸也開始轉動。當裂紋閉合階段（即 $\overline{CD}$），V_p/V_s 增加，直到增加到膨脹前的水平爲止，當這個階段震源區內最大與最小主應力的差異量減少。最小主應力增加壓縮應力，其結果是導致膨脹期間（$\overline{BC}$）已張開的裂紋開始閉合（或是癒合），而沿著先前存在的裂紋表面主應力差異的減少，則扭轉剪切應力方向，及引起震源區的裂紋開始閉合（圖 9-4），一旦震源區所有的裂紋閉合（圖 9-3，點 D）宏觀裂紋

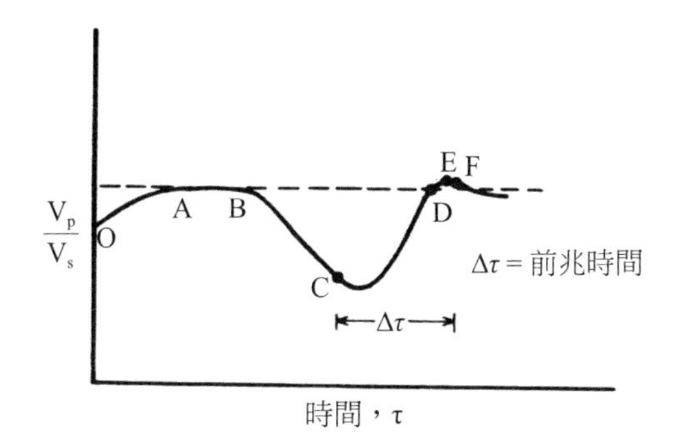

圖 9-3　V_p/V_s 在震源區的預測行為及其應力 — 應變行為的特性（Brady, 1975, Fig. 1）

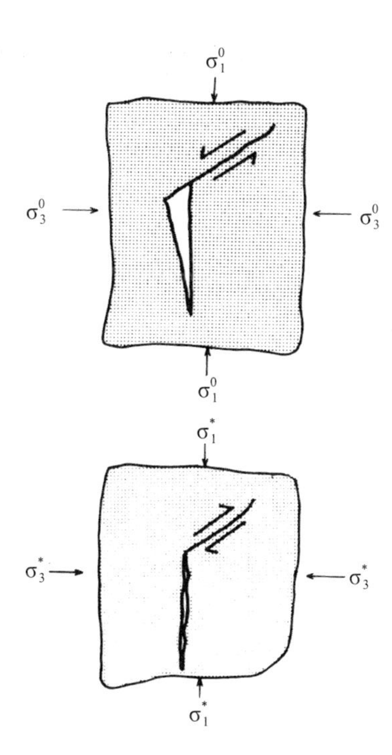

圖 9-4　由於應力差異減少，導致震源區裂紋閉合的示意圖（Brady, 1975, Fig. 2）

成長開始啓動，及由於反映裂紋尖端前緣狹長小區域的宏觀裂紋成長，使得應力轉移進震源區，因此應力集中因子（相當於震源區的主應力差異）開始增加，當宏觀裂紋長度趨近於臨界值，不穩定成長開始發生（圖 9-3，點 F）。

當裂紋閉合階段由於震源區的平均應力 $\overline{P}$〔$\overline{P} = \frac{1}{3}(\sigma_1 + \sigma_2 + \sigma_3)$，$\sigma_1$、$\sigma_2$、$\sigma_3$ 代表局部主應力值〕增加，在破裂前，若非原來存在於岩石中的所有裂紋在膨脹階段開始之前皆閉合，則 V_p/V_s 的平均值可能超過膨脹前的值（圖 9-3，點 D）。如破壞之前是前震序列領先（圖 9-3，點 E），這意味著反映尖端前緣狹長小區域內〔稱爲包容帶（inclusion zone），見圖 9-5〕，形成了張應力的新裂紋，此時 V_p/V_s 平均值可能減少，直到包容帶與震源區的彈性對比增至最大，破壞將於此時發生（圖 9-3，點 F）。

以上關於 V_p/V_s 行爲的解釋不涉及岩石內的水，它完全基於乾岩石的破壞理論。此外，在利用前兆時間（$\Delta\tau$）於地震規模預測時須很謹慎，原因是前兆時間除了依賴震源區體積大小之外，也與施加到地震前震源區的邊界條件相關。若加入震源區的負載率忽然增加或減少，則前兆時間的縮短或延長，將與負載增加或減少的超額率成比例。例如北愛德荷州的美國礦物局（U.S. Bureau of Mines）曾描述：一個礦柱（mine pillar）的岩爆能導致應力的迅速轉移到鄰近的部份礦柱或周圍礦柱，並引起第二個岩爆。由於負載率的增加超過第二岩爆之前存在的負載率，故第二個岩爆的前兆時間將因而縮短。大幅度的應力轉移例子，可能發生在彼此有因果關係的多重地震序列之觸發，第二場地震其前兆時間的縮短，與從主震轉移到第二地震區域的應力量成比例（Brady, 1975, p.163）。

圖 9-5 是包容帶裂紋閉合的空間與時間變化示意圖，此圖描述的過程預期將發生在地震地區，在包容帶與膨脹帶（dilatantzone）的邊界，將隨著時間序列 t_1、t_2、...t_5 而變，進入閉合階段的情形，分別顯示在橫截面圖 (a) 與平面圖 (b)。其次，值得注意的是，地震前震源區的應力軸轉動，這

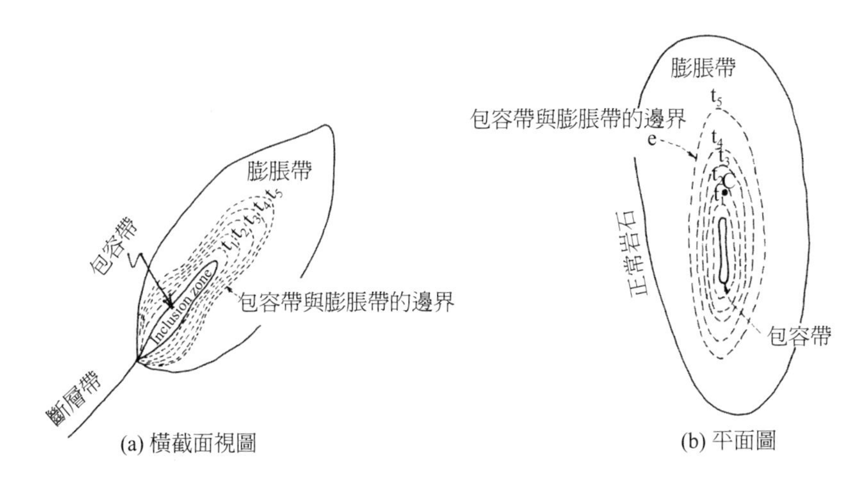

圖 9-5　包容帶內震源區裂紋閉合的空間與時間變化（Brady, 1975, Fig. 6）

種轉動發生在當包容帶形成之際，中間應力軸（σ_2）通常維持在相同位置，而壓縮及張力軸則繞著它轉動，在震源區應力約有 90° 的轉動，而這相當於閉合階段中裂縫的閉合，且由於震源區最小主應力的增加，以致剪切方向被扭反轉（如圖 9-4(b)）（Brady, 1975, p.153）。

3. 波速異常與流體的關係

以上討論的內容皆是針對波速與深度及應力的關係，而另一個影響波速的重要因子 — 流體壓力卻未提到，實質上，流壓對斷層運動的影響絕不亞於應力或深度，高流壓能降低岩石破裂所需的應力、引起岩石膨脹、及增加裂紋數目或是尺寸大小，而其結果是減少 V_s 多於減少 V_p，因而增加 V_p/V_s 比率（Griggs et al., 1975）。以上的岩石膨脹指的是岩石非彈性體積的增加，而這同時也顯示剪切應力的增加，因此岩石膨脹可作為地震前兆。根據來自內華達州北部飽含流體（煤油）的花崗閃長岩（有效孔隙率約 1%）的實驗室超音波測量，實驗過程中施加單軸應力及平均應變率維持在 $5\times10^{-6}s^{-1}$，得知其速度比率與剪切應力比率間的關係（Bonner,

1975）。實驗使用煤油作爲孔隙流體的原因是：

- 煤油在標準條件下的黏度（viscosity）雖略高於水，但兩者大致相同若；
- 煤油化學活性較低；
- 煤油對超音波速率的影響與水略同。

實驗結果見圖 9-6，V_p/V_s 是 τ/τ_F 的函數，其中 τ_F 是斷裂應力，及 τ/τ_F 是將剪切應力正規化至斷裂應力的值，沿著最大主應力方向 V_p/V_s 隨著剪切應力呈單調（monotonically）增加，其中 $\tau = 0.5\tau_F$，它是預期膨脹將開始發生的約略應力。在實際的地層中，V_p/V_s 的增加最可能發生在流體伴隨著岩體膨脹且迅速流動的地區（Bonner, 1975）。Terakawa et al.（2010, p.995）證明靠近前震及稍後的主震之流體是處於高度超壓狀態，Lucente et al.（2010, p.1050) 則證明早期階段的前震序列地震（M_w = 4.0）比一星期後的前震序列（M_w = 4.0) 至主震間的地震，更能產生較多不同的 V_p/V_s 測量值，不僅如此，他們更證明 2009 年 3 月 30 日，義大利 L'Aquila 地震序列的前震（M_w = 4.0）之後，立即可發現 V_p/V_s 的強烈改變，他們爲此種現象提出一套說法：主震斷層面最初是作爲流體流動的阻障，因此斷層的一側比另一側有著較高的流壓，M_w = 4.0 的前震震破了該阻障及導致流體移棲與通過斷層，並因裂紋與孔隙流體含量的改變而改變 V_p/V_s 比率。流體移棲入斷層兩側後可能強烈潤滑斷層，最後導致主震發生（Savage, 2010）。

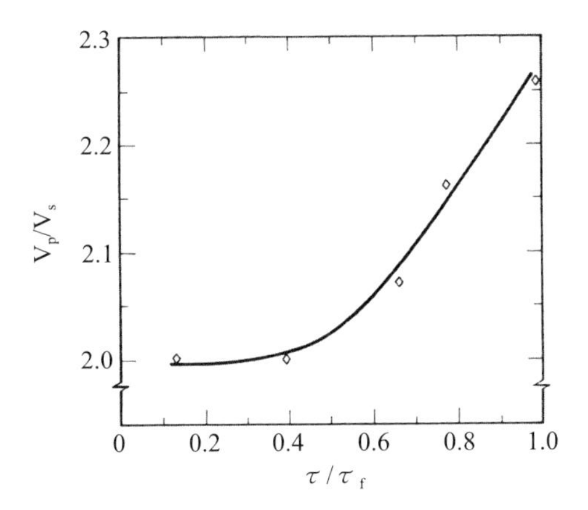

圖 9-6　速度比率 V_p/V_s 是剪切應力正規化至斷裂應力（τ/τ_f）的函數（Bonner, 1975, Fig. 2）

9-3　圍壓對多孔岩石破壞行為的影響

Gowd and Rummel（1980）對來自德國西南部多孔砂岩進行三軸壓縮實驗，試樣是取自中等粒徑，以及次角狀至圓狀的石英顆粒膠結於黏土基質中的 Buntsandstone，其初始孔隙率為 15% 及初始滲透率是 50μ darcy。在固定圍壓（上限 200 MPa）條件下，完整的軸應力對軸應變（即 σ_1 vs ε_1）曲線見圖 9-7，低於臨界值（即 $\sigma_1 < \sigma_y$）時，岩石呈線性及彈性變形，σ_y 稱為屈服強度，它依圍壓 σ_3 而改變其值，當再增加軸向壓力時，試樣產生非彈性變形。在低圍壓情況（$\sigma_3 < 90$MPa）曲線顯出一個界定的最高強度（σ_m），之後強度在破壞後（post-failure）區域逐漸減少，直至到達大約固定的軸壓 σ_r 時，才停止減少強度，這個最後變形發生時的強度，稱為殘餘強度。岩石在此種情況的非彈性變形包含峰前（pre-peak）變形期間的微裂紋產生，當越過應力峰值後強度開始降低，此時宏觀的剪切帶開始發展。在較高的圍壓情況（$\sigma_3 > 100$MPa）岩石展現硬化（work-harding），而沒有發展宏觀的剪切裂縫。在圍壓 100～130 MPa 時，多條剪切裂縫形成，而僅在圍壓 200 MPa 時，岩石展現明顯的膨脹。

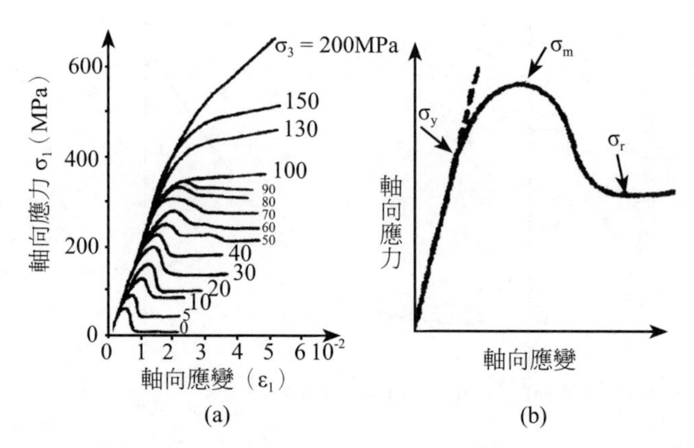

圖 9-7　(a) Buntsandstone 在固定圍壓 σ_3（上限為 200 MPa）條件下之軸應力對軸應變曲線（σ_1 vs ε_1）。

(b) 屈服強度 σ_y、最高強度 σ_m、及殘餘強度 σ_r 定義

（Gown and Rummel, 1980, Fig. 2）

圖 9-8 是軸應力對體積應變（即 σ_1 vs θ）的關係，岩石彈性變形具有體積應變隨軸壓（σ_1）增加，而呈線性減少的特質，$\sigma_1 = \sigma_v$ 時膨脹開始，因此 σ_v 稱爲膨脹強度（dilatancy strength）。在低圍壓（$\sigma_3 < 10$MPa）時，岩石膨脹很顯著，與初始體積相較，它可能達到 $\theta \approx 1\%$ 的永久體積增量。大部份的體積增加是發生在破壞後區域，它是因強度降低時，宏觀剪切斷層的形成及在約固定殘餘強度時，斷層節段因摩擦滑動而產生膨脹所導致。峰前膨脹約 2.5%，它是由岩石基質的脆性微裂紋所引起，在較高圍壓（$\sigma_3 \geqq 100$MPa）時，水平膨脹逐漸停止。

爲了解峰前微裂紋的兩階段發展及剪切斷層的發展，將峰前膨脹（$\theta_m - \theta_v$）與峰後膨脹（$\theta_r - \theta_m$）分別作爲圍壓 σ_3 的函數，並繪於同一圖（圖 9-9）。該圖顯示，在圍壓直至 40 MPa 時，峰前膨脹約呈現固定；在高圍壓則因膨脹太小而可忽略。峰後（或破壞後）膨脹在低圍壓範圍（$\sigma_3 < 20$ MPa）急遽減少，而在高圍壓時逐漸受抑制。從直接體積測量指出，峰前脆性微裂紋的產生，是完整（intact）多孔岩石在低圍壓下宏觀剪切斷層

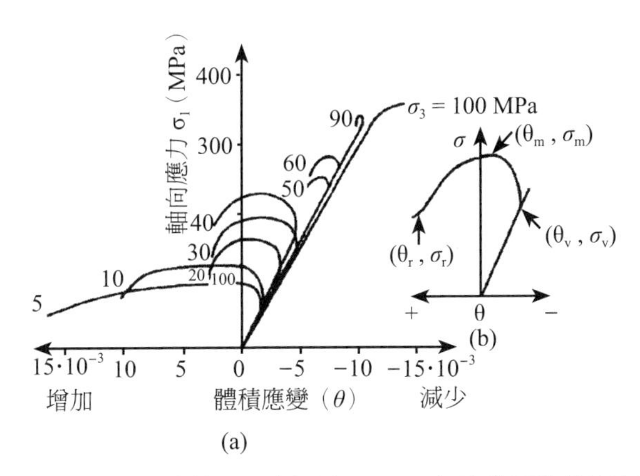

圖 9-8　(a) Buntsandstone 在固定軸壓 σ_3（直到 100 MPa）條件下的軸應力對體積應變曲線（σ_1 vs θ）

(b) 擴張強度 σ_v，在 σ_m 的體積應變，在 σ_r 的體積應變 θ_r，峰前膨脹（pre-peak dilation）：$\theta_m - \theta_v$，峰後膨脹（post-peak dilation）：$\theta_r - \theta_m$ 等定義（Gowd and Rummel, 1980, Fig. 3）

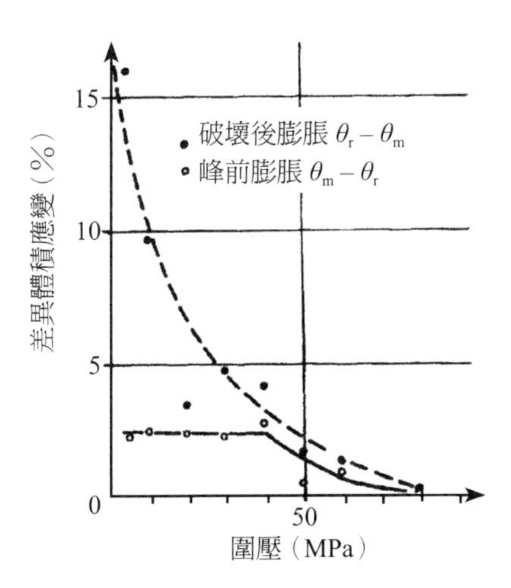

圖 9-9　峰前膨脹（pre-peak dilation），$\theta_m - \theta_r$ 及破壞後膨脹（post-failure dilation），$\theta_r - \theta_m$，皆是圍壓（σ_3）的函數（Gowd and Rummel, 1980, Fig. 4）

發展的前兆變形過程，低圍壓的峰後膨脹是來自斷層擴張。

在中值圍壓時（$40 < \sigma_3 < 90$MPa），有多條剪切裂縫形成；在高圍壓時，剪切裂縫的形成伴隨著逐漸減少的裂縫擴張。從脆性破裂到純韌性剪切變形的遞變，發生在圍壓約 100 MPa 的環境，高圍壓（$\sigma_3 > 100$MPa）的韌性剪切（ductile shear）發生時，並無伴隨任何裂紋擴張，相反地，它導致逐漸壓實（compaction）及在整個岩石試樣產生均勻剪切。

綜合以上實驗結果 Gowd and Rummel（1980）得到以下結論：

多孔性砂岩從脆性到韌性變形的遞變具有以下特質：它從較低圍壓的線彈性行爲忽然改變成較高圍壓非彈性軸應變的壓實。從砂岩韌性變形時的壓實推測，它主要是因砂岩孔隙空間的瓦解及其後石英顆粒重新調整其排列結構，使成爲較緊密狀所致，這可以解釋高圍壓時的應變硬化效應。砂岩在低圍壓的體積膨脹，是由於沿著顆粒邊界的裂縫活動、顆粒的微裂縫活動、及顆粒的相對運動所致。當峰前裂縫擴張時期，裂縫活動支配著摩擦滑動，而這種局面主要控制著峰後變形及導致宏觀剪切面的形成。

對於高孔隙岩石（如糜棱岩（myllonites））以上實驗結果意味著：地震前兆現象（如震波速度的降低）可能僅會發生在非常淺深度的地層（$\sigma_3 \approx 100$ MPa），而在較大深度處從彈性到韌性變形的遞變妨礙擴張 — 誘導（dilatancy-induced）前兆的產生。然而較大深度處如岩石滲透率小於壓實速率，則高孔隙岩石的壓實應會引起震波速度的增加，同時也會引起孔隙壓的增加，而孔隙壓增加的後果，是減少作用在潛在斷層面的有效正向應力，它也可能會因此導致不穩定滑動。

9-4　岩石破壞與聲發射的實驗研究

圖 9-10 是不同尺度破壞的示意圖，陰影區代表大尺度的斷層，陰影區中央的長方形代表正經歷脆性破壞的實驗尺度試樣，圖 (a) 顯示發生在岩石中的微裂紋，破壞力學在此微領域也可適用，圖 (b) 是圖 (a) 中剪切

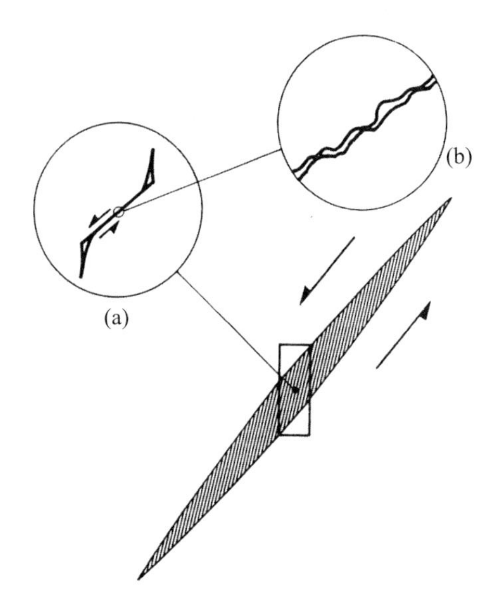

圖 9-10 不同尺寸裂縫的示意圖，陰影區代表斷層，長方形區域代表實驗室尺度的試樣，圖 (a) 顯示試樣內的微裂紋，插圖 (b) 是微裂紋表面的接觸細節（Scholz, 2002, Fig. 1.11, p. 22）

裂紋的詳細描圖，它呈現裂紋的表面粗糙情形。圖 9-11 顯示實驗室試驗時觀察到的三種裂縫模式，其一是張力裂縫，破裂面約垂直於 σ_3 軸（圖 9-11(a)），另兩者是試樣在有圍壓（三軸壓縮，圖 9-11(b)）及無圍壓（單軸壓縮，圖 9-11(c)）條件下之破裂。圍壓條件下破裂面與 σ_1 夾一銳角並平行 σ_2，最小側向膨脹方向因此是位於裂縫面上，這種情形對於 $\sigma_1 = \sigma_2$ 的膨脹非均向性（dilatancy anisotropy）情況也成立，而這通常（但非總是如此）受應力場所控制。在無圍壓情形裂開面往往平行於 σ_1。

壓縮破壞實驗過程中，當膨脹開始時聲發射（acoustic emission，簡寫 AE）也跟著開始，此種 AE 活動正比於膨脹速率。在壓縮實驗的最後階段 AE 活動猛烈加速，它似乎涉及微裂紋的聯合，進而導致宏觀裂縫的產生（圖 9-12）。動態剛性試驗（stiffened testing）機的使用，可觀察到

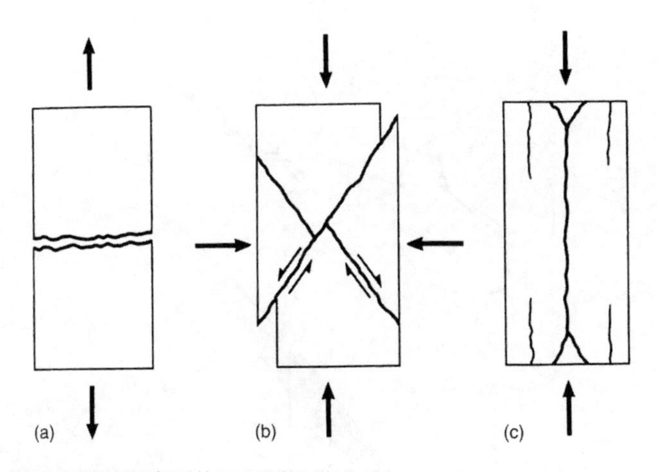

圖 9-11　實驗室試驗觀察到的三種裂縫模式（Scholz, 2002, Fig. 1.12, p. 23）：

(a) 張力破壞

(b) 壓縮試驗中的斷層裂面

(c) 低圍壓壓縮試驗（或單軸壓試驗）中觀察到的劈裂

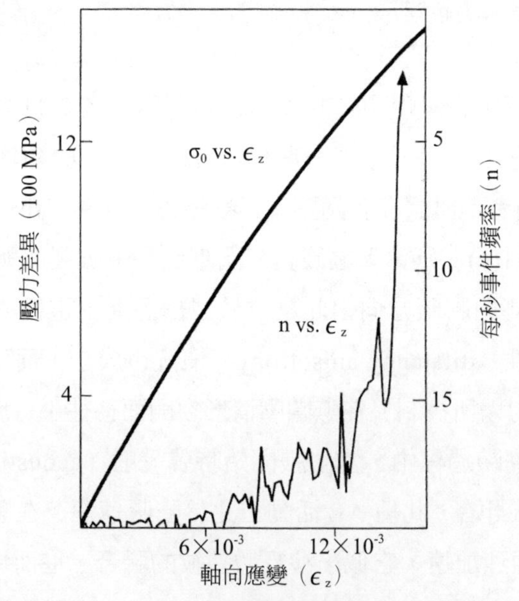

圖 9-12　當三軸壓縮試驗的岩石脆性破壞期間，觀察到的聲發射（AE）（Scholz, 1968；轉引自 Scholz, 2002, Fig. 1.15, p. 26）

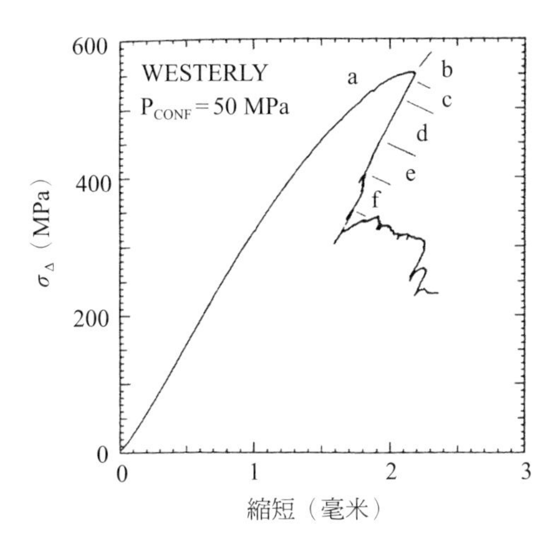

圖 9-13　完整的應力－應變曲線，它顯示從最高應力直到破壞後的區域（c-f），f 之後的高原區是斷層面上的殘餘摩擦，此殘餘摩擦形成於最高應力之後的區域（Lockner et al., 1991；轉引自 Scholz, 2002, Fig. 1.16, p. 27）

完整的應力－應變曲線（圖 9-13），其相應的 AE 活動見圖 9-14（以上兩圖的 a → f 彼此互相對應）。發生在靠近最大應力 (b)（見圖 9-13）的局部範圍 AE 似乎與試樣直軸成傾斜角度的斷層成核作用有關，當破壞沿著屈服後曲線（c-f）進行時，AE 活動指示出，斷層逐漸向跨越試樣的方向擴展，直到它完全橫切過試樣爲止。點 f 的高原強度（圖 9-13）代表後來產生的斷層摩擦強度，如此在形成斷層的過程中，可能產生大量的應力降（從屈服點降到殘餘摩擦強度）。

前文提及，在壓縮應力場最臨界方位的裂紋與 σ_1 夾一銳角，據分析顯示，最大裂紋延伸力並未在裂紋面上，而是處於一種能歪斜裂紋且令它平行於 σ_1 的方式之位置，這導致張力裂紋從剪切裂紋的尖端開始傳輸，這些裂紋在擴張一段短距離後變成穩定，如它要再向前傳輸，則需要更多加載。當應力增加時，相似的裂紋活動將從其他晶核發生，這樣將導致一個軸向裂紋排列的形成及產生主要側向擴張的膨脹。然而若僅單獨的這些

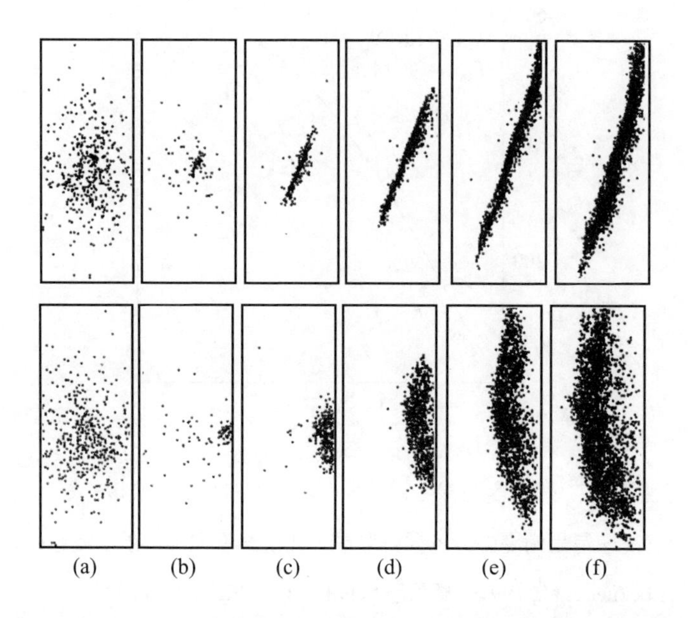

圖 9-14　當試驗進行時，試樣內部的聲發射（AE），斷層的成核與成長可自 AE 的局部範圍看出（Lockner et al., 1991；轉引自 Scholz, 2002, Fig. 1.17, p. 29）

側向擴張並不會使試樣破壞。第一種破壞模式裂紋可能從一個壓應力場中，平行於 σ_1 方向的初始裂紋穩定地成長一段長距離，而這可能是單軸壓應力試驗時試樣分裂的原因（Scholz, 2002, pp.27-33）。

9-5　土壤循環強度

決定砂質土壤循環強度的最可靠方法之一是，將現場得到的高品質未受擾動的土壤移到實驗室試驗，然而從地下水位面之下獲取未受擾動的砂質土壤，不僅技術上屬於高難度且費用也可觀。不但如此，實驗室條件也無法正確地模擬眞正的現場條件，故該法不是可以常常使用的。另一種技術上較可行且費用也較經濟的土壤現場試驗方法，係利用標準貫穿試驗（Standard Penetration Test，簡稱 SPT）或是圓錐貫入試驗（Cone Penetration Test，簡稱 CPT）。

與其他方法（如 Becker penetration test（BPT）、剪切波速度（shear wave velocity（SWV）或以下方法）相較，SPT 與 CPT 兩法較佳的原因是，它們能提供較廣泛的數據及也有較多的經驗基礎，然而在一些礫石沉積物較多的地方或大型試驗裝備不易操作的地形，其他方法可能會是較適宜的。例如 SWV 技術，由於土壤液化現象直接與土壤動態性質有關，故它是現場量度土壤動態性質最具有代表性的方法。2010 年 9 月 4 日，達菲爾德（Darfield, M_w = 7.1）及 2011 年 2 月 22 日基督城（Christchurch, M_w = 6.2）的兩場紐西蘭地震之後，由美國與紐西蘭合組的岩土工程極端事件勘察小組（Geotechnical Extreme Events Reconnaissance（GEER））到現場進行動態圓錐貫入（DCP）試驗（Sowers and Hedges, 1966）及地面波光譜分析（SASW）試驗（Stokoe et al. 1994），試驗結果可提供土壤液化潛能的資訊分析。由於這兩種試驗裝備方便於攜帶（從現場圖片可看出），故它們適合於震後的現場勘察試驗（Green et al. 2011）。以下略述 SPT 與 CPT 兩種試驗法的大要：

1. 標準貫穿試驗

SPT 是迄今爲止，最常被用於土壤液化潛能評估的方法之一，例如地震高風險區的土耳其其靠近北安納托利亞斷層帶（NAFZ）及東安納托利亞斷層帶（EAFZ）的伊茲米特盆地（Izmit Basin）有著地質年代較年輕的砂與粉砂沉積物，從土壤的地質與水文來看，它們是較容易液化的。1999 年發生在該盆地區的大地震之液化雖然造成薩潘賈（Sapanca）湖東側大片地區（稱爲 Adapazan）的財產損失，但沿著伊茲米特灣的南岸卻無液化的跡象。爲了評估盆地區的土壤液化潛能，SPT 與人工神經網路（Artificial Neural Network，簡寫 ANN）結合分析，其結果再輸進 Arc-GIS 以繪出液化阻力、地震沉陷、液化潛能、及地震預測等圖（Karakas and Coruk, 2010）。以下是 SPT 的方法概要：

Seed et al.（1983）主張建立循環應力比（CSR）與 N 值對比關係，以決定土壤液化性質，其中 N 是 140 磅重的鐵錘自由掉落 30 吋高度時，將標準取樣管（外徑 2 吋，內徑 1.5 吋）推入土壤中 12 吋所需的撞擊數，N 也稱爲標準貫穿阻力。現場測量到的 N 值實際上是反映土壤性質及有效圍壓。爲了清除圍壓的影響可使用正規化（normalized）貫穿阻力（N_I）代替 N，N_1 是在有效覆壓 1 tsf（即 1 噸／呎 ^{2}）（或 1 kgf/cm^2，或 100 kpa）條件下測得的土壤貫穿阻力。N_I 與 N 的關係如下：

$$N_I = C_N \times N \tag{9-4}$$

C_N 是有效覆壓校正因素（校正至標準覆壓 100 kpa），它是在貫穿試驗進行的深度所在之垂直有效圍壓（σ_v'）之函數。標準撞擊數 N_{60} 的定義如下（Seed, et al., 1985)：

$$N_{60} = N(ER_m/60\%) \tag{9-5}$$

ER_m 是相應的桿能（rod energy）效率或理論自由下落能量百分比，或稱爲能量校正因子（其值可參考 Committee on Earthquake Engineering, 1985, p.99），60% 代表桿能校正值。ASTM（1991a）後來依據 Seed, et al.（1985）的建議，將 SPT 的操作過程加以修正，目的是將現場圍壓及撞擊能量的損失進行合理校正。Seed 等人建議將撞擊數（N）校正至標準覆壓（100kpa 或 1tsf）及 60% 的鐵錘效率。校正後的 N 值稱爲 $(N_I)_{60}$，其推求公式爲：

$$(N_I)_{60} = N_{60}C_N = C_N ER_m N/60\% \tag{9-6}$$

N 是相當於 ER_m 的撞擊數，整個 SPT 操作過程載明在 ASTMD1586-7（ASTM, 1983）。

鑽穿阻力的覆壓校正因子（C_N）可由下式表示（Idriss and Boulanger, 2004, p.40）：

$$C_N = (P_a/\sigma_v`)^{\alpha} \leqq 1.7 \tag{9-7}$$

$$\alpha = 0.784 - 0.0768\sqrt{(N_1)_{60}} \tag{9-8}$$

P_a 是大氣壓（$1P_a \approx 1tsf \approx 101kpa$），$(N_1)_{60}$ 的最大值是 46。循環應力比（τ_{av}/σ_v'）可由循環剪切應力試驗得到，其中的 τ_{av} 是循環剪切應力的平均大小，σ_v' 是循環剪切應力作用之前，砂試樣受到的最初垂直有效覆壓。

Seed et al.（1975）建議以下簡單方法，它可將典型的不規則地震記錄轉變成均勻應力周期的等値序列，要達到此，須基於經驗並假設（見圖 9-15）：

$$\tau_{av} = \tau_{cyc} = 0.65\tau_{max} \tag{9-9a}$$

$$\tau_{max} = (a_{max} / g)\ r_d\sigma_v \tag{9-9b}$$

τ_{cyc} 是地震的循環強度平均値。a_{max} 是地表面由地震導致的最大水平加速度，g 是重力加速度，r_d 是深度降低因子或應力降低係數（見圖 9-16），σ_v 是土壤柱底部的總垂直應力

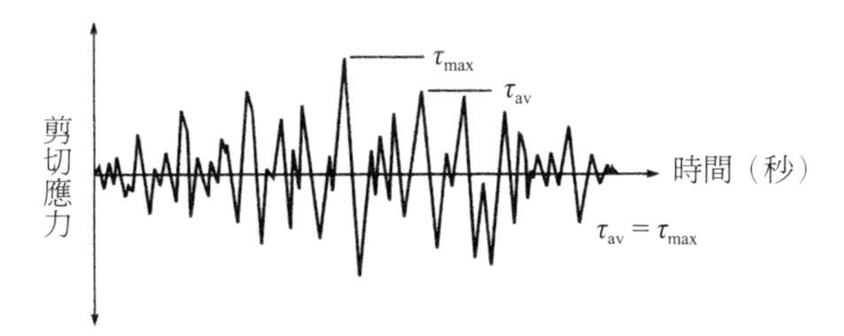

圖 9-15　當地震時為進行液化分析所需的剪切應力時間歷史（Seed and Idriss, 1971；轉引自 Prasad, 2011, Fig. 10.4, p. 446）

循環應力比 CSR（Cyclic Stress Ratio）也稱爲地震應力比 SSR（Seismic Stress Ratio）（Vessia and Venisti, 2011, pp. 1094-1095）：

$$\text{CSR 或 SSR} = \tau_{cyc}/\sigma_v' \tag{9-10}$$

因此，

$$CSR\text{或}SSR = 0.65r_d \cdot (\sigma_v/\sigma_v') \cdot a_{max}/g \quad (9\text{-}11)$$

如果校正至地震規模 M = 0.75，則

$$CSR_{7.5} = 0.65(\sigma a_{max}/\sigma_v')(r_d/MSF)(1/K_\sigma) \quad (9\text{-}12)$$

其中 MSF 是地震規模尺度因子（見後文說明），它必須≦ 1.8：

$$MSF = 6.9\exp\left(-\frac{M}{4}\right) - 0.058 \quad (9\text{-}13)$$

$$a_{max} = a_g S_s \quad (9\text{-}14)$$

$$K_\sigma = 1 - C_\sigma \ln(\sigma_v'/P_a) \leqq 1 \quad (9\text{-}15)$$

$$C_\sigma = 1/(18.9-2.25\sqrt{(N_1)_{60}}) \leqq 0.3 \quad (9\text{-}16)$$

M 是地震規模，a_g 是在場址露出地面的硬土壤（土壤類型 A）之參考加速度，S_s 是地層放大因子，它考慮覆蓋於基岩之上的地表軟土壤層影響，K_σ 是循環應力比的覆壓校正因子（Idriss and Boulanger, 2006, p.1094）。

有關 MSF 的較詳細說明見 §11-4，應力降低係數 r_d 是用來描述土壤剖面與機動性，或更詳細的說，它是說明彈性土壤柱循環應力對剛性土壤柱循環應力比率的參數，其值隨深度與地震規模而改變（見圖 9-16；註：此圖並無計入地震規模的影響力，但圖 11-7 則考慮地震規模），而當地震時土壤層任一水平的任一點，其誘導剪切應力主要是來自土壤層中剪切波的垂直傳播所致，這些應力可以分析並計算得到，它們依賴地震的地面運動特質（如強度與頻率）、場址的剪切波速度剖面、及動態土壤性質等而定。Idriss（1999）經過數百次現場參數反覆分析後得到以下關係：

$$\ln(r_d) = \alpha(z) + \beta(z)M \quad (9\text{-}17)$$

$$\alpha(z) = -1.012 - 1.126\sin\left(\frac{z}{11.73} + 5.133\right) \quad (9\text{-}18)$$

$$\beta(z) = 0.106 + 0.118\sin\left(\frac{z}{11.28} + 5.142\right) \quad (9\text{-}19)$$

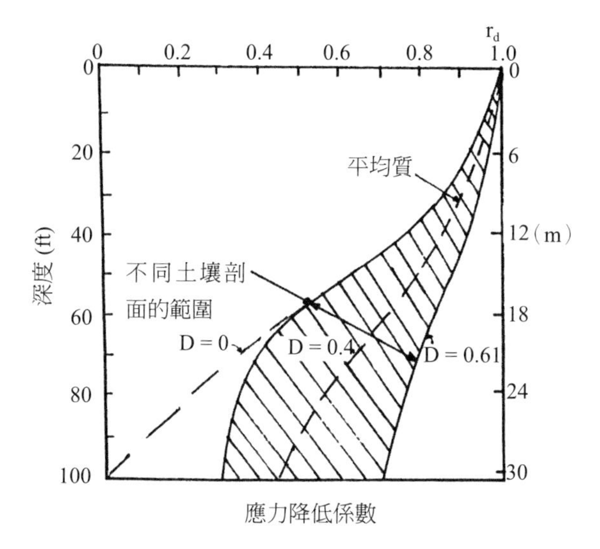

圖 9-16　應力降低係數隨深度之變化，D 是土壤阻尼比（Seed and Idriss, 1971）

ln 是對數，z 是深度（以米為單位），其最大值是 34 米，如 z > 34 米則使用下式：

$$r_d = 0.12\exp(0.22M) \tag{9-20}$$

然而因 r_d 的未確定性隨深度的增加而增加，因此式（9-17）～（9-20）最好僅用於深度小於 ±20 米之處。r_d 隨深度的變化除可利用式（9-17）外，以下的關係式也可作為參考（Liao and Whitman, 1986）：

$$Z \leqq 9.15\text{m} \rightarrow r_d = 1.0 - 0.00765Z \tag{9-21}$$

$$9.15\text{m} < Z \leqq 23\text{m} \rightarrow r_d = 1.174 - 0.0267Z \tag{9-22}$$

Z 是地表下的深度（單位：米），由式（9-21）、（9-22) 計算得到的 r_d 是代表寬範圍的可能平均值，同時 r_d 的範圍也隨深度的增加而增加。

土壤液化分析的描述除 CSR 外，另一個無因次參數是循環阻力比（Cyclic Resistance Ratio，簡稱 CRR），它代表土壤的液化阻力，有關 CSR 與 CRR 的較詳細說明可另參考 §11-4「液化安全因子的含意」一文。

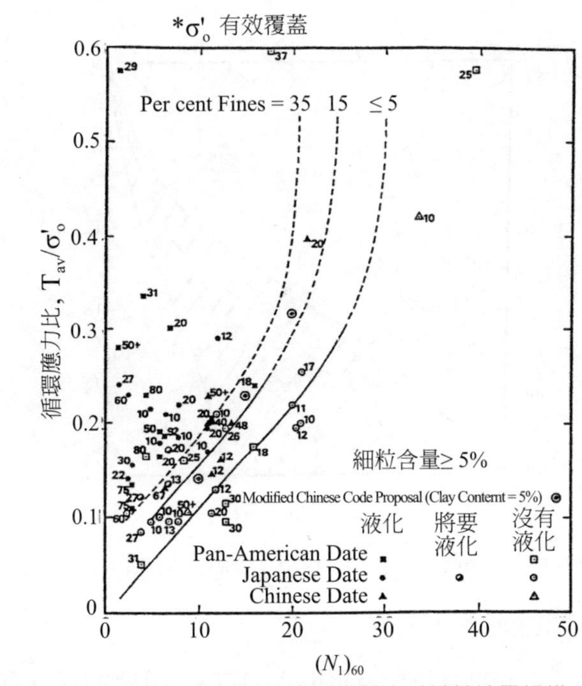

圖 9-17　循環強度比（CSR）及 SPT-N 值間的對比（基於地震規模 7.5）（Seed, et al., 1985, p. 283）

決定液化阻力的最普通方法是使用得自 SPT 的數據，通常增加土壤液化阻力的因素也將增加經 N 值校正的 SPT 值。

圖 9-17 是基於 SPT 的液化評估標準，細粒含量少於 5% 的 CRR 曲線是 Seed and Idriss（1971）簡化程序的基本貫穿標準曲線，此後即稱之爲 SPT 純砂（clean sand）基準曲線，它是基於地震規模 M = 7.5，應用時須使用地震規模縮放因子（MSF），將它調整爲其它規模的值。圖中純砂基準曲線的上方外延點線部份是基於下式：

$$CRR_{7.5} = 1/[34 - (N_1)_{60}] + [(N_1)_{60}/135] + 50/[10 \cdot (N_1)_{60} + 45]^2 - \frac{1}{200} \quad (9\text{-}23)$$

上式適用於 $(N_1)_{60} < 30$（Youd et al., 2001, p.820）。

如 CRR 是以等值純砂正規化 STP-N 值，$(N_1)_{60,cs}$ 表示，則可使用下式（Idriss and Boulanger, 2006）：

$$CRR = \exp\{N_{1,60,cs}/14.1 + (N_{1,60,cs}/126)^2 - (N_{1,60,cs}/23.6)^3 - (N_{1,60,cs}/25.4)^4 - 2.8\} \quad (9\text{-}24)$$

上式用於 M = 7.5 地震規模及有效垂直應力 $\sigma_v` = 1atm$（≈ 1tsf），SPT 貫穿阻力可藉下式調整爲相當的純砂值：

$$(N_1)_{60cs} = (N_1)_{60} + \Delta(N_1)_{60} \quad (9\text{-}25)$$

$$\Delta(N_1)_{60} = \exp\left\{1.63 + \frac{9.7}{FC+0.1} - \left(\frac{15.7}{FC+0.1}\right)^2\right\} \quad (9\text{-}26)$$

$(N_1)_{60}$ 見式（9-6），FC 是細粒含量（Fine Content），$N_{1,60,cs}$ 是經 SPT 撞擊數校正後的純砂上覆等值應力，$\Delta(N_1)_{60}$ 隨 FC 的變化見圖 9-18。圖 9-17 可被用來決定現場土壤的循環阻力，該圖是根據地震發生時，曾產生液化或未曾產生液化的數個場址之調查結果所製成。大部份使用於圖中的數據是來自地震規模近 7.5 的場合，圖中的三條線分別代表土壤含有 35%、15%、或≦ 5% 細粒含量的情形。處於每條線左側的數據代表現場液化，而每條線右側的數據代表地表未產生液化。

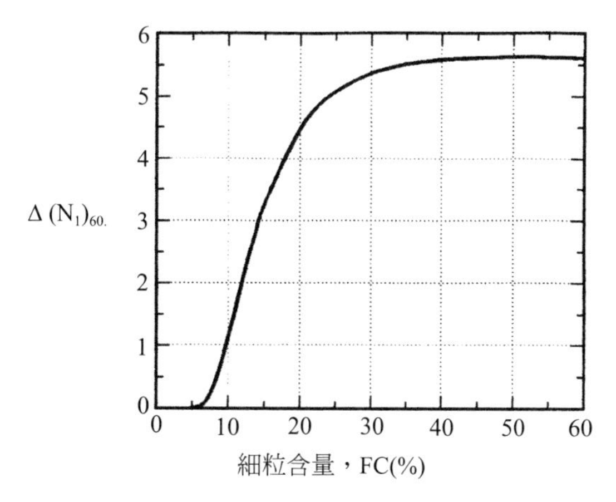

圖 9-18　$(N_1)_{60}$ 隨細粒含量（FC）的變化（Idriss and Boulanger, 2004, Fig. 19）

圖 9-17 顯示（Guo and Prakash, 1999）：

(1) CSR（循環應力比）的增加，意味著土壤中孔隙水壓的改變。當 SPT 值較低（即鬆散砂情況），土壤的細粒含量將導致其孔隙壓高於純砂，當砂較緻密（較高細粒含量），這時將會有塑性產生，而土壤將會增加其凝聚性質，因此液化阻力將也會迅速增加。

(2) 若土壤細粒含量僅為 10% 時，CSR 增加率隨著 $(N_1)_{60}$ 的增加是最低，若 $(N_1)_{60} \geqq 15$，CSR 增加率對較高細粒含量的砂是明顯地較高。這指出細粒含量及細粒性質（例如塑性指數）控制著 CSR 值。

基於 SPT（經 N 值校正後）及現場性能數據，Seed et al.（1985）歸結出三個概略的潛在損壞範圍，它們是：

$SPT\text{-}N_{corrected}$	潛在損壞
0-20	高度損壞
20-30	適度損壞
> 30	沒有明顯損壞

2. 圓錐貫入試驗

圓錐貫入試驗（CPT）的操作法是利用一頭部尖銳的圓錐貫穿器（cone penetrometer），以穩定速率貫入地層，許多工程師認為，它比 SPT 更能對土壤勁度（stiffness）與強度獲得前後一致的評估結果。CPT 的標準操作是依據 Seed and deAlba（1986）所建議，後來載於 ASTM（1991b）的規範之內。Seed 等人建議的修正圓錐尖端阻力是，將測到的圓錐尖端阻力相對應於 100 kpa（或 1 kgf/cm^2）的有效覆壓應力以推求其正規化值（q_{cl}），再據 q_{cl} 與循環應力比繪成圖（圖 9-19），其中

$$q_{cl} = C_q q_c \tag{9-27}$$

q_c 為圓錐貫穿阻力，C_q 是有效覆壓校正因子，據 Kayan, et al.（1992）：

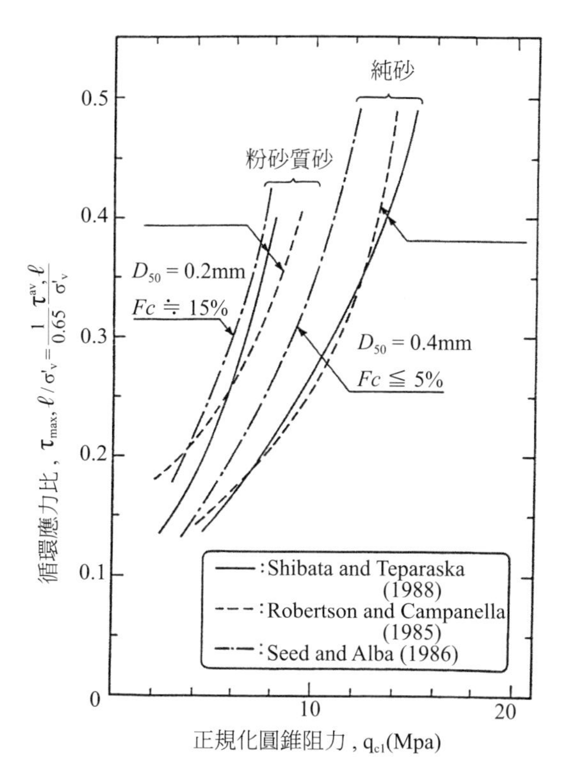

圖 9-19　基於正規化 CPT_{qc} 值的砂值土壤循環強度評估，F_c 是細粒含量，D_{50} 是顆粒平均直徑（Ishisara, 1996, p. 286）

$$C_q = 1.8/[0.8 + (\sigma_{vo}'/\sigma_{ref}')] \quad (9\text{-}28)$$

σ_{ref}' 是相等於一大氣壓（100 kpa）的參考應力，σ_{vo}' 是有效垂直總覆壓，在垂直有效應力小於 100 kpa 時，C_q 大於 C_N（C_N 見式（9-7））；垂直有效應力大於 100 kpa 時，C_q 略微小於 C_N。Idriss and Boulanger（2004, p.40）利用以下關係決定 C_q：

$$C_q = (P_a/\sigma_v')^{\beta} \leqq 1.7 \quad (9\text{-}29)$$

$$\beta = 1.338 - 0.249(q_{cl})^{0.264} \quad (9\text{-}30)$$

q_{cl} 的最大值是 254，P_a（$1P_a \approx 1tsf \approx 101kP_a$）。

比較 CPT 與 SPT 兩種鑽入試驗，在液化評估方面，CPT 具有較多的優點，它們是：

(1) 操作上 CPT 較經濟，且能進行預前的地下調查。

(2) SPT-N 值須針對有效覆壓、鐵錘種類及釋放系統、與鑽桿長度等進行校正，而 CPT 數據僅須對有效覆壓做校正即可，因此 CPT 試驗過程較簡單及標準化，故它比 SPT 具有更多的可複製性；

(3) CPT 可提供貫入阻力的連續記錄，因此在潛在液化層次它能提供連續的安全因子，故對土壤性質的變化及安全評估可增加更多的理解。不但如此，它尚能分辨薄的（厚度大於 15 厘米）砂或粉砂液化層。

儘管 CPT 有以上的優點，但多年來它一直無法被廣泛使用於液化評估的原因是：

(1) 現場試驗時無法得到土壤分類及粒徑分析的土樣；

(2) 與液化潛能有關的 CPT 現場數據不夠多，無法建立可靠的液化潛能評估圖（如圖 9-20 是基於 180 組現場液化案例之 CPT 數據建成的液化潛能關係圖）。

從以上敘述知，進行土壤液化評估時，最好是應用 CPT 尖端阻力，而非將 SPT 撞擊數轉化為 CPT 尖端阻力後再進行液化阻力評估。與 SPT-N 值一樣，CPT 貫入阻力也依土壤密度、結構、膠結程度、年代、應力狀態與應力史而定，故它可用來估計土壤的未排水屈服強度。圖 9-21 提供從 CPT 數據直接決定純砂 CRR 的曲線，這個圖僅適用於 M = 7.5 地震，圖中的純砂基準曲線，可由以下方程式推求（Robertson and Wride, 1998）：

如 $(q_{CIN})_{cs} < 50 \rightarrow CRR_{7.5} = 0.833[(q_{CIN})_{cs}/1000] + 0.05$ (9-31)

如 $50 \leqq (q_{CIN})_{cs} < 160 \rightarrow CRR_{7.5} = 93[(q_{CIN})_{cs}/1000]^3 + 0.08$ (9-32)

其中等值純砂正規化 CPT 貫穿阻力，$(q_{CIN})_{cs}$ 是正規化至約略 100 kpa（1 大氣壓）的純砂圓錐貫入阻力。

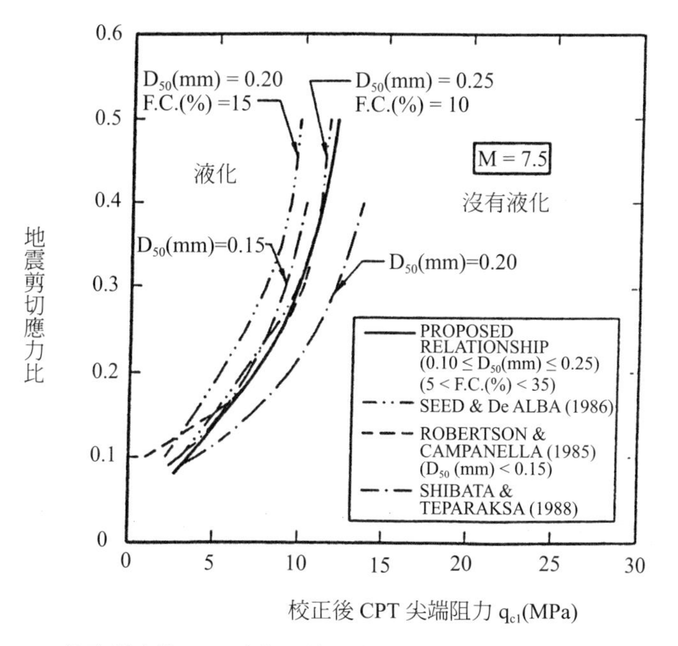

圖 9-20　粉砂質砂的 CPT 液化潛能評估圖（Stark and Olson, 1995, Fig. 6）

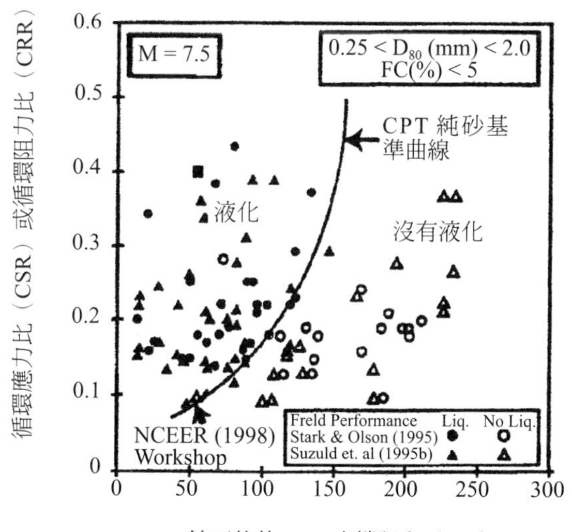

圖 9-21　從 CPT 數據計算 CRR 的推薦曲線（Robertson and Wride, 1998；轉引自 Youd et al., 2001, Fig. 4, p. 821）

3. 剪切波速度技術

剪切波速度（SWV）技術優於其他現場試驗法之處，具體來說，有以下三點：

(1) SPT 與 CPT 在礫石質土壤無法得到好品質的結果，但 SWV 技術則不受影響。

(2) SWV 是非破壞性檢測法。

(3) 土壤動態性質能在實驗室及現場進行測量。

SWV 技術雖然有以上優點，但其缺點是來自地震地區的有限現場性能數據無法完善地建立 SWV 與土壤液化的對比關係，對土壤液化預測而言，這一點可能是最嚴重的。就像 SPT 阻力對覆壓應力的校正過程一樣，使用 SWV 技術時，也須將剪切波速度（V_s）針對參考覆壓應力做校正：

$$V_{sl} = V_s(P_a/\sigma_v`)^{0.25} \tag{9-33}$$

V_{sl} = 經覆壓應力校正後的剪切波速度

P_a = 近似 100 kpa（1tsf）的大氣壓力

σ_v' = 最初有效垂直應力（與 P_a 的單位相同）

上式是基於土壓係數 (K_a') = 0.5 的隱性假設，另一隱性假設是：V_s 是在粒子運動方向與沿著主應力方向偏振（polarized）的波傳播方向等兩方向測量，除此之外，也假設以上兩方向之一是垂直。由於黏性土壤的貫穿阻力無法直接用於液化評估，故很難使用黏性土壤阻力與剪切波速度間的對比關係，來建立土壤液化潛能圖，因此 SWV 試驗的對象皆是針對無黏性土壤。SWV 與 SPT-N 值的關係見圖 9-22，該圖是基於：

① Fumal and Tinsley（1985）

② Tonouchi et al.（1983）

③ Kayaboli（1996）：在將 SWV-CPT-q_c 關係轉換為 SWV-SPT-N_{60} 關係時，使用 $q_c/N = 5.5$

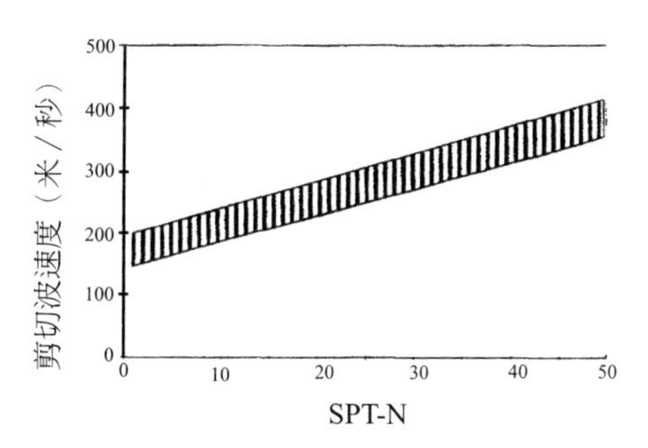

圖 9-22　SPT-N 與 V_s 的關係（Kayabali, 1996, Fig. 8, p. 124）

等人的研究。據圖 9-22，線條區的平均曲線關係是（Kayabali, 1996, p.124）：$V_s = 175 + 3.75N_{60}$，這說明粗粒土壤的 V_s 與 N_{60} 間在合理範圍內有好的對比關係，不僅如此，SWV 與 CPT 間也有好的對比關係（見 Kayabali, 1996, Fig.6）。

圖 9-23 比較七種 CRR-V_{s1} 曲線，其中最適當的曲線關係是 Tokimatsu and Uchida（1990），其決定是基於細粒含量 < 10% 的不同種類砂，以及 15 循環數的負載之實驗室循環三軸試驗的結果。Andrus and Stokoe（1997）建議以下的 CRR～V_{s1} 關係：

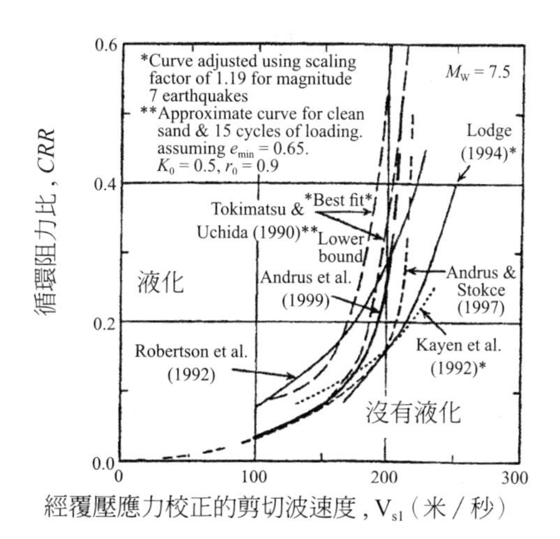

圖 9-23　粗粒土壤的液化阻力及經覆壓應力校正的剪切波速度間之七種關係比較（Youd et al., 2001, Fig. 8, p. 824）

$$CRR = a(V_{sl}/100)^2 + b[1/(V_{sl}^{*}-V_{sl})-1/V_{sl}^{*}] \quad (9\text{-}34)$$

V_{sl}^{*} = 液化發生時 V_{sl} 的上限值

a, b = 曲線擬合（fitting）參數

圖 9-24 是對 M_w = 7.5 地震及未膠結全新世（Holocene-age）土壤在不同細粒含量的 CRR～V_{sl} 關係圖，圖中的 a = 0.022，b = 2.8，並假設 V_{sl}^{*} 從 200 米／秒（土壤細粒含量 35%）至 215 米／秒（土壤細粒含量 5% 或更少）之間的變化具有線性關係。利用地震規模縮放因子，式（9-34）可應用至其他地震規模（Youd et al., 2001, p.825）。

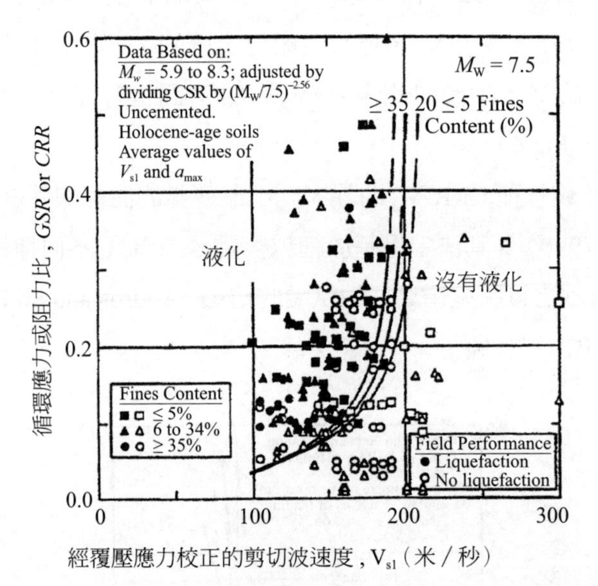

圖 9-24　對純（clean）及未膠結土壤的 CRR-V_{s1} 關係（Andrus and Stokoe, 2000；轉引自 Youdetal., 2001, Fig. 9, p. 825）

9-6　細粒物質對土壤循環強度的影響

在相同的貫穿阻力情況下，細粒含量增加將會增加土壤的循環強度（如圖 9-17），不但如此，再以圖 9-17 的曲線分佈形態來看，隨著細粒

含量的增加曲線近乎平行地往左移動（N_1 逐漸減少），這種情形也可適用於土壤的殘餘強度情形，惟N_1的變化值（ΔN_1）是N_1的增加量而非減少量，因此 ΔN_1 可作爲細粒含量的函數。假設純砂的循環強度是 $f(N_1, 0)$，則

$$f(N_1, 0) = f(N_1 - \Delta N_1, F_c) \tag{9-35}$$

F_c 是細粒含量（圖 9-25）。上式的含義是：它估算純砂若欲得到與粉砂相同的循環強度，則其 N_1 所需減少的量；若應用於殘餘強度，其含義是：粉砂若欲得到與純砂相同的殘餘強度，則其 N_1 所須增加的量。因此 ΔN_1 在循環強度與殘餘強度兩種情況下的解釋含義不同。

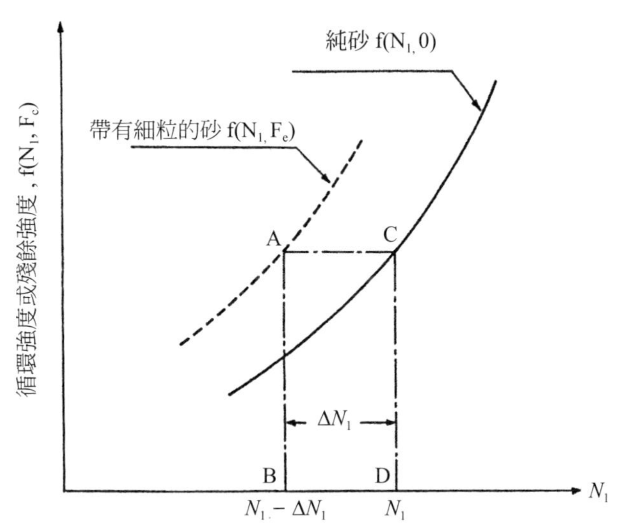

圖 9-25　N_1 值增量、細粒含量、與土壤強度的關係（ishihara, 1996, p. 290）

Seed et al.（1985）在其論文中指出，CRR 隨細粒含量（F_c）的增加呈明顯的增加，但這個增加究竟是來自液化阻力的增加或是貫入阻力的減少則未清楚。I.M. Idriss 在 R.B. Seed 幫助下發展出下式，以將 $(N_1)_{60}$ 校正成等值的純砂值，$(N_1)_{60cs}$：

$$(N_1)_{60cs} = \alpha + \beta(N_1)_{60} \tag{9-36}$$

$\alpha = 0$ 當 $F_c \leqq 5\%$ （9-37）

$\alpha = \exp[1.76 - (190/F_c^2)]$ 當 $5\% < F_c < 35\%$ （9-38）

$\alpha = 5.0$ 當 $F_c \geqq 35\%$ （9-39）

$\beta = 1.0$ 當 $F_c \leqq 5\%$ （9-40）

$\beta = [0.99 + F_c^{1.5}/1000]$ 當 $5\% < F_c < 35\%$ （9-41）

$\beta = 1.2$ 當 $F_c \geqq 35\%$ （9-42）

NCEER/NSF 研討會參予者推薦以上式（9-36）至式（9-42），認為它們是考慮細粒含量（F_c）對 CRR 影響的近似修正式（Youd et al., 2001, p.820）。

鬆散至中等密度的無凝聚（cohesionless）土壤（如純砂）在循環負載條件下的液化現象過去曾被廣泛研究，然而一些地震（如海城（1975）及唐山（1976）兩地震）的觀察指出，許多凝聚土壤也產生液化（Wang, 1979, 1981, 1984），這些凝聚土壤的黏土含量少於 20%、液限（liquid limit）介於 21-35%，塑性指數介於 4-14，其液限含水量超過 90%（Wang,1979）。此外，當 Mino-Owari，Tohankai 及福井（Fukui）等地震發生時，液化土壤的細粒含量高達 70% 及黏土含量達 10%（Kishida, 1969）。當 1978 年 Tokachi-Oki 地震發生時，液化土壤的細粒含量高達 90% 及黏土含量 18%（Tohno and Yasuda, 1981）。

當 1993 年北海道 Nansaioki 地震發生時，液化土壤的細粒含量高達 48% 及 18% 黏土含量（Miura et al., 1995）。1971 年聖費爾南多（San Fernado）地震發生時，Lower San Fernado 水壩因一些砂層含有像粉砂的填充物而發生滑動破壞（Seed et al., 1989）。當 1983 年愛達荷州地震發生時，威士忌春（Whiskey Spring）的粉砂－黏土土壤產生液化（Youd et al., 1985）。當 1811-12 年新德里地震發生時，密蘇里灣畔也有廣泛的液化證據（Wesnousky et al., 1989）。

從以上敘述來看過去認為，與純砂相較包含細粒含量的土壤通常擁有較高的抗液化阻力之說法未必可靠。2010 年 3 月 4 日，台灣甲仙地震

（$M_w = 6.4$）發生時新化地區具有高細粒含量（≧ 35%）的粉砂質細粒砂（$D_{50} = 0.09$ 毫米）土壤層就曾產生嚴重液化，當時為利用 CRR-$N_{1,60}$ 曲線以計算液化安全因子，其做法如下：土壤層若其深度大於 20 米且塑性指數（PI）大於 7，則將它視為非液化土壤層，此時液化分析僅在深度 4 至 9 米的粉砂質砂層進行（Chang et al., 2011）。

圖 9-26 是符合 ASTM 土壤性質定義的中國標準，據該圖所有落在 w = 0.87LL 及 LL = 33.5 線之下的土壤數據，將被認為是易於液化（w 是飽合含水量，LL 是液限），而這部份土壤的黏土含量 < 20% 及塑性指數≦ 13。更普通的表示法見下式（Boulanger, 2006）：

$$LI = \frac{Wc - PL}{LL - PL} \tag{9-43}$$

Wc 是自然含水量，LI 是塑性指數，LL 是液限，PL 是塑性限。圖 9-26 的中國標準並非放之四海皆可，1994 年加州北嶺（Northridge）、1999 年伊茲米特的科賈埃利（Kocaeli)、及 1999 年台灣集集等地震發生時，細粒土壤的液化並未符合中國標準的黏土顆粒大小。1999 年 8 月 17 日，土耳其西北部地區的伊茲米特地震（$M_w = 7.4$）時阿達帕扎勒（Adapazari）市

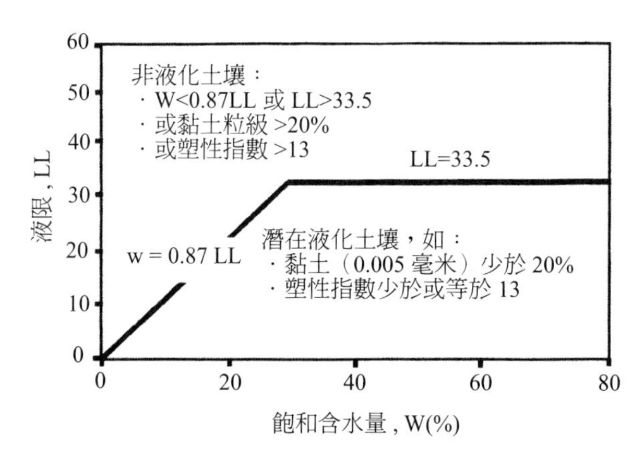

圖 9-26　符合 ASTM 土壤性質定義的中國標準（Perlea, Koestes and Prakash, 1999；轉引自 Prakash and Puri, 1998, Fgi. 2）

的液化證實細粒土壤很易於液化，而決定液化的條件並非土壤中黏土顆粒大小，而是土壤中黏土礦物的數量及類型。此情況下塑性指數（PI）是評估液化的較佳標準。其他影響因素是土壤礦物、空隙率（void ratio）與超固結（overconsolidation）比率等。PI < 12 及 Wc/LL > 0.85 的鬆散土壤較易於液化，而同樣是鬆散土壤，但若 12 < PI < 18 及 Wc/LL > 0.8，則更能經常性地抗拒液化。在低有效應力及 PI > 18 時，則不容易液化。

以上建議的標準在實際應用時，仍須參考工程判斷，但不管任何情況，應用黏土顆粒大小百分比作爲鑑別液化的中國標準，或其他標準不應使用於工程運作中。雖然低塑性的粉砂與黏土在鬆散與飽和狀態下可能易於液化，但液化的後果，可能非常不同於鬆散或飽和的砂。例如當土壤受到剪切力作用而觸發液化時，阿達帕扎勒市的低塑性粉砂顯著地擴張，此時其剪切強度僅暫時喪失而非永遠喪失，因此它對地震的反應是較不可能引起類似飽和的鬆散純砂因側向擴散而引起的大（無限制）變形（Bray and Sancio, 2006）。

爲適應工程實際操作，Boulanger et al.（2006, p.1424）在評估含粉砂及黏土的土壤之液化潛能時，由於基本行爲像黏土的細粒土壤其循環強度不但與單調未排水剪切強度有密切相關，且它也顯示較爲獨特的應力史規範化行爲，故他們首先將其循環強度藉著現場與實驗室試驗及經驗對比等來評估。另一方面，基本行爲像砂的細粒土壤，其循環強度若利用現存的 SPT 與 CPT 液化對比關係來評估，則可能較爲適當。至於如何分辨像砂或像黏土行爲，他們認爲若細粒土壤的 PI ≧ 7，則可預期它將展現像黏土行爲（即不會液化），不符合以上標準的細粒土壤，應被認爲將展現像砂的行爲（即容易液化）（見圖 9-27 與圖 9-28）。圖 9-27 中的 CL、ML、CH、與 MH 等是統一土壤分類系統（USGS）的土壤代號（Boulanger et al., 2006, Table1）。

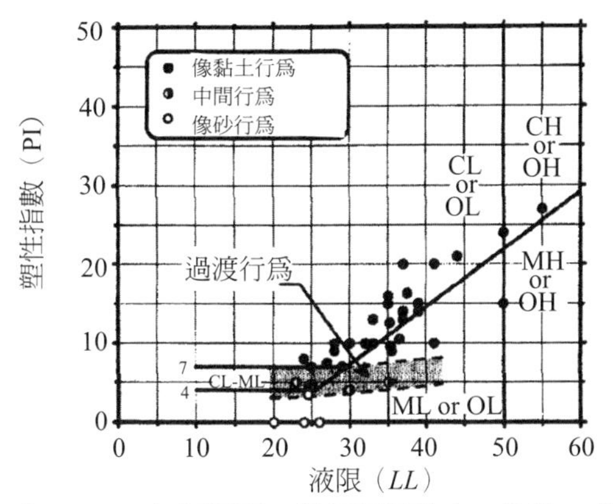

圖 9-27　阿太堡（Atterberg）極限圖，對每種像黏土、像砂、或具有中間行為的土壤它顯示具有代表性的值（Boulanger et al., 2006, Fig. 14）

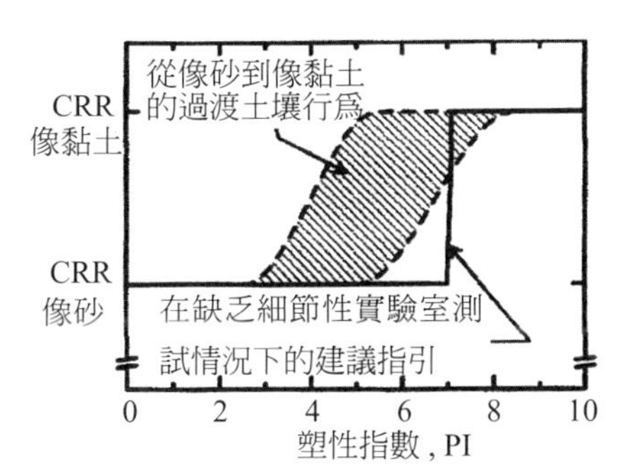

圖 9-28　說明細粒土壤當其 PI 增加時，從其像砂到像黏土行為的遞變之示意圖，圖中並建議操作指引（Boulanger et al., 2006, Fig. 15）

10 地震引起的山崩與海嘯

地震引起的山崩對人類生命與財產具有毀滅性。1970 年，秘魯地震死亡人數 70,000 人中有 20,000 人是喪生於巨型山崩，1964 年，阿拉斯加地震及 1989 年洛馬普列塔地震引起的山崩，損壞了無數建築物及道路，特別是阿拉斯加地震之際，發生在安克拉治市特納蓋恩高地（Turnagain Height）的山崩，是近幾年來發生在美國大都會區內最大型及最具有破壞性的山崩，該次山崩使一塊 800×1,200 呎面積的陸地坡面超越海岸線而往海裡滑動，有多於 70 棟建築物經 500～600 呎移位後全遭摧毀。

邊坡滑動時，通常較陡的斜坡會產生落石（rockfalls）或大量土石迅速滑動的山崩（avalanches），而較不陡的斜坡則產生土石流（debris flow）。例如 1999 年 9 月 21 日，由台灣集集地震引起的山崩，即造成了很嚴重的地形破壞。該次地震後，經由衛星影相監測及比對結果發現，中部山區新增的崩塌地多達 1,807 處，它們分別位於南投、台中、雲林及苗栗，總面積爲 7,285 公頃（相當於台灣千分之二的面積），其中南投縣的九九峰山崩最爲嚴重，崩塌面積達 5,900 公頃。集集地震在台灣中部引起 26,000 次邊坡破壞，其中草嶺山崩是兩起最大的滑坡崩塌之一，總計 29 人在該次山崩中喪生。

草嶺山崩位置在震央西南方 30 公里處，自從 1862 年以來，它已經歷 5 次（包括 1999 年）山崩，每次山崩都不是老滑動的重新啓動，而是產生逆向上坡（retrogressively upslope）型的新滑動，崩塌區域的近地表地層是上新世（Pliocene）的砂岩與頁岩互層，且形成含有傾角 14° 的地層面之順向坡（dip slope）。

1999 年，草嶺山崩的滑動面是平行於地層面的光滑平面，滑動地層的最大厚度是 180 米（圖 10-1）。在 1999 年，山崩之前的 1941 年、1942 年、與 1979 年山崩的滑動面已經部份裸露（圖 10-2(a)），其中一個滑動面是位在白砂岩頂部的砂頁岩互層中，其高度約爲 700 米，其餘的滑動面是在錦水頁岩之內。在 1999 年山崩之後滑動面分別位在三個層次之中，因而形成階梯狀的連續滑動面，其中之一位在錦水頁岩的中間層次位置，

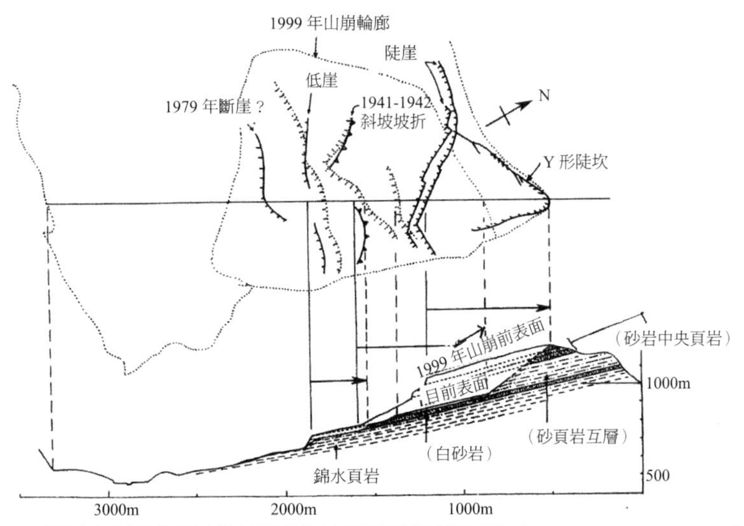

圖 10-1　草嶺山崩陡崖及斜坡破壞的地質橫截面與位置（Chigira et al., 2003, Fig. 5）

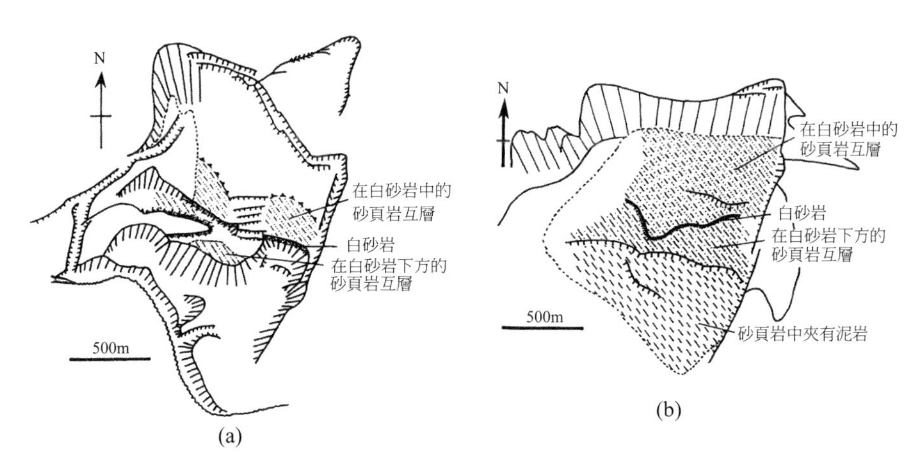

圖 10-2　在 1999 年山崩前 (a) 及後 (b) 的裸露滑動面（Chigira et al., 2003, Fig. 8）

另一個是在卓蘭層白砂岩下方的砂頁岩互層內，第三個是在白砂岩上方的砂頁岩互層內，以上三個滑動面，每一個皆平行於地層面，具有西北走向及一致的 14° 西南向傾角（圖 10-2(b)），因此 1999 年地震發生時其滑動面的特性是它剛好位在白砂岩之上及之下。頁岩因乾濕交互作用而風化及可能的表面酸性被認爲是間歇性逆向發展滑坡的主要原因之一，而風化可能因 1941 及 1942 年山崩的上覆地層之移除而加速（Chigira et al., 2003）。

10-1 山崩分析

1. 僞靜態分析

斜坡地震性能分析方法有數種，最簡單的一種是僞靜態（pseudo-static）分析法，基於該法作用在滑坡體的地震加速度在極限平衡（limit-equilibrium）分析中，被當作是一種額外及永久的靜態體力來處理。它被加入到傳統靜態極限－平衡分析的力體圖中一起分析，由於垂直力的平均影響接近零，故通常僅有地震搖晃的水平分量被模擬。例如一個乾燥且無凝聚物質的斜坡平面狀滑動表面（圖 10-3），其僞靜態安全因子表示如下：

$$FS = [(W\cos\alpha - kW\sin\alpha)\tan\varphi]/(W\sin\alpha + kW\cos\alpha) \quad (10\text{-}1)$$

W 是每單位斜坡長度的重量，φ 是斜坡物質摩擦角，k 是僞靜態係數：

$$k = a_h/g \quad (10\text{-}2)$$

a_h 是水平地面加速度，g 是地球重力加速度。使用僞靜態分析的共同做法是：使用不同的 k 值，以反覆進行極限平衡分析直至 FS = 1，此時得到的

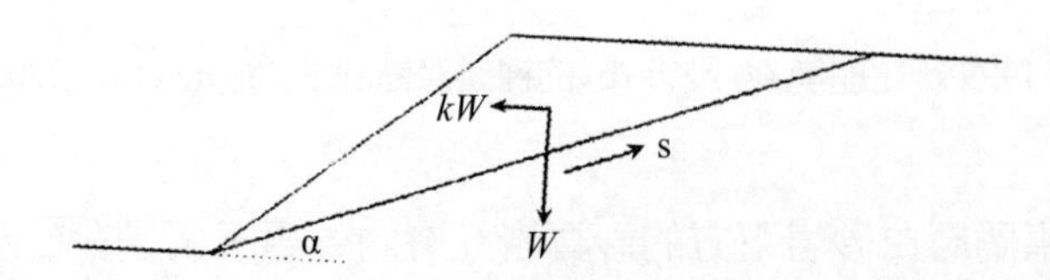

圖 10-3　乾燥、無凝聚土壤的滑坡力圖，該滑坡有平面狀滑動表面，W 是每單位長度的滑坡體重量，K 是偽靜態係數，S 是沿著滑動表面的剪切阻力，α 是滑動表面的傾斜角

僞靜態係數稱爲屈服係數 k_y，在最簡單情況，任何超越 $k_y \times g$ 的地面加速度被認爲將導致破壞。

僞靜態分析所需的輸入資料，包括剪切強度、滑體密度及斜坡幾何數據等，此法可用於決定屈服加速度及最大地面加速度（PGA），任何小於 PGA 的地面加速度，都不會使斜坡產生位移。若 PGA 大於屈服加速度，則此分析法將會有過度保守的計算結果。此外，將地震搖晃當作一種永久的單方向體力是極端保守的做法，此種做法假設地震力是恆定值，及它僅作用在促進斜坡不穩定的方向，該法的計算結果，使得許多斜坡在經歷遠超過其屈服加速度的暫態地震加速度後，將僅產生少量位移或沒有永久位移。不僅如此，該法應用上的最大困難是如何選擇一合適的震波係數，及安全因子究竟應多大才可被接受。

表 10-1 列出一些由不同專家推薦的僞靜態係數與安全因子及校準條件。在使用該表時，校準條件的選擇是一關鍵問題，表中的一些研究，其校準是針對土壩設計，因此多至 1 米的位移是容許的，這些位移值通常被用到自然斜坡設計，而斜坡的容許位移可能只是 5 至 30 厘米（Wieczorek et al., 1985; Blake et al., 2002; Jibson and Michael, 2009），最常用的值可能是 $k=0.15$ 及 $FS > 1.1$，它通常被用於加州，然而當它用於土壩設計時，其容許位移可達 1 米（Jibson, 2011, p.44）。僞靜態分析的應用因它僅提供單一的數值解門檻值（即屈服加速度），低於該值沒有斜坡位移產生，而高於該值塊體開始向下坡移動，這時卻有過度保守的估計結果，另有一些情況其結果並不保守，它們是：若斜坡包含一些當地震搖晃時，累積有顯著的動態孔隙壓之物質，或該物質在搖晃時失掉多於其最大剪切強度的 15% 時，這些情況下的斜坡都不是應用僞靜態分析的好對象（Kramer, 1996），故僞靜態分析的應用受到限制。

表 10-1　來自不同研究者的偽靜態係數（Jibson, 2011, Table 1）

研究者	推薦的偽靜態係數(k)	推薦的安全因子(FS)	校準條件
Terzhagi (1950)	0.1(R－F = IX) 0.2(R－F = X) 0.5(R－F > X)	> 1.0	未指定
Seed (1979)	0.10(M = 6.50) 0.15(M = 8.25)	> 1.15	< 1 米位移（在土壩）
Marcuson (1981)	0.33-0.50 x PGA/g	> 1.0	未指定
Hynes-Griffin and Franklin (1984)	0.50xPGA/g	> 1.0	< 1 米位移（在土壩）
California Division of Mines and Geology (1997)	0.15	> 1.1	未指定；可能基於 < 1 米位移（在土壩）

① R-F是Rossi-Forel地震強度尺度，據1873年的R-F尺度版本它分成10級（I～X），I是最輕微震動，X是極高強度震動

② M是地震規模

③ PGA是最大地面加速度

④ g是重力加速度

從以上敘述來看，僞靜態分析雖然容易使用且能快速提供一簡單的穩定標度指數，但它仍然有一些缺點，包括不容易選用適當的僞靜態係數，同時其分析結果也只不過告訴使用者：當地面加速度超越屈服加速度時會發生什麼？至於使用有限單元分析（finite-element modeling），它雖能獲得較正確的應變潛能與永久斜坡位移評估結果，但使用它時需有一套複雜的土壤本構（constitutive）模型，例如需要一套正確、非線性、且依賴應力的土壤行爲循環模型以預測土壤的應力－應變行爲，及其輸入數據不但範圍廣泛且必須有高度品質，例如包括未受擾動的土壤樣品及對該土樣的廣泛實驗室試驗，再加上若是使用三維模型，則須有強大運算能力的電腦。最後一項使用有限單元的挑戰是：在沿著分離的基底破壞表面，必須使用非常微細的網格以獲取滑坡的局部變形，因此有限單元法僅適用於有大筆預算的重要計劃（例如影響關鍵生命線或結構的計劃），才能應用該

法。除此之外，有限單元分析天生就是受特定場址（site-specific）條件所侷限，它無法使用於範圍較大的區域問題。即使是用於特定場址，但就如前所述，它一般也只用於重要計劃，原因是不容易獲得需要的數據，以及模擬程序須耗大量的時間與努力。

由於以上原因，本書的山崩分析將不討論僞靜態與有限單元等兩種分析法，而僅就靜態與動態分析進行討論。

2. 泥石流觸發條件

本節將以 1999 年 9 月 21 日台灣集集地震（$M_s = 7.7$）發生前後，陳有蘭溪集水區（流域）的碎石流所發生的臨界條件變化作為案例來說明泥石流觸發條件（Chen, 2011）。

陳有蘭溪是濁水溪最長的支流，河長 42 公里，流域面積 449 平方公里，位在南頭縣境內的集集鎮東邊 12 公里，而集集鎮是最靠近地震震央的市集。啓動碎石流的水文氣象臨界值，可由降雨強度及降雨持續時間的相關性來定義（Caine, 1980; Keeferetal., 1987; Wieczorek, 1987）。陳有蘭溪在集集地震前的碎石流啓動門檻值見圖 10-4 的虛線，它可由下式表示：

$$I_A = 30D^{-0.75} \tag{10-3}$$

I_A 是平均降雨強度（毫米／小時），D 是降雨持續時間（小時）。集集地震後門檻值改變成：

$$I_A = 36(1 - e^{-0.32\tau})D^{-0.75} \tag{10-4}$$

τ 是無因次時間參數，它反映地震後的時間改變效應，它定義為 $\tau = t/T$，t 是自地震發生之際開始估計的時間，T 是參考時間點。集集地震明顯降低了觸發碎石流的降雨量門檻值，特別是地震後的第一年年底（即 2000 年或 $\tau = 1$），顯然地因地震之故，累積在山坡及河道的鬆散物質增多，因此在地震後即使輕微雨量，這些物質也能較地震前更容易移動。

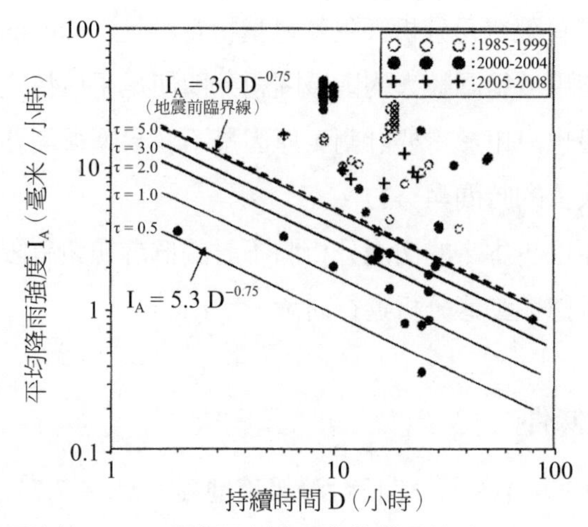

圖 10-4　觸發泥石流的 I_A ～ D 關係及其臨界條件變異性（Chen, 2011, Fig. 9, p. 1792）

對相同的降雨時間（D）平均降雨量（I_A）隨著 τ 的增加而增加。當 $\tau = 5$，利用式（10-4），臨界線方程式如下：

$$\tau_A = 28.7D^{-0.75} \tag{10-5}$$

它非常靠近地震前的臨界線（見圖 10-4 虛線），這意味著 I_A vs D 的臨界線在地震後的第 5 年（即 2004 或 $\tau = 5$），已逐漸恢復到地震前的水平，因此對於相同的降雨持續時間，在 2000 年初（或 $\tau = 0.5$）時需要去觸發碎石流的最低降雨強度僅及地震前的 $\frac{1}{5}$。在不同時期，如 1985～1999 年、2000～2004 年、2005～2008 年等，對啓動碎石流的平均降雨強度及降雨持續時間之觀察數據也列於圖 10-4，從圖知大部份碎石流發生的數據在 2000 及 2004 年之後，是落在 $\tau = 0.5$ 及 $\tau = 5$ 的臨界線之外，此種對碎石流發生的觀察數據與自式（10-4）得到的結果相符合。

以下試舉台灣中部近年來發生的重大山崩案例以說明地震、降雨量、及山崩觸發間的彼此關聯。台灣西部山麓的低高度丘陵帶是極易發生山崩的地區，特別是在夏季（颱風季）。1999 年集集地震導致中台灣地區（包括大甲溪、烏溪（大肚溪）、與濁水溪流域）產生大量的山崩土石（計有26,000次山崩事件）。在集集地震之後，西部山麓地區的許多碎石流及暴洪皆是豪雨所致。Shou et al.（2011）利用以下修正的Uchiogi經驗模型，（Uchiogi, 1971）從累積雨量來估計台灣西部山麓地區新滑坡的形成：

$$Y(\Delta t, X) = (1 + e^{-c\Delta t})[b_o(X - R)^{b1}] \quad (10\text{-}6)$$

其中Y是滑坡斜度比率，b_o與b_1是場址的特定係數，X是累積雨量，及R是啓動山崩的臨界雨量，Δt是集集地震後到形成新山崩的經歷時間。上式的4個未知數（即c、b_o、b_1與R）可利用後代計算或回歸分析法獲得。計算結果顯示，台灣中部山崩風險的臨界累積降雨量約為145至215毫米，據式（10-6）大甲溪流域的降雨量與山崩觸發的回歸關係也可建立：

$$Y = (1 + e^{-0.25\Delta t})[0.00099(X - 102)^{0.440}] \quad (10\text{-}7)$$

$$R^2 = 0.53$$

R^2是相關係數，$R^2 = 1.0$是完全相關，$R^2 = 0$是完全不相關。比較大甲溪流域與其他兩流域（見Shou et al., 2011, Table 3）後知，前者的臨界雨量值較低，這意味著該區的地震將更容易導致山崩風險。式（10-7）也顯示地震對三個流域的時間影響效應互有不同，對烏溪該效應衰退較快，但對大甲溪則效應衰退較慢。大約經過3年，地震對大甲溪的影響衰退至50%；大約10年，它衰退至10%（Shou et al., 2011, p.127）。

本節的最後一項待決問題是：究竟地震規模與滑坡規模間有無相依關係？及需要多大規模的地震始會觸發山崩？滑坡土石量與面積及地震規模間有何種相依關係？關於這些問題Malamud et al.（2004）利用過去的全球性滑坡庫存數據，經過回歸分析處理後得到以下經驗關係，其研究所依據的數據來自全球曾發生過地震（M5.3-8.6）的20個地點，其中包括台灣的集集地震（9/21/1999, M = 7.7）、美國加州的洛馬普列塔地震（10/17/1989, M = 7.0）、及印度的Assam地震（8/15/1950, M = 8.6）等（見

Malamud, 2004, Table 1）。以下是其一些結論：

(1) 山體滑坡事件的規模（m_L）與震矩規模（M）的相依關係：

$$m_L = 1.27M - 5.45(\pm 0.46) = \log N_{LT} \quad (10\text{-}8)$$

N_{LT} 是特定山體滑坡事件產生的滑坡總數目，與地震相關的滑坡啓動可由以下做法獲得：在式（10-8）設 $M_L = 0$（即僅只發生一場由地震觸發的滑坡事件，因而 $N_{LT} = 1$），可得震矩規模的臨界值 $M = 4.3 \pm 0.4$，這是可能產生滑坡的最小地震規模，此結果符合 Keefer（1984）的說法：低於 $M_L \approx 4.0$ 的近震震級（local magnitude）不會觸發山崩。Bommer and Rodriguez（2002）研究 1898 至 2001 年期間的 62 場中美洲地震（每一場地震均產生數次山崩）後認爲：這些地震中產生山崩的最小地震具有表面波規模 M_s4.8，這個結論與式（10-8）的理論外插值（extrapolation）相一致。

(2) 震矩規模（M）與總滑波面積（A_{LT}）、最大滑波面積（A_{Lmax}）、及最大滑波容積（V_{Lmax}）間的關係如下：

$$\log A_{LT}[km^2] = 1.27M - 7.96(\pm 0.46) \quad (10\text{-}9a)$$

$$\log A_{Lmax}[km^2] = 0.91M - 6.85(\pm 0.33) \quad (19\text{-}9b)$$

$$\log V_{Lmax}[km^3] = 1.36M - 11.58(\pm 0.49) \quad (10\text{-}9c)$$

利用式（10-8）與式（10-9）的方法是輸入震矩規模（M）後即可獲得 m_L、A_{LT}、A_{Lmax}、及 V_{Lmaxm} 的上下限值，此處必須強調的是：由地震導致的滑波事件其規模 m_L 並非僅是震矩規模（M）的函數，其他與地震相關的因素包括破壞帶深度、震波能區域衰減、及能源焦距的方向等均能影響 m_L（Malamud, 2004, pp.50-52）。

3. 靜態分析

對於那些觸發超過臨界位移的山崩，可以進行涉及殘餘剪切強度的統計分析，以評估震後的安全條件（Jibson and Keefer, 1993；轉引自 Ro-

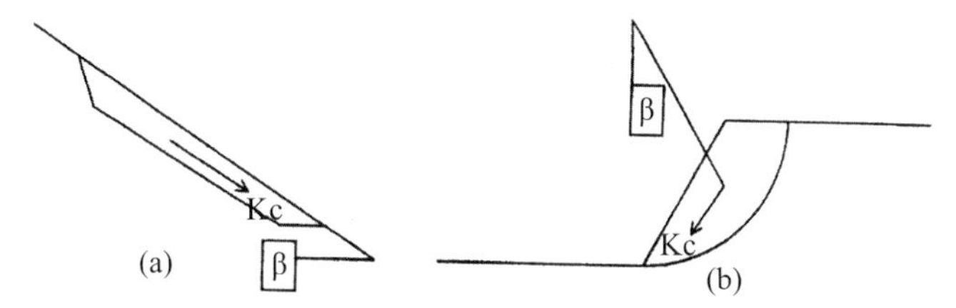

圖 10-5　無限斜坡 (a) 與轉動滑動 (b)，K_c 代表切線臨界加速度，β 是斜坡角（無限斜坡）或是推力角（轉動滑動）

meo, 2000, p.340）：

(1) 殘餘強度條件下的靜態安全因子若小於 1，則斜坡產生不穩定，及會經歷一般性的破壞。

(2) 殘餘強度條件下的靜態安全因子若大於 1，則斜坡呈現穩定，意思是當地震停止震動後，變形將停止。

爲決定臨界加速度，通常先須使用傳統穩定分析以計算斜坡靜態安全因子，圖 10-5 是無限斜坡及轉動滑動示意圖，臨界加速度係數（K_c）作用在平行於斜坡的方向上。對於具有平行於斜坡的穩定滲流之無限斜坡，其靜態安全因子（F_s）表示如下（Lambe and Whitman, 1979）：

$$F_s = \left[\frac{c`}{\gamma z}\frac{1}{\cos\beta} + (1 - r_u)\cos\beta\tan\phi`\right]/\sin\beta \quad (10\text{-}10)$$

z 是從地表算起的滑動表面深度，c' 與 φ' 是有效剪切強度參數。r_u 是孔隙壓係數（Bishop,1954），其定義爲在深度 z 的孔隙壓 u 對 γz 的比值，它依滲流的流動性質而異，如滲流平行於斜坡面，則

$$r_u = (z/T)(\gamma_w/\gamma)\cos^2\beta \quad (10\text{-}11)$$

若滲流不平行於斜坡面，則

$$r_u = (\gamma_w/\gamma)\left[\frac{1}{1+\tan\beta\tan\phi}\right] \quad (10\text{-}12)$$

β 是斜坡傾角，φ 是總剪切強度參數，T 是滲流表面與斜坡底部的硬層土壤或岩石之距離，γ_w 是地下水重量密度，γ 是岩石重量密度，臨界加速度係數 K_c（或稱臨界加速度）表示如下：

(a) 如 K_c 是作用在平行於斜坡方向：

$$K_c = (F_s - 1)\sin\beta \tag{10-13a}$$

(b) 如 K_c 是作用在水平方向：

$$K_c = (F_s - 1)\tan\beta \tag{10-13b}$$

嚴格來說，臨界加速度應被定義在平行於滑動面的方向，沿著該滑動面滑坡體順坡向下移動，在實際分析時爲簡化程序，常僅考慮臨界加速度的水平分量，而不考慮對不穩定影響微少的垂直分量。此外，爲了將計算得到的位移一般化爲加速度紀錄中地震參數的函數，另定義 K 爲臨界加速度比：

$$K = \frac{K_C\, g}{PGA} \tag{10-14}$$

PGA 是最大地面加速度，K 介在 0 與 1 之間，$K = 0$ 時位移爲無限大。$K = 1$ 時沒有同震（coseismic）位移（即沒有紐馬克位移）產生。$K < 1$ 時，則以 0.1 爲增量，將臨界加速度範圍從 0.1 至 0.9 分爲 9 個區間（不計 0 和 1）逐一計算。K 的用途見式（10-19）及式（10-20）。

4. 動態分析

(1) 分離分析

目前永久的同震（coseismic）滑波位移估計之分析（即動態分析）過程通常分爲三種：首先是剛性塊體分析法，這就是後文將詳述的紐馬克方法，它將山崩塊體視爲是一臨界加速度已知的剛性摩擦塊體。當紐馬克於

1965 年首度發表其方法（Newmark, 1965）後，不久許多較精緻的分析法紛紛被發展出來，它們旨在闡明滑坡體不僅不是剛性體，且當地震搖晃時會產生內部變形。在紐馬克之後發展出來的諸方法中較著名的有兩種，其中之一是分離（Decoupled）分析法，這種分析法在 Makdisi and Seed（1978）的文章中最常被提到，他們發展出能估計同震位移的設計圖表，該位移是斜坡幾何、地震規模、與屈服加速度對最大加速度比率的函數。一個嚴格的分離分析法，可在兩階段的程序中估計動態反應對永久滑動的影響：

(a) 假設沒有破壞面產生的斜坡動態反應分析

它利用 QUAD4M 或 SHAKE 等程式來執行計算程序。藉著估計斜坡內數點的加速度 — 時間史，發展出潛在破壞面之上斜坡體的平均加速度 — 時間史。場址反應分析需要滑坡物質的剪切波速度規範、潛在滑坡的厚度、及了解其減震（damping）性質。若是進行等值線性分析，則彈性模數的降低曲線及減震曲線也是須要的。

(b) 將獲得的時間史數據輸進剛性塊體分析程序以估算永久位移

以上的分析內容稱爲分離分析，原因是動態反應及塑性位移的計算被分開來執行之故，分離分析因此無法說明滑動位移對地面運動的影響，但它卻能正確預測現場滑坡行爲（Pradel et al., 2005）。

雖然 Makdisi and Seed（1978）的方法是最常被廣泛使用的分離分析法，但它仍有一些限制：

① 須在地表面或在壩頂估計地面加速度，但這種計算存有明顯的不確定性。

② 設計圖表顯示出大範圍（可能跨越一數量級）的可能位移，而這將使得使用者難以判斷究竟在何處可選得適當的設計位移。

③ 此等分析本是專爲土壩的設計與校準之用，然而它卻常被用於包括自然斜坡在內的廣泛情況，在此種情形下一些分析的假設不再有效。

(2) 滑動塊體分析法的選用原則

另一種永久位移分析法是耦合（Coupled）分析。在一完全的耦合分析中，滑動體的動態反應與永久位移被一齊模擬，故地面運動的塑性滑動位移被計入考慮。Lin and Whitman（1983）指出，分離分析的假設在估計總滑動量時帶來誤差，他並比較耦合與分離分析的結果，它們顯示：通常分離分析產生較保守的結果，耦合分析雖是最精緻的滑動塊體分析，但它也是需要最多計算的一種。Bray and Travasarou（2007）發展出使用非線性、完全滑動塊體與耦合模型的簡化程序，以產生位移預測的半經驗關係式，此耦合模型需要屈服加速度、滑坡體的基本滑動周期（T_s）、及在 $1.5T_s$ 時間內地面運動的頻譜加速度（spectral acceleration）。T_s 的定義式如下：

$$T_s = 4H/V_s \qquad (10\text{-}15)$$

H 是地表面與用來估計臨界加速度的滑動表面間之最大垂直距離，V_s 是滑動表面之上土壤的剪切加速度。

以上分別從優點與缺點說明永久位移分析的三種不同方法，而可靠的位移估計則端賴依不同問題條件時該如何選用適當的方法而定。最好的選擇標準似乎是基於周期比（T_s/T_m），T_m 是地震運動的平均周期（以秒計）。在淺層地殼（數據來自北美西部）岩石場址條件及缺乏向前方向性（forward directivity）條件下，T_m 是地震規模（M_w）及震源距離（r：以公里計）的函數（Rathje et al., 2004）：

$$M_w \leqq 7.25 \quad \ln(T_m) = -1.00 + 0.18(M_w - 6) + 0.0038r \qquad (10\text{-}16a)$$

$$M_w > 7.25 \quad \ln(T_m) = -0.775 + 0.0038r \qquad (10\text{-}16b)$$

理論上，耦合分析因能說明問題的複雜性，故它應產生最佳結果，但實際上，耦合分析在周期比約小於 0.1 時（此時滑坡物質呈現剛性行爲），其數值解變成不穩定，因此一般選用滑動塊體分析的原則是（Jibson, 2011, p.48）：

・如周期比 < 0.1 →使用剛性塊體分析。

・如周期比 > 0.1 →使用耦合分析。

・在使用者無法使用耦合分析的情況，可經過判斷來選用分離或剛性塊體分析，表 10-2 提供一些選用準則的比較。

表 10-2　選用適當的滑動塊體進行分析的準則（Jibson, 2011, Table 2, p.15）

滑動類型	T_s / T_m	剛性塊體分析	分離分析
較僵硬、較薄的滑動	0-0.1	最好結果	好結果
↓	0.1-1.0	不保守	保守到非常保守
↓	1.0-2.0	保守	保守
較軟、較厚的滑動	> 2.0	非常保守	保守到不保守

T_s：場址周期

T_m：地震搖晃的平均周期

大致上來說，剛性塊體分析用於分析周期比小於 0.1 的薄且硬的滑坡體時，可得到最佳結果，而在周期比介於 0.1 至 1 時，它將產生不保守的結果（當然也不應該使用它），在此相同範圍分離分析會產生保守到非常保守的結果。如周期比介於 1 到 2 之間，剛性塊體分析會產生保守結果，而分離分析的結果則較靠近耦合分析。如周期比大於 2，則剛性塊體分析往往產生高度超保守的結果，它明顯地高估位移，此時分離分析則產生保守或不保守結果，因此在周期比大於 2.0 時應使用耦合分析。

(3) 紐馬克分析法

現回頭再來看看最被廣泛使用的紐馬克分析法，其臨界加速度是用來克服摩擦阻力及啓動塊體在傾斜面的滑動，此分析是計算當塊體受到地震加速度 — 時間史效應時的累積永久位移，而使用者本身須能評斷位移的意義。若斜坡幾何形狀及土壤性質已知及地震的地面加速度可被估計，則紐馬克法確能可靠地估算斜坡滑動位移。與有限單元或分離與耦合等方法相較紐馬克法的使用較簡單，它也能提供已知地震水平之最初山體滑坡位移，不僅如此，其結果也有助於概率分析。紐馬克法最初用於水壩與提防的穩定分析，對於自然斜坡的滑坡它也有成功的應用。目前應用紐馬克法於斜坡分析已很普遍，而它通常也被稱爲永久位移分析法。在說明該法的應用之前首先必須了解其極限假設：

(a) 它將滑坡體視爲是一個剛性－塑性物質，這意味著該塊體在其加速度低於屈服或臨界水平時，不會產生永久位移（即不會有內部變形）。

(b) 當臨界加速度被超越時，在固定的剪切阻力條件下，沿著分離的基底剪切面斜坡會產生塑性變形。

以上這些假設對於一些土石類型的山崩是合理的，但它們無法廣泛地應用到所有土石類型的山崩。許多斜坡物質具有些微敏感性，當其內部位移產生後，將失去一些最大的未排水剪切強度，如此情況下，紐馬克法將會導致低估實際位移的後果。原因是當斜坡受到剪切力而產生位移時，其強度的損失將會降低臨界加速度値，這時紐馬克位移應被認爲是最小位移，因此紐馬克的最佳應用對象是平移塊體的滑動與轉動崩塌。除了以上的基本假設外，以下另有一些假設，它們只是爲了簡化計算的目的而設，並非分析所必須（Jibson, 1993）：

(1) 相同的土壤靜態與動態剪切阻力。

(2) 臨界加速度並不依賴應變，因此它在分析過程中一直保持不變。

(3) 抑制滑動的上坡（upslope）阻力被設定爲無限大，以致上坡位移並不存在。

(4) 不計動態孔隙壓的影響，對於壓實或超固結黏土及非常緻密或乾砂這個假設通常是成立的。

以上 (1)～(3) 的假設只是爲了簡化計算的目的而設，最近一些紐馬克法的應用並不需要這些假設，例如 Jibson and Jibson（2003）允許設定應變－依賴（strain-dependent）臨界加速度及雙側向位移，及可應用動態強度試驗來決定動態剪切強度。然而假設 (4) 是分析的重要限制，在紐馬克法中並無直接方法可模擬動態孔隙壓，因此當土壤內部有明顯的動態孔隙壓形成時，在應用紐馬克法進行分析時應特別謹慎。

紐馬克法的概要如下：假設地震力平行於斜坡面，則引起山崩的地面臨界加速度（a_c），是未排水斜坡穩定分析所得的靜態安全因子（F_s）與山崩幾何因素（推力角 α）的函數：

$$a_c = (F_s - 1)g \sin \alpha \tag{10-17}$$

g 是重力加速度，α 是潛在滑動塊體的質量中心初次移動時與水平面的夾角（即推力角），其值相等於破壞面傾角。

紐馬克在其文章（Newmark, 1965）中曾指出：模擬動態斜坡反應需要使用未排水或總剪切強度參數。當地震時，因由土壤柱動態變形的誘導下所產生的超額孔隙水壓，在搖晃的短時間內無法消散，故斜坡物質產生未排水狀態的行爲。未排水強度又稱爲總強度，這原因是摩擦、凝聚與孔隙壓的影響無法分別出來之故，而安全因子則可以使用基於未排水或總強度的適當方法來決定。若斜坡物質的排水與未排水行爲相仿，則當未排水強度無法得到時，可以使用排水或有效剪切強度來代替。至於推力角的決定，推力角指示當位移初次發生時，滑動體重心移動的方向，對於平行於無限斜坡的平面滑動面，推力角就是斜坡角；而對於簡單的二維塊體滑動，推力角是基底剪切面的傾角；對於圓形轉動移動，推力角是滑動體重心與滑動圓中心的連線與垂直線的夾角（見圖 10-5），安全因子與推力角獲得後，便可計算臨界加速度。

圖 10-6 是利用紐馬克方法計算較低部份的 Calitri 山崩之同震位移之範例，該次山崩是由 1980 年的 Irpinia（意大利）地震（M_s6.8）觸發，當加速度超過臨界加速度時塊體與基部間的相對滑動速度增加，直到加速度降到臨界加速度之下時才停止增加。在以上滑動速度增加的過程中，沿著分離的基底剪切面，在恆定應力下土壤塊體產生塑性變形，故累積位移持續增加，直至滑動速度變成零時始停止增加。累積位移（D）可由下式計算：

$$D = \int_0^{t'} \int_0^{t'} [a(t) - Kcg]dt^2 \quad (10\text{-}18)$$

[ ] 內的部份代表超過臨界加速度的加速度值， 0-t' 是分析的時間範圍，Kc 代表切線臨界加速度（見圖 10-6），g 是重力加速度，a(t) 是加速度值。本例的累積位移大約是 20 厘米，它與 Crespellani et al.（1996）針對滑動面「A」（相當於較低部份的 Calitri 山崩）的計算結果吻合（Romeo, 2000, pp.341-342）。

對岩石與土壤兩類斜坡，其預期的山崩位移模型有：D = f (M, R, S, K) 的關係，M、R、S、K 的說明見下文（Romeo, 2000, pp.345-346）：

$$\log_{10} D(cm) = -1.144 + 0.591M - 0.852\log_{10} \times \sqrt{(RF^2 + 2.6^2)} - 3.703K + 0.246S \pm 0.403 \quad (10\text{-}19)$$

$$\log_{10} D(cm) = -1.281 + 0.648M - 0.934\log_{10} \times \sqrt{(RE^2 + 3.5^2)} - 3.699K + 0.225S \pm 0.418 \quad (10\text{-}20)$$

M 是地震規模，當 M ≦ 5.5，它代表近震規模（local magnitude，即 M_L）；當 M > 5.5，它代表地表波規模。R 代表距離，它包含 RE 與 RF 兩種距離，RE 是山崩位置與震央的距離，RF 是地層破裂的地面投影位置與山崩位置的最短距離。S 是依賴斜坡性質的臨界加速度係數（因此它也依賴斜坡的剪切強度、幾何性質、與水力條件等），對於岩石或硬土壤，S = 0；對於軟土壤（剪切波速度 ≦ 每秒 400 米，及深度 < 20 米），S = 1。K 是臨界加速度比（見式 10-14），以上兩式使用時皆須預先估計預期的 PGA 值，它們可由已經發表的義大利地區最大地面加速度衰減（attenuation）關係得到，該關係載於 Tento et al.（1992）、Romeo et al.（1996）及 Rinaldis et al.（1998）等。

以上式（10-19）與（10-20）兩關係式的最大用途是對於預期的參考地震規模及震源場址距離，它們能簡單地估測山崩位移，然後基於該預期位移可進一步進行基於概率的風險分析。圖 10-7 顯示參數分析的結果，

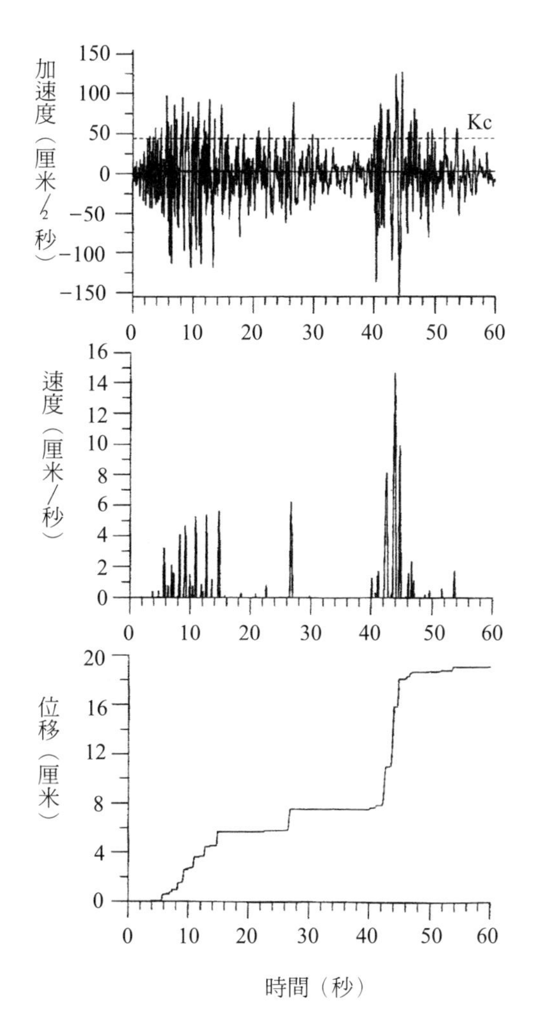

圖 10-6　利用紐馬克法計算同震（coseismic）滑波位移，本例加速度時間史曲線來自 1980 年 Irpinia 地震（M_s = 6.8）觸發的 Caltri 山崩加速度紀錄，臨界加速度 K_c = 0.045g（Romeo, 2000, Fig. 3, p. 342）

它可讓人了解式（10-19）及式（10-20）的參數對臨界位移計算的影響。

利用紐馬克法於特定場址的山崩風險分析時，其最大的難題是不容易找到該場址的強動紀錄以計算紐馬克位移。不僅如此，欲在該場址選擇

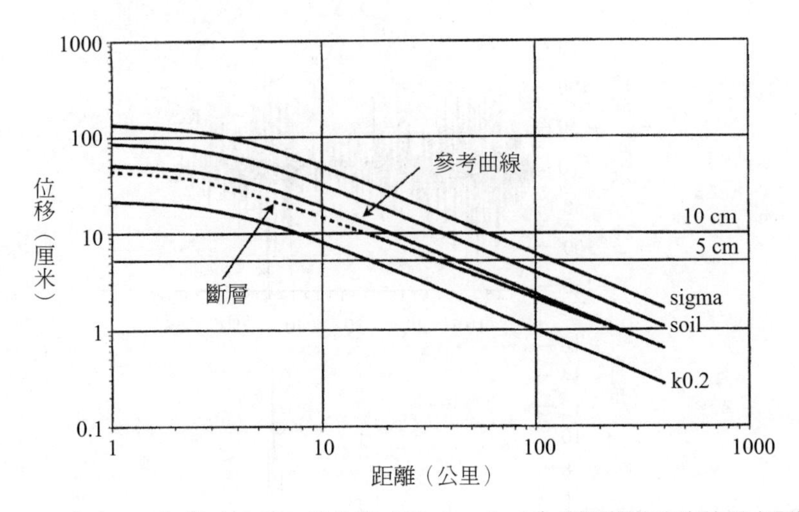

圖 10-7 式（10-19）與（10-20）的參數（M、R、S、K）對預期的山崩位移之影響。參考曲線的地震規模 M = 6，震央距離依式（10-20）其臨界加速度比是 0.1，岩石斜坡（S = 0），位移計算值屬於中間值。曲線（「斷層」）與參考曲線的參數相同，但它是基於式（10-19）所繪成（即依斷層距離而非震央距離），曲線（「sigma」）在計算位移時，已經加入不確定〔即式（10-21）的模型標準偏差（σ）〕之考慮因素。K0.2 曲線是基於其臨界加速度比 2 倍於參考曲線而繪成，「10 cm」及「5 cm」的實線分別顯示流動（黏塑性）及破壞滑動（凝聚滑動）的臨界位移（Romeo, 2000, Fig. 6, p. 346）

適當的數字化加速度 — 時間紀錄來進行分析，也頗爲複雜與費時，除此之外，尚須有一套積分程式以供運算。因此紐馬克法的理論與應用雖然簡單，但該法的許多方面對一般使用者仍覺得困難，爲了這些緣故必須發展經驗關係，以簡化紐馬克位移的估計。

5. 簡化的紐馬克法與工程判斷

(1) 紐馬克位移迴歸關係式的建立

Ambraseys and Menu（1988）是首兩位基於 50 種地震（計 11 場）強

動紀錄發展出數種迴歸關係式，以估計紐馬克位移（D_n）的先行者，在其方程式中，D_n 是臨界加速度比（即臨界加速度對最大加速度的比率）的函數。為了建立紐馬克位移、臨界加速度、與 Arias 強度間的經驗關係式，Jibson（1993）首先選擇具有 Arias 強度（每秒 0.2～10.0 米）的 11 種強動紀錄（見 Jibson（1993），Table 3），這些紀錄是介在可能引起滑波滑動的最小搖晃強度，以及有紀錄以來的最大強度之範圍。

對每一個強動紀錄選擇其介於 0.02g 及 0.40g 間的數個臨界加速度，計算每個臨界加速度所對應的紐馬克位移。以上臨界加速度範圍通常是地震誘導山崩的實際關注範圍（圖 10-8），紐馬克位移對 Arias 強度的雙對數圖上每組臨界加速度的數據點，展現出強烈線性，利用迴歸法建立的最佳適合線其相關係數 $R^2 = 0.81 - 0.95$，這些線約略互相平行及具有比例間隔，這意味著若使用多變數模型（見下式），則數據將會擬合（fitting）良好：

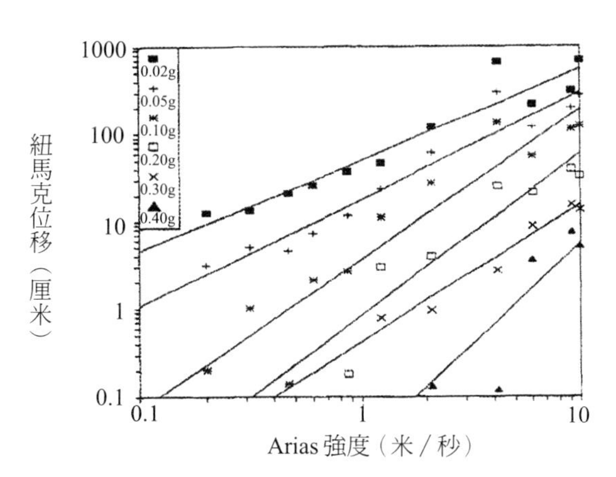

圖 10-8　對不同臨界加速度值紐馬克位移是 Arias 強度的函數，每組臨界加速度數據皆以迴歸法建立一條最適合的直線，相關係數 $R^2 = 0.81 - 0.95$（Jibson 1993, Fig. 4, p. 15）

$$\log D_N = A \log I_a + Ba_c + C \pm \sigma \qquad (10\text{-}21)$$

D_N = 紐馬克位移（或同震位移）（厘米）

I_a = Arias 強度（厘米／秒）

a_c = 臨界加速度（g）

A, B, C = 迴歸係數

σ = 估計的模型標準偏差

利用迴歸分析得到 A、B、C、σ、$R^2 = 0.87$，及

$$\log D_N = 1.460 \log I_a - 6.642a_c + 1.546 \pm 0.409 \qquad (10\text{-}22)$$

且所有係數皆在 99.9% 信心水平。

以上式（10-22）是基於 11 個強動紀錄及 a_c = 0.02g, 0.05g, 0.10g, 0.20g, 0.30g, 及 0.40g，若不計模型標準偏差（σ），則以上模型產生紐馬克位移的平均值，且根據式（10-22）兩個有著相同 Arias 強度的強動紀錄，即使其斜坡有著相同的臨界加速度，但卻可能產生不同的紐馬克位移，因此式（10-22）產生一系列需要做相當多判斷的位移。圖 10-9 顯示，由式（10-22）定義的臨界加速度線，式（10-22）及圖 10-9 可被用來估計任何已知臨界加速度的斜坡之動態性能。

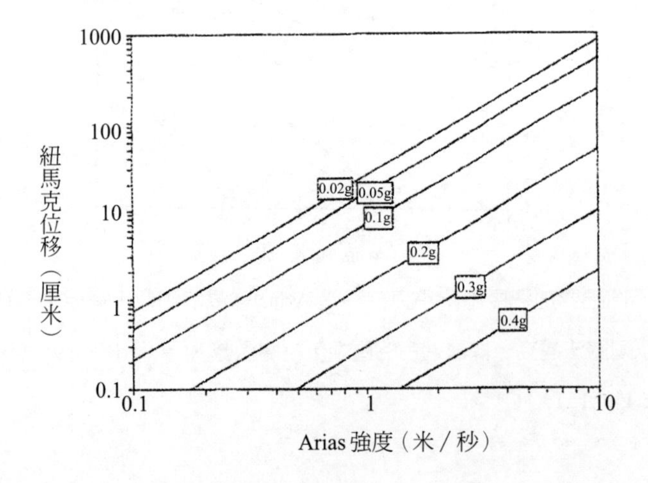

圖 10-9　對數個臨界加速度值紐馬克位移是 Arias 強度的函數（Jibson, 1993, Fig. 5, p. 16）

(2) 全球性迴歸關係式的建立

為了建立更廣泛的強動紀錄基礎，Jibson（2007, p.213）利用來自全球 30 場大地震（M = 5.8 − 7.6）的 2270 組強動紀錄，產生了新的迴歸方程式，這些紀錄來自不同場址條件的混合，其場址包括 10% 硬岩、27% 軟岩、49% 硬土壤、及 14% 軟土壤，針對 2270 組強動紀錄的每一組紀錄進行紐馬克雙重積分運算，最後的數據組包括 875 組經過嚴格決定的紐馬克位移，及針對 5 個擬分析的 a_c 值，每一個 a_c 值產生 175 個位移。數據組內另包括最大加速度，臨界加速度、及 Arias 強度等。根據以上 875 組紐馬克位移的迴歸分析結果如下（$R^2 = 71\%$）：

$$\log D_N = 2.401 \log I_a - 3.481 \log a_c - 3.230 \pm 0.656 \quad (10\text{-}23)$$

D_N 以厘米、I_a 以米 / 秒、a_c 以重力加速度 g 表示，針對大範圍的輸入值式（10-23）較式（10-22）有更一致的預測。若將臨界加速度比（即臨界加速度（a_c）對最大地面加速度（a_{max}）的比率）包含於迴歸方程式內，則可用下式表示，好處是其相關係數 R^2（75%）較式（10-22）略微降低：

$$\log D_N = 0.561 \log I_a - 3.833 \log (a_c/a_{max}) - 1.474 \pm 0.616 \quad (10\text{-}24)$$

(3) 台灣地區的經驗關係式

最近 Hsieh and Lee（2011）利用台灣集集地震（09/21/1999 $M_w = 7.6$）及其他地震，包括土耳其的迪茲傑（Duzce）地震（11/12/1999, $M_w = 7.1$）與科賈埃利（Kocaeli）地震（08/17/1999, $M_w = 7.4$）、日本神戶地震（01/16/1995, $M_w = 6.9$）、美國北嶺地震（01/17/1994, $M_w = 6.7$）、與洛馬普列塔地震（10/18/1989, $M_w = 6.9$）等，建立適合台灣地區與全球的紐馬克位移經驗關係式，每種情況包含兩種迴歸方程式形式，它們是：

$$\log D_N = c_1 a_c \log I_a + c_2 a_c + c_3 \pm \varepsilon \quad (10\text{-}25)$$

$$\log D_N = c_1 \log I_a + c_2 a_c + c_3 a_c \log I_a + c_4 \pm \varepsilon \quad (10\text{-}26)$$

c_1、c_2、c_3、c_4 是係數，ε 是標準偏差。本書僅列出其中適用於台灣地區的經驗關係式，全球的經驗關係因其所據的地震數目不夠廣泛故未列出。根據集集數據庫的經驗式如下：

$$\log D_N = 18.388\, a_c \log I_a - 21.536\, a_c + 2.344 \pm 0.503 \quad (10\text{-}27)$$
$$R^2 = 0.804$$

$$\log D_N = 0.766 \log I_a - 19.945 a_c + 13.744 a_c \log I_a + 2.196 \pm 0.458$$
$$R^2 = 0.837 \quad (10\text{-}28)$$

此外，由於大部份自然斜坡的不穩定不但發生在土壤場址，它也發生在岩石場址，例如集集地震發生時產生破壞的岩石及土壤場址分別是 326 處及 420 處（Hsieh and Lee, 2011, Table 1）。故 Hsieh and Lee（2011）另外根據集集地震的土壤場址數據與岩石場址數據，分別建立相應的經驗關係：

(a) 土壤場址

$$\log D_N = 0.802 \log I_a - 19.246 a_c + 12.757 a_c \log I_a + 2.153 \pm 0.445$$
$$R^2 = 0.843 \quad (10\text{-}29)$$

(b) 岩石場址

$$\log D_N = 0.555 \log I_a - 20.488 a_c + 14.555 a_c \log I_a + 2.295 \pm 0.414$$
$$R^2 = 0.875 \quad (10\text{-}30)$$

由於滑坡是更可能發生在山坡，故岩石場址關係式較適用於滑坡情況，而土壤場址關係式則較適合於堆填區（landfills）的邊坡情況。

(4) 一些簡單的工程判斷

綜合以上敘述，地震誘導山崩的數種災害分析類型可列之如下：

(a) 若場址的 Arias 強度及斜坡臨界加速度已知，則紐馬克位移可被估計

(b) 如臨界位移及斜坡臨界加速度已知，則與斜坡破壞有關的 Arias

強度門檻值可被估計。

(c) 如臨界位移及 Arias 強度已知，則臨界加速度門檻值（低於它斜坡破壞將發生）可被估計。

在強度損失的情況下，可應用殘餘剪切強度條件的靜態穩定分析，來決定地震搖晃停止後的斜坡穩定，而實驗室剪切強度試驗結果，可用來估計達到殘餘強度所須的應變量（Jibson, 1993, p.16）。

6. 紐馬克位移的經驗判斷

紐馬克位移的重要性必須藉著它對潛在山崩的可能影響來做判斷，Wieczorek et al.（1985）使用 5 厘米作爲導致加州聖馬刁郡的宏觀地面裂紋與一般滑坡破壞的臨界位移。Keefer and Wilson（1989）使用 10 厘米作爲南加州地區滑坡的臨界位移，Jibson and Keefer（1993）使用 5-10 厘米範圍作爲密西西比河谷滑坡的臨界位移。大部份土壤的位移若介於以上範圍則能引起地面裂紋，及先前未變形的土壤也會降低其一些最高剪切強度而導致弱化，或沿著滑動面的剪切強度將趨近於殘餘強度值，不但如此，連一般的滑坡破壞也可能發生。針對剛性塊體分析，Blake et al.（2002）推薦一些適用於南加州的準則，因這些準則具有地區性，其他地區應用它們時須針對當地氣候、地質與地形等特殊情況略做調整：

(1) 若滑動表面與建築物或設施（如游泳池）相交，則中位數（median）紐馬克位移應少於 5 厘米。

(2) 若滑動表面發生在不與工程改良物（如園景）相交的韌性土壤，則中位數紐馬克位移應少於 15 厘米。

(3) 在有明顯應變軟化（靈敏度 > 2）的土壤，若其臨界加速度是從最大剪切強度計算得到，則大如 15 厘米的位移可能使得強度降低，因而可能導致斜坡的不穩定。此種情況工程人員應使用殘餘強度及容許少於 15 厘米的中位數位移來進行設計，或是使用最高強度及容許中位數位移小於

5 厘米來進行設計。

加州地調所（California Geological Survey, 2008）關於減輕地震災害的準則中提到：0～15 厘米位移不可能引起嚴重滑坡移動及損壞；15～100 厘米位移可能足夠引起強度損失及連續破壞；大於 100 厘米的位移，則非常可能引起破壞性滑坡移動。值得注意的是，以上這些位移門檻主要是針對較深層次的滑坡，較淺層次或淺滑坡通常有遠低於深滑坡的位移水平，它可能是 2～15 厘米（Jibson et al., 2000）。究竟應使用何種水平的臨界位移，則依研究對象的參數〔或式（10-21）等號右側的參數〕及滑坡物質等的特性而定，因此韌性物質可能容許更大位移，而不會產生一般的破壞，而脆性物質則可能只容許較小的位移。至於什麼情況下才稱爲破壞（failure），得依使用者的需要來決定，實驗室剪切強度試驗結果，可用來估計需要到達殘餘強度的應變水平。

位移預測值未必會直接相當於現場量到的斜坡移動量，更可能的是，預測值提供一可與現場性能相關的指數。滑動塊體方法若要能眞正有用，則模擬的位移必須與現場值有定量相關性。Jibson et al.（1998, 2000）比較由北嶺地震觸發的所有滑坡庫存數據與預測的紐馬克位移後，將結果再使用 Weibull 模型進行迴歸處理後產生下式（Jibson et al., 2000）：

$$P(f) = 0.335[1 - \exp(-0.048D_n^{-1.566})] \qquad (10\text{-}31)$$

P(f) 是破壞概率，它是紐馬克位移的函數，D_N 是紐馬克位移（厘米），上式可用於任何地面搖晃的情況以預測斜坡破壞概率。式（10-31）使用來自南加州（主要是脆性岩石與碎石的淺層山崩）的數據進行校準，因此上式僅適用於以上南加州土石類型的山崩預測（Jibson, 2011, pp.46-47）。

7. 紐馬克法的缺點與改善

紐馬克法的缺點主要是來自剛性 — 塑性物質的基本假設，這種假設前文已提及它對於某些滑坡物質將導致低估實際位移的後果。除此，一些高度塑性的細粒土壤其行爲像是黏塑性（viscoplastic）物質而非剛性－塑性物質，這些土壤的黏性反應將導致低滲透率與高凝聚性，而這種結果可大幅影響震波反應。一些安全因子 ≦ 1.0 的活躍低速移動滑坡即使遭遇大地震，但因黏性能耗散之故，它所產生的慣性位移實在微不足道。若使用紐馬克法來估計黏塑性體位移，由於該法的位移計算依賴臨界加速度，因而它也依賴靜態安全因子，因此之故，在（或靠近）靜態平衡的滑坡應僅會產生非常低的臨界加速度（理論上如 FS = 1 時 $a_c = 0$），因此滑坡體在遭遇任何規模的地震時應會產生大的慣性位移。由於以上緣故，紐馬克法可能高估黏塑性物質的滑坡位移。

前文提到紐馬克法將靜態與動態剪切強度考慮爲相同，且不計動態孔隙壓反應，這種假設使得使用者在解題時能應用較容易獲得的靜態剪切強度，而不必靠動態剪切強度，這種假設對許多土壤僅會產生微少誤差的結果，但另一些土壤的靜態與動態強度卻有顯著不同，因此該情況下動態剪切強度的試驗可能是必須的，或須將靜態強度經過經驗校正因子（見 Makdisi and Seed, 1978）的調整。相同道理，若動態孔隙壓反應明顯，則它應由動態試驗來測量，或藉著降低靜態剪切強度後再由經驗關係來估計它（Jibson, 1993, pp.16-17）。

10-2 地震誘導型山體滑坡的當前問題與未來挑戰

自從 2003 年以來，全球發生多次致命的大地震，其發生地點如 2003 年 12 月 26 日的伊朗南部（M6.6），死亡 31,000 人；2004 年 10 月 23 日的日本新瀉縣（M6.8），死亡 36 人；2005 年 10 月 8 日的巴基斯坦（M7.6），死亡 80,361 人；2007 年 8 月 15 日靠近秘魯中部海岸（M8.0），死亡 514 人；2008 年 5 月 12 日的中國四川東部汶川（M7.9），死亡 87,587 人；2008 年 6 月 14 日的日本岩手宮城（M7.2），至少 12 人死亡；2011 年 3

月 11 日靠近日本本州東岸（M9.0）的海底地震與海嘯，死亡 20,896。以上每場地震均導致許多山崩事件，例如汶川地震導致 56,000 次淺層破壞性的山體滑坡、深層山崩、及岩石崩塌，而暴雨則更增加山崩面積約達 30%，推測該地區的山崩潛能，也因斜坡物質被地震削弱而有增加。

地震的死亡人數有頗大比率是與山體滑坡有關，因此由地震觸發的山體滑坡之研究，對於降低地震活躍地區的風險是頗爲重要的，目前全球關於這方面的研究包含以下範疇（Wasowski et al., 2011, p.2）：

(1) 廣泛的震後山體滑坡與相關的地面破壞數據庫之建立，及增加新與高解析度衛星遙感影像之應用。

廣泛的數據庫之建立須有適當的遙感影像之配合，理想上，這些影像須符合以下要求：

· 它必須連續與涵蓋受地震影響的整片地區。

· 其解析度須高到即使非常小型山崩（數米跨距）的測繪圖也可以辨認。

· 它必須立體，或雖不是立體但若與數字化高度模型（DEM）配合時卻能提供好品質的三維透視。

· 資訊必須在地震後儘可能在無雲條件下儘速獲得，如此得到的資訊始能在同震（coseismic）與震後的延遲破壞間做出區別。

適合山崩繪圖的高解析度衛星影像，如 IKONOS、QuickBird、WorldView-1 等。新的半自動山崩監測方法利用高解析度多光譜衛星影像，它對震後階段的快速山崩風險評估有協助潛能，然而不像可在任何天候與日夜光線條件下皆可操作的衛星雷達傳感器，光纖衛星必須倚靠太陽能及在較無雲的天候下始能獲得有用的影像，因此在熱帶與亞熱帶的潮濕季節，其影像的取得會有可觀的延遲。最先進的雷達衛星傳感器技術是應用合成孔徑雷達（SAR）干涉技術（Colesanti and Wasowski, 2006）。最近的研究（Bulletal., 2010）指出，來自光探測和測距雷達（LiDAR）的高解析度 DEM 與影像，將代表另一類型的遙測數據，預期它將被更頻繁地用於山崩庫存繪圖，目前因使用成本較高故其應用受到限制。

(2) 地震 — 誘導型山體滑坡分佈及地震滑坡風險評估的區域尺度分析，及物理模型、統計分析、與 GIS 技術的應用。

近年來，評估地震山崩風險的新區域尺度分析得益於地理資訊系統（GIS）的發展，GIS 將數字化地形數據及山崩庫存數據合併在一起，而新區域尺度分析的達成是基於整合地震搖晃參數、地面岩石與土壤及包含山崩庫存的地貌（geomorphic）數據來達成。紐馬克位移（D_N）通常被用來量度由沿著滑動面的地震晃動引起的永久位移。理論上，紐馬克方法的山崩風險（或斜坡破壞概率或易感性空間分佈）分析是以透過紐馬克位移的區域分佈來展示，而 D_N 的預測是藉著由真實地震山崩紀錄校準的經驗關係來達成。Jibson（2007）利用來自 30 場全球性地震的 2270 組強動紀錄更新了估計 D_N 的迴歸方程式。最近 Hsieh and Lee（2011）使用 1999 年集集地震的數據，改良了臨界加速度（a_c）、Arias 強度（I_a）、與紐馬克位移（D_N）間的經驗關係。他們加入 $a_c \log I_a$ 到 Jibson（1993）的經驗式後，再與 Jibson（2007）的經驗式比較，前者比後者產生較高的擬合度（相關係數 $R^2 = 0.837$）及較小的位移範圍（$R^2 = 0.458$）。不但如此，他們並建立適合台灣地區的岩石與土壤場址之經驗式，在統計上，它們對 D_N 有較佳的估計。

(3) 地震誘導型山體滑坡的機制與引起斜坡永久位移的相關地面破壞之分析，及物理、數值與振動檯（shaking table）模型的應用。

Jibson（2011）提供當地震時評估斜坡穩定方法的最佳回顧概述，這些方法包括僞靜態分析、應力 — 變形分析（即有限單元法）、及永久位移分析等三種，他並詳述各法的優缺點，最後並建議選擇的準則。一般而言，僞靜態分析僅用於初步評估與過濾程序，此後即須使用更精緻的方法以進行分析。應力－變形分析（即有限單元法）適用於特定場址的調查，其使用前提是場址須能提供高密度與高品質的土壤性質數據，通常只有水壩與堤岸及與多數人命相關的設施才需要做此等分析。永久位移分析是基於 Newmark（1965）的原始方法，在地震搖動時估計斜坡位移，這個方法有一個重要的限制假設，即不計動態孔隙壓的影響（以上的細節見前文）。

紐馬克方法（又稱剛性塊體分析法）適用於具有較硬（及乾）表面物質的較薄層山崩（即淺層山崩），對於軟物質的較深與較大破壞，則須使用位移分析模型（如分離與耦合模型）。Jibson（2011）提供目前最佳的挑選準則，它們是基於場址周期（T_s）對地震震動的平均周期（T_m）之比率。當分析大型災難性的邊坡破壞時，可能須要應用較精緻的模型以說明地下土石物質性質、地下水條件、破壞的複雜性、及土石物質移動機制，這些大型地震斜坡破壞需要特別注意的原因是，它們通常涉及很多人命。例如 1999 年集集地震（$M_w = 7.6$）導致許多災難性山崩，Kuoetal.（2009）利用 Saint Venant 方程式的數值模型及 Tang et al.（2009）使用水流連續體模型結合分離單元法（discrete element method），研究由該地震引起的草嶺山崩之動態性質。以上兩者的研究結果皆顯示：觀察到的山崩特質可用低摩擦角來解釋。利用數值模型進行分析的主要困難是，如何得到能代表現場動態加載條件下的土石強度與斜坡孔隙壓條件等實際輸入數據，而這是相當不容易之事。

(4) 地震場址反應的測量與分析，包括影響地面震動的地形與土壤性質及地層因素、地面震動方向性、及斜坡動態反應等。

為了解當地震發生時場址放大（site amplications）對觸發山崩的影響，過去已進行了數種基於山崩分佈與地形起伏特質的彼此關係之研究（如 Harp and Jibson, 2002 及 Seplveda et al., 2005a, b），一些研究者（如 Lee et al., 2008）也嘗試將場址效應整合入區域性地震山崩風險評估，但如此的研究成果均受制於與複雜山崩現象有關的不確定性（在土壤與地形放大因子共存的地方特別明顯）。

最近的研究（Meunier et al., 2008）指出，地形場址效應在區域尺度的山崩分析中居於主要地位，同時也指出地形場址效應及震波通過山區形態的傳播之理解，能有助於地震誘導型山崩其空間分佈模式的區域水平之預測。然而因紀錄斜坡加速度的加速計短缺之故，它所能提供的斜坡上實際地面震動資訊仍然有限，這顯然將影響地震山崩風險評估的正確性，特別是那些需要適當的地震加載定量值之局部尺寸地區更是如此。

通常對於上覆有厚層沖積物的斜坡或深層滑坡，其由地震造成的地面震動會有可觀放大，而在一些情況此種放大具有明顯方向性特質，其最大導向是沿著滑動方向。造成場址方向性的原因迄今仍然未清楚，它可能來自地形、岩性、與構造等因素的結合。

(5) 進行地震斜坡穩定分析時，地面震動輸入與輸出的不確定性。

斜坡抗震穩定性的評估依賴紐馬克位移（D_N）的估計，而這須整合包括地形、岩土性質、水文地質、與地震等不同類型的輸入數據，這些數據具有一定程度的自然擴散性（例如季節性的時間變異）、不同的解析度、品質、及可靠性等。輸入數據的不確定可能加劇，特別是在處理區域尺度時更是如此，因此結果將導致不可靠的風險評估。Saygili and Rathje（2009）在南加州的應用案例中顯示，即使有可觀岩土實驗數據，但要在區域尺度基礎上選擇有代表性的剪切強度參數並非容易，且也須依賴小心的判斷。

斜坡在低度不確定條件下，其位移預測較為正確，若它在高度不確定條件或有些是在中度不確定條件條件時，Strenk and Wartman（2011）建議進行機率分析（例如蒙地卡羅（Monte Carlo）模擬）以幫助位移預測。例如岩石性質與地面震動等輸入數據即須做此等分析，因此地震斜坡變形包含輸入參數改變對位移預測靈敏度的影響之初步評估。低加速度比（在靜態條件下斜坡穩定性較低）比高加速度比（在靜態條件下斜坡穩定性較高）更能產生較大的位移不確定性。

(6) 地震對山區斜坡演化與沉積物產生的影響，這包括震後由降雨產生的強烈山體滑坡。

關於地震誘導型山崩的未來研究課題有下面四個方向（Wasowski et al., 2011）：

① 彙編更多及更完整的地震山崩庫存數據與歷史性的庫存數據。

② 改良區域尺度的地震山崩易感度與風險評估。

③ 據大型災難性山崩資料發展區域尺度風險分析的新方法。

④ 長期監測一些具有代表性的試驗斜坡，這些斜坡上的監測站皆須安裝加速度計陣列。

10-3 地震與海嘯

1. 海嘯案例

2011 年 3 月 11 日，日本福島縣外海發生規模 9.0 級的海底地震，隨即引起大規模海嘯，福島縣沿海及該縣北方的岩手縣與南方的茨城縣沿海是主要的受侵襲區域，計有 4,000 多人死亡及一萬多人失蹤，除此之外，它並造成福島第一核電廠爆炸與形成核污染。而 2004 年 12 月 26 日印度洋強烈海底地震引起的海嘯在泰國造成 1,657 人死亡及 4,000 多人失蹤與 9,000 多人受傷。從 2000 年之後發生的兩次海嘯事件來看，海底地震與陸地地震對居民造成的傷害幾乎是不相上下。

由於以上緣故，本書特增一節專敘述地震與海嘯的關係，且從以上兩場海嘯的例子來看，強烈的海底地震是災難性海嘯巨浪的最普遍產生原因。圖 10-10 是海嘯發生的示意圖，它顯示海嘯的發生是因地震使得海底產生突然的垂直偏移所致，有時候海底滑坡及火山爆發也能導致海嘯。1883 年位在爪哇與蘇門答臘間的印尼火山島喀拉喀托（Krakatoa）爆發，巨大的火山碎屑流沖入海裡後引起海嘯，周圍的島嶼居民計有 36,000 人喪生。1896 年 6 月 25 日日本外海地震產生的海嘯使岸邊波高 10～100 呎，它摧毀沿海村莊及使22,000 人喪生，而上世紀全球計有50,000 人死於海嘯。

1992 至 1993 年，日本、印尼與尼加拉瓜的三場大海嘯皆發生在夜間，它們共導致數千人喪生。1946 年 4 月 1 日，凌晨 1:28，阿留申群島（Aleutians）的烏尼馬克島（Unimak Island）南方 150 公里（100 哩）處發生大地震，海底同時產生大位移，島上由 5 位美國海岸防衛隊員工管理的氣象電臺建築物發出嗄嗄震動聲，地震同時引發大海嘯，海嘯波通過淺大陸棚並在 50 分鐘後的凌晨 02:18 抵達電臺場址，當天天氣晴朗，電臺樓房有 5 層樓高，它約高出海平面 32 呎。在 100 呎高的海嘯波襲擊並完全摧毀電臺樓房及樓房內所有人之前，電臺附近的工作人員曾聽到來自海上方向的低沉怒吼聲。早晨 7 點，當來自附近工作站的倖存者開始搜尋電臺倖存者之際，海嘯波已抵達 2,200 公里外的夏威夷群島，它並至少殺死當地 159 人，而電臺附近的倖存者之所以能逃過一劫是因其工作站（也受到破壞）位於較高的懸崖，並且當海嘯來襲時他們已撤離。

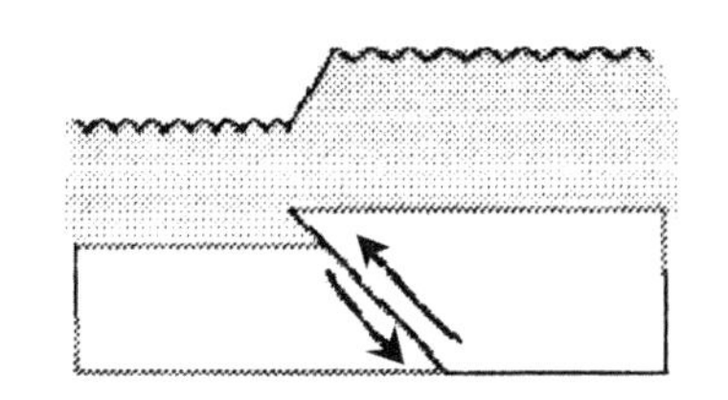

(a) 海底的突然偏移使得海水產生偏移

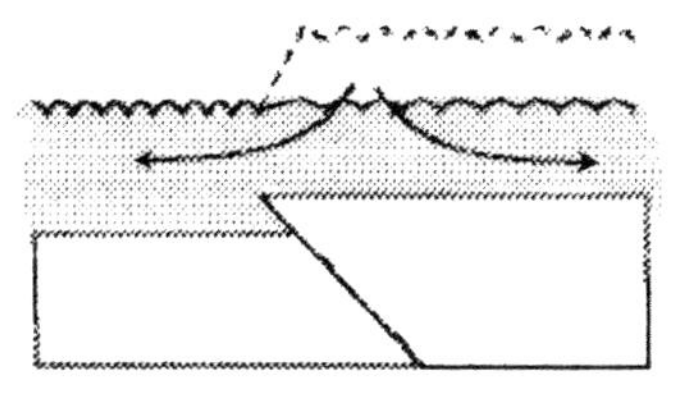

(b) 重力將海水拉回到平衡位置

圖 10-10　海嘯發生示意圖

如圖 10-10 所示，海底忽然的位移（通常是由地震導致的海底垂直變形所引起）改變了海洋高度，並從海底擾動區域開始受擾動的水波開始往外擴散，它能移動通過整個海洋，例如阿拉斯加與智利的大地震，其產生的巨波能使遠在加州、夏威夷與日本的沿岸居民產生生命與財產的損害。海嘯波前進的速度依海洋深度而定，通常其速度之快就如商用客機（約 0.2 公里 / 秒或 712 公里 / 小時）。在深洋地區海嘯不具有威脅，原因是它們只有約一米高，但當水波趨近岸邊時，由於水體變淺之故，所有分佈在整個海洋深度的能量變成集中在淺水區，故水波高度增加。典型的大海嘯高度約為 10 餘米，有些則接近 90 米（約 300 呎），這些海嘯對沿岸地區造成的災害通常大於引起該海嘯的地震，即使僅有 10 至 20 米高的海嘯波也能洗淨沿海村莊。

2. 地震規模與海嘯源參數計算法

為了解海嘯本質與其他地震構造（seismotectonic）起源的海洋現象，有必要探討海嘯機制及在海嘯源參數與相伴的地震規模之間定義出簡單的一般關係。在實用上，此種關係的建立有助於以下關係的了解：若知海底地震規模，則可快速評估地震構造型海嘯特質。這個課題近數十年來已有許多人研究它，如 Iida（1963）、Yamashita and Sato（1974）、Ward（1980）、及 Okal（1988，2003）等。下文內容是基於 Bolshakova and Nosov（2011），其特點是他倆額外考慮同震海底變形及被排開的水量，除此之外，並將海底地層形狀考慮為有限矩形斷層，這種假設較適合於海嘯的產生環境，然後他們再應用蒙地卡羅方法描述地震規模與垂直海底變形、排出水量、及海嘯能量等的上限幅度間之關係。以下是其理論內涵：

在模擬地震構造起源的海嘯時，傳統上認為瞬間移位的水柱形成了自由水表面的擾動，因此假設擾動的形狀是完全相似於海底殘留變形的垂直分量，如此可以得到水表面的擾動（亦稱為海嘯的初始高度），該值可用

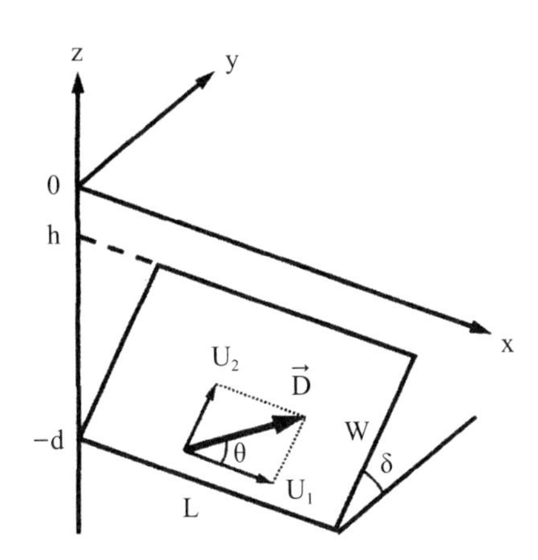

圖 10-11 震源模型的幾何形狀（卡式坐標系統），L 是斷層面長度，W 是斷層面寬度，$\vec{D}$ 是代表滑動的 Burgers 向量，θ 是 Burgers 向量傾角，h 是斷層面上部邊緣的深度（Bolshakova and Nosov, 2011, Fig. 1）

來作為解海嘯傳播問題的初始條件。如果用較直接的語氣來說，即是以上的傳統假設認為：海嘯的初始高度等於海底的垂直殘留變形，如此假設使得海嘯問題的流體力學部份可不計入考慮。圖 10-11 是卡氏坐標系統的震源模型，斷層面位在 $Z \leqq 0$ 之處，OX 軸平行於有限矩形斷層面的走向方向，即是沿著斷層長度 L 方向，同時假設代表滑動的 Burgers 向量 $\vec{D} = (U_1, U_2, 0)$，它落在斷層面上，如此 U_1、U_2 分別代表走向滑動與傾角滑動分量，而垂直於斷層面的張力分量（U_3）假設等於 0，在一般情況，斷層滑動可由斷層面傾角 δ 及滑動傾角 θ 來決定。

海底點源（point source）的最大垂直變形，U_Z（cm），可藉以下 Okada（1995）關係式來決定：

$$\log_{10}U_Z = 1.5M - 2\log_{10}R - 5.96 \quad (10\text{-}32)$$

M 是地震規模，R（公里）是震央距離。然而強烈的海嘯地震不應被考慮為像來自一點源的事件，特別是在海嘯來源區的範圍內（即近震央的區域內），因此上式無法直接被應用到海嘯源。此外據 Kanamori（1977），地震能與地震規模間有以下關係：

$$\log_{10}E_{EQ}(J) = 1.5M_w + 4.8 \quad (10\text{-}33)$$

了解了以上關係後首先根據 Kanamori and Anderson（1975）的比率定律（scaling laws）：L/W = 2，D/L = 5×10^{-5}，然後據震矩定義：

$$M_o = \mu DLW \quad (10\text{-}34)$$

及震矩與地震規模間之關係（Kanamori, 1977）：

$$M_w = \frac{2}{3}\log_{10}M_o - 6.07 \quad (10\text{-}35)$$

可得下式：

$$\log_{10} L(km) = 0.5M_w - a_L \quad (10\text{-}36)$$

$$\log_{10} W(km) = 0.5M_w - a_W \quad (10\text{-}37)$$

$$\log_{10} D(m) = 0.5M_w - a_D \quad (10\text{-}38)$$

a_L、a_W、a_D 是無單位係數，剪切模數（μ）的變化範圍約在 3～8×10^{10} Pa，以上三式在 a_L = 1.92-2.07，a_W = 2.22-2.37，a_D = 3.22-3.37 範圍時沒有明顯變化，故設剪切模數 μ = 3×10^{10}Pa（這是地殼斷層的通常值）。Lame 常數（μ 及 λ）可組合為：

$$\chi = \frac{\mu}{\lambda+\mu} = V_s^2/(V_p^2 - V_s^2) \quad (10\text{-}39)$$

V_p 與 V_s 分別代表縱向波與橫向波速度，據 CRUST2.0 模型（Bassin et al., 2000），χ 是介於 0.3～0.5 之間，此處使用 χ = 0.45。據式（10-36）～（10-39）可得到地震規模（M_w）、斷層面深度（h）、斷層面傾角（δ）與滑動傾角（θ）等參數值。

在計算海底變形的垂直分量 $\eta_z(x, y)$ 時，所有輸入參數是在下列範圍內隨機選擇：

$0 < h < 30km$，$6.5 < M_w < 9.5$，$-90° < \theta < 90°$，及 $0° < \delta < 90°$

除此並分別考慮 h = 100 公里及 300 公里兩種情況。從函數 $\eta_z(x, y)$ 可決定以下各值：

(1) 垂直海底變形（隆起或下陷）的最大值

$$h_{max} = Max[\eta_z(x, y)] - Min[\eta_z(x, y)] \quad (10\text{-}40)$$

(2) 被排出水量

$$V = \left| \iint \eta_z(x, y)dxdy \right| \quad (10\text{-}41)$$

(3) 海嘯初始高度的勢能

$$E_{TS} = \frac{\rho g}{2} \iint \eta_z^2(x, y)dxdy \quad (10\text{-}42)$$

g 是重力加速度，ρ 是水密度（假設 $\rho = 1{,}000kg/m^3$），式（10-41）與（10-42）的積分上下限是選擇在垂直變形（η_z）明顯之處，通常積分領域如下：

$-L - h < x < 2L + h$ 及 $-W - h < y < 2W + h$

不像沿著矩形斷層面均勻滑動的簡單模型，Bolshakova and Nosov（2011）使用蒙地卡羅法來模擬海嘯，如此做的結果是沿著斷層面的眞實滑動分佈變成非均勻分佈。該法使用的 15 場海底地震強動紀錄（見 Bolshakova and Nosov, 2011, Table 1），是來自美國地質調查所（USGS）的以下網址：

http://earthquake.usgs.gov/earthquakes/world/historical.php

在分析時，首先將每一次地震所來自的斷層面分割爲有限數目的矩形單元，其次決定每一單元的滑動向量 $\vec{D}$，利用 Okada 關係式（式 10-32）計算每一單元的海底變形，最後總結所有單元的變形值。有限斷層事件的

x 比率值可利用 CRSUT2.0 模型從震波速率（V_p 與 V_s）來決定，沿著斷層面可使用 x 的平均值。

對於所有（15 場）的有限斷層事件計算其最大的隆起與下陷、垂直海底變形的最大值、被移位（排出）的水量、及初始高度的勢能，所有計算理論上均可據式（10-40）～（10-42）。爲了簡化計算，Bolshakova and Nosov（2011）推薦 Dotsenko and Soloviev（1990）的經驗式，來估算移位水量（V）及初始高度勢能（E_{TS}）：

$$V = \pi R_{TS}^2 \xi_o \tag{10-43}$$

$$E_{TS} = \frac{\rho g}{2} \xi_o{}^2 \pi R_{TS}{}^2 \tag{10-44}$$

R_{TS}（公里）是海嘯源的平均半徑，

$$設\ 1/\eta_{max} = \Gamma\ 則\ R_{TS} \equiv \sqrt{V\Gamma} \tag{10-45}$$

ξ_o（米）是海嘯波初始高度的最大值，R_{TS}（公里）與 ξ_o（米）的經驗式（Dotsenko and Soloviev, 1990）如下：

$$\log_{10} R_{TS} = (0.50 \pm 0.07)M - (2.1 \pm 0.6) \tag{10-46}$$

$$\log_{10} \xi_o = (0.8 \pm 0.1)M - (5.6 \pm 1.0) \tag{10-47}$$

以上兩經驗式適用於強震範圍 $6.7 < M < 8.5$（見 Dotsenko and Soloviev, 1990）。

蒙地卡羅計算結果見圖 10-12，圖 10-13，及圖 10-14 的小灰點與小黑點，斷層面上部邊緣的深度（淡灰點）落在 h = 0-30 公里的範圍，暗灰點代表 h = 100 公里深度的地震事件，黑點代表 h = 300 公里深度的地震事件。由圖 10-12 與圖 10-14 可看出，當海嘯源深度（h）增加時，垂直海底變形的最大值及海嘯能量（即初始高度勢能）顯著地減少，這符合以下事實：海嘯常由淺震產生。其次，被移位的水量呈現出與震源深度 h 無關（圖 10-13），這與 Okada（1995）基於海底點源的經驗式（10-14）符合，即 $U_z \sim R^{-2}$，其中 U_z 是垂直靜態變形量，R 是震央距離。

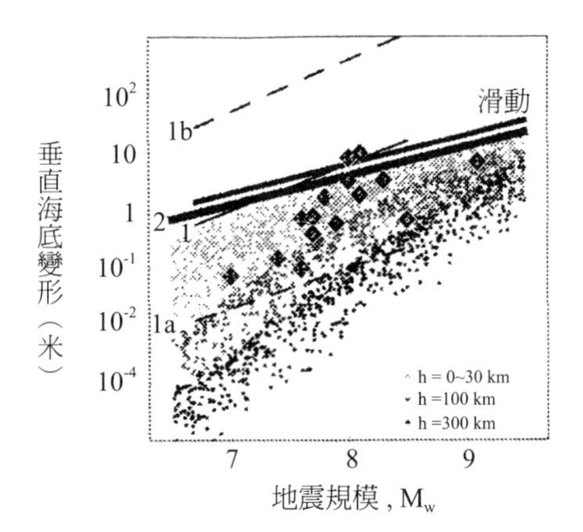

圖 10-12　海嘯源區域的最大垂直海底變形與地震規模的相依關係。h 代表震源深度，線 −1 代表經驗關係（式 10-47），點線 1a 及 1b 顯示 80% 的信心範圍。線 −2 顯示使用式（10-48）估計得到的上限，註明「滑動」的實線描述利用式（10-38）計算得到的滑動量。菱形代表地震事件的序號，各序號見 Bolshakova and Nosov, Table 1（Bolshakova and Nosov, 2011, Fig. 2）

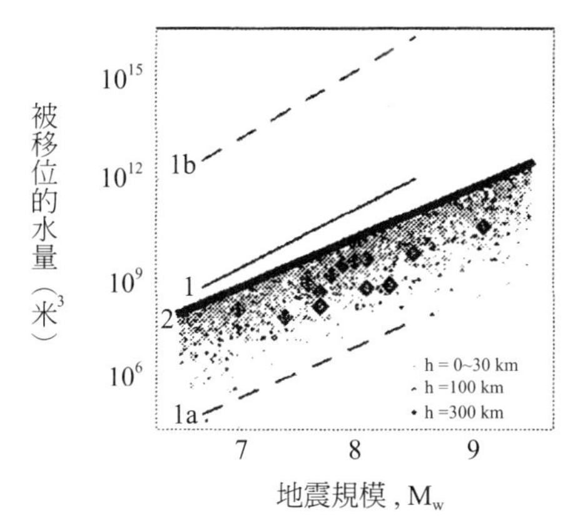

圖 10-13　海嘯源區被移位的水量與地震規模的相依關係。h 代表震源深度，線 −1 代表利用經驗式（10-43）估計所得，點線 1a 與 1b 顯示 80% 的信心水平，線 −2 顯示利用式（10-49）估計所得的上限，菱形代表真實地震事件的序號，各序號見 Bolshakova and Nosov, Table1（Bolshakova and Nosov, 2011, Fig. 3）

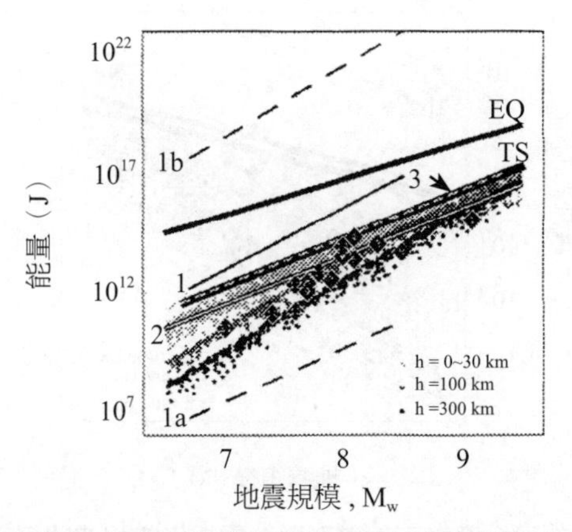

圖 10-14　海嘯源區初始波表面高度的潛在能量與地震規模的相依關係。h 代表震源深度，線 −1 代表由經驗式（10-44）估計所得，點線 1a 與 1b 顯示 80% 的信心範圍，註明 TS 的厚黑線顯示由式（10-50）估計得到的上限，註明 EQ 的厚黑線顯示由式（10-33）估計得到的地震能量，線 −2（白與黑）與線 −3（點狀淡灰）描述分別由 Kajiura（1981）及 Okal（2003）獲得的關係，菱形代表真實地震事件的序號，各序號見 Bolshakova and Nosov, Table1（Bolshakova and Nosov, 2011, Fig. 4）

圖 10-12～圖 10-14 中所有的群集點均具有明顯的上部邊界，而下部邊界則較為擴散與較不明顯，這個特質是三圖涉及的參數均有一定上限的直接結果及數據以對數尺度呈現之故。基於以上三圖群集點的分析，獲得對海底垂直最大變形（η_{max}）、被移位水量（V）、及海嘯初始高度勢能（E_{TS}）的上限估計值：

$$\log_{10} \eta_{max}(m) = 0.5M_w - 3.4 \quad (10\text{-}48)$$

$$\log_{10} V(m^3) = 1.5M_w - 1.8 \quad (10\text{-}49)$$

$$\log_{10} E_{TS}(J) = 2.0M_w - 1.7 \quad (10\text{-}50)$$

再由式（10-45），得

$$\log_{10} R_{TS}(km) = 0.5M_w - 2.2 \qquad (10\text{-}51)$$

式（10-51）與 Dotsendo and Soloviev（1990）的經驗式（式 10-46）頗爲近似。利用式（10-48）～（10-51）若 $M_w = 6.5$，可得 $\eta_{max} = 0.71$ m、$V = 8.9 \times 10^7$ m^3、$E_{TS} = 2.0 \times 10^{11}$ J、$R_{TS} = 11.2$ km；若 $M_w = 9.5$ 可得 $\eta_{max} = 22.4$ m、$V = 2.8 \times 10^{12}$ m^3、$E_{TS} = 2.0 \times 10^{17}$ J、$R_{TS} = 355$ km。使用式（10-48）、（10-49）與（10-50）估計得到的值見圖 10-12、圖 10-13 及圖 10-14 的厚實線，而三圖的薄黑線代表由 Dotsenko and Soloviev（1990）的經驗式（10-46）與（10-47）及式（10-43）與（10-44）估計得到，黑點線 (1a, 1b) 代表信心範圍。基於 Dotsenko and Soloviev（1990）的經驗式估計得到的結果若與式（10-48）、（10-49）與（10-50）估計結果相較，前者總是顯出它高估海嘯源參數，然而由於具有大信心範圍故蒙地卡羅計算法，較能滿足經驗關係。

震源滑動量由圖 10-12 的中等厚度黑實線（註明「滑動」）表示，它總是大於海底垂直最大變形（η_{max}）。比較式（10-33）與（10-50），可得海嘯能與地震能的比率值：

$$\log_{10} E_{TS}/E_{EQ} = 0.5M_w - 6.5 \qquad (10\text{-}52)$$

據式（10-52），海嘯能約佔地震能的 0.05%（$M_w = 6.5$）至 1.8%（$M_w = 9.5$）。

11 地震引起的土壤液化

11-1　土壤液化案例
11-2　液化機制
11-3　液化潛能評估
11-4　液化潛能分析
11-5　利用CPT估算液化—誘導水平地盤沉陷
11-6　其他損壞效應

11-1 土壤液化案例

地震之際及其後在震動地區，常發現地面產生下陷與裂縫，下陷主要是因土壤液化而形成，而裂縫則是由斷層活動產生。本書第 9 章曾提及土壤循環強度是土壤液化評估的重要參數，然則液化究竟是什麼？它是飽含水及無內聚力的顆粒狀物質（通常是細砂），在受到強烈震動時自固態到液態的轉化狀態。液化可能產生側向擴展（lateral spreading），它是地面位移往側方向擴張，其發生原因是因液化所引起的在緩坡度地面（含鬆質砂及淺地下水位面）之水平變位。當強震發生時，側向擴展常造成可觀的地面破壞。由此可知，土壤液化其實只是一個廣義名詞，它包含地表面的側向擴張、裂縫形成（cracking）、沉陷（settlement）、浮砂（sandboils）及支撐能力（bearing capacity）喪失等現象，以下是一些著名的土壤液化案例：

1. 新馬德里地震帶

大量浮砂的結果，可能形成一個奇特的景觀，那就是又稱爲衝砂（sand blow）的砂火山（sand volcano），它是由噴出地表的砂堆積成圓錐狀而形成，其頂端有類似火山噴火口的窪陷，著名的砂火山例子是發生在新馬德里地震帶靠近南端的東方（East）考古場址（3PO610）。新馬德里地震帶在公元 1811～1812 年間，曾發生規模 M = 7-8 的大地震，它引起砂質全新世（Holocene）河曲帶（meander belt）及在密西西比河谷的威斯康新河谷沉積層產生一萬平方公里以上的液化面積與側向擴展（lateral spread）。其中側向擴展指的是大面積的砂火山，它是湧出地表面的水與砂形成的砂堆積物，這種現象稱爲地震誘導液化，它是由於震波通過飽含水的砂質沉積物後引起砂粒間的孔隙壓增加，以致土壤暫時失去強度的現象。如孔隙壓增加到等於上覆土壤的重量時，沉積物液化成類似流體之物。此種含水沉積物的泥漿往往沿著裂縫或其他通道湧向地表，而形成緩坡度的火山形狀堆積物，此類型的滑坡稱爲側向擴展。

當 1811 至 1812 年地震時形成的砂火山面積達 10,400 平方公里，液化效應向東北延伸約 200 公里至伊利諾伊州懷特（White）郡的新馬德里地震帶，及向北北西延伸 240 公里至靠近密蘇里州的聖路易斯市（St. Louis），並向南延伸 250 公里至靠近阿肯色（Arkansas）河河口。過去以爲這些範圍可能達數十米寬及數百米長且形狀各異（有圓形、橢圓形、或線性）的砂火山都是來自 1811 至 1812 年地震，但現在已知它們有部份是來自更早期的地震，日期可遠溯至公元 900±100 年及公元 1450±150 年，然後才是 1811 至 1812 年。以上的砂火山組成包含數個層次，其顆粒大小下粗（粗粉砂）上細（細粉砂），最上層覆蓋著黏土。

據砂火山的空間分佈與衝砂顆粒大小及其沉積層次推論，產生這些砂火山的地震序列，其最小復發率（recurrence rate）是 200 年，因此目前正進入下一個 1811 至 1812 年類型的地震時期（Tuttle et al., 2002, p.1）。在東方場址的砂火山達 1 米厚度，它包含 4 種層次，這意味著它是由大地震序列所形成。據砂火山上方與下方土壤樣品的放射性年代測定，估計這些地震約發生在公元 1300 至 1670 年之間，而非是由 1811 至 1812 年地震所造成（Tuttle et al., 2011）。

浮砂（或稱噴砂）是水平地表常見的液化機制之一，當地下一些深度處形成超額孔隙壓時，將導致地下水向上流動，如果向上的水壓梯度足夠大，則流動水將提升土壤顆粒，若在均勻土壤層，這將引起廣布的流砂條件，而更可能的是，此種流動將穿透最頂層特別薄，或是有裂紋或其他弱帶存在的淺層土壤，在這些地方土壤顆粒被水流往上攜帶後停留於地表，這就是噴砂。若單獨僅是噴砂它很少造成破壞，而可能僅會在噴砂周圍的地表造成少量的下陷。

2. 阿拉斯加威廉王子灣

因地震而形成液化的著名案例，尚見於 1964 年的阿拉斯加及日本地震。1964 年 3 月 27 日，阿拉斯加南方海岸的威廉王子灣（Prince William Sound）發生規模 9.2 級的大地震，這是全球地震史上第二大震，在持續約 3 分鐘的短暫期間， 50 萬平方公里內的人都能感受到搖晃，首府安克拉治（Anchorage）的地下砂層及黏土質土壤所包含的砂與粉砂層皆產生液化，它引起許多破壞性的山體滑坡。

1964 年 3 月 27 日，M = 8.6 的阿拉斯加地震在阿留申阿拉斯加島弧（Aleutian Alaska arc）發生，這島弧是太平洋板塊向下及向北移動中的環太平洋地震帶的重要部份，全球大約有 6% 的大型淺震是發生在這個地區。當地震發生時，威廉王子灣北側的地下約 30 公里深度處首先產生滑動，岩石破裂朝水平方向延伸約 800 公里，它約略平行於阿留申海溝，估計大約有 20 萬平方公里的地殼面積在這次地震中變形，它是自有地震史以來所曾測到的垂直位移最大面積（在蒙塔古（Montague）島的垂直斷層位移約爲 6 米）。地震中有 130 人死亡，及財產損失估計約 300 百萬元（1967 年美元），在 130 人中僅有 9 人是死於地震搖晃，而約 120 人則死於地震引起的海嘯，這海嘯是由沿著斷層破裂帶的阿拉斯加海床突然向上移動而引起。

最壯觀的山體滑坡涉及安克拉治地區特納蓋恩高地（Turnagain Height）的約 9.6 百萬立方米的土壤移位，滑動位移延伸約 1600 米，並且平均向內陸延伸約 280 米，這個滑動是由動態應力結合滑動體下方的軟黏土層與砂層中之誘導高孔隙水壓所造成，它在滑動區形成了複雜的凸起與沉陷現象。在沉陷區地面，當滑動之際平均下陷約 11 米，這個地區的一些房子其最大側向移動達 150～180 米，它們幾乎完全被摧毀。

3. 日本新瀉地震

1964 年 6 月 16 日，日本新瀉（Niigata）縣發生規模 7.5 級的地震，受損的建築物大皆蓋在鬆散與飽和土壤沉積物的上方。明顯的地面破壞發生在靠近信濃（Shinano）河岸處，那裡是川岸町公寓建築群的所在地，建築物因承載能力失去而形成嚴重傾斜，同時浮砂與地面裂縫在新瀉的不同地點皆可看到，側向擴展引起昭和橋向側邊移動一可觀位移，以致造成橋身崩塌。

新瀉地震發生在新瀉市的低窪地區，該市與其周圍地區的土壤涵蓋最近的填海區，以及有著低密度與淺地下水位的年輕沉積層。地震時死亡人數僅 28 人，而總計有 2,000 棟房子全毀，其中包括約 1,500 棟鋼筋混凝土建築的約 310 棟遭毀壞，這些遭毀房子中有約 200 棟其上層雖沒有顯著破壞，但卻產生沉陷或傾斜。這些毀壞的混凝土建築物大皆有著非常淺的基礎，或其摩擦樁是位在鬆散土壤內，若樁是打在深度達 20 米的堅實地層內，則即使相同的混凝土建築也不致於受損。地震中受損的土木工程結構物包括港口設施、自來水供應系統、鐵路、公路、橋樑、機場、電力廠與農業設施等。這些設施其損壞的主要原因是地面破壞，特別是新瀉市位在海平面之下的地區，它們因液化而產生地陷。

1995 年，又名神戶地震的阪神地震（M = 6.9）發生，計有 6,434 人喪生及 43,792 人受傷，經濟損失估計超過 2,000 億美元，地震時港口及碼頭設施皆發生嚴重的液化破壞。

1977 年 11 月 23 日，M = 7.4 的阿根廷 Caucete 地震，約有 65 人死亡，284 人受傷及 20,000～40,000 人無家可歸。從地面上發現不到地層活動的跡象，最顯著的地震效應是面積廣泛（可能達數千平方公里）的液化。

4. 台灣集集地震

1999 年 9 月 21 日，台灣當地時間凌晨 1:47 靠近南投縣集集鎮附近（震央所在），發生 M_w = 7.6 的災難性地震，這場地震使多於 2400 人喪生，超過 100,000 人無家可歸，及許多建築物、橋樑及其他結構物的損壞，總財產損失估計約介於 200～300 億美元之間。導致建築物及其他財產損壞的主要原因之一是，由地震引起的範圍廣泛的土壤液化，液化災害最嚴重之處是位在南投與彰化等縣（見圖 11-1），其中彰化縣員林鎮崙雅區受損建築物的 95% 是來自不均勻沉降，Moh and Associates（MAA）於地震後不久即在員林進行包括標準貫穿試驗（SPT）、圓錐貫入試驗（CPT）、地震跨孔測試、地表波試驗、與實驗室試驗等以決定土壤飽和度、單位重量、比重、液限、塑性限、及粒徑大小分佈等（MAA, 2000）。圖 11-2 顯示南投地區的地面破壞帶分佈及沿著液化破壞帶的現場調查場址之觀測位置，其中 NCREE 代表台灣的國家地震工程研究中心，及 PEER 代表太平洋地震工程研究中心。

南投位在台中盆地內，距斷層破壞帶約 0～5 公里，其地質環境通常包含年輕的河道沉積淺層地下水位（距地表 0.5～5 米），其最大地面加速

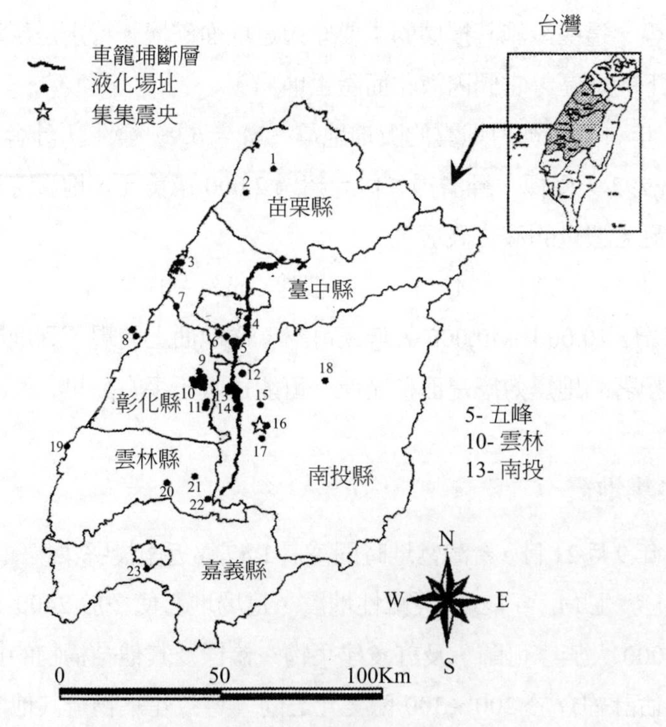

圖 11-1 台灣集集地震發生時的液化場址分佈（Yuan, 2003, Fig. 1, p. 142）

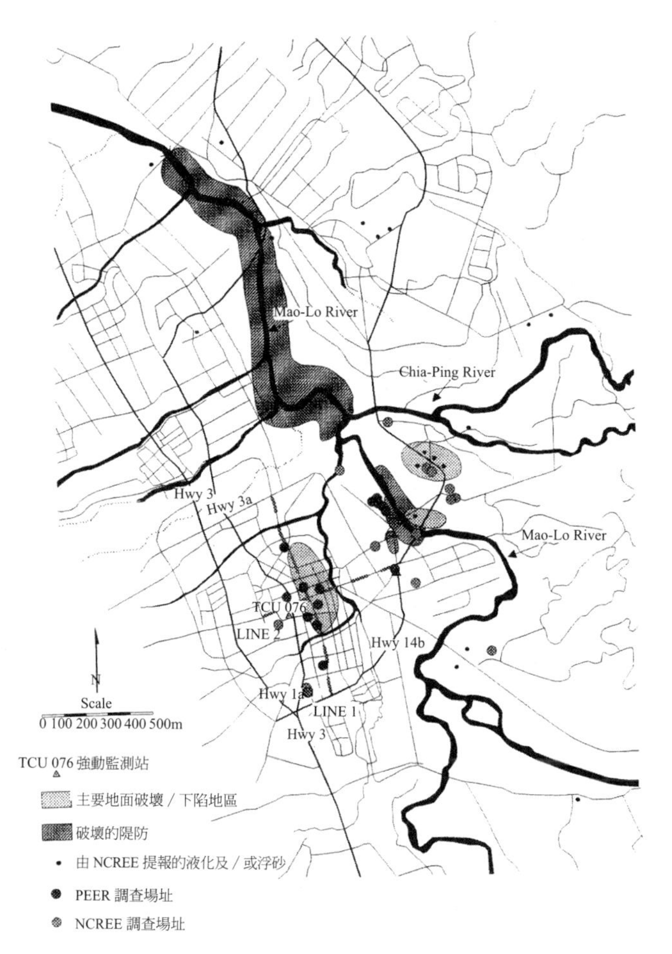

圖 11-2　南投地區調查場址的位置與地面破壞帶分佈（Chu et al., 2004, Fig. 1）

度 0.38 g（位在監測站 TCU076），該站底下是全新世河流沖積土壤，距斷層破壞帶約 3 公里，監測站的緊鄰周遭地區並無地面破壞跡象。地震發生之際南投的地面破壞有數種形式，毛羅河（譯音）東側出現許多典型的液化現象，如浮砂與地面下陷，沿著毛羅河的其他多處地點則出現側向擴展，河西側是人口較稠密地區，其地面下陷集中在建築物基礎之下，同時也有少量浮砂出現（Chu et al., 2004, pp. 4-5）。

5. 土耳其伊茲米特地震

1999 年 8 月 17 日，土耳其伊茲米特地震（M_w = 7.4）導致沿著科賈埃利（Kocaeli）的薩潘賈（Sapanca）湖岸地面產生廣泛液化及變形。薩潘賈湖位在伊茲米特海灣東邊約 20 公里處，這個區域的地表層是全新世（Holocene）沉積層，其最上部（0～60 米深度）是河流沉積層。位在該湖南部湖岸及薩潘賈市西北側 1 公里的薩潘賈旅館（Sapanca Hotel）在地震發生之際，其地面因液化而產生嚴重變形（圖 11-3）。旅館底下的土壤包含湖水沉積物及最近的河流沉積物（含礫砂與粉砂黏土的交錯層），而全新世沉積層下方是 70 米厚的上新世至更新世（plio-pleistocene）沉積物，它主要包含從附近沙漠移棲來的緻密粉砂及砂。1967 年，當 MudurnuValley 地震（M_w = 7.1）時旅館的地下土壤層，也曾因液化而產生地面變形。1999年的伊茲米特地震時，相對於周圍地面旅館建築下陷約20～50公分，而在旅館入口處由側向擴展產生的地面水平位移為 0.3～0.5 米，及垂直位移為 0.3～0.4 米，越靠近湖岸地面位移越增大，而在圖 11-3 中沿著 I、II、IV 剖面的湖岸地點，其側向地面總位移達到 2 米。

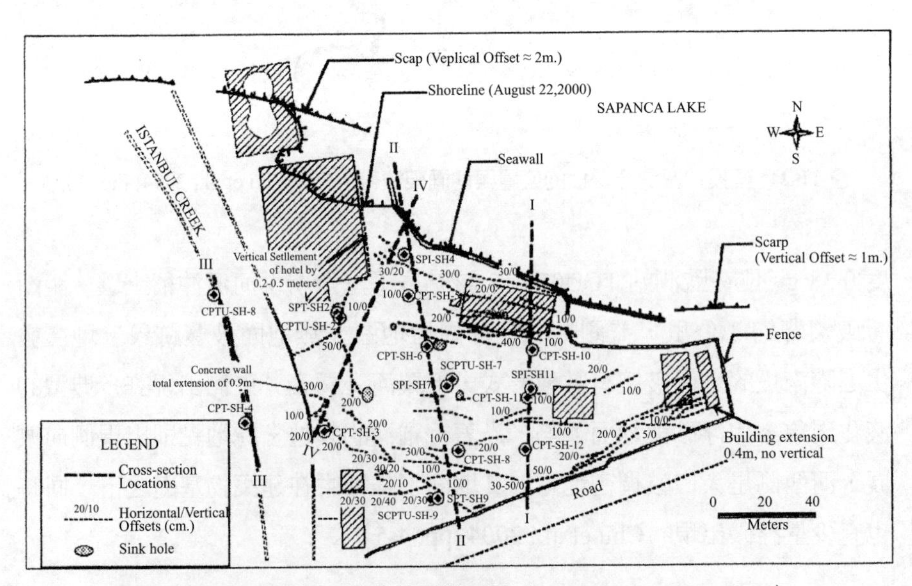

圖 11-3　薩潘賈旅館場址的地面變形圖（Cetin et al., 2002, Fig. 31）

11-2 液化機制

1. 土壤液化的含意

液化的破壞能力所以能引起全球廣泛注意源自以下三場地震：

‧1934 年印度比哈爾邦（Bihar）地震（$M_w = 8.3$）。

‧1964 年阿拉斯加大地震（$M_w = 9.2$）。

‧1964 年日本新瀉地震（$M_w = 7.5$）。

當地震期間地表結構物可能因以下各種不同原因而毀壞，它們是：

‧裂縫。

‧差異運動。

‧斷層。

‧強度損失。

最後一項指的是土壤剪切強度的損失，它主要來自分子間的吸引力（即凝聚力）與摩擦阻力。剪切強度可表示如下：

$$\tau = c + \sigma_n \tan \varphi \qquad (11\text{-}1)$$

無凝聚土壤（cohesionless）（如砂）的 c = 0，因此

$$\tau = \sigma_n \tan \varphi \qquad (11\text{-}2)$$

土壤中若含水則孔隙水壓（u）將會降低有效正向應力：

$$\tau = (\sigma_n - u)\tan \varphi \qquad (11\text{-}3)$$

當地震引起地面搖晃時瞬間增加的孔隙水壓，將會降低剪切強度，換句話說，當地震時由於剪切波在飽和土壤層的傳播，使得土壤顆粒組織重新排列（即土壤顆粒結構變形，見圖 11-4），其結果是使得鬆散土壤變得較緊湊及土壤的較弱部份開始瓦解。瓦解的土粒充填下層的土壤並迫使該層次的孔隙水壓增加，如果水壓因快速的動態負載以致無法及時排出，則

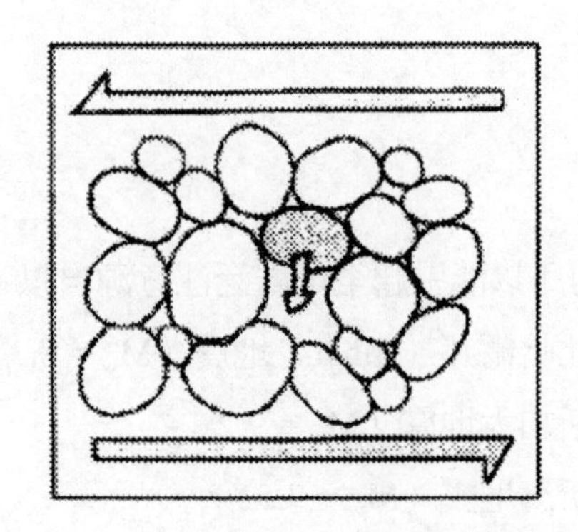

圖 11-4　由地震引起的剪切變形

整個土壤負載必須瞬間被孔隙水所承載，由於孔隙水比土壤骨架更具有可壓縮性，故粒間（intergranular）應力的減少大部份是因孔隙壓力增加之故。當土壤中的水對土壤顆粒施加壓力，如壓力很低則土壤可維持穩定狀態，然一旦水壓超過某特定水平該水壓將迫使土壤顆粒彼此相對移動，因此引起土壤剪切強度減少。經過一段時間之後，不但是下層土壤，連較上層土壤的剪切強度也會減少，最後整個土壤層表現得像黏性流體。

水位面之下的土壤暫時失去強度的後果，是使它變得更像黏性流體而非固體。由於孔隙壓在砂質土壤（特別是鬆散、飽和、與不含黏土的砂）的增加較非砂質土壤爲多，故強度損失在砂質土壤較爲顯著。此種因動態負載之故使粒間應力從土壤顆粒轉移到孔隙水，並使得土壤失掉強度及表現得像黏性流體的現象，就稱爲液化（liquefaction），或簡單的說，孔隙壓忽然上升後使土壤強度喪失的現象，即稱爲液化。

在孔隙壓忽然升高之後，應力轉移發生並導致有效應力控制剪切強度，如應力轉移完成則總液化發生，然若僅部份應力轉移發生，即 $\lim(\sigma_n - u) \to 0$，此情況下僅會喪失部份強度及引起部份液化。雖然液化之後通常緊隨著明顯的結構破壞，但這種現象並不會到處發生，有些地區易於產生土壤液化，有些地區則不會。一般來說，地震時具有較鬆散組織的土壤及有較高地下水位的地區有較多液化可能性。由液化導致的地面變形程度，總是依土壤的地質年齡、密度、與土壤深度而定，地面斜坡與其上方結構物特性也影響因液化引起的土壤變形。除了地震外，由打樁與炸藥爆炸載荷、機械振動、或大壩抽水等引起的忽然打擊或其他動態負載，皆可能引起土壤強度降低，並導致液化，因此可以說週期性孔隙壓產生的機制實是土壤剪切強度減少的外在體現。

2. 土壤液化類型

土壤液化是非常複雜的現象，它通常可分成三種主要類型：

(1) 流動液化

當地震時若土壤的靜態剪切應力大於其穩態強度則流動液化（flow liquefaction）發生，它通常發生在有大片土壤的地區及地表有深斜坡之處，且僅發生在鬆散土壤。一旦靜態平衡被動態地震負載，或有時候僅是一小負載所摧毀，巨大的土壤體即能產生流動。有些實例顯示，土壤能以高速移動一非常長的距離（有時達數十哩），由於以上特質此類型的土壤液化最具有災難性。

(2) 循環流動

當靜態剪切應力小於穩態強度及循環剪切應力是足夠大，以致它瞬間超越穩定強度而觸發循環流動（cyclic mobility），這常在地面斜坡適中之處發生。當地震時，土壤的變形（或循環流動）穩定地隨動態負載的增加而遞增，在強震或長時間地震的末期，它能變得很巨量，最後觸發土壤破壞。循環流動能發生在鬆散或緻密土壤，但變形則隨土壤密度的增加而顯著減少。一個最常見的循環流動是橫向擴展，它發生在當緩斜坡或平坦地面的下陷土壤不再能承載地表層時，此情況下重力結合因動態地震負載所累積的慣性力，最後引起地表土壤層破壞。

(3) 水平地面液化

為方便討論，定義水平地面的特質如下：

・非常大範圍的水平地表。

・不含任何疊加或埋藏地下的結構物，原因是它們將施加顯著應力於地表。

在以上定義下，所有土壤的應力主要是來自土壤的自身重量，任何可能出現在地盤中的靜態剪切應力皆來自沉積過程與其後的負載歷史。然而這些剪切應力皆非質量平衡所須，所以它們可由地盤搖晃而改變，且甚至於可能變成零。即使缺乏靜態驅動力，但當循環負載大到足夠能產生高的超額孔隙壓時，水平地面液化將可能發生，其發生通常是藉著地面振盪（或差異暫態運動）、震後沉陷或衝砂（sand boils）來體現。

水平地面液化能發生在鬆散或緻密土壤，它其實是循環流動的特殊情況，而破壞的產生是當超額孔隙壓消散時由往上流動的水所引起。1934年1月15日，規模超過芮氏規模8.0級的印度比哈爾邦地震發生，液化以砂噴泉的方式展現，當土壤幾乎失掉所有強度之後，土層上方的結構物遂下沉到地下。這次液化現象特別猛烈的原因是：比哈爾邦的沖積層有約1,000米厚度，而地下水位面則僅位於地表之下2米處。1964年6月16日，規模7.5級的新潟地震發生時，建築物的損壞大都位於鬆散的飽和土壤所在地區，大部份建築物硬性地下陷或傾斜，建築物上層則無顯著的損壞。2001年1月26日早晨印度西部古吉拉特邦（Gujarat）的Kutchh地區，在靠近普傑（Bhuj）市之處發生一場災難性地震。液化是該地震區最廣布的現象，伴隨著液化的是黑顏色的泥流，它發生在包括Kutchh地區的蘭恩市（Rann）。

3. 砂的液化

砂液化是多孔粒狀物質由於喪失顆粒對顆粒的接觸，故其強度暫時衰竭，實際上是其顆粒的支撐暫時從顆粒接觸轉移到孔隙流體。在液化狀態期間物質行爲就像黏性液體，它僅具有很少或是沒有屈服強度。液化總是與孔隙流壓的增加有關，它能因地下水的流動而啓動，這稱爲靜態液化；或由孔隙流壓的循環性而增加，這稱爲循環液化；或由鬆散的沉積物受到擾動而產生，這稱爲衝動（impulsive）液化。一旦沉積物變成液化，當流通過孔隙流體的粒子安定下來之後，它又會重建顆粒接觸，因此液化狀態僅能維持一段有限時間，在該段時間內，一道向上移動的液化前緣（front）將下方再沉降的砂與上方已液化的懸浮物隔離開來，此時土壤強度至少已部份恢復，液化帶內在上升前緣的上方之層理（stratification）可能因顆粒間的相對移動而變形。一旦觸發液化的行動停止，則液化狀態的持續時間就成爲顆粒大小的函數，此時顆粒大小決定液化懸浮帶內的顆粒沉降速度與液化區間厚度。對於細至中粒砂構成的 1 米厚土壤層，其液化狀態的持續時間約爲數十秒數量級（Allen, 1982; Lowe, 1976）。以下將從理論的推導說明砂層的液化條件（Prasad, 2011, p. 444）：

飽和條件下砂的剪切強度見式（11-3），在 Z 深度處水平面上土壤單元所受的垂直應力爲：

$$\sigma_n = \gamma_{sat} Z \quad (11\text{-}4)$$

γ_{sat} = 飽和土壤的單位重量，因此

$$\sigma_{eff} = (\sigma_n - u) = \gamma_{sat} Z - \gamma_w Z = (\gamma_{sat} - \gamma_w) Z \quad (11\text{-}5)$$

當地震引起地面運動時靜態孔隙壓可能增加 $\triangledown_n$ 的量，故

$$\triangledown_n = \gamma_w \cdot h_w` \quad (11\text{-}6)$$

$h_w`$ 代表由於孔隙在增量 $\triangledown_n$ 導致的水頭上升量。設 γ_b 代表地震之際飽和土壤的單位重量（其值應等於 γ_{sat}），則

$$\begin{aligned}\sigma_{eff} &= (\gamma_b - \triangledown_n) \\ &= (\gamma_b Z - \gamma_w h_w`) \quad (11\text{-}7)\end{aligned}$$

$$\tau = (\gamma_b Z - \gamma_w h_w`) \tan\varphi \quad (11\text{-}8)$$

或可寫爲

$$\tau_{dyn} = (\sigma_n - \nabla_{udyn})\tan \varphi_{dyn} \quad (11\text{-}9)$$

τ_{dyn} = 動態條件下的剪切強度
∇_{udyn} = 動態條件下的孔隙壓增加值
φ_{dyn} = 動態條件下的摩擦強度

若液化時強度完全喪失：

$$\sigma_n - \nabla_{udyn} = 0$$

即 $\gamma_b Z - \gamma_w h_w' = 0$

因此

$$h_w'/Z = \gamma_b/\gamma_w = (G - 1)/(1 + e) = i_{cr} \quad (11\text{-}10)$$

G = 土壤顆粒的比重

e = 孔隙比

i_{cr} = 臨界水力梯度（有效應力是零的應力）

以上概略敘述砂層的液化可能在任意深度處發生〔如式（11-10）所顯示〕，不僅如此，液化也可能會發生在沉積物的底層已經液化之處（如前文所述）。一旦在一些深度處形成液化，則超額孔隙水壓將藉著向上湧升的水流而消散，而此種水力梯度可能足夠大到產生流砂，在此流砂情況，地表無法支撐一個人或動物的重量。

以下總結影響液化易感性（susceptibility）的沉積物特性如下（Owen and Moretti, 2011, Table 1）：

(1) 顆粒大小：細至中粒砂

液化最容易形成於粗粉砂至細粒土壤層。較細粒顆粒沉積物的凝聚力是抵制顆粒分離的重要因素，而較粗粒沉積物因其個別顆粒重量之故，使得它們不易被孔隙流體所支撐。

(2) 顆粒堆積（packing）形態：高度鬆散

液化最容易形成在鬆散結構的沉積層，此等沉積層具有低相對密度、高空隙比（void ratio）或高孔隙率，因此交叉式砂層特別容易液化。

(3) 飽和情況：飽和

液化僅形成於飽和水的沉積物。

(4) 滲透率阻障：存在

滲透率阻障包括泥紋層（mud laminae）或上方覆蓋有泥紋層。非滲透層的存在將導致孔隙流壓的增加，此等特性對礫石層的液化特別有重要意義。

(5) 覆壓應力：低

液化潛能隨覆壓應力的增加而減少，由於此故有紀錄的液化效應，其發生的最大深度是 10 米，而大部份沉積物的液化皆形成在深度少於 5 米之處。

(6) 沉積史：過去並沒有液化

液化後顆粒通常形成較緊密的堆積結構，因此曾經歷過液化的沉積物通常較少有可能再次液化，當然它再次液化的可能性還是存在的。顆粒堆積密度的增加，將導致液化啓動後具有超額孔隙壓流體的移位，而這可能引起上覆層次，或是較多孔隙流體通過的液化層上方部份之局部流態化。局部流態化也可能發生有較細粒沉積物或是含有泥質物之處，而此種情況將阻礙孔隙流體的流動。

由於震波通過因而產生的循環應力將導致孔隙流壓的增加，並可能觸發液化。地層一旦液化則通常產生流砂（quicksand）、基礎因強度喪失而破壞、埋於地下的低密度結構物（如儲氣罐）往上升、與地表浸水等災害皆可能相伴而生，其他如衝砂、泉水湧出、及停止搖晃後沉積物從地面噴出等現象也頗常見。以上這些現象皆意味著由於液化層顆粒再沉積之後，因孔隙水移位而形成了局部流態化或是地下水流中斷的可能性。然而並非所有地震皆會觸發敏感沉積層的液化與流態化效應，一些經驗分析指出，地震規模與震央距離都可能是液化的影響因素（詳情見 §11-4），而通常地震規模若小於 5 則不可能觸發液化。

11-3 液化潛能評估

1. 液化潛能評估的標準

現場決定土壤將來在地震來臨時是否會液化（即液化潛能），其評估標準至少應考慮以下的各種液化標準：

- 顆粒大小。
- 臨界空隙率。
- 臨界加速度。
- 應力條件。
- 標準鑽穿值（N）。
- 基於能量的液化標準。

由於影響液化的參數與因素很多，故不可能單挑一種參數即可充做評估液化的標準。下文選擇其中兩項（如顆粒大小與標準鑽穿值）說明如下：

細粒土壤的液化標準

細粒土壤的液化標準若利用修正的中國標準來進行評估（見圖9-26），當顆粒小於 0.005 毫米的黏土其含量少於 20%，液限（LL）小於 33.5%，及水含量（WC）大於 0.87×LL，則土壤可能液化。如前所論，這個標準迄今仍然有爭議，它並非是全球共同接受的標準，本書在 §9-6 曾指出工程界在進行細粒土壤的液化潛能評估時，不宜根據僅以黏土顆粒大小百分比作爲液化準則的中國標準，而較宜依據塑性指數（PI）及工程判斷等來進行評估。

當地層有效應力趨近於零，此時可認爲飽和水的無凝聚砂開始啓動液化，基於這個假設 Nemat-Nassor and Sokooh（1979）首先引入一個與液化產生相關的能源概念。Trifunac（1995）基於在地震後產生液化地區與不產生液化地區的全球性觀察後，提出五種經驗模型以計算經覆壓應力校正的 SPT 值（$\overline{N}_{cor}$），$\overline{N}_{cor}$ 可表示如下：

$$\overline{N}_{cor} = 0.77\log_{10}\frac{2000}{\sigma_0}N_{obs} \tag{11-11}$$

其中，σ_o = 有效覆壓（kN/m^2），$\overline{N}_{cor}$ = 校正後的 N 值，N_{obs} = 現場觀察到的 N 值。上式中的 $\overline{N}$（即 $\overline{N}_{cor}$）在液化發生時，可視爲是 N 的臨界值（N_{crit}），因此在特定條件下可估計 $\overline{N} - N_{crit}$ 以了解液化潛能。如現場的 $\overline{N} < N_{crit}$，則不會發生液化。Trifunac（1995）假設 N_{crit} 有高斯分佈（Gaussian distribution）的特性，並進而評估其標準偏差及計算 N_{crit} 的概率密度，$PDF(N_{crit})$：

$$PDF\ (N_{crit}) = \frac{1}{\sqrt{2\pi}}\frac{1}{\sigma\overline{N}}\exp\left\{-\frac{1}{2}\left[\frac{\overline{N}}{\sigma}-\frac{\mu}{\sigma}\right]\right\}^2 \tag{11-12}$$

μ = 模型提供的平均值

σ = 標準偏差

N_{crit} 超過 $\overline{N}$ 的概率可表示如下：

$$Prob\ \cdot \{N_{crit} > \overline{N}\} = \frac{1}{\sqrt{2\pi}}\frac{1}{\sigma\overline{N}}\int_{\overline{N}}^{\infty} -\frac{1}{2}[(x-\mu)^2/\sigma]dx \tag{11-13}$$

基於式（11-13），可獲得以下資訊：

- 對地震類型 (R, k)（地震規模 u_k 及震央距離 R 的地震）的發生條件概率。
- 對於一具有已知 N 及 σ_o 值的平均液化返回期。

2. 液化概率與液化潛能指數

(1) 液化概率

幾年前 Cetin et al.（2004）將過去的液化案例經過詳細的研究與解釋之後發展出新的液化潛能評估新程序，其中液化概率（P_L）可表示爲：

$$P_L = \Phi\{-[(N_1)_{60}(1+\theta_1 FC) - \theta_2 \ln CSR_{eq} - \theta_3 \ln M_w - \theta_4 \ln(\sigma_{vo}'/P_a) + \theta_5 FC + \theta_6]/\sigma_\varepsilon\} \quad (11\text{-}14)$$

Φ = 標準正常累積分佈函數

FC = 細粒含量（%）

CSR_{eq} = 循環應力比

M_w = 震矩大小

σ_{vo}' = 最初垂直有效應力

P_a = 大氣壓（與 σ_{vo}` 有相同單位）

$(N_1)_{60}$ = 校正後的 SPT 阻力

σ_ε = 估計模型和參數不確定性的標準偏差

$\theta_1 \sim \theta_6$ = 由迴歸分析得到的模型係數

液化概率（P_L）的範圍及其意義見表 11-1。

表 11-1　液化概率的涵意（Chen and Huang, 2000； 轉引自 Yuan, 2003, Table 2）

液化概率	液化可能性
$0.85 \leqq P_L < 1.00$	幾乎確定土壤將會液化
$0.65 \leqq P_L < 0.85$	非常可能
$0.35 \leqq P_L < 0.65$	液化與不會液化各佔一半機會
$0.15 \leqq P_L < 0.35$	不可能
$0.00 \leqq P_L < 0.15$	幾乎確定土壤將不會液化

液化概率也可藉著液化安全因子（F_S）表達如下（Yuan, 2003, p. 146）：

$$P_L = 1/[1 + (F_S/0.96)^{4.5}] \qquad (11\text{-}15)$$

利用液化概率表示的循環阻力比，CRR〔見式（9-23）與（9-24）〕如下：

$$CRR = \exp\{[(N_1)_{60}(1 + \theta_1 FC) - \theta_3 \ln M_w - \theta_4 \ln(\sigma_{vo}'/P_a) + \theta_5 FC + \theta_6 + \sigma_\varepsilon \Phi^{-1}(P_L)]/\theta_2\} \qquad (11\text{-}16)$$

Φ^{-1} = 逆（inverse）標準正常累積分佈函數。

式（11-14）顯示液化概率包含負載與阻力兩類項目，前者包括地震規模及包含在 CSR_{eq} 中的最大加速度，後者包括 SPT 阻力、細粒含量、與垂直有效應力。模型係數平均值可就兩種情況之一來挑選，其一爲不確定性，它包括參數測量或估計誤差（見 Kramer and Mayfield, 2007, Table 1）；另一是不計測量與估計誤差效應，這是一種理想情況。圖 11-5(b) 顯示已計入測量或估計誤差的等值 P_L 輪廓線，此種測量或估計誤差對模型係數僅有微少影響，但對 σ_ε 則有顯著影響。

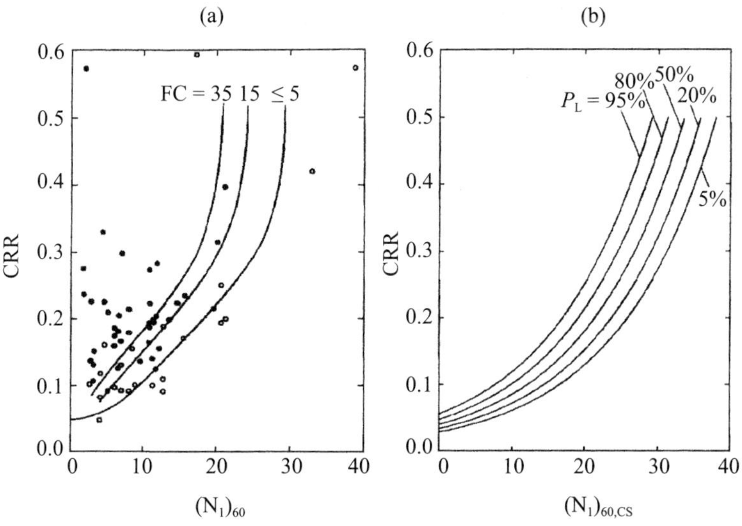

圖 11-5　(a) 循環阻力比的決定（Youd et al., 2001）

(b) 不同液化概率的循環阻力比曲線（已計入測量或估計誤差）（Cetin et al., 2004）

（轉引自 Kramer and Mayfield, 2007, Fig. 1）

除了使用以上方法，另外，Moss et al.（2006）收集全球性的 CPT- 基礎液化現場案例史數據，經過濾不適當的部份及後向分析（back analysis）後，再應用工程統計概念、Bayesian 迴歸法、及可靠度（reliability）分析法等建立觸發土壤液化的概率關係式，它也值得參考。

(2) 液化潛能指數

液化潛能評估除了利用機率之外也可使用液化潛能指數（Liquefaction Potential Index，簡稱 PLI），其定義式如下：

$$PLI = \int_0^{20} F(z)W(z)dz \qquad (11\text{-}17)$$

F(z) 是安全因子 F_S 的函數，據 Sonmez（2003）：

$F(z) = 1 - F_S$ 若 $F_S < 0.95$

$F(z) = 2\times10^6 e^{-18.427F_s}$ 若 $0.95 < F_S < 1.2$

$F(z) = 0$ 若 $F_S \geqq 1.2$

$W(z) = 10 - 0.5z$

PLI 與液化風險的關係見表 11-2。從以上 PLI 的定義式來看它基本上也是液化概率的一種延伸方式。

表 11-2　PLI 與液化風險相當值（Vessia and Venisti, 2011, Table 1）

PLI	液化風險
0	不會液化
0～2	低
2～5	中度
5～15	高
>15	非常高

(3) 三維地質統計內插法

1994 年，北嶺地震發生後 Dawson and Baise（2005）應用三維地質統計內插法（interpolation）評估聖費爾南多谷（San Fernando Valley）沉積物的兩處場址（Balboa Blvd 及 Wynne Ave）之液化潛能，這兩處場址被挑選作爲研究對象的原因是，其地表效應無法使用基於液化層的厚度與深度及液化潛能指數等來預測。三維地質統計內插法的使用程序如下：

① 定義距離與樣品變異數（variance）間之關係，這關係稱爲變異函數（semivariogram）。

② 建立適當（即已設定統計公差（tolerance）及信心（confidence））的三維液化機率模型，以說明鄰近隨距離而變的樣品值其彼此間的差異，然後再將此模型配合變異函數一起使用。

③ 使用變異函數預測內插點（測試點之外的地點）的未知數據，計算其理論上可能液化的概率百分比。

④ 將預測值與已知地點的已知值比較並證實其可靠性。

因此使用統計內插法來估計液化機率，是對液化潛能進行地質評估的另一種有用輔助手段。

11-4 液化潛能分析

1. 液化安全因子

(1) 液化安全因子的含意

液化安全因子的表示可簡化爲 CRR 與 CSR 的比率式：

$$F_S = \frac{CRR}{CSR} \qquad (11\text{-}18)$$

其中 CRR 是現場土壤的循環阻力比，它是土壤抵抗液化的潛力，它也常被稱爲產生液化所須的循環應力比（見圖 9-17）。CSR 是由預期地震引起的循環應力比，它們通常代表的是 M = 7.5 地震所引起的循環應力比（圖

9-17，9-21），因此

$$CRR = \tau_{cyclic,e}/\sigma_v' \tag{11-19}$$

$\tau_{cyclic,e}$ 是開始產生液化的循環強度平均值，如 CSR 大於 CRR，這表示地震時土壤可能液化。可以說 F_S 越高土壤對液化的阻力就越大，然而即使土壤的 F_S 略高於 1.0，但當地震搖晃時，它也可能液化，這種情形將可能發生在：若液化在較低層次發生，則向上流動的水可能導致產生 F_S 略高於 1.0 的液化層。

CRR 通常可由對比現場試驗（SPT、CPT 或剪切波速度）的結果得到，而最常使用的是 SPT。圖 11-5(a) 是 Youd et al.（2001）所推薦，且迄今尚被廣泛使用的液化阻力曲線，由於這些曲線是基於國家地震工程研究中心（NCEER）的研討會（Youd and Idriss, 1997）討論後所得到，故 Youd at al.（2001）的液化估計過程被稱爲 NCEER 過程。此種過程在過去的地震中已證實它能產生合理的液化潛能預測，故它已被接受爲當前的大地工程操作規範。

液化安全因子的決定宜考慮以下因素：

(a) 土壤類型

最易於液化的土壤類型應將其鑒別出來。當地震時液化常發生在細粒至中粒砂、粉砂、及包含低塑性砂的土壤層，且最好是上方覆蓋（或中間包含）著非滲透層，但偶然地液化也可能發生在礫砂層，而大部份的黏性土壤在地震時將不會液化，因此易於液化的土壤類型是非塑性（無黏性）土壤。

(b) 地下水位

土壤必須在地下水位面之下，如地下水位將來有上升可能時此種預期因素必須計入未來土壤液化可能性的考慮。

(c) 工程判斷

評估土壤液化安全因子時將會面對許多應用到 CRR 與 CSR 的不同方

程式與校正，所有這些不同的方程式與不同的校正可能會導致工程師產生高度正確的錯覺，其實這整個分析僅是概略的估計，若要可靠判斷一處場址是否會液化除分析結果可做爲參考之外，尙須加上工程師的經驗與判斷。

(2) 液化安全因子的推求

現以台灣 1999 年 9 月 21 日集集地震發生後員林地區的圓錐貫入試驗（CPT）結果，來說明液化安全因子的推求（Yuan, 2003）：

本例的 CPT 分析方法是基於 Juang et al.（2003），以循環阻力比（CRR）表示的土壤液化阻力其計算式如下：

$$CRR = C_\sigma \exp[-2.957 + 1.264(q_{cIN,cs}/100)^{1.25}] \quad (11\text{-}20)$$

$$C_\sigma = -0.016(\sigma_v'/100)^3 + 0.178(\sigma_v'/100)^2 - 0.063(\sigma_v'/100) + 0.903 \quad (11\text{-}21)$$

$$q_{cIN,cs} = q_{cIN}(2.429I_c^4 - 16.943I_c^3 + 44.551I_c^2 - 51.497I_c + 22.802) \quad (11\text{-}22)$$

σ_v' = 研究深度處的土壤垂直有效應力，其最大値依 Juang et al.（2003）的規範，它爲 215kPa。q_{cIN} 是正規化（即經應力調整）的圓錐貫入阻力，其定義式如下：

$$q_{cIN} = q_c/(\sigma_v')^{0.5} \quad (11\text{-}23)$$

q_c 是圓錐貫入阻力，上式的 q_c 與 σ_v' 其單位必須是大氣壓（atm: 1 atm ≈ 100 kPa），I_c 是土壤類型指數：

$$I_c = [(3.47 - \log_{10}q_{cIN})^2 + (\log_{10}F + 1.22)^2]^{0.5} \quad (11\text{-}24)$$

F 是正規化摩擦比率：

$$F = f_s/(q_c - \sigma_v) \times 100\% \quad (11\text{-}25)$$

f_s 是套筒摩擦係數，σ_v 是在 CPT 測量點的總覆壓應力，上式的 f_s、q_c、與 σ_v 必須以相同單位表示。循環應力比（CSR）可計算如下（Seed and Idriss, 1971）：

$$CSR = 0.65(\sigma_v/\sigma_v')(a_{max}/g)(r_d) \quad (11\text{-}26)$$

$$CSR_{7.5} = \frac{CSR}{MSF} \quad (11\text{-}27)$$

其中 0.65 是用來將最大循環剪切應力轉換成在整個負載作用期間代表最顯著循環的循環應力比。對式（11-27），a_{max} 與地震規模是估計 $CSR_{7.5}$ 所需的負載（load）資料。

σ_v = 在研究深度處的土壤垂直總應力

a_{max} = 最大地表水平加速度

g = 重力加速度（與 a_{max} 有相同單位）

r_d = 剪切應力降低係數

有關 r_d 的詳細說明見式（9-17）～（9-20），應用這四個方程式分別在 $M = 5\frac{1}{2}$、$6\frac{1}{2}$、$7\frac{1}{2}$、及 8 的情況下計算 r_d，結果見圖 11-6，圖中也顯示（Seed and Idriss（1971））發表的 r_d 範圍平均值，此平均值與應用以上四個方程式並分別代入

・M = 8 與深度淺於 4 米，及

・$M = 7\frac{1}{2}$與深度大於 8 米

的計算結果相若（Idriss and Boulanger, 2004, p.34）。式（9-11）的 r_d 範圍與在圖 11-6 中代入 M = 7.6（集集地震規模）的結果相仿。

CRR 與 CSR 計算得到之後，液化安全因子 F_s = CRR/CSR 則可以決定。如：

$F_s \leqq 1$ →預期地震時土壤將會液化

$Fs > 1$ →預期地震時土壤將不會液化

地震後，利用液化安全因子來決定地震時液化潛能的做法，倘非是最好的做法。統計或液化機率的評估法，通常是震後研究的較佳做法。

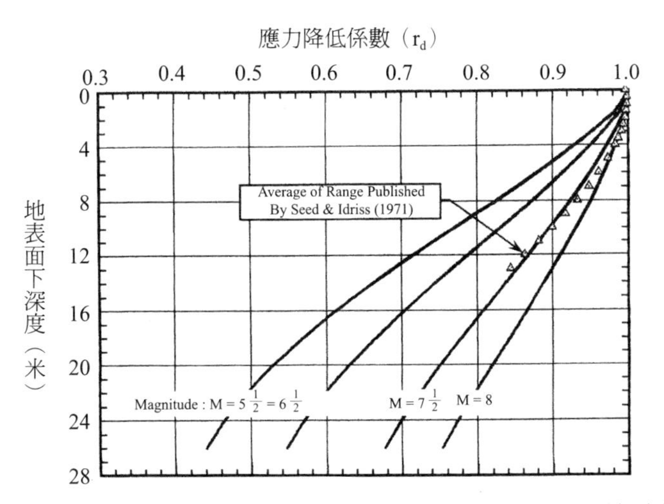

圖 11-6　應力降低係數隨深度與地震規模的變化（Idriss 1999；轉引自 Idriss and Boulanger, 2004, Fig. 2, p. 34）

2. 地震規模縮放因子

式（11-27）的 MSF 是地震規模縮放因子，它是用來調整相對於參考地震（$M_w = 7.5$）的 CSR 計算值，其計算式見（9-13）或利用下式：

$$MSF = 10^{2.24}/M_w^{2.56} = \left(\frac{Mw}{7.5}\right)^{-2.56} \tag{11-28}$$

式（11-28）的地震規模尺度因子（MSF），常被使用於將地震規模 M 的誘導 CSR，調整至地震規模 $M = 7\frac{1}{2}$的等值 CSR。MSF 的定義式如下：

$$MSF = CSR_M/CSR_{M=7.5} \tag{11-29}$$

MSF 與地震規模 M 的關係如式（9-13），並見圖（11-7）。當 $M \leqq 5\frac{1}{4} \rightarrow$ MSF = 1.8，這是 MSF 的最大值限制，這個限制的原因與單一最大循環剪切應力時間序列的影響有關（詳情見 Idriss and Boulanger, 2004, p. 38）。MSF 與 CRR、CSR、及 F_S 的關係如下：

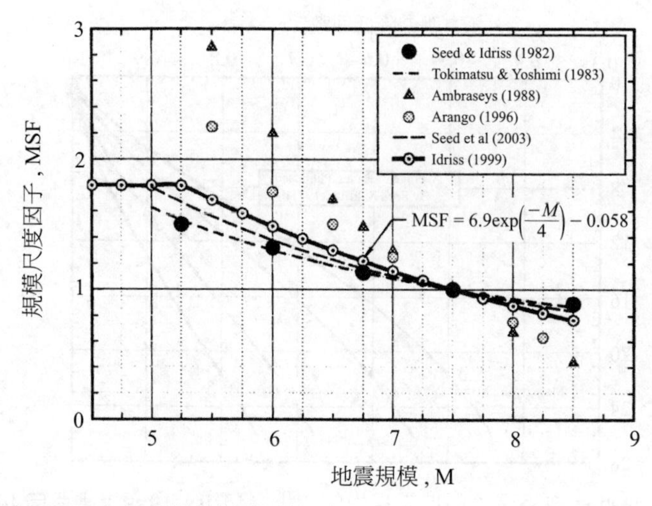

圖 11-7　由不同研究者建議的地震規模尺度因子（Idriss and Boulanger, 2004, Fig. 6, p. 37）

$$F_S = (CRR_{7.5}/CSR)MSF \tag{11-30}$$

$CRR_{7.5}$ 是 M = 7.5 地震的循環阻力比，它可由圖 9-17 或圖 9-21 決定，CSR 是由地震搖晃產生的循環應力比計算值。MSF 與 M 的關係除式（9-13）之外，Youd and Noble（1997a, b）所定義的三組 MSFs 也可用於簡化程序：

- $P_L < 20\% \rightarrow MSF = 10^{3.81}/M^{4.53}(M_w < 7)$　（11-31）
- $P_L < 32\% \rightarrow MSF = 10^{3.74}/M^{4.33}(M_w < 7)$　（11-32）
- $P_L < 50\% \rightarrow MSF = 10^{4.21}/M^{4.81}(M_w < 7.75)$　（11-33）

3. 液化潛能分析的簡化程序

決定液化潛能的方法除利用前述的液化安全因子之外，另一種方法就是使用以下的簡化程序。為評估沉積層的液化潛能必須決定任意深度處由地震導致的剪切應力，若在該深度處有足夠能導致液化的大應力，則據

Seed and Idriss（1971）建議的簡化程序（Simplified Procedures）如下：

(a) 計算地震導致的 τ_{max}

當地震時土壤層中形成的剪切應力，大部份依該層向上傳播的剪切波而定，因此最大剪切應力 τ_{max} 將是

$$\tau_{max}|_{地表} = \frac{\gamma h}{g}\alpha_{max} \tag{11-34}$$

其中 α_{max} = 最大地表面加速度

γ = 土壤單位重量

h = 從地表面算起的深度

然而因地下任意深度處的實際 τ_{max} 將會小於地表值，故

$$\tau_{max}|_{任意深度\ h} = r_d \tau_{max}|_{地表} \tag{11-35}$$

其中 r_d = 應力降低係數（見圖 11-6）

由此在任意深度 h 的 τ_{max}（用於評估液化潛能）可表示爲：

$$\tau_{max} = \frac{\gamma h}{g} \cdot \alpha_{max} \cdot r_d \tag{11-36}$$

(b) 決定平均應力 τ_{av}

據式（9-9a）$\tau_{av} = 0.65\tau_{max}$

$$故\ \tau_{av} \cong 0.65\ \frac{\gamma h}{g} \cdot \alpha_{max} \cdot r_d \tag{11-37}$$

(c) 決定重要的應力周期 N_c

實驗證據顯示：顯著的應力周期 N_c，其約略數目將依地表晃動時間的長短及最後依地震規模而定，應力循環的代表數目如下：

芮氏規模	顯著的應力周期數目（N_c）
7	10
7.5	20
8.0	30

(d) 決定導致液化的應力

據 Seed and Idriss（1971）：

$\tau/\sigma_o'|$ 現場條件 $\cong [\sigma_{dc}/(2\sigma_a)] \cdot [C_r \cdot D_r/50]$ （11-38）

σ_o' = 最初有效覆壓

τ = 在現場任意深度處水平面上的剪切應力

σ_{dc} = 實驗室條件下的循環偏應力（cyclic deviatoric stress）

σ_a = 三軸試驗的初始圍壓

C_r = 校正因子（見表 11-3）

D_r = 相對密度（見表 11-3）

表 11-3　校正因子（Prasad, 2011, Table 10.3, p.458）

Dr (%)	Cr
0-50	0.57
60	0.60
80	0.68

(e) 液化潛能評估

為評估土壤層的液化潛能，首先要決定在任意深度處由地震誘導的剪切應力（由式 11-36）是否大於引起液化的循環剪切應力（由式 11-38），若前者大於後者，這表示地震時土壤可能液化。圖 11-8 顯示液化帶鑑識的評估過程，隨深度變化的 τ 與 τ_{max} 分別被繪於圖上，液化預期將發生在負載超過阻力的層段。

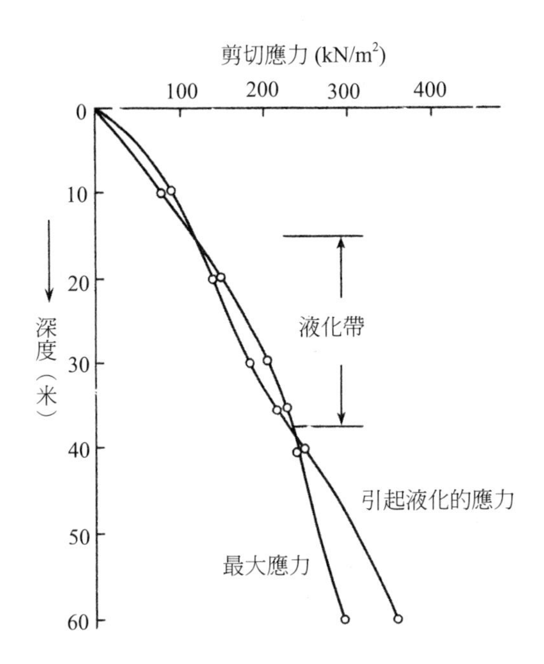

圖 11-8　鑑識液化帶的過程（Prasad, 2011, Fig. 10.9, p. 459）

4. 液化發生的最大距離與地震規模之關係

根據自 1976 年以來發生在希臘的至少 30 組液化案例（地震規模 M_s = 5.8～7.2）及 Ambraseys（1988）的全球性數據，並結合紐西蘭、加洲、委內瑞拉、與菲律賓等國已發表的液化數據，得到以下關係式（Papado-poulos and Lefkpoulos, 1993）：

$$M_w = -0.44 + 3\times 10^{-8}R_e + 0.98\log_{10} R_e \qquad (11\text{-}39)$$

其中 R_e 的單位是公里，它代表液化地點距震央的最大距離（或最遙遠的液化地點距震央的距離），M_w 代表地震力矩規模。

除了以上關係式之外，下文另提供來自地震頻繁的義大利之研究成果，這個成果所據的數據庫是根據意大利無數歷史地震中發生的 317 處液化地點及特質所建立（Galli, 2000）。數據庫包含義大利全境自公元1117～1990年間之地震，震央強度（MCS或I_o）5.5-11，地面波規模（M_s）4.2～7.5，地震規模（M_e）4.83～7.46。最多數目的液化地點來自MCS爲9-10、10、及11，這三類MCS涵蓋了全部觀察到的液化地點數目之76%，而22%是來自MCS爲7～8至9，另有2%是來自MCS爲5～6至7。以上數據指出，液化大部份發生在地震強度高之處。此外$M_s \geqq 6.5$的地震則包辦了80%的液化地點；46%的液化地點發生在距震央10公里以內，66%發生在20公里以內，79%發生在39公里以內，86%發生在40公里以內，90%發生在50公里以內。從以上資料得到以下關係（Galli, 2000, pp. 178-179）：

(a) 公元1117～1990

$$I_o = 1.6 + 4.3\log(R_e) \quad (11\text{-}40)$$

I_o是震央強度，R_e是液化地點與震央之距離。

(b) 公元1117～1990

$$M_s = 1.0 + 3.0\log(R_e)... \quad (11\text{-}41)$$

公元1900-1990

$$M_s = 1.5 + 3.1\log(R_e) \quad (11\text{-}42)$$

(c) 公元1117～1990

$$M_e = 2.75 + 2.0\log(R_e) \quad (11\text{-}43)$$

比較式（11-43）與式（11-39），圖形上前者（見Galli,2000, 圖10）略呈上凸而後者（見Papadopoulos and Lefkpoulos, 1993, Fig. 4）則略呈下凹，因此知M～R的關係具有地域性，不同地方的M～R均有其獨特性。

11-5 利用 CPT 估算液化——誘導水平地盤沉陷

過去計算液化－誘導地盤沉陷的方法，大皆基於 SPT 數據（就如前文所載），但與其他現場試驗法相較，CPT 法因其可提供地層剖面的連續性質及有可重複操作的優點，故近年來它已成為場址液化潛能評估的熱門方法，至於用 CPT 法來估算液化－誘導地盤沉陷，則尚未普及於工程界。下文提供的 CPT 法過去曾被用於估算 1989 年 10 月 17 日加州洛馬普列塔地震之際，舊金山碼頭區（Marina District）與金銀島（Treasure Island）場址的地盤沉陷，其計算值與實際測量值間有好的吻合。該法主要是基於 Robertson and Wride（1998）所發展的整合步驟（流程見圖 11-9），它主要是描述如何應用 CPT 數據於評估砂質土壤的液化阻力，其計算結果的保守程度與 Seed and Idriss（1971, 1985）的 SPT 法相仿。以下是基於 CPT 法估計水平地盤的液化－誘導地盤沉陷量之主要步驟（Zhang et al. 2002）：

1. 液化潛能分析

圖 11-9 是利用 Robertson and Wride（1998）的 CPT 法評估砂質土壤 $CRR_{7.5}$ 的流程圖。$CRR_{7.5}$ 是地震規模 7.5 的 CRR 值，利用以上流程可直接由 CPT 探測值估算與建立 $CRR_{7.5}$ 剖面，至於地震引起的 CSR 剖面，則可自 Seed and Idriss（1971）的簡化程序估算（見 §11-3），更新版的簡化程序可參考 Youd and Idriss（1997）。

2. 估計液化－誘導地盤沉降的整合 CPT 法

(1) 由實驗室試驗決定液化後的純砂體積應變

由圖 11-10 知，孔隙水壓消散引起的純砂體積應變與相對密度（D_r）及液化安全因子有相關性，從該圖可估計液化後的純砂體積應變。

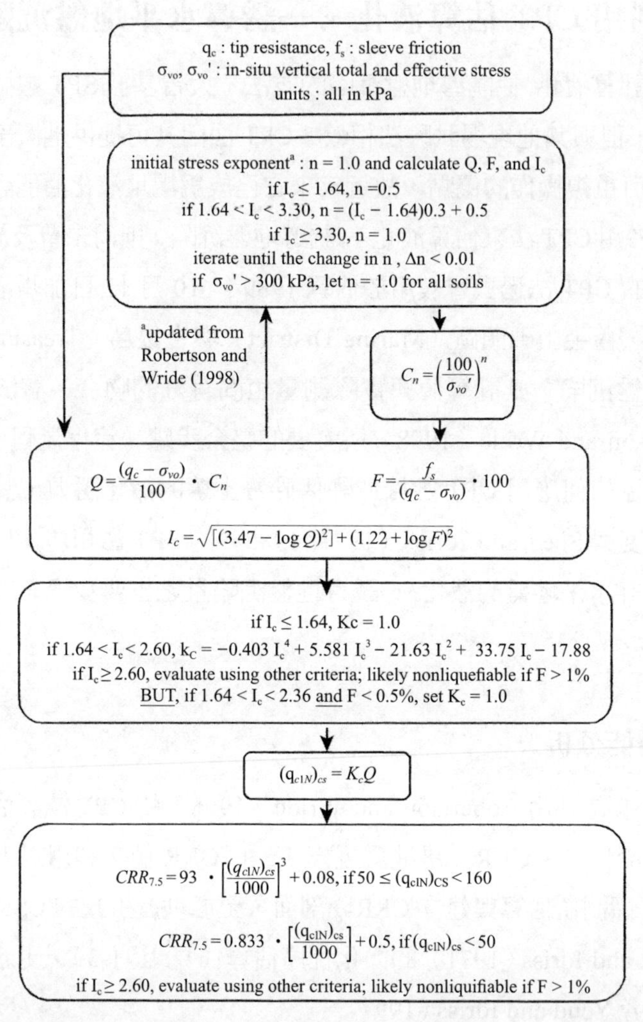

圖 11-9　應用 Robertson and Wride（1998）的 CPT 方法評估 $CRR_{7.5}$ 的流程圖（Zhang et al., 2002, Fig. 1）

(2) 得自 CPT 的相對密度

相對密度（D_r）無法直接由 CPT 測量，但 D_r 與圓錐尖端阻力（q_c）間存在著某種經驗關係，而 Ishihara and Yoshimine（1992）建議的曲線主

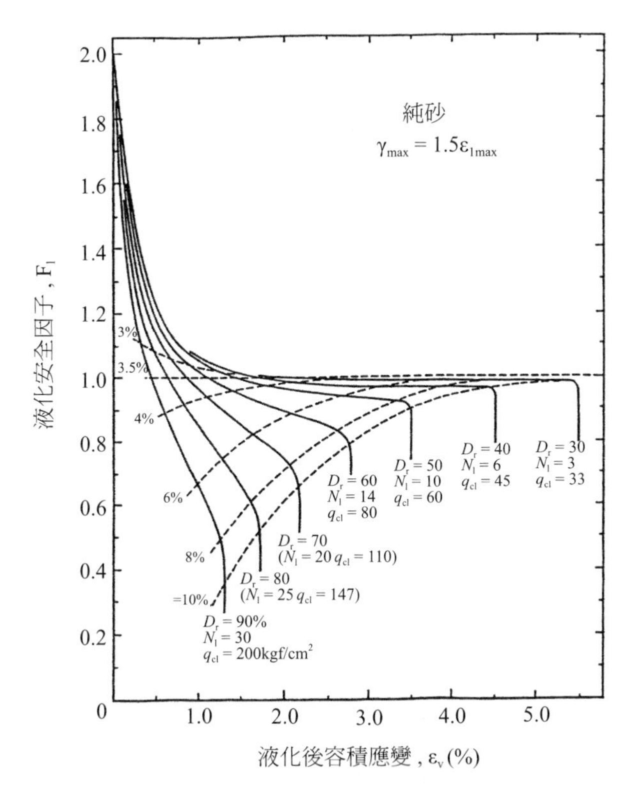

圖 11-10　液化後體積應變為安全因子的函數（Ishihara, 1996, p. 311）

要是基於實驗室對富士河砂的試驗結果，它未建立 D_r 與 q_c 的直接關係，雖然如此，但他們建議使用 Tatsuoka et al.（1990）對豐浦（Toyoura）砂的試驗結果。富士河砂的顆粒特質與豐浦砂相似，且與 Jamiolkowski et al.（1985）使用的 5 種砂特質相仿，故 Tatsuoka et al.（1990）的相關曲線將被使用於本節。

圖 11-10 的曲線是基於實驗室對純砂的試驗結果，如果使用 CPT 及利用這些曲線來估計粉砂在液化後的體積密度，則顆粒特質或細顆粒含量將影響 CPT 探測結果，因而其解釋內涵須做一些修正。有兩種可能的途徑可用來說明顆粒特質效應，第一法是使用 Robertson and Wride（1998）定義的等值純砂正規化 CPT 貫入阻力 $(q_{c1N})_{cs}$，來說明顆粒特質或細粒含

量對 CPT 探測的影響，$(q_{c1N})_{cs}$ 可當作純砂的圓錐尖端阻力，以及可直接用它來估計某指定 F_S 值之液化後體積密度。

另一法是先使用 CPT 估計粉砂 D_r，然後再基於 Ishihara and Yoshimine（1992）之法，使用 D_r 及 F_S 來評估液化後體積應變，這種做法是假設相同 D_r 及 F_S 的粉砂在循環負載下，可能產生相同的液化體積應變。以上這些曲折的做法，皆是起因於對粉砂在 D_r 與 CPT 探測之間缺乏廣泛接受的相關性之故。

第一法的好處是從液化潛能分析中較容易得到 F_S 與 $(q_{c1N})_{cs}$，當然它也較容易估計液化後的體積應變，因此本節使用第一法來估計砂質與粉砂質土壤的液化後應變。$(q_{c1N})_{cs}$ 與不同 F_S 條件下液化體積應變（ε_v）的相關性見圖 11-11，利用 CPT 探測 $(q_{c1N})_{cs}$ 與砂質及粉砂質土壤的 F_S 可自 Robertson and Wride（1998）的 CPT 液化潛能分析程序得到，故對每一組 CPT 探測的讀數，其對應的液化後體積應變可自圖 11-11 獲得。

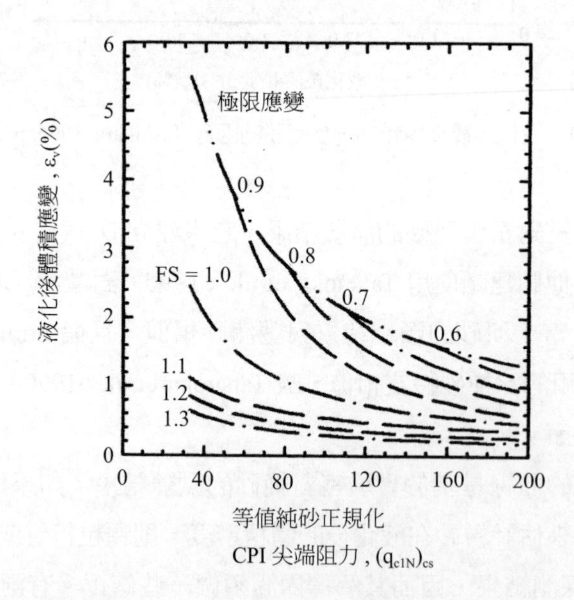

圖 11-11　在不同安全因子（F_S）條件下，液化後體積應變與等值純沙正規化 CPT 尖端阻力的關係（Zhang et al., 2002, Fig. 3）

(3) 計算水平地盤沉陷

對於遠離自由面（如河岸或海堤）的水平地盤場址可以合理假設：地震後極少或沒有側向位移發生，因此體積應變將等於或接近垂直應變，如每一土壤層的垂直應變與其相應的深度結合，則利用下式：

$$S = \Sigma_{i=1}^{j} \quad \varepsilon_{vi}\Delta z_i \tag{11-44}$$

S 是在 CPT 探測位置的液化 — 誘導地盤下陷量計算值，它代表的是一概略指數。ε_{vi} 是土壤次層 i 的液化後體積應變，Δz_i 是土壤次層 i 的厚度，j 是土壤次層的數目。

圖 11-12 說明 CPT 液化潛能分析的主要步驟，它顯示 CPT 尖端阻力測量值（q_c）、套筒摩擦（f_s）、土壤行爲類型指數（I_c）、循環阻力比（CRR）、循環應力比（CSR）與液化安全因子（F_S）的剖面（圖 11-12 的液化安全因子用 FS 表示）。圖 11-12(a)(b) 可直接自 CPT 探測得到，圖

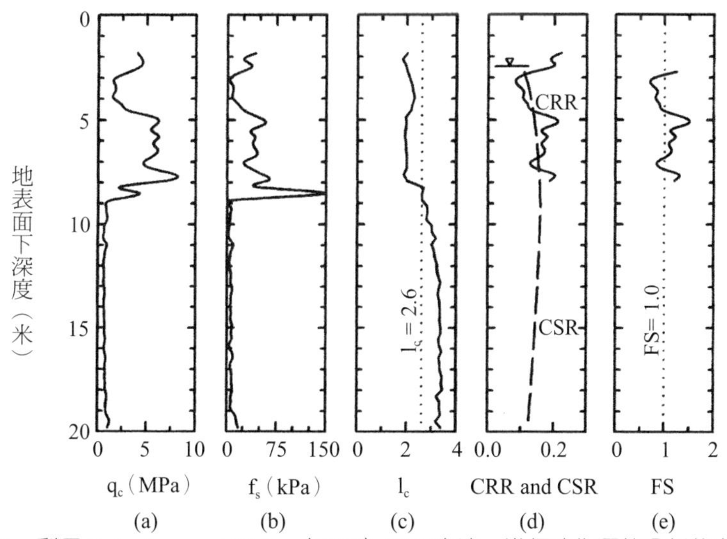

圖 11-12　利用 Robertson and Wride（1998）CPT 方法，進行液化潛能分析的主要程序圖例（Zhang et al., 2002, Fig. 4）

11-12(c)(d)(e) 是利用圖 11-9 程序的計算結果，又依 Robertson and Wride（1998）分析法，當 I_c 大於 2.6 時，假設土壤不會液化。圖 11-13 是利用 CPT 法估計液化 — 誘導地盤下陷的四個關鍵圖，圖 11-13(a)～(d) 顯示等值純砂正規化尖端阻力 $(q_{c1N})_{cs}$、安全因子（F_S）、液化後體積應變（ε_v）、及液化 — 誘導地盤下陷量（S）等結果，其中圖 11-13(a) 與 (b) 是得自液化潛能分析，圖 11-13(c) 是利用圖 11-11 的曲線得到，圖 11-13(d) 是利用式（11-44）計算得到，其中的體積應變是來自圖 11-13(c)（Zhang et al., 2002, pp.1169-1172）。

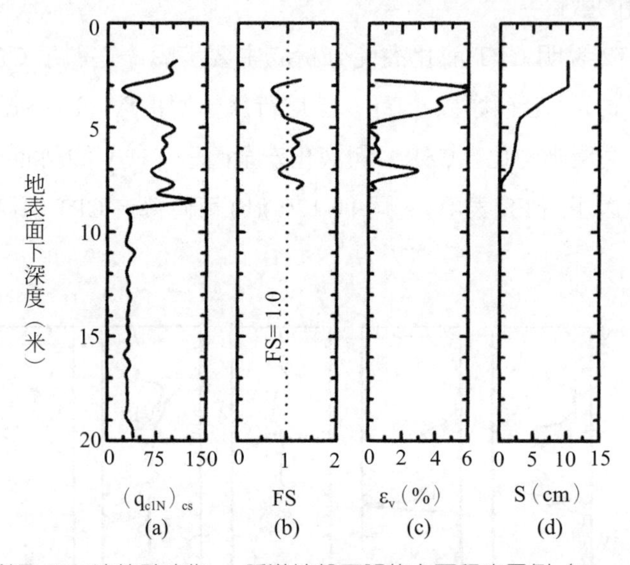

圖 11-13　利用 CPT 法估計液化 — 誘導地盤下陷的主要程序圖例（Zhang et al., 2002, Fig. 5）

11-6　其他損壞效應

1. 側向位移

側向位移來自地震時，土壤液化產生的側向擴展，而側向擴展則是由分佈在整個液化層的殘餘剪切應變所引起，殘餘剪切應變是：(1) 最大循環剪切應變，γ_{max}，及 (2) 偏向（biased）現場靜態剪切應力等的函數。

(1) 指的是循環負載方向並無偏向現場靜態剪切應力的飽和砂質土壤，當其處於未排水循環負載作用期間時，導致的最大振幅循環剪切應變。

(2) 主要是受研究場址的地面幾何所控制（例如地面斜坡、自由面高度、及與自由面的距離等）。液化層的厚度將也會影響側向位移的大小，較厚的液化層有較大的側向位移，而液化層的 γ_{max} 及厚度兩者皆受土壤性質及土壤特質等所影響。

在地震負載作用下，飽和砂質土壤的潛在最大循環剪切應變，可由實驗室對純砂（clean sands）的 SPT 與 CPT 試驗結果來估計。液化安全因子（F_S）與相對密度（D_r）是估計地震時純砂的 γ_{max} 之要素，F_S 可由液化潛能分析（基於 SPT 或 CPT 法）評估（見前文），相對密度可由與 SPT 或 CPT 結果對比而得到（見下式）。Idriss and Boulanger（2003）爲簡化液化評估的計算，建議純沙的 D_R 與 $(N_1)_{60}$ 及 q_{cIN} 間有如下關係：

$$D_R = \sqrt{\frac{(N_1)60}{46}} \tag{11-45}$$

$$D_R = 0.478(q_{cIN})^{0.264} - 1.063 \tag{11-46}$$

或由下式（Zhang et al. 2004, p.862）：

$$D_r = 16\sqrt{(N_1)_{78}} = 14\sqrt{(N_1)_{60}} \tag{11-47}$$

其中 $(N_1)_{60} \leqq 42$ 及 $(N_1)_{78} = (N_1)_{60}/1.3$ 。

$(N_1)_{60}$ = 正規化 SPT-N 値（其定義見式 9-6）。式（11-47）適用於較年輕（< 5,000 年）或正常固結的砂層。若是使用 CPT 數據估計 D_r 則可利用下式：

$$D_r = -85 + 76\log(q_{cIN}) \tag{11-48}$$

其中 $q_{c1N} \leqq 200$，q_{cIN} 是經相當於 100 kPa 有效覆壓應力校正後的正規化 CPT 尖端阻力（Robertson and Wride, 1998）。

γ_{max} 與 F_S 間的關係見圖 11-14，由於此圖的 γ_{max} 其範圍較小，若 $\gamma_{max} \geqq 16\%$，則可參考圖 11-15，它是由 Ishihara and Yoshimine（1992）所提出，其形成是基於對純砂的實驗室試驗結果。Youd et al.（2001）在評估液化潛能時利用等值的（equivalent）純砂正規化 SPT-N 值、$(N_1)_{60cs}$、及等值的純砂正規化 CPT 貫穿阻力，$(q_{c1N})_{cs}$，來說明顆粒性質（或細粒含量）對 SPT-N 值或 CPT 探測結果的影響，它們分別稱為 NCEER（National Center for Earthquake Engineering Research）SPT- 基礎規範及 NCEER CPT- 基礎規範。據 NCEER 規範，粉砂質砂參數，$(N_1)_{60cs}$ 或 $(q_{cIN})_{cs}$，可被當作純砂的 SPT-N 值或 CPT 圓錐尖端阻力看待，及可直接估計 γ_{max}。這種規範的假設前提是，顆粒性質或細粒含量對側向擴展的影響，類似於它對觸發液化的影響。

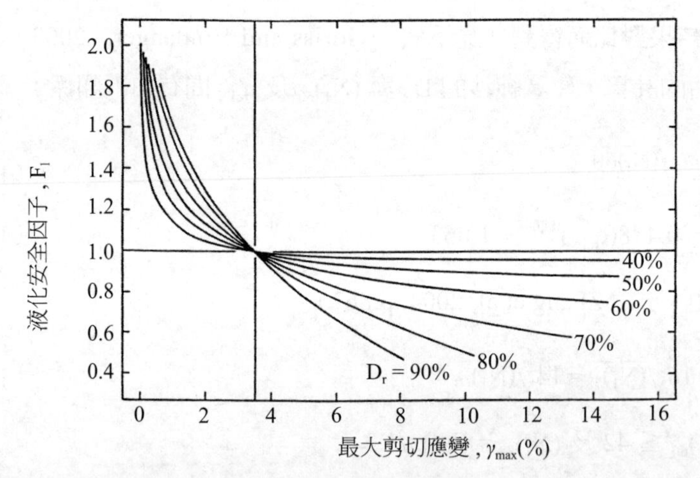

圖 11-14　液化安全因子與最大剪切應變的關係（Ishihara, 1996, p. 310）

圖 11-15 顯示，對不同的 D_r、γ_{max} 與 F_S 的關係。若已知地震參數及 SPT 或 CPT 數據，則砂質土壤的 $(N_1)_{60cs}$ 或 $(q_{cIN})_{cs}$ 及 F_S 可根據 NCEER-SPT 或 CPT- 基礎規範的液化潛能分析進行估計，或者簡單的說，對每一組 SPT 或 CPT 讀數 γ_{max} 可從圖 11-15 得到估計。γ_{max} 得到之後，側向位移

指數（lateral displacement index，簡稱 LDI）可從下式估算：

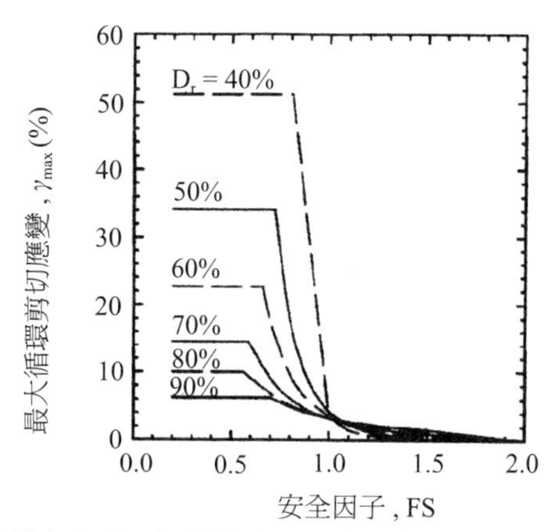

圖 11-15　對不同相對密度（D_r）的純沙，最大循環剪切應變與安全因子的關係（數據來自 Ishihara and Yoshimine（1992）及 Seed（1979）；轉引自 Zhang et al., 2004, Fig. 1, p. 862）

$$LDI = \int_0^{z_{max}} \gamma_{max} dz \quad (11\text{-}49)$$

z_{max} 是 $F_S < 2.0$ 的潛在液化層之下的最大深度。液化深度若超過 23 米，則 NCEER CPT 及 SPT 法無法評估其液化潛能，此時須使用其他方法（Youd et al. 2001）。

圖 11-16 說明利用 CPT 數據計算具有位移單位的 LDI 之主要步驟。圖 (a) 與 (b) 顯示 CPT 尖端阻力（q_c）及套筒摩擦阻力（R_f），這兩者可直接從 CPT 探測結果計算。主要是基於 q_c 與 R_f，等值的純砂正規化尖端阻力 $(q_{c1N})_{cs}$ 可據 NCEER CPT 法計算得到（見圖 (c)）。F_S 可從 $(q_{c1N})_{cs}$ 及設計的地震參數獲得估計（見圖 (d)）。從 CPT 數據知，8 米深以下的土壤層推測是屬於非液化黏土土壤，故指定其 F_S 大於 2.0。圖 (e) 顯示由圖 11-15 估計得到的 γ_{max}，最後側向位移指數（LDI）可就深度積分 γ_{max} 而得到（見圖 (f)），LDI 代表在地表面的綜合值，側向位移的真正大小依 LDI 及描述

地面幾何特性的幾何參數而定。利用 SPT 數據計算 LDI 的主要過程，類似於圖 11-16 所描述的過程（Zhang et al., 2004, pp. 861-863）。

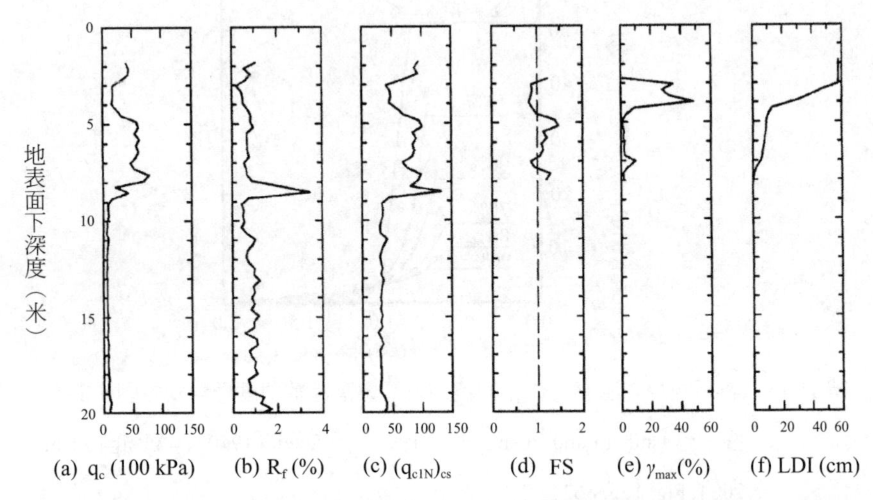

圖 11-16　利用 CPT 方法計算側向位移指數（LDI）的主要步驟之圖例（Zhang et al., 2004, Fig. 2, p. 863）

2. 地面裂縫

地面裂縫（earth fissures）是產生在地面的垂直裂縫，它們可能由地震或超抽地下水所引起，剛開始時，它們可能先形成於地表，然後向下擴展，或是可能先形成於地下某深度處然後向上擴展，然而若地表以下的沉積物是由鬆散的粗粒或是非常軟的細粒物質組成，則它們未必會擴展至地表面。

1988 年，工程師在德州西部進行低能核廢料棄置場址地質勘察時，意外發現一條 152 米長西北走向的曲線形地面裂縫系統，它位在埃爾帕索（El Paso）東南方約 80 公里的韋科盆地（Hueco Bolson）沖積扇，包含裂縫系統在內的沉陷區約 10 米長，0.4 米寬及 1.1 米深。這個沉陷區位在全新世（Holocene）細粒質粉砂氾濫平原，跨越裂縫系統的溝槽挖掘結果顯示，空洞及已被充填的裂縫向地下延伸入晚更新世（Pleistocene）鈣質土壤層。裂縫形成的原因未明，它可能是構造性的，例如由與地震無關的斷層滑動（即無震（aseismic）斷層滑動）沿著魔鬼高原環（Diablo Plateau Rim）附近的連續褶曲（fold）擴展，即裂縫本身是新構造褶曲運動（neotectonic folding）的一部份，裂縫的形成也可能與由地震搖動引起的地面裂縫活動有關。

另一種裂縫形成的機制可能是非構造性的，例如超抽地下水引起的地面下陷、地下石膏溶解、差異壓密、沉積物乾燥收縮及風化成土過程中引起的體積應變、或從鄰近的掩埋河道切口處之應變釋放所致。1989 年，距漢考克堡壘（Fort Hancock）裂縫系統 1～2 公里處，又發現兩條裂縫系統及兩條埋藏地下的古裂縫。非構造性的裂縫成因非本書討論範圍，而與地震可能性相關的構造性原因略說明如下（Keaton and Shlemon, 1991, pp. 286-287）：

漢考克堡壘場址的地裂縫位在奎特曼峽谷（Quitman Canyon）沖積層的紅光繪（Red Light Draw）地點（圖 11-17），其正確位置是在謝拉布蘭卡（Sierra Blanca）南方約 24 公里處。山谷內存在有三組裂縫，其中兩組較老而一組較年輕，老裂縫的其中一組其產生與 1931 年德州的情人節（Valentine）地震有關，震央約位在紅光繪東方 80 公里處，這組裂縫包含三條主要裂縫，其排列大致平行於紅光繪但位在其西邊。情人節地震後的第 17 年（即 1949 年）Albritlon and Smith（1965）觀察這組裂縫時，注意到部份裂縫的開口深達約 2.1 米及寬度 0.9 米，但 1989 年時卻發現裂縫開口僅達 0.9 米深而寬度則擴張至 2 米。除以上三組裂縫外紅光繪的額外一組裂縫也於 1989 年被觀察到，這第四組裂縫與前三組裂縫有相似特質，但它位在紅光繪的東方，約在上文提到的老裂縫東方 2.5 公里處。

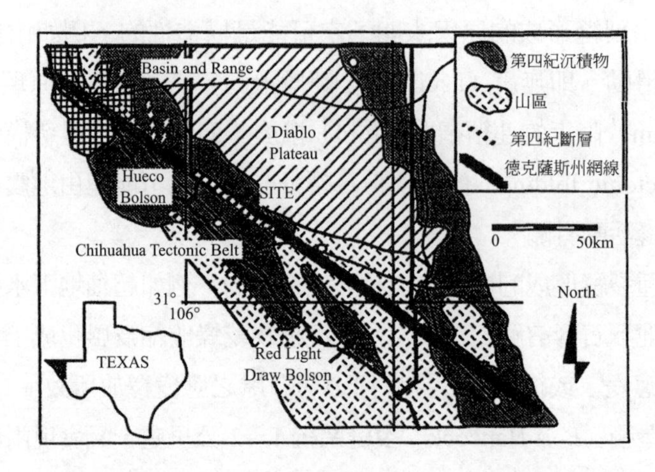

圖 11-17　漢考克堡壘場址地區構造圖（Keaton and Shlemon, 1991, Fig. 6）

以上前三組裂縫中較年輕的一組於 1985 年 9 月被發現，其發現時機正好是墨西哥地震發生之後，1989 年 4 月，這組裂縫被觀察到它形成約 300 米長的直線模式，其地表徵狀類似於漢考克堡壘場址的其他裂縫。年輕裂縫的發現契機與墨西哥地震的發生時機吻合，這意味著它們可能是由地震搖晃所引起，但這種說法也有可疑處，原因是地震震央位在墨西哥西海岸，它距紅光繪 1,600 公里，因此墨西哥地震對紅光繪的地表運動影響應微不足道。不僅如此，Baumgardner（1990）曾提到一份參考文獻的記載：有人早在 1924 年即曾觀察到奎特曼峽谷的裂縫。因此位在奎特曼峽谷的這組年輕裂縫其成因仍然未明朗。

2000 年 6 月 17 日與 21 日，發生在冰島南部約略呈東西走向的地震帶發生兩場左旋剪切（left-lateral shear）類型的大地震（M_s = 6.6），引起的地表裂縫總長約 15～20 公里，沿著這兩次地震的破裂帶由數個地方可證實它們是沿著先存（preexisting）斷層而發生（Clifton and Einarsson, 2005）。

目前的裂縫形成理論，大部份是基於裂縫中觀察到的張力應變而建立，但另有新理論則認爲形成地面裂縫的最有效機制是結合彎曲（bending）與單純剪切（shearing）的兩種力之作用。彎曲引起張力裂縫，而單純剪切力則導致垂直不連續的剪切裂縫。彎曲與單純剪切應力狀態的發生原因是，地下水位下降（地震或人為抽水）引起的有效應力改變或是沉積物的基岩（bedrock）幾何形狀與性質改變所致。沉積層內部含水層（aquifer）形成地裂縫的原因是，由於不連續的垂直面上之彎曲與剪切破壞，當剪切應變引起沿著不連續垂直面的土壤產生破壞時，則地裂縫將自含水層上方的沉積層啓動。通常較堅硬（較高剪切模數）的沉積層將比略弱的（即較低剪切模數）沉積層更容易形成地裂縫（Budhu, 2008）。

12 地震預測

12-1 概論

1. 長期預測

地震長期預測的警告時間約為 10～30 年，它決定在一確定斷層節段的地震復發時間，及基於前一次地震的發生時間來預測下次地震的約略發生時間。相對地，地震的中期與短期預測都依賴對各種不同前兆現象的鑑識，以辨明負載循環（loading cycle）是否到達緊迫階段。

(1) 地震間隙學說

地震的長期預測首先就是要能辨識活動斷層的存在及其位置，所謂活動斷層，指的就是在最近百年內（或數十年內）曾有過活動記錄的斷層，它們大部份位於兩板塊的邊界處，其中 95% 的地震是發生在現今兩板塊的邊界處，而 5% 是發生在古代板塊邊界處。據 1979 年哥倫比亞大學地震學家威廉．麥肯（William McCann）及其共同研究者所創的地震間隙學說（seismic gap hypothesis），同一斷層的所有節段最後將會移動相同的量。依此說法已發生大地震之處在不久之後再次發生地震的機會不大，而未發生地震之處不久之後將有較大機會發生強震。從實情來看，以上說法未必站得住腳，千百年來地震重複地在相同地點發生，其原因是該處為老裂隙存在之處，岩石塊體在該處的滑動比在無裂隙的岩體滑動容易。例如沿著聖安德列斯斷層的同一節段通常重複發生地震，而長久以來未曾發生地震之處則很少有地震發生。

以上實情意味著基於彈性回彈理論的地震間隙學說，應較適合用於長期預測而非中或短期預測，其使用前提是：由於逐漸的應力累積及因破壞導致的突然應力釋放，使得大地震的發生在空間與時間的分佈上多少有一些規律性可循。Imamura（1928）記錄日本西南部南海海槽（Nankai trough）的歷史性地震事件，不但如此，他並且基於大地震發生的規律性進一步預測該地區的大地震，而果真的，有兩次 $M \approx 8$ 的大地震分別於

1944 年與 1946 年於該地區發生。後來 Fedotov（1965）使用相似的觀念於堪察加（Kamchatka）與千島（Kurile Islands）地區，及 Mogi（1968）用它於日本全境。Kelleher（1970）、Kelleheretal.（1973）及其他人則更正式地使用該觀念於板塊構造框架。曾經歷過歷史性大地震（並非最近經歷過）的板塊邊界部份，較那些最近（如 30 年內）才經歷大地震者在未來數十年內更容易產生大地震，這一個板塊邊界部份即稱爲地震間隙。以上這個觀念一直以來被用來預測俯衝帶及一些走滑（strike-slip）板塊邊界（如聖安德列斯斷層（SAF））的地震。

使用地震間隙學說評估地震間隙潛能時，須考慮斷層節段的滑動史與構造差異，利用該法來進行長期地震預測過去曾成功地用於一些大地震（$M > 7.5$），如 1972 年阿拉斯加錫特卡（Sitka）地震（Kelleher, 1970）、1973 年日本根室衝（Nemuro-Oki）地震（Utsu, 1970）、1978 年墨西哥瓦哈卡（Oaxaca）地震（Kelleher et al., 1973）、及 1985 年智利瓦爾帕萊索（Valparaiso）地震（Nishenko, 1985）等。雖然有著成功紀錄，但該學說受限於一些不確定性，故它不是一種明確的預測。

若將地震間隙法應用到較小型地震，其不確定性會更大，原因是地震位置的不確定性與間隙大小相若，以致間隙位置變得模糊。除此之外，從許多實例來看，這個學說的假設「沿著俯衝帶的大約相同節段，以大約相同的方式重複其破壞」也未必是眞，實際的情形是破壞模式從序列到序列有顯著變化，例如 1906 年哥倫比亞地震（Kanamori and McNally,1982），其空間性的變異可能是來自板塊邊界的不同部份，其彼此間複雜的相互作用之故。不但如此，大地震不僅發生在主要板塊邊界，而且也發生在毗鄰於它的地區，如此增加了地震活動時間與空間模式的複雜性。

例如 1933 年，三陸（Sanriku）地震（$M_w = 8.4$）及 1994 年色丹（Shikotan）地震（$M_w = 8.3$），這兩次地震雖皆發生在俯衝型海洋板塊，但並沒有直接與俯衝邊界的應力累積過程相關，由於有以上困難，故存在一些關於間隙學說是否有用的爭議，特別是對於那些 $M < 7.5$ 的地震。

本書 §9-1 曾提到 80 年代末科學家曾在加州帕克菲爾德進行長期電阻率變化觀察，但最後並未獲得有助於地震預測的有用結論。除了電阻率觀察的實驗之外，以下另提供兩個利用間隙學說進行長期預測的例子（Kanamori, 2003, pp.1208-1209）：

(2) 長期預測例子

(a) 1989 年洛馬普列塔地震預測

早在 1989 年洛馬普列塔地震（$M_w = 6.9$）發生前一些地震專家，即曾發出大地震將在相同地區發生的長期或中期預測，大部份這些預測都是基於彈性回彈理論，即下一次地震可能發生在上一次釋出的應變業已恢復的地區。洛馬普列塔地震發生在靠近 1906 年舊金山地震破裂帶的東南端，該次地震的地表破裂量意味著，斷層的滑動並沒有足夠大到能完全釋出沿著聖克魯斯山（Santa Cruz Mountain）的 SAF 部份節段之累積應變，而且以上節段在超過 40 公里的距離範圍內未曾發生小地震，這代表一種截然不同的情況，也是大地震發生前的常見模式。基於以上這些觀察及斷層幾何形狀，科學家對以上 SAF 部份節段的破裂長度、地震規模、及大約的地震發生時間做了數種機率預測。例如 Sykes and Nishenko（1984）預測，$M = 7.0$ 的地震將於 20 年內發生，其機率是 0.19～0.95；Lindh（1983）的預測是 $M = 6.5$ 的地震將於 20 年內發生，其機率是 0.30；Scholz（1985a）估計，缺乏滑移量的 75 公里長節段之破裂將於 60～110 年內發生，而這將產生 $M = 6.9$ 地震，從中期預測的通常標準來看這些預測算是可靠的。

然而以上這些預測的一項令人費解之事是：從嚴格意義看，洛馬普列塔地震似乎並沒有發生在 SAF，原因是由地震機制與餘震分佈推論得到的洛馬普列塔地震斷層面，其傾斜大約是 70°SW，而這並沒有與 SAF 重合，同時斷層滑動運動有一大的垂直分量，這與預期將在 SAF 發生的情況也不同。

(b) 日本東海（Tokai）地震預測

大地震過去曾重複地發生在沿著日本西南海岸的南海海槽（Nankai Trough），過去 500 年大地震（M ≈ 8）序列分別發生於 1498、1605、1707、1854、及 1944～1946 年，其平均間隔約爲 120 年（Ando, 1975）。1970 年代早期數個日本地震學家注意到 1944～1946 年序列其規模略小於其前面的兩個序列，因而建議 1944～1946 年序列的破裂並沒有抵達南海海槽的東北部（此部份又稱駿河（Suruga）海槽），從而留下這一部份作爲一個成熟的地震間隙。有一些證據顯示，1854 年與 1707 年地震的破裂一路延伸到駿河海槽，由於有這些議論，此後南海海槽被稱爲東海間隙（Tokai gap），它在不久的將來有引發 M ≈ 8 地震的潛能。1978 年，日本政府制定大型地震對策法案，並且展開一項廣泛計劃以監測東海間隙。此後日本許多機構在東海間隙部署了各種監測地球物理活動的儀器，並且擬定緊急救援工作的計劃。

2011 年 3 月 11 日（距 1854 年大地震約 157 年，而距 1944 年地震約 67 年），發生規模 $M_w = 9.0$ 大地震（稱爲東北地方太平洋沖地震），這是自 1900 年以來全球第四大地震，震源深度 32 公里，震央靠近日本本州東岸而位在東京東北方 373 公里處，它引起的巨型海嘯高度達 133 呎（在岩手縣宮古），沿海村莊因此喪失數千條人命及引起福島核電廠災害。由於東海地震預測並沒有任何具體預報的時間窗口，故很難評估這次地震的預測成果，縱然如此，目前很多地震學家似乎都同意，即使板塊邊界有一個看似普通的歷史地震序列，但要做到正確的預測仍然很困難，原因是板塊邊界的複雜幾何關係（例如邊界區隔（segmentation））與鄰近地區大地震的發生可能影響板塊邊界上的應力狀態。

從以上敘述知，決定一條斷層是否朝有利於其破壞方向發展的因素，除了板塊間相對運動導致的長期負載外，鄰近地區過去地震對該斷層的影響也居重要地位，而這其實就是涉及應力轉移的問題。如果鄰近地區斷層系統的幾何形狀、加載機制、及地殼結構與性質等可獲知，則在數十年時間尺度內斷層應力改變可以計算得到，同時也可推論整個地區的地震行爲。以上觀念曾被應用到數場最近發生的地震，如 1992 年蘭德斯地震（Steinetal., 1992; Harris and Simpson, 1992; Jaume and Sykes, 1992）、1994 年北嶺地震（Steinetal., 1994）、及 1995 年神戶地震（Todaetal., 1998）。應力轉移的現象也可從以下一些現象得到端倪：1992 年大熊（Big Bear）地震（M = 6.4）在蘭德斯地震後不久發生，及蘭德斯、北嶺、與神戶地震的一些餘震。

2. 短期預測

地震短期預測方法包括地磁、電阻率、前震形態與頻率的變化、大地水準測量、水管傾斜儀測量及動物行爲異常的觀察等。以上這些方法有些時候在某次地震有效，但在其他地震則無效，有些時候則須聯合數種方法一起使用才能看出其功效。

儘管短期預測面臨許多困難與不確定性，但許多人仍然嘗試從前兆（precursor）現象的觀察來預測地震，所謂前兆，就是地震前總是以一致的方式產生異常現象之謂，它可用於短期地震預測，然而就目前所知，迄今尚未發現在每一次大地震前皆會發生能被全球所普遍接受的前兆。退而求其次，若將大地震前發生的一些異常現象接受爲前兆，則由於地震可能涉及破壞前的一些非線性過程，故此類型的前兆並不總是發生在每一次地震之前，或即使它發生但並不總是跟隨著發生大地震，因而此種前兆無法用來進行明確的地震預測。例如一些大地震其發生前雖有前震活動，然而卻有更多的地震沒有前震，除此之外，有時候一群小地震相繼發生之後並未有大地震跟著發生。

地震與地球內部國際協會（the International Association of Seismology and the Earth's Interior，簡稱 IASPEI）的一些委員曾做出以下結論：31 個前兆中僅 3 個被評定爲眞正的前兆（Wyss, 1991）。

雖然短期地震預測的前兆價值有限，但此種前兆過程的研究由於可較佳地了解，導致地殼內部地震破壞的物理現象，故仍然值得去做。

12-2 地震前兆

1. 中期前兆

在地震發生前，若一異常效應持續數星期至數年，這就是中期前兆，在空間分佈上它可能延伸到包含大於即將到來的地震破裂帶之整個地區，這些前兆的現象說明如下：

(1) 地震活動模式

這是最常報導的前兆現象，它涉及地震活動模式。前文提及地震循環的各階段往往伴隨著地震活動模式的特質，例如圖 12-1，主要破裂發生後（時間上）緊跟著餘震序列 A，它通常是集中發生在靠近破裂帶的尖端處，在時間上其能量呈現雙曲線形衰退，直至進入地震後的靜止期（Q_1），Q_1 佔有一可觀部份，一般是復發週期（T）的 50-70%，且通常延伸至包含整個破裂帶周圍的地區，然後跟著是範圍遍及整個地區的背景地震活動 B，這稱為活躍期（這一類的地震活動可能被一些人認為是前震），有時 Q_1 之後跟隨著中期靜止期 Q_2，它通常延伸至包含整個環繞破裂帶的地區，且持續數年之久。如 Q_2 沒有延伸至破裂帶的周圍地區，則該周圍地區的地震活動可能增強，及一甜甜圈模式（D）可能出現。

後續的主要破裂之前提是瞬間發生的前震 F，它一般是在主震發生的數天至數星期前發生，且通常集中分佈在靠近震源之處。常常地，剛好在最後破裂之前的前震活動期可觀察到一段明顯的平靜期，這就是短期靜止期 Q_3，F 及 Q_3 皆是短期前兆，而 B、D、及 Q_2 模式則是中期前兆。

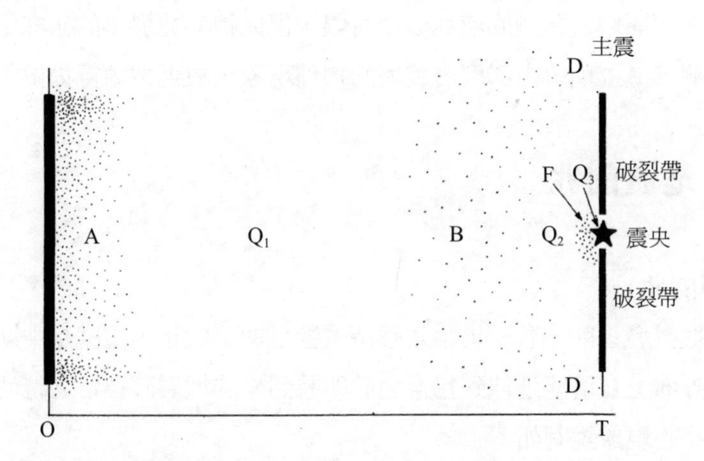

圖 12-1　描述不同地震模式的空間 — 時間示意圖，當地震循環時期這些模式可能可以辨識，T 代表地震復發週期（Scholz, 1988b；轉引自 Scholz, 2002, Fig. 7.2）

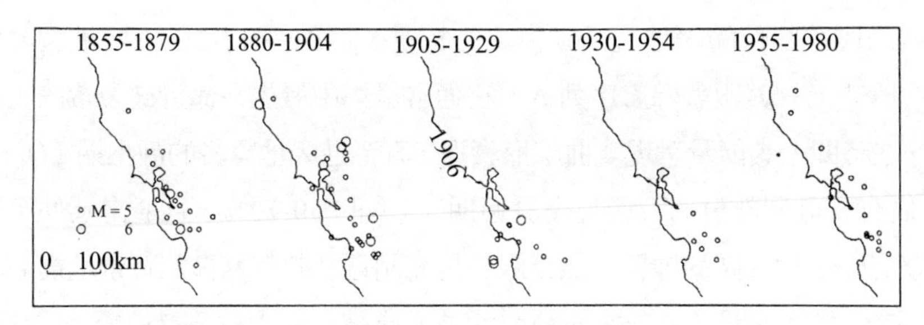

圖 12-2　舊金山灣區在 1855-1980 的 125 年期間之地震史（Ellsworth et al., 1981；轉引自 Scholz, 2002, Fig. 5.30, p.290）

舊金山灣區的地震史（圖 12-2）可提供 Q_1、B 及 D 模式的例子，若檢視 1906 年加州地震地區，當可發現該地區在 1906 年之前的 50 年內有高倍率的地震活動，特別是舊金山灣東側的海沃德斷層在這 50 年期間曾發生過數次大地震，從圖可看到，幾乎整個灣區在 1906 年之後接著的是長達 50 年的安靜期。

1957 年舊金山半島（Peninsula）區開始產生地震，這是新活躍期的開始，這段期間東灣斷層活動又開始恢復，其間著名的如分別發生在海沃德斷層及卡拉韋拉斯（Calaveras）斷層的1979年狼湖（Coyote Lake）地震（M = 5.7）及1984年摩根山（Morgan Hill）地震（M = 6.1），及利弗莫爾（Livermore）斷層的地震（M = 5.9）等。雖然如此，這段期間聖安德列斯斷層（SAF）仍然繼續維持其非活躍狀態，它是在為1989年洛馬普列塔地震掀起的新地震循環累積能量，這可從1989年之前灣區僅有中等大小的地震活動得到證實。

以上行為的簡單解釋是餘震後的區域靜止期所在之處是位於主震應力陰影（stress shadow）地區。如圖12-3所示，它是據Harris and Simpson（1998）對1906年地震的計算結果得到，這圖顯示應力陰影（淡灰色）的較大區域範圍及應力增加（暗灰色）的較小範圍，構造負載將會逐漸消

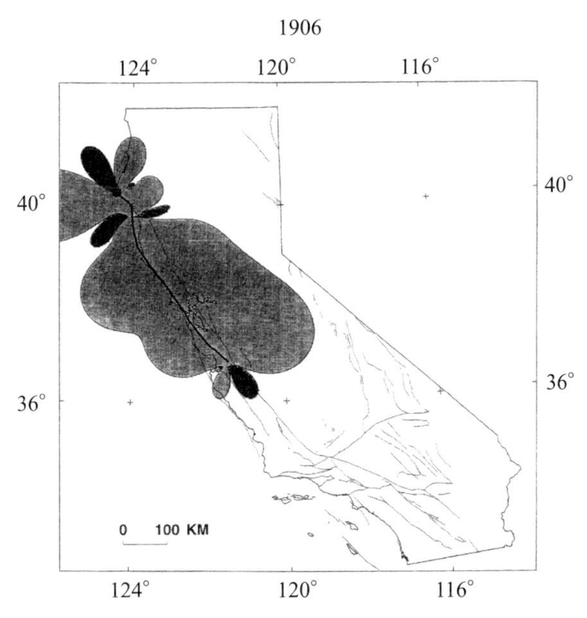

圖12-3　1906年，舊金山地震破裂（粗黑線）導致相同方位走滑斷層的庫侖應力改變（ΔCFS），淡灰色地區的ΔCFS其減少多於0.01MPa，暗灰色地區的ΔCFS其增加多於0.01 MPa（Harris and Simpson, 1998；轉引自Scholz, 2002, Fig. 5.31, p. 292）

除這些陰影，最後導致地震活動的恢復。因此依據上文的解說，這些地震活動模式（A、Q_1、B、Q_3、D）都是構造性前兆，而Q_2則可能是物理前兆。

(2) 地殼變形

在地震發生前異常的地殼變形案例常常被報導，例如發生在位於本州西岸外海的日本海之兩個大型逆斷層（reverse fault）案例，它們是新潟地震（1964, M7.5）及日本海地震（1983, M7.7）（見圖 12-4）。新潟地震使離岸甚近向西傾斜的逆斷層產生破裂，並使離岸的淡島（Awashima）往上抬升，在地震前沿著本州海岸的重覆水準測量結果見圖 12-5，它們顯示：直到 1955 年皆可觀察到穩定的抬升與下陷速率，但 1955～1959 所有面對地震的沿岸產生快速的數公分抬升，此項活動從 1959 至 1964 年的同震運動發生時皆維持穩定。這些數據指出：在地震前 5 年破裂帶周圍的廣大區域已經歷了迅速抬升。Mogi（1985）指出，這些水準測量數據的品質可能有些問題，他認為與地形相關的測量誤差污染了測量精確度，然而真實情形究竟如何卻很難證明。

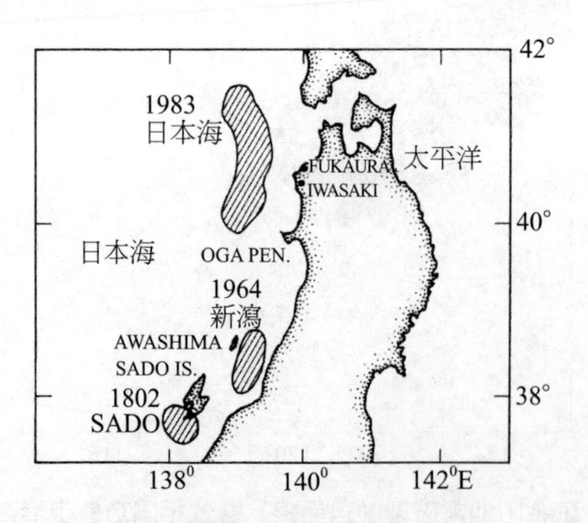

圖 12-4　日本海位置圖（Scholz, 2002, Fig. 7.6, p. 366）

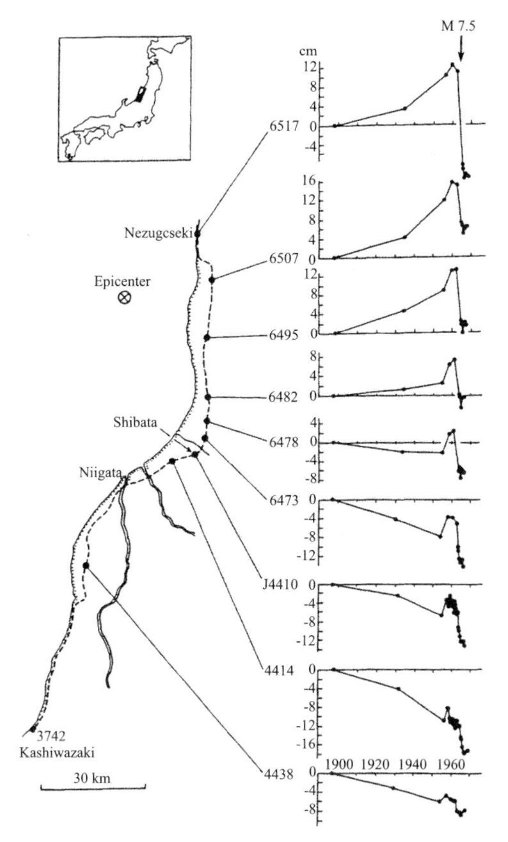

圖 12-5　1964 年新潟地震發生前的地殼抬升模式（Mogi, 1985；轉引自 Scholz, 2002, Fig. 7.7, p. 367）

1983 年，日本海地震之前的異常地殼變動（Mogi, 1985），非常相似於新潟地震，奧加半島（Oga Peninsula）周圍及岩崎（Iwasaki）海角的水準測量顯示：以上這兩地自 1970 年代晚期開始迅速增大其抬高率。這些地方的潮位計顯示，抬高率的增加是自 1978 年開始，它持續穩定的上升至地震發生爲止，其抬高量約爲 5 厘米（圖 12-6）。安裝在奧加的傾斜儀也顯示該地自 1978 年開始的異常行爲，而安裝在相同地點的體積應變計，則顯示該地在 1981～1984 年期間的異常應變（Linde et al.,

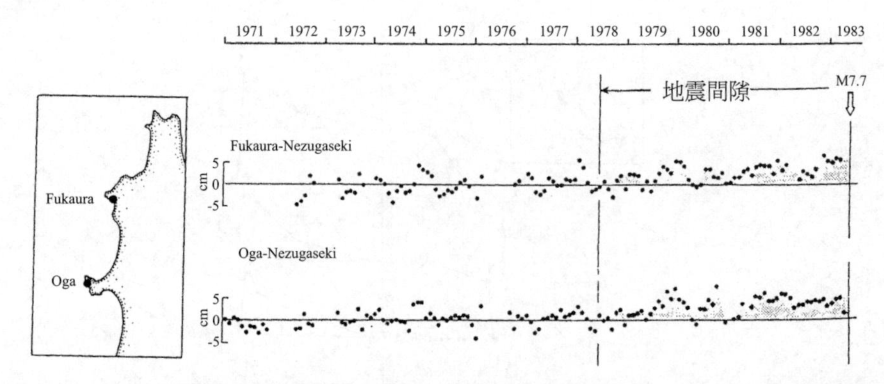

圖 12-6　來自兩組潮位儀的數據，它顯示奧加半島與岩崎海角在 1983 年日本海地震前的緩慢抬高，地震間隙代表地震靜止期（Mogi, 1985；轉引自 Scholz, 2002, Fig. 7.8, p. 369）

1988）。1978～1983 年期間，則相當於地震帶的靜止期（Mogi 稱它為地震間隙（earthquake gap））。以上這些觀察指出：就如新潟案例顯示的情況，在地震前 5 年，地震帶曾有廣泛範圍的數厘米抬高（Scholz, 2012, pp.361-368 及 p.291）。

(3) 電阻率與磁場變化

在前蘇聯、中國、日本及美國皆曾報導過在許多地震前電阻率及／或磁場的變化，通常是地震前常有數個月期間的電阻率降低，例如中國唐山地震（1976, M7.8）發生前，唐山周圍地區的許多地點曾觀察到顯著的電阻率異常。又如 1983 年之後希臘境內數個地點曾進行大地電場（electrotelluric field）的連續監測，此種大地電場基本物理性質的暫態變化（稱為地震電信號（seismic electric signals，簡寫 SES））可作為地震的前兆，它可用於預測即將發生的地震震央位置與規模。根據現場觀察 SES 持續時間介於$\frac{1}{2}$分鐘至數小時，它並不倚靠地震規模（M）（Varotsos and Alexopoulos, 1987）。對於孤立的事件（即具有 1 與 1 對比關係的單一

SES 及單一地震），時間落差（Δt）介於 7 小時及 11 天之間，Δt 與 M 之間則無關聯。對於長時間的電活動（即在一時段內偵測到的許多 SES 經過時間落差 Δt 之後接著是許多地震發生），雖然 t 通常不超過 11 天，但最大的 SES 與最強的地震間之 Δt 則可能長多了（例如約 22 天），且小 Δt 值（如 7-10 小時）通常與餘震有關（Varotsos and Lazaridou，1991）。

洛馬普列塔地震（1989）發生前 12 天曾觀察到超低頻率（ULF）的磁場發射，而在地震前 3 小時則爆出大量磁射（Fraser-Smith et al., 1990），相似的現象在前蘇聯亞美尼亞（Armenia）地區的斯皮塔克（Spitak）地震（1988 年 12 月 7 日，M6.9）發生前也曾被觀察到（Molchanov et al., 1992），但北嶺地震發生前卻未發生如此異常（Fraser-Smith et al., 1994）。另據單軸壓岩石破壞試驗時對岩石磁化強度及體積應變的測量發現：依賴時間改變的岩石膨脹與磁性變化之間有一般的關聯性，即當蠕變速度增加時，磁化強度變化率也增加，這些觀察意味著岩石膨脹應產生可偵測到的磁性異常，而這可能可作爲地震的長期前兆，至於非彈性蠕變則可能產生大型的磁性異常，而這可能可作爲地震的短期前兆（Martin III and Wyss, 1975）。以上雖然舉了數個現場與實驗例證說明電阻率及磁場變化與地震前兆的關聯，但實際作業上，欲利用地震前斷層附近的電流與磁場異常來進行地震預測，在觀測上仍然面臨一些雜音訊號與統計意義的問題（Turcotte, 1991, p.267）。

(4) 水文與地化改變

地震發生前地表或地下的水、油或氣之流體壓力、流動速率、顏色、氣味及化學成分等常發生變化之事時常被報導，許多這種被觀察到的現象是發生在距地震震央（即使其破裂帶尺寸不超過 10 公里）數十公里之處，有些則是更大距離，有時候達數百公里之遙。前兆的（井內）水位變化也是震央距離的函數，例如加州蓋德曼山（Kettleman Hills）地震（1985, M6.1）發生前數天，附近帕克菲爾德的四口監測井中之兩口有明顯的水位改變（Roeloffs and Quilty, 1997）。關於地震前水文異常現象可做爲前兆的說法面臨一些質疑，Turcotte（1991, pp.267-268）認爲：據熱能流動、大地測量與地震研究指出，許多大斷層（包括加州卡洪山口（Cajon Pass）的SAF節段）的應力是大幅少於100 MPa（1k bar）及可能少於10MPa（100 bar），如此低的應力水平實質上排除了地震前的膨脹（dilatancy）現象，不僅如此，地下水與泉水流動因降雨與其他因素而可能有可觀變化，因此地震前地下水或泉水是否流進開啓的裂紋仍是一疑問。若無水位面與泉水流動隨應力水平改變的物理基礎則很困難去考慮將水文異常現象做爲前兆的說法（Turcotte, 1991, pp.267-268）。

第一次被報導的地化前兆是前蘇聯烏茲別克斯坦塔什干（Tashkent）地震（1966, M5.5）發生之際，緊接周邊水井內氡（radon）含量的改變（Ulomov and Mavashev, 1971），在地震發生前至少一年水井內的氡含量被觀察到有三倍的增量。日本也有類似的情況發生，1978 年 Izu（伊豆）-Oshima（大島）-Kinkai（琴海町）地震（M7.0）前在伊豆半島的數個不同地點紀錄到異常的氡含量、水溫、水位、與應變變化（圖 12-7），1985 年，神戶地震前 5 個月水井內有異常的氯酸鹽及硫酸離子含量被觀察到（Scholz, 2002, pp.372-373）。

(5) 震波傳輸

第一個研究震波異常前兆的人是 Semenov（1969），他發現在靠近前蘇聯塔吉克斯坦的加爾姆（Garm）地區，許多地震在發生前壓縮波對剪切波速度比率（V_p/V_s）減少，紐約藍山湖（Blue Mountain Lake）地震前也有相似前兆現象（圖 12-8），在破裂帶周遭 V_p/V_s 比率值減少約 10～15%，然後剛好在地震發生前恢復至正常值，這些觀察是後來曾被負面批評的膨脹 — 擴散（dilatancy-diffusion）地震前兆理論（相關理論見 Scholz, 2002, pp.384-390）建立的關鍵依據。

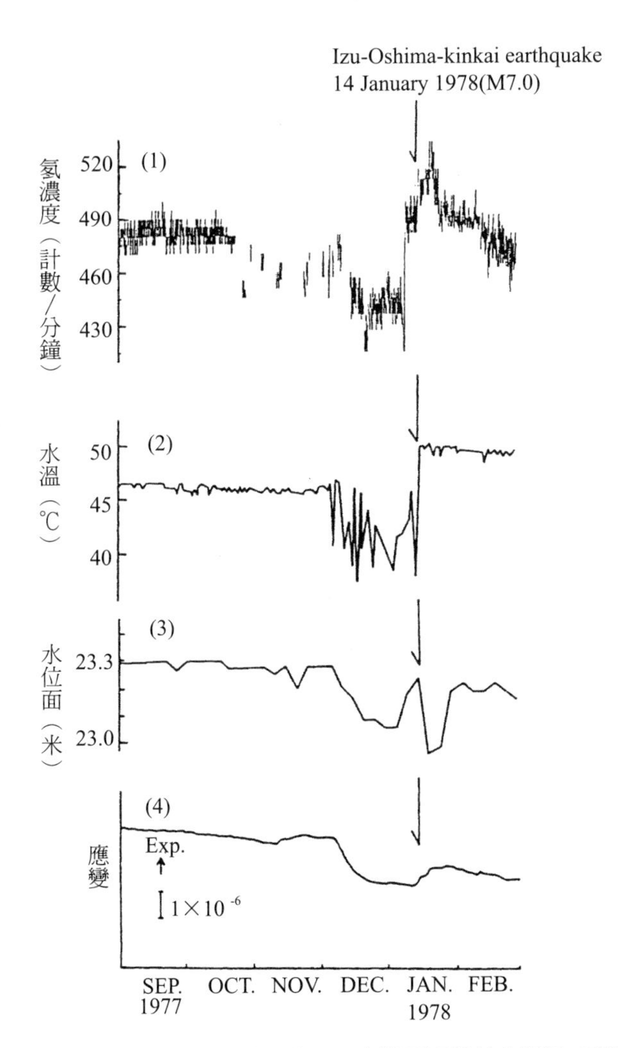

圖 12-7　1978 年伊豆－大島－琴海町地震的 4 種中期至短期前兆記錄（記錄地點位在伊豆半島的數個場址）（Wakita, 1988；轉引自 Scholz, 2002, Fig. 7.12, p. 374）

以上 V_p/V_s 比率在地震前的降低不僅是其大小，其降低時間的長短隨著即將來臨的地震規模之增大而增加，V_p/V_s 在地震前降低的原因與地震前應力增加導致裂紋開啓有關（Turcotte, 1991, p.266）。

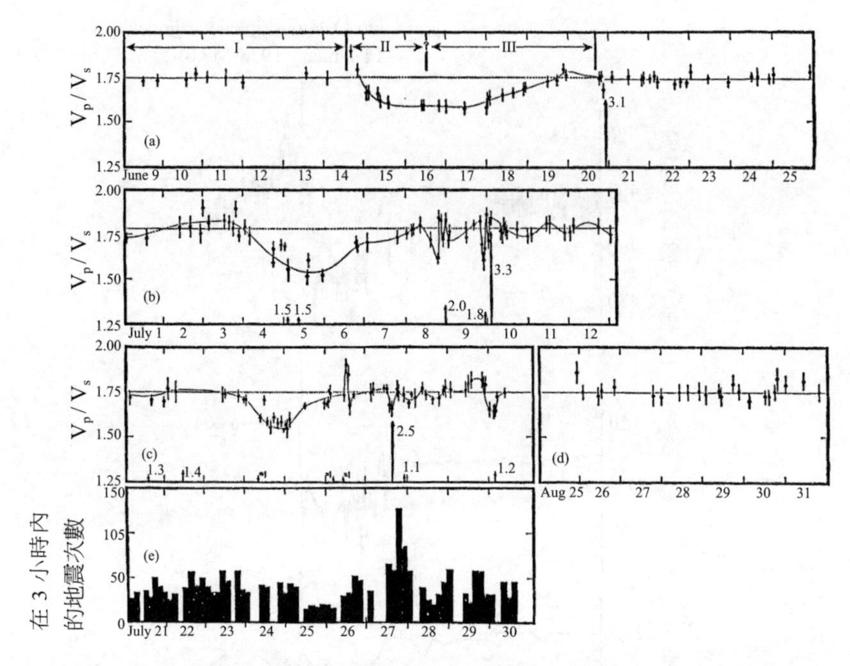

圖 12-8 (a)(b)(c) 顯示：紐約藍山湖（Blue Mountain Lake）的三場小地震在其發生前 V_p/V_s 顯出異常

(d) 顯出正常時期的 V_p/V_s 變化

(e) 與 (c) 有相同的時間尺寸，它顯示輕微的平静

（Aggarwaletal., 1973；轉引自 Scholz, 2002, Fig. 7.9, p. 370）

2. 短期前兆

上節敘述的許多中期前兆現象在地震前數年即已發生，然後持續至地震發生爲止，但有些情況異常性質的改變卻是產生在地震不久之前，其表現方式可能是異常行爲的迅速加速，或是回復至正常，或是改變正負號。這些差異意味著物理過程的改變可能僅發生在晚期階段，因此稱它們爲短期前兆。

短期前兆有許多徵象，然而沒有可靠的證明足以支持任何觀察到的徵象是可作爲地震的系統性前兆。2008 年 8 月 27 日，當地時間 10:35 俄羅斯貝加爾湖（Lake Baikal）南部發生 M = 6.2 稱爲苛達（Kultuk）的地震，震源位在地下 16 公里深度處，西伯利亞的大片地區從西部的克拉斯諾亞爾斯克（Krasnoyarsk）到東邊的中國，及從北邊的索佛拉貝加斯基（Severobaikalsk）到南邊的蒙古之烏蘭巴托（Ulaanbaatar）皆感受到搖晃。地震發生時觀察到的溶解於水中的氦椗（helium）含量之相對變化（地震前，氦含量先降至背景值之下，然後再忽然升高）可能可解釋爲短期前兆。此種氦含量相對變化與短期前兆現象的研究目前還很少見，但以下的兩種前兆則是較廣爲人知：

(1) 地震前震

從冰島 SISJ（見圖 12-9）帶的地震情形來看，前震存在於大部份主震之前，但並非所有的大型地震皆有前震，即使有前震然而困難之處是除非主震發生，否則通常不可能判定一場地震是前震。以下以冰島南部著名地震帶 SISJ 爲例說明前震的發生概況（Stefänsson et al., June 1993）：

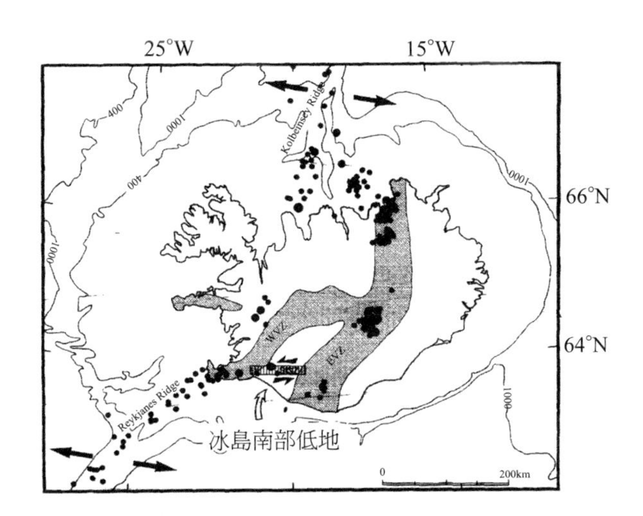

圖 12-9 冰島與中大西洋脊的關係。黑色圓點代表地震，資料來自 USGS 與 PDE 目錄（1960-1983），E.V.Z. 與 W.V.Z. 分別代表東方與西方火山帶，這兩火山帶的南方部份由 SISZ 連接起來（Erlingsson and Einarsson, 1989；Stefansson et al., 1993, Fig. 1）

冰島南部地震帶（South Iceland Seismic Zone，簡寫 SISZ）是跨越冰島的中大西洋板塊邊界的一部份，由磁性異常知，在過去一千萬年冰島地區的板塊發散率（divergence rate）大約是每年 2 厘米。冰島南部的板塊轉化（transform）運動則由 SISJ 接納，SISJ 是一長 70～80 公里及寬 10～15 公里的大地震帶，它擴展到冰島南部的低地地區，且連接東西兩處近乎平行的裂谷帶，西方帶的構造活動正日漸減弱，但東方帶則是活躍的火山帶，地震似乎是由南北走向斷層的右旋滑動所產生，這可由近年來歷史性地震的地表裂縫得到證明，這些裂縫形成雁列式（en-echelon）模式，它指出並排分佈的一系列右旋走滑運動。1912 年 5 月 6 日，SISJ 發生規模 7.0 級的大地震，這場地震並沒有前震的宏觀地震資訊可循，但該區較晚期的地震則有當地紀錄可查。以下是冰島在上世紀所發生的一些重要地震，它們在地震前有些有前震或震群（swarm）活動，有些則無：

(1) 1987 年發生在 SISJ 東部邊緣的 Vatnafjöll 地震，在主震前 2.5 小時先有 7 場前震（規模 1.5-3.8）；

(2) 1976 年 1 月 16 日的 Köpasker 地震（$M_s = 6.5$），震央位在東火山帶與冰島北部大地震帶的接合處，震前在靠近震源的裂谷帶有強烈的震群活動，它們大部份是發生在距震央 20 公里以內，震群的最大地震達到規模 5。

(3) 1974 年 6 月 12 日，冰島西部的 Borgarfjördur 地震（m_b, $M_L = 5.5$），震前一個月有強烈的震群活動，最大的前震是 4.8。

(4) 1967 年 8 月在 SISJ 地區的中央部份（20.8°W），當 2 天期間有許多地震在發生前的 4.5 小時紀錄到前震，這個震群的兩場主震其規模分別為 4.8 與 4.9，其中一個主震是位在另一個主震的北方 20 公里處，三個前震的規模介於 2.4-2.7。

(5) 1964 年 8 月發生在 SISZ 中部靠東邊（20.4°W）的規模 5.0 級地震並無前震（偵測門檻水平 2.3）。

(6) 1963 年靠近北方海岸的地震（$M_s = 7$）是冰島自 1912 年以來最大的地震，震央位在距人居住的地區約 30 公里之外的海底，震前並無前震報導（偵測門檻水平 3）。

前震之所以重要，乃因它是最明顯的地震前兆，中國海城地震（1975, M7.5）是少數利用此前兆並成功預測地震的例子。前兆可以說是剛好在地震之前地殼加速變形的最強線索。據 Jones and Molnar（1979）對前震活動的全球調查，發現自 1950 年以來全球 M ≧ 7 的地震其中 60～70% 是有前震（指發生在震央 100 公里以內且其規模大於背景訊號）。個別情況的前震活動變化很大，其範圍從單一地震事件到震群（swarms）。前震活動通常在主震之前 5～10 天變得很明顯，越近主震其活動也越加速，直至主震發生爲止，且前震似乎與主震的大小規模無關。Jones and Molnar（1979）發現在主震之前 4～8 小時前震活動有暫時平息的現象，此種短期的靜止期就是圖 12-1 中的 Q_3，這種情形在前震震群發生時更是常被看到，例如 1975 年的中國海城地震及日本伊豆半島的地震（圖 12-10），後者三場主震的規模分別是：伊豆 — 大島 — 琴海町地震（1978, M7.0）、河津町（Kawazu）地震（1976, M5.4）、及北川（Hokkawa）地震（1976, M3.6）。震群領先伊豆 — 大島 — 琴海町地震的現象僅局限於主震的震源地區，前震 — 主震 — 餘震序列的發展見圖 12-11。

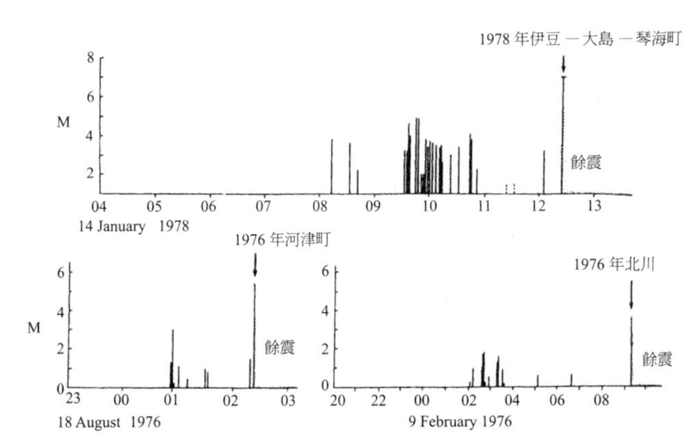

圖 12-10　日本伊豆半島三場主震發生之前前震震群之後緊跟著短期靜止期（Mogi, 1985；轉引自 Scholz, 2002, Fig. 7.14, p. 378）

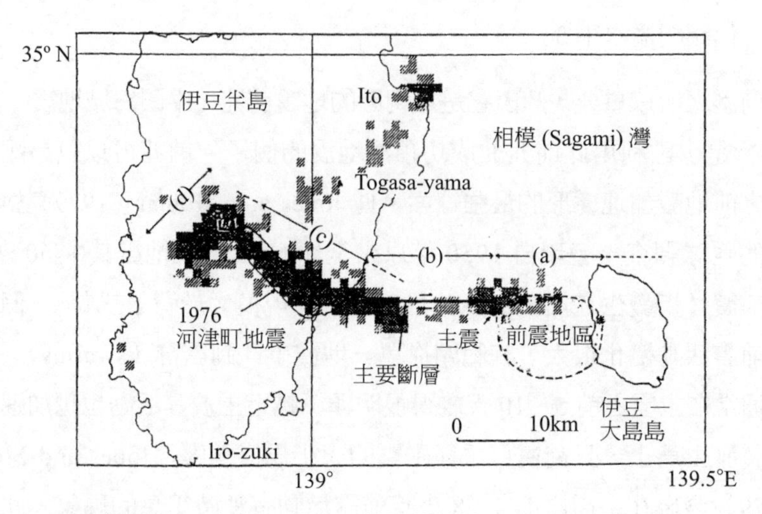

圖 12-11　1978 年伊豆 — 大島 — 琴海町地震的前震 — 主震 — 餘震模式，主震 (a) 發生在前震震群的西部邊緣，緊鄰的餘震發生在主震破裂帶 (b)，接著是斷層的第二次延伸 (c)，主震後 15 小時右旋共軛部份 (d) 才產生地震活動（Tsumura et al., 1978；轉引自 Scholz, 2002, Fig. 7.15, p. 379）

前震雖可用於預測地震，但困難之處是它們與其他地震難以區別，據古登堡・李奇特頻率 — 規模尺度率（Gutenberg and Richter, 1954）：

$$N(M_o) = a`M_o^{-B} \quad (12\text{-}1)$$

$$\log N = a - bM \quad (12\text{-}2)$$

在式（12-2）中 M 是地震規模，N 是在一地區的特定期間內規模大於 M 的累積地震數目，b 是通用常數，其值介於 $0.8 < b < 1.1$，a 是與地震活動水平有關的常數，小地震可被用來決定 a 值。以上這兩關係式適用於主震與餘震。$N(M_o)$ 是震矩大於 M_o 的地震發生次數，a` 是時間與空間變數，對於小地震 $B = \frac{2}{3}$，較大地震則 $B = 1$，前震序列的 B 值較小，或是在式（12-2）中前震序列的 b 值較小，這是前震與其他地震的最大區別。另有許多報告則提到，在大地震發生前，局部地震活動的 b 值會有系統性的增加

（Ma, 1978; Smith, 1986）及系統性的減少（Molchan and Dmitrieva, 1990）。

(2) 地殼變形

短期地殼變形前兆可藉著傾斜儀（tiltmeter）、應變儀（strain-meters）、及潮位計（tide gauges）等進行監測，例如位於本州南岸，靠近御前崎海角且剛好鄰近東南海（Tonankai）地震（1944 年 12 月 7 日，M = 8.1）震央的東北端，在地震前 2 天有非常不尋常的地形高度差異（圖 12-12）。又如藉著鐳射變形圖（laser deformographs）對地球表面應力 — 應變場變化的應用，Dolgikh and Mishakov（2011）最近嘗試對震源深度 20 公里（M = 7）的可能地殼震動做預測。

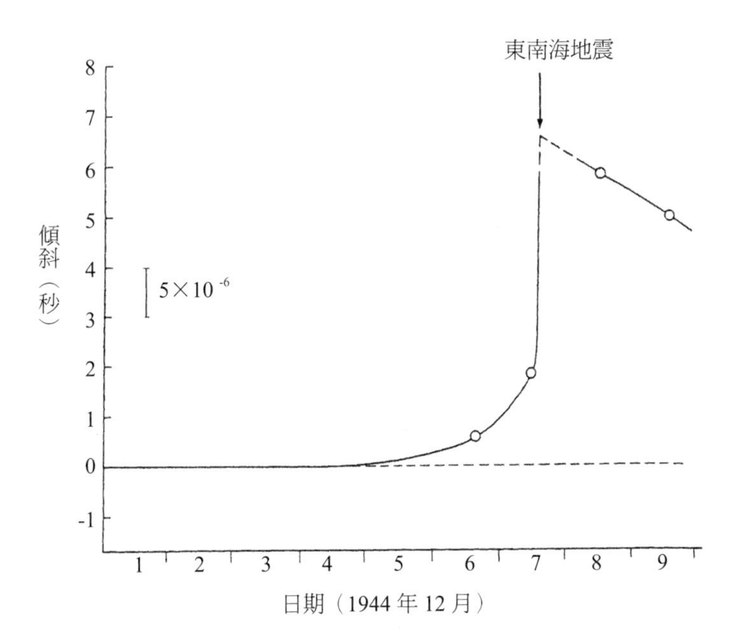

圖 12-12　1994 年，位在南海（Nankai）海槽的東南海（Tonankai）地震發生前夕，由水準測量觀察到的短期傾斜（Mogi, 1985；轉引自 Scholz, 2002, Fig. 7.16, p. 380）

並非所有的地震皆有短期前兆，例如加州帕克菲爾德地震（2004 年 9 月 28 日，M = 6.0），在地震前 24 小時內其應變率僅發生少量變化，這些變化並無意義，當啓動斷層破壞的活動合併一起時，也沒有預期的應變發生。在地震前數秒應變穩定在 10^{-11} 水平，震源區最後的破裂前晶核滑動力矩少於 2×10^{12} Nm（M2.2），及在黃金山（Gold Hill）北方的 20 公里長斷層節段有明顯的震後滑動（20 厘米滑動量）發生（Johnston et al., 2006）。

12-3 前兆機制

爲了評估前兆現象以便應用它們來進行預測，我們必須了解產生它們的物理過程，以下是兩個較著名的物理模型（Scholz, 2002, pp.385-390）：

1. 膨脹 — 擴散模型

它是 Nur（1972）所發展的體積膨脹模型，它假設膨脹發生在即將到來的破裂帶周圍之受應力岩體，且一旦開始則加速發展其過程，就如實驗室觀察到的破壞實驗。第 I 階段：當應力增加時膨脹率增加；第 II 階段：當膨脹率足夠高之後孔隙流體開始擴散，致使孔隙壓無法繼續維持。這將導致膨脹硬化（dilatancy hardening）發生，此時斷層暫時強化以及推遲地震的觸發，當進一步的膨脹受到抑制時，在極端情況下，裂紋在膨脹過程中可能形成未飽和。第 III 階段：包含藉著流體擴散再重建孔隙壓，緊接著是第 IV 階段的破壞。第 V 階段：地震之後恢復膨脹，其時間常數是由系統的液壓擴散度決定（圖 12-13）。

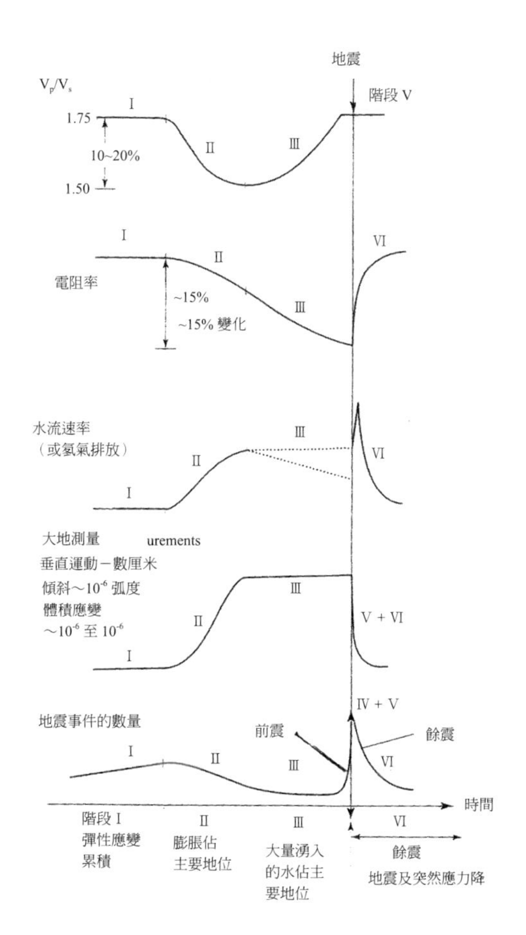

圖 12-13　由膨脹－擴散模型預測的不同現象（Scholzetal., 1973；轉引自 Scholz, 2002, Fig. 7.22, p. 388）

以上模型過程的描述皆是基於實驗室觀察到的現象而建立，而其被應用到地震主要是受到一些地震前圍繞破裂帶的岩體，其物理性質曾有改變（即出現前兆）之激勵所致，這些前兆中最突出的是速度異常，如果這種彈性波速度的變化發生，則惟一似是而非的解釋機制是固體中孔隙空間的改變，而這只有透過膨脹才有可能發生，圖 12-13 是由此模型所預測的其他前兆現象。

2. 岩石圈加載模型

簡單的滑動 — 弱化本構律常被用來描述此種模型的斷層行爲，它包含應力 — 位移函數的下降部份（圖 12-14），因此它能產生不穩定，但它未包含斷層的再癒合機制，此模型的重要之處是在圖 12-14f 中塊體運動增量（δ_B）對強加的滑動量（δ_L），其增加依是否趨近不穩定點而定，這意味著一些加速斷層滑動的前兆階段將發生，這個模型對中期前兆提供可能的機制解釋。

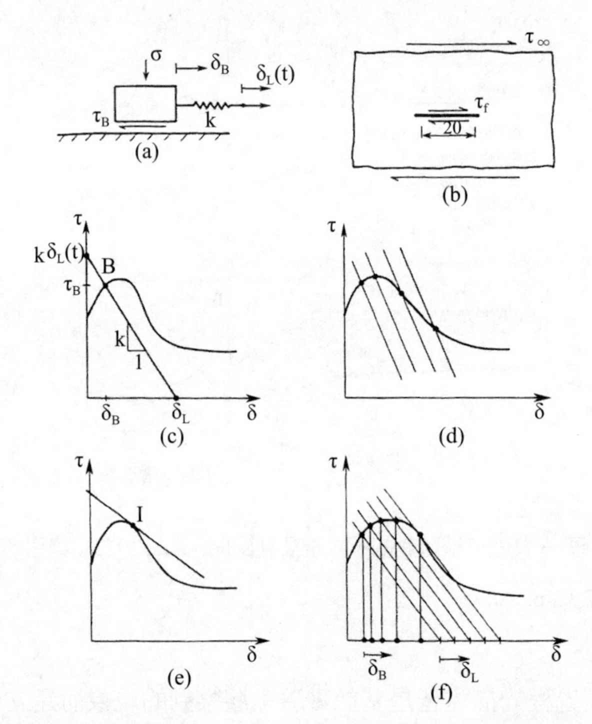

圖 12-14　滑動弱化模型示意圖：
(a) 與 (b)：模型幾何形狀
(c)：分析的圖解法之描述，據此，一條剛性線與本構律相交於 B
(d)：運動總是穩定的案例
(e)：不穩定點 I 被觸到
(f)：塊體為何滑動（δ_B）的描述，當 δ_L 穩定增加時 δ_B 滑動加速（δ_B 與 δ_L 見 (a)）
（Rudnicki, 1988，轉引自 Scholz, 2002, Fig. 7.24, p. 391）

12-4 沿著活動斷層帶氡含量的變化

氡異常與地震預測的關係之發現，其時間可回溯至六十年代，1966 年 4 月 26 日，前蘇聯中亞塔什干（Tashkent）發生規模 5.5 級地震（震央在該市地下 8 公里），在地震發生前數年（時間約爲 1950 年代末），監測人員無意中在市區供水系統發現高濃度的氡異常，自此該市氡濃度穩定地增加（至正常值的 3 倍），而就在地震發生前不久氡濃度開始降低。1978 年 1 月 14 日，日本伊豆（Izu）半島及大島（Oshima）附近發生規模 7.0 級的強震，而在這之前的 1977 年 11 月，由距震央 30 公里之處的地下水觀察到氡含量值較正常值爲低（應變值也降低），到次年 1 月 9 日（主震發生的 6 天之前）降到最低，9 日之後濃度卻急劇升高。

台灣氡濃度異常的監測始自 2003 年 7 月，中央地調所與學術單位合作，在池上斷層東南方約 3 公里處的安東熱溫泉設置氡含量監測井（井 D1），長約 20 公里的池上斷層位在歐亞板塊與菲律賓板塊的交界，它是東部縱谷斷層最爲活躍的一段，1951 年的兩次地震（M6.2 及 M7.0）曾造成斷層破裂，而大地測量與 GPS 的年度監測資料顯示該斷層至今仍然處於活躍狀態，在過去 20 年，其每年近地表滑移速率約爲 2～3 厘米。監測井的位置距 2003 年 12 月 10 日（M_w = 6.8）成功地震、2006 年 4 月 1 日（M_w = 6.1）臺東地震、及 2008 年 2 月 17 日（M_w = 5.4）安東地震等震央分別爲 24、52、及 13 公里。

2003、2006、及 2008 年三次地震的觀察顯示，井 D1 氡含量異常可粗略分爲三個階段，第一階段：氡含量大致維持穩定，這相當於彈性應變的累積階段；第二階段：氡含量降低，這相當於裂紋的發展階段；第三階段：氡含量恢復至第一階段的水平；這相當於地下水湧入階段。據以上三次地震的氡前兆觀察，Kuo et al.（2011）建議以下二式，它們適合於台灣東部縱谷及海岸山脈間約 70×15 公里的局部區域之地震（M_w > 6.0）預測：

$$(C_o/C_w) - 1 = 0.6827M_w - 3.189 \quad (12\text{-}3)$$
$$(R^2 = 0.9802)$$

C_o = 對每一次氡異常的地下水前兆中之初始氡含量

C_w = 當氡異常（含量減少）發生時井 D1 觀察到的地下水氡含量最小值

M_w = 地震規模

藉著井 D1 中氡含量異常下跌之際其最小值的觀察，利用式（12-3）可預測池上斷層附近的地震規模，此外利用下式可得知氡的前兆時間：

$$\mathrm{Log}_{10}\, T = 0.0462\, M_w + 1.5001 \quad (12\text{-}4)$$
$$(R^2 = 0.9928)$$

T 是氡的前兆時間，它是當氡含量（$Bqdm^{-3}$）開始自背景水平下跌與地震發生時間之間的時間間隙，對 2003、2006、與 2008 年三次地震氡的前兆時間分別爲 65、61、與 56 天，這是中期前兆（Kuo et al., 2001）。

氡前兆的案例也見於希臘北部 Langadas 盆地，該地區的 Langadas 湖與 Volvi 湖間存在有 Stivos 大活動斷層，它距離 Thessaloniki 市僅 25～30 公里。1978 年 6 月 20 日、1984 年 2 月 19 日、及 1995 年 5 月 4 日 Stivos 斷層分別發生 M_L = 6.5、5.2、及 5.8 的地震。氡流通量（flux）的現場測量數據分別來自 Langadas 盆地的三處氡監測站，而所謂氡流通量，指的是沿著活動斷層帶從地表釋出的土壤氣體中之氡濃度，這與前文提到的從地下水中測定的台灣氡含量異常有不同。希臘北部的氡含量監測期是自 1982 年 11 月至 1985 年 4 月及 1999 年 8 月至 2000 年 6 月。氡含量與地震能量釋出間在雙對數圖上有線性關係，數據指出，當氡流通量增加時，地震能量釋出也隨著增加，而地震（$M_L \geqq 4.0$）可能發生在氡最高流通量（氡異常）出現之後（Papastefanou, 2010）。

一些報告提到氡來自距地震震央數十至數百公里之處，然而實在非常困難去了解氡如何能在 10 天或短於 10 天期間即能移棲如此長的距離？

（Turcotte, 1991, p.268）

12-5 預測模型

在進入本節主題之前，我們先來弄清楚兩個名詞的正確用法，依字典定義 forecast 與 prediction 是同義字，但在地震領域，forecast 代表基於模型的輸入資訊與分析，對特定地點與時間窗口及規模大小範圍之地震發生機率的預測，值得注意的是它並非是對「這個時間與這個地點」的發生預測。而 prediction 則是對特定地點與時間窗口及規模大小範圍，來預測一場地震將發生或將不發生，它像是先知的預言而非是基於模型分析。據以上說法 forecast 是機率的陳述，而 prediction 則是 0 與 1 的武斷說法。另有人（如 Jackson, 1996）則認爲 prediction 用於有較高概率的預測，而 forecast 則用於較低機率的預測，這種定義法更容易導致觀念混亂，因此本書使用的「預測」一詞如未特別註解則一概是指 forecast。

地震是否能準確地預測，最終將依賴我們對相關物理條件與過程的了解程度，爲了解地震我們須近距離地詳細觀察它們，然而困難之處是究竟要把觀測儀器安裝在哪裡，才能達成近距離觀察的目的？因此爲了要獲得靠近未來大地震震央之處的高品質測量數據，我們必須在正確的時間與地點安裝正確的儀器，2004 年 9 月 28 日，加州的帕克菲爾德地震（M_w = 6.0，震源深度 7.9 公里）就正好發生在專門設計來紀錄它的密集儀器網路中，地震前後期間及發生過程中所收集到的數據，提供有關地震物理及地震預測的寶貴資訊。

SAF 的 40 公里長帕克菲爾德部份節段早在 30 年前，就被鑑識爲是一座有潛力的地震物理實驗室，這個節段是 150 公里長蠕變節段的一部份，無數的小地震過去曾在帕克菲爾德節段發生。SAF 的東南節段則是數百公里長的鎖住斷層（圖 12-15），因此帕克菲爾德的位置大約是位於其南方鎖住節段（1857 年大地震發生於此節段）與北方蠕變節段（1934

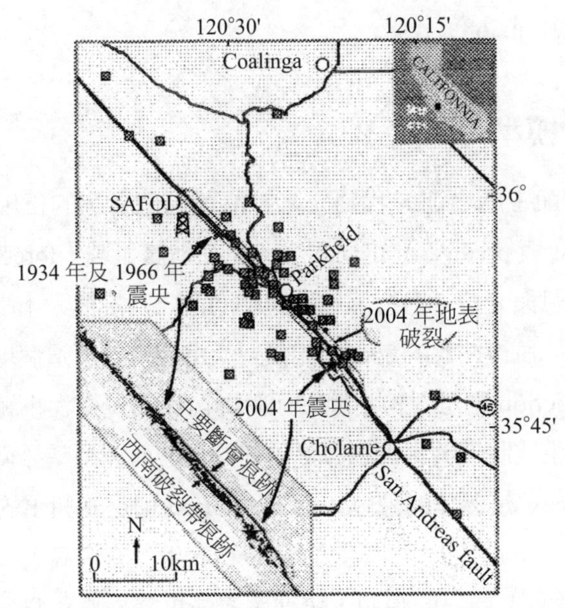

圖 12-15 2004 年帕克菲爾德地震位置。2004 年地表破裂帶的範圍由淡黑線表示，SAF 則由粗黑線表示，地震儀、應變計、磁力儀及連續式 GPS 監測站位置以小方形表示，強動傳感器則未顯示在圖中。下方插圖（相同尺寸）顯示 2004 年餘震震央（以黑色星號表示）與主要斷層痕跡的相對位置，1934 與 1966 年震央位置亦列出（Bakunetal., 2005, Fig. 1）

年與 1966 年地震發生於此節段）的中間，兩板塊在這地區正做相反方向的運動，而帕克菲爾德地區過去並未發生過大地震。

1857 年，特洪堡（Fort Tejon）地震（$M_w = 7.9$）破壞了帕克菲爾德東南方的鎖住節段，它被認爲對靠近帕克菲爾德的地震具有啓動作用。在帕克菲爾德部份，太平洋板塊相對於北美板塊的運動過去曾引起 $M_w = 6.0$ 的多次地震，自從 1857 年以來在帕克菲爾德至少有 6 次此等規模的地震（如 1881、1901、1922、1934、1966、及 2004 年等地震），一些地震專家注意到，這些地震的發生似乎有其相對定期性，其期間間隔爲 12～32 年，平均間隔爲 22 年（Bakun and McEvilly, 1984）。

再者，1966 年地震的前震模式與 1934 年地震有驚人的相似處，這個規律（定期性與相似性）使得一些地震專家相信，這些發生在帕克菲爾德的地震是有特色的地震，它們在 SAF 的大約相同地點重複地發生，如果這種規律性能持續到未來則下一個地震預期將於 1983～1993 年的某個時機發生。1985 年 USGS 發出長期地震預測，它認爲 1993 年之前在靠近帕克菲爾德的 SAF，將發生大約 $M_w = 6$ 的地震，其發生機率爲 0.95，這一年也是帕克菲爾德地震預測實驗的開始年。在預測時窗到期後地震並未發生。

國際地震預測評估委員會的工作組，在帕克菲爾德進行地震預測實驗的獨立評估，這個工作組建議繼續進行長期監測，以記錄可能發生在帕克菲爾德的下一場地震。爲了這個緣故，帕克菲爾德安裝了 USGS 先進型國家地震系統（Advanced National Seismic System，簡寫 ANSS），這套系統目前在美國已成爲地震監測的標準配備，其目的是監測各種不同的地震與地球物理參數，並藉此希望能捕捉到下一個帕克菲爾德地震前潛在性的前震，與其他前兆信號（前兆現象皆以概率方式處理）。安裝於帕克菲爾德節段西北端的 ANSS，其實是一套密集儀器監控網路，它包含各種地球物理傳感器、激光測距裝置（laser ranging devices）、地震儀（seismometers）、蠕變儀（creep meters）、應變儀（strain meters）、科學鑽孔的機動裝置、及探測聖安德列斯斷層深度的觀測站（San Andreas Fault Observatory at Depth，簡寫 SAFOD）。

回顧 1934 年與 1966 年的兩次帕克菲爾德地震，在震前 17 分鐘皆曾監測到前震，而 1901 年或 1922 年的地震則未有前震，後來帕克菲爾德的預測試驗也未記錄到前震或其他任何短期前兆信號，惟一記錄到的是主震發生前 24 小時曖昧的低水平應變（10^{-8}）。1993 年的帕克菲爾德地震預測未成眞一事說明，地殼的地震過程比專家所知的要更爲複雜，它包含許多參數，若僅基於一個僅具少量參數的簡單模型（如地震間隙模型），或在未知初始條件的情況下進行長期預測，則無可避免地其結果將是不確定。除此，尙有一些原因可解釋爲何帕克菲爾德的地震預測會失敗（Kanamori,

2003, pp.1207-1208）：

(1) 過去的帕克菲爾德地震並沒有被精確了解其情況，它們可能不是發生在 SAF 的正好同一節段（Segall and Harris, 1987），這意味著特徵地震模型（如地震間隙模型）無法使用於帕克菲爾德的地震預測；

(2) 鄰近地區〔如科林加（Coalinga）〕的地震活動可能大幅降低作用在近帕克菲爾德的 SAF 之應力負載率，從而延遲預測事件的發生；

(3) 地震過程比通常在特徵地震模型的假設更爲隨機（randomly）。

可靠的短期地震預測在目前似乎是不可能，最近的一次是 2004 年帕克菲爾德地震發生前人們試圖利用觀察到的前兆現象來預測其發生，但結果並未成功，然而這並非意味著地震在空間與時間方面會隨機發生。大地震通常優先發生在小地震常發生的地區，且活動斷層帶的地震其發生在時間上具有並非週期性的準週期（quasiperiodically）特質。地震的發生次數遵循數種尺度律（scaling laws），其中之一的古登堡－李奇特關係（如式 12-2）可被用來預測大地震發生的概率。另一個定量化地震風險評估的方法是將地震的再發生統計註明在斷層分佈圖上，大地測量的觀察可用來決定應變累積率，而古地震研究則可決定過去地震的是否曾發生，然而這種做法的問題是許多破壞性地震並沒有發生在圖中的斷層。過去有人倡導應用模式信息（pattern information，簡寫 PI）來預測 M ≧ 5 的地震（Rundle et al., 2003；Tiampo et al., 2002），其做法是將地區分劃爲 0.1°×0.1° 的次地區（或稱單元（cells）），當規定的時間間隔內單元格中的前兆變化（包括地震活動的增加或減少）被加以鑑識，當變化超過規定的門檻時，則定義該方格點爲熱點地區，此後在未來 10 年的時間窗口內，預測熱點區域 M ≧ 5 的地震將會發生。

應用 PI 方法，在 2000～2010 年期間加州熱點地區的地震預測頗有成效，當 2000～2005 年期間發生的 18 場地震中，計有 16 場地震是發生在熱點區域（Holliday, 2005）。另一種預測技術是基於相對強度（RI）方法，

RI 預測是使用式（12-2）於小型地震發生率的直接推斷。為了定量化州（加州）內各不同區域的相對風險，及估計該風險以用來決定地震保險額多寡，區域地震可能性模型（Regional Earthquake Likelihood Models，簡寫 RELM）的工作組因而成立（Field, 2007）。

在 2006 年 1 月 1 日至 2010 年 12 月 31 日期間，研究小組提出加州試驗區（分割為眾多 0.1°×0.1° 單元格）未來地震（M ≧ 4.95）的概率預測，它將加州及鄰近外州部份區域共分割為 7,682 個單元格，RELM 試驗條件與 PI 預測相同，然而前者並沒有設定熱點地區的門檻試驗，參予計劃的工作小組為 7,682 個單元格提出連續範圍的概率預測。當以上期間試驗區共有 31 場 M ≧ 4.95 的地震發生在 22 個試驗單元格，這些地震活動是受與墨西哥北部（也屬於試驗區）El Mayor-Cucapah 地震（2010 年 4 月 4 日，M = 7.2）相關的一些地震所支配。目前知道的是，試驗區內其餘 30 場地震的 16 場是與墨西哥北部的地震有關（Lee et al., 2011）。

RELM 本質是評估一組預測模型的可靠性與技巧的五年科學實驗，據 Lee et al.（2011）的研究結論，RELM 的試驗是成功的，其結果能被用於改良未來的預測。除 RELM 外加州另一種最優良預測模型之一是統一加州地震破裂預測（Uniform California Earthquake Rupture Forecast（UCERF）計劃，其目的是在建立最佳的破裂預測模型，它顯然與 RELM 有不同的目的。RELM 的工作小組是受美國地調所（USGS）及南加州地震中心（Southern California Earthquake Center, 簡寫 SCEC）支持，它與加州的其他數種時間非變異地震發生率預測模型相仿（Marzocchi and Zechar, 2011）。

12-6 地震監測

提到地震監測，冰島這個全球地震最多國家的做法是值得借鑒的，它從 1706 至 1912 年的 200 餘年期間計發生 11 次規模 6.0～7.1 級的大地震

（表 12-1），其中有 5 次是集中在 1896 年的 4 天內發生；而另有 5 次中的 2 次是在同一天發生，有兩次是集中在 1784 年的 2 天內發生（2 天之間只間隔 1 天），這種情形是極爲特別的，它未曾在其他國家出現過。

表 12-1　冰島南部低地自 1700 年以來的大型地震（Stefánsson et al., 1993, Table 1, p.699）

年	日期	緯度	經度	規模
1706		64.0°N	21.2°W	6.0
1732		64.0°N	20.1°W	6.7
1734		63.9°N	20.8°W	6.8
1784	Aug. 14	64.0°N	20.5°W	7.1
1784	Aug. 16	63.9°N	20.9°W	6.7
1896	Aug. 26	64.0°N	20.2°W	6.9
1896	Aug. 27	64.0°N	20.1°W	6.7
1896	Sep. 5	63.9°N	21.0°W	6.0
1896	Sep. 5	64.0°N	20.6°W	6.5
1896	Sep. 6	63.9°N	21.2°W	6.0
1912	May 6	63.9°N	20.0°W	7.0

冰島的最近地震監測計劃 — 冰島南部低地（SIL）計劃，始自 1988 年，它代表北歐國家在冰島南部地震帶（SISJ）所做的地震預測研究之共同努力。SISJ 是冰島歷史上曾發生過最多破壞性地震的地區（圖 12-9），這個地區有許多轉化帶（transform zone）的特質，它承受中大西洋裂口帶（即冰島東火山帶及 Reykjanes 山脊）兩個相互抵消部份的東西相對運動。這個地區的地震達到約 7.0 規模，並且往往在數天至數年內又會產生另一次大地震（表 12-1），這些地震活動與南北走向的右旋走滑（strike-slip）斷層（沿著東西走向帶並列）活動有關聯。地震帶地殼厚度約 10-45 公里，其底下是部份熔融的地函物質，1980 年歐洲議會（Council of Europe）成立一工作組（即 CAHRT）以爲歐洲準備一項地震預測計劃。1983

年 CAHRT 的決議中建議，多國在歐洲特定的試驗區共同致力於地震預測研究，SIL 即是這些試驗區之一。1986 年北歐地震學家建立工作組以展開工作及尋求在 SIL 計劃的 5 年計劃基金，至 1988 年到位的基金總額是 1 百萬美元。SIL 計劃的主要目的是為它的地震預測建立地震數據系統，為做到此它透過 SISJ 的 8 處地震監測站產生近同步時間（real-time）的數位化數據庫。1990 年 SIL 計劃開始建立地震網路以收集近同步時間的數據，此數據收集系統自動決定震源位置、斷層面解決方案及應力降等來源參數，這些參數都是地震預測研究與地殼動力研究的重要基礎參數。

12-7 地震風險評估

一些地區比其他地區更容易發生地震，機率性的地震風險評估對在特定地區的地震發生預測提供統計基礎，這個評估可基於各種觀察，它們包括地震活動的歷史紀錄、古地震活動研究、活動斷層測繪、及當地構造的一般性了解。

板塊構造提供評估地震風險的廣泛基礎，大部份的地震與板塊邊界有關，由於板塊邊界的地震不斷重複發生，因而過去的地震活動可提供外來地震風險評估的重要資訊，例如圖 12-16，它描述日本西南部俯衝帶在公元 684 年至 1946 年間發生的大地震序列。SA 斷層是另一個地震在板塊邊界重覆發生的斷層例子。重複的地震活動模式似乎是很貼切於板塊邊界斷層，但破壞性地震也發生在其他斷層，而且在許多地區板塊邊界往往是廣泛的擴散帶，美國西部的情況正是如此，地震發生於整個廣大地區。例如通過鹽湖城（Salt Lake City）的瓦薩奇（Wasatch）斷層，大地震發生的時間間隔約為 500 年（Schwartz and Coppersmith, 1984）。另一個例子是：發生於中國境內的許多大地震似乎與來自印度及歐亞板塊的碰撞導致的廣泛變形有關。大地震也發生在板塊內部，例如 1811～1812 年發生在新馬德里（密蘇里州）的大地震由於缺乏儀器紀錄，故無法估計該次地震規模，雖然如此但從受影響地區之廣泛來看，該次地震規模至少是 7 級以上。

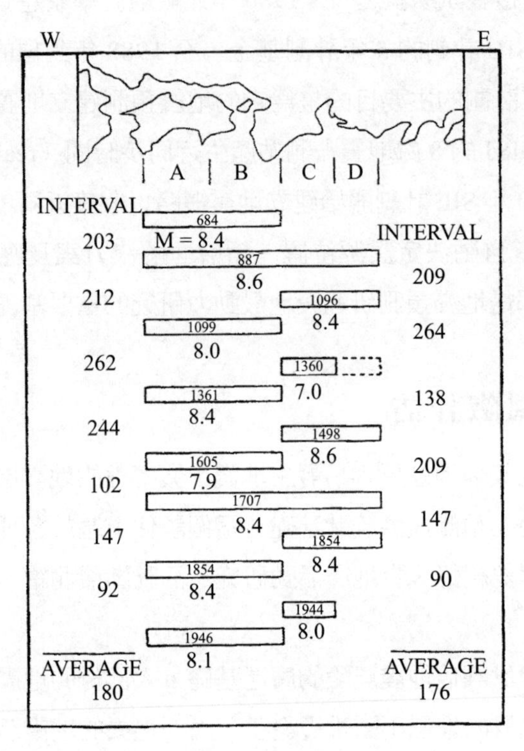

圖 12-16　日本本州西南海岸外南海海槽的大地震歷史記錄（Lay et al., 1982），斷層帶上兩個次區域的大地震之間隔是以年表示，例如公元 684 與 887 年之間隔是 203 年（Turcotte, 1991, Fig. 2）

過去的地震紀錄對評估地震風險是很重要的，這紀錄可自數種方式獲得，最好的紀錄是得自全球地震活動監測網路，目前此網路只能提供 100 餘年的數據。由於地震規模的估計有很大誤差，故歷史紀錄的解釋須很謹慎。過去的地震紀錄也可自古地震方法獲得，例如過去應用放射性碳同位素來決定洛杉磯東北方 55 公里跨越 SA 斷層的加州帕雷河（Pallett Creek）沼澤與河流沉積物內之斷層褶皺及其液化特質年代是一次成功的經驗（Sieh, 1984; Sieh et al. 1989）。在 SA 斷層的這一部份對 10 場大地震的年代決定後，得到的地震平均間隔是 132 年的結論，最後一場地震發生在 1857 年。

應用歷史與古地震紀錄去推斷地震風險的方法之一是基於地震間隙，找尋在板塊邊界的大地震序列之空間間隙。據地震間隙理論（見前文）應變被假設是累積在這些間隙部份，它們將是下一次大地震的首選場址（McNally, 1983）。加州的 SA 斷層可能是全球最被密切監視的斷層，1989 年 10 月 17 日洛馬普列塔地震（規模 7.1 級）發生前它並無前兆，雖然如此但基於地震間隙觀念 USGS（1988）做了以下預測：SA 斷層的這一部份（指後來洛馬普列塔地震的斷裂部份）在 1988～2018 年期間將有產生規模 6.5～7.0 級地震的 30% 概率機會，Sykes and Nishenko（1984）也有以下預測：SA 斷層的這一部份（指後來洛馬普列塔地震的斷裂部份）有產生大地震的高概率機會。

描述大斷層行爲的最簡單模型是基於以下假設：一條斷層，或在某些情況下一條斷層節段將經歷定期重複的特徵地震（Youngs and Coppersmith, 1985），這意味著每一條斷層或斷層節段都有其自己的特徵地震，地震復發的定期模式見圖 12-17(a)，然而此種簡單的行爲並無紀錄可支持，實際上復發時間可能是十分多變的。Shimazaki and Nakata（1980）建議兩種不同的模型（圖 12-17(b)(c)），第一種模型假設地震發生在一個關鍵應力狀態，而其應力降是可變的，若前一地震發生的時間及滑動量已知，則隨後地震的發生時間可以預測，這稱爲時間預測模型（Thatcher 1984；Scholz, 1985b）。第二種模型假設破壞應力是可變的，但破壞後的應力則是不變，若已知上一次地震的發生時間及滑動量，則隨後地震的滑動量（並非發生時間）可以預測，這稱爲滑動預測模型。

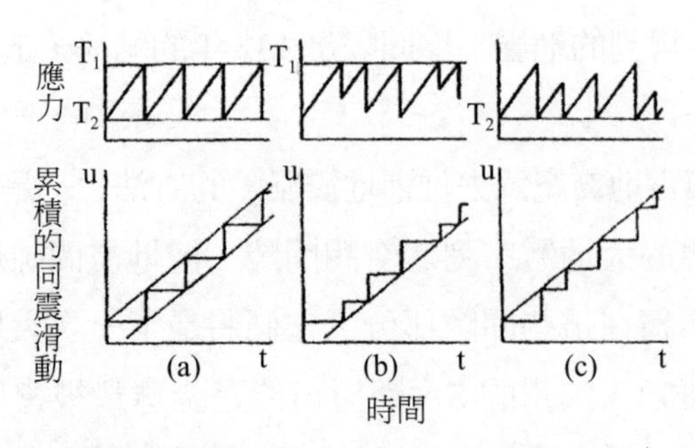

圖 12-17　特徵地震的循環復發模型（Shimazaki and Nakata, 1980）：

(a) 均勻循環模型

(b) 時間預測模型

(c) 滑動預測模型

（轉引自 Turcotte, 1991, Fig. 3, p. 272）

估計地震風險的另一法是據小型地震的統計資料來推斷大型地震，推斷的基礎是基於古登堡－李其特頻率－規模關係（式 12-2）的區域應用。例如美國東部三個地區的地震頻率－規模統計顯示（圖 12-18），密西西比河谷地區包含 1811-1812 密蘇里州新馬德里的地震場址，阿帕拉契（Appalachian）南部地區包含 1886 年南卡羅萊納州查爾斯頓地震的場址。1755 年，新英格蘭地區在靠近波士頓處曾發生一場大地震（其規模缺乏資料可查），然而從圖 12-18 的數據推斷卻可得以下看法，即規模 7 級的地震：

(1) 在密西西比河谷地區其復發時間約爲 1000 年；

(2) 在阿帕拉契南部與新英格蘭地區其復發時間約爲 3000 年。

地震風險評估的主要關注點是，核反應爐的操作安全，特別是那些位在較爲無震（aseismic）地區的設施，例如位在美國東部。主要的問題是擔心產生像 1886 年於美國東部隨機發生的查爾斯頓地震那種類型的地震。機率性地震風險評估提供一場已知規模的地震將在一特定地區及在一特定時段內發生的統計預測，這一類型的預估對建立新建築規範、改建老建築物、及實行對抗災難性破壞的預防措施等特別有用。然而從洛馬普列

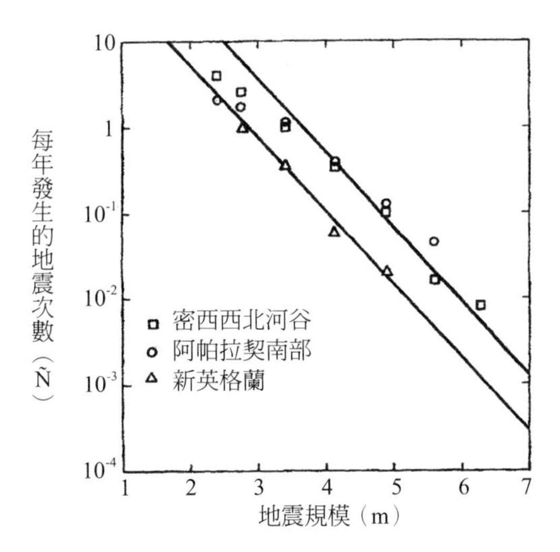

圖 12-18　美國東部三個地區每年發生的地震其規模大於 m 的數目（Ñ）（Chinnery, 1979），實線代表式（12-2），b = 0.85（Turcotte, 1991, Fig. 4, p. 273）

塔地震的事後情況來看，社會不太可能接受預防措施相關的成本，例如地震中損壞頗嚴重的舊金山碼頭區（Marina district）與奧克蘭塞浦路斯街 Cyprus street）高速公路結構，它們的土壤液化潛能早在地震前即已知道，但地震之際損壞仍然發生，原因是人們無法忍受拆除與重建的成本，更不可能在地震後將碼頭區改建成公園。圖 12-19 是莫斯科地震預測理論與理論地球物理學國際研究所，在 V. I. Keilis-Borok 主導下的成功預測結果，其法是基於分佈區域地震活動的模式識別（Keilis-Borok et al., 1988；Keilis-Borok, 1990；Keilis-Borok and Kossobokov, 1990a, b），此模式識別包括地震靜止（quiescence）、群聚（clustering）事件的增加、餘震統計數目的變化（Molchan et al., 1990）等。在全球基礎上使用此模型，對強震所做的預測其成功統計（經報導）是 42 次預測中有 5 次失敗（Turcotte, 1991, p. 276）。

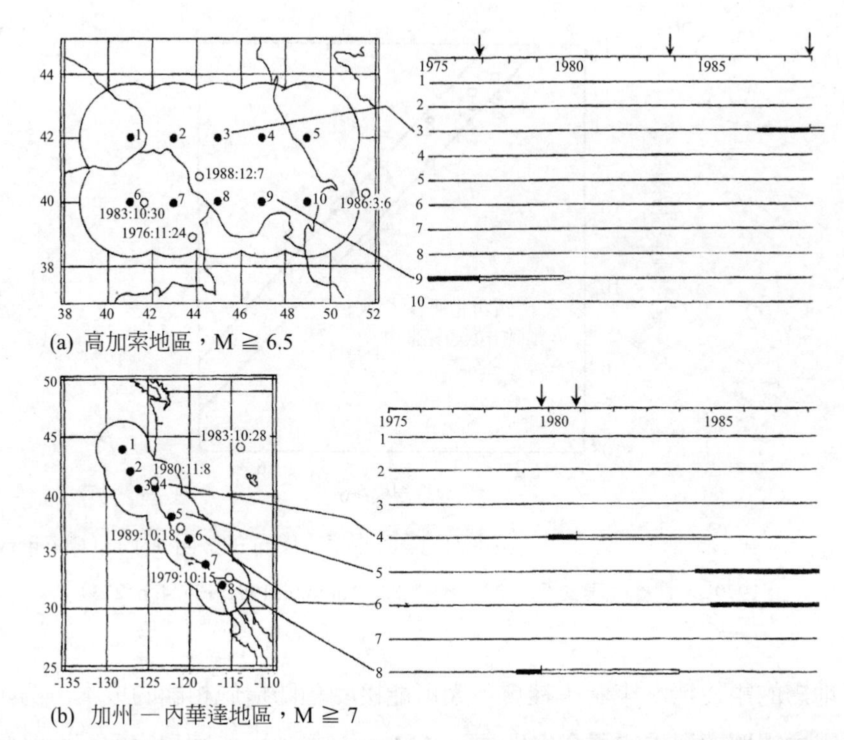

(a) 高加索地區，M ≧ 6.5

(b) 加州 — 內華達地區，M ≧ 7

圖 12-19　亞美尼亞地震（1988 年 12 月 7 日）及洛馬普列塔地震（莫斯科時間 1989 年 10 月 18 日）的預測描述（Keilis-Borok,1990）：

(a) 高加索地區被分成 10 個區域，每一區域的半徑 500 公里；右圖顯示兩個警告（區域 3 及 9），4 場地震的發生時間與位置顯示在左圖

(b) 加州 — 內華達地區被分成 8 個區域，每一區域的半徑 500 公里；右圖顯示四個警告（區域 4～6, 及 8），4 場地震的發生時間與位置顯示在左圖（Turcotte, 1991, Fig. 7, p. 277）

地震預測的經驗方法無法產生可靠的前兆現象測量，然而爲了研究地震過程的基本物理現象及繼續尋找可靠的前兆，我們確實是須要繼續密切監視斷層，預測地震的最好方法，可能涉及對風險評估的機率方法，這個方法包含對過去地震的一系列觀察，當地的地震活動水平、斷層測繪、及對當地地質的廣泛知識等。

參考資料（期刊與雜誌）

1. Aagaard, Brad T., Thomas H. Heaton, and John F. Hall (December 2001). Dynamic earthquake ruptures in the presence of lithostatic normal stresses: implications for friction models and heat production. Bull. Seismol. Soc. Amer., 91(6), 1765-1796.
2. Abe, K. (1974a). Seismic displacement and ground motion near a fault: the Saitama earthquake of September 21, 1931. J. Geophys. Res. 79, 4393-4399.
3. Abe, K. (1974b). Fault parameters determined by near- and far-field data: The Wakasa Bay earthquake of March 26, 1963. Bull. Seismol. Soc. Am. 64, 1369-1382.
4. Abe, K. (1975). Static and dynamic parameters of the Saitama earthquake of July 1, 1968. Tectonophysics, 27, 223-238.
5. Abercrombie, R., and P. Leary (1993). Source parameters of small earthquakes recorded at 2.5km depth, Cajon Pass, Southern California: implications for earthquake scaling. Geophys. Res. Lett. 20, 1511-1514.
6. Aggarwal, Y. P., L. R. Sykes, D. M. Simpson, and P. G. Richards (1973). Spatial and temporal variations of t_s/t_p and in P wave residuals at Blue Mountain Lake, New York: Application to earthquake prediction. J. Geophys. Res. 80, 718-732.
7. Albritton, C. C., and J. F. Smith, Jr. (1965). Geology of the Sierra Blanca area, Hudspeth County, Texas. U. S. Geological Survey Professional Paper 479, 131pp.
8. Allen, J. R. I. (1982). Sedimentary structures: their character and physical basis. Elsevier, Amsterdam, vol. II, 663pp.
9. Allen, C. R. (1968). The tectonic environment of seismically active and inactive areas along the San Andreas Fault system. Proc. Conf. Geol. Probl. San Andreas Fault Syst., Stanford Univ. Publ. Geol. Sci. No. 11, 70-82.
10. Allmendinger, R. W., J. P. Loveless, M. E. Pritchard, and B. Meade (2009). From decades to epochs: spanning the gap between geodesy and structural geology of active mountain belts. J. Struct. Geol., 31, 1409-1422.
11. Ambraseys, N. N., and J. M. Menu (1988). Earthquake-induced ground displacements. Earthquake Engineering and Structural Dynamics 16, 985-1006.
12. American Society for Testing and Materials (1991a). Standard test method for deep, quasi-static, cone and friction-cone penetration tests of soil In: 1991 Annual Book of ASTM Standards: Philadelphia, 4.08, 439-444.
13. American Society for Testing and Materials (1991b). Standard test method for penetration test and split-barrel sampling of soil. In: 1991 *Annual Book of ASTM Standards:* Philadelphia, 4.08, 232-239.
14. American Society for Testing and Materials (1983). *Annual Book of ASTM Standards*, Soil and Rocks, Building Stones, section 4. American Society for Testing and Materials(ASTM), Philadelphia, PA, p.734.
15. Anderson, Greg, Brad Aagaard, and Ken Hudnut (December 2003). Fault interactions and large complex earthquakes in the Los Angeles Area. Science, 302, 1946-1949.

16. Anderson, J. G, J. N. Brune, J. N. Louie, Y. Zeng, M. Savage, G. Yu, Q. Chen, and D. DePolo (1994). Seismicity in the western Great Basin apparently triggered by the Landers, California earthquake, 28 June, 1992. Bull. Seismol. Soc. Amer. 84, 863-891.
17. Anderson, D. L., and J. H. Whitcomb (1973). The dilatancy-diffusion model of earthquake prediction. In Proc. Of Conf. on Tectonic Problems of the San Andreas Fault System, edited by R. L. Kovach and A. Nur (Stanford Univ. Press, California), p.417.
18. Anderson, E. M. (1951). The dynamics of faulting. 2nd edition. Oliver Boyd, Edinburgh, p.206.
19. Anderson, E. M. (1905). The dynamics of faulting. Transactions Edinburgh Geological Society, 8, 387-402.
20. Ando, M. (1975). Source mechanisms and tectonic significance of historical earthquakes along the Nankai trough, Japan. Tectonophysics 27, 119-140.
21. Andrews, D. J. (1976a). Rupture propagation with finite stress in antiplane strain. J. Geophys Res. 81, 3575-3582.
22. Andrews, D. J. (1976b). Rupture velocity of plain strain shear cracks. J. Geophys. Res. 81, 5679-5687.
23. Andrus, R. D., and K. H. Stokoe, II (2000). Liquefaction resistance of soils from shear-wave velocity. J. Geotech. and Geoenvir. Engrg., ASCE, 126(11), 1015-1025.
24. Andrus, R. D., and K. H. Stokoe, II (1997). Liquefaction resistance based on shear wave velocity. Proc., NCEER Workshop on Evaluation of Liquefaction Resistance of Soils. Nat. Ctr. For Earthquake Engrg. Res., State Univ. of New York at Buffalo, 89-128.
25. Archuleta, R. J. (1982). Analysis of near surface static and dynamic measurements from the 1979 Imperial Valley earthquake, Bull. Seism. Soc. Am. 72, 1927-1956.
26. Atkinson, Barry Kean, ed. (1987). Fracture Mechanics of Rock. Academic Press, New York.
27. Bakun, W. H., B. Aagaard, B. Dost, W. L. Ellsworth, J. L. Hardebeck, R. A. Harris, C. Ji, M. J. S. Johnston, J. Langbein, J. J. Liekaemper, A. J. Michael, J. R. Murray, R. M. Nadeau, P. A. Nadeau, P. A. Reasenberg, M. S. Reichle, E. A. Roeloffs, A. Shakal, R. W. Simpson, and F. Waldhauser (October 2005). Implications for prediction and hazard assessment from the 2004 Parkfield earthquake. Nature, v.437, No.13, doi:10.1038/nature04067.
28. Bakun, W. H., and T. V. McEvilly (1984). Recurrence models and Parkfield, California, earthquakes. J. Geophys. Res., 89, 3051-3058.
29. Baljinnyam, I., et al. (1993). Ruptures of major earthquakes and active deformation in Mongolia and its surroundings, Mem. Geol. Soc. Am., 181, 62pp.
30. Balnpied, M. L., C. J. Marone, D. A. Lockner, J. D. Byerlee, and D. P. King (1998). Quantitative measure of the variation in fault rheology due to fluid-rock interaction. J. Geophys. Res. 103, 9691-9712.
31. Barnicoat, A. C., H. A. Sheldon and A. Ord (2009). Faulting and fluid flow in porous rocks and sediments: implications for mineralization and other processes.

Miner Deposita, 44, 705-718.

32. Bassin, C., G. Laske, and G. Masters (2000). The current limits of resolution for surface wave tomography in North America. EOS Trans. AGU, 81, F897.
33. Beeler, N. M. (2004). Review of the physical basis of laboratory-derived relations for brittle failure and their implications for earthquake occurrence and earthquake nucleation. Pure appl. Geophys. 161, 1853-1876.
34. Beeler, N. M., and D. L. Lockner (2003). Why earthquakes correlate weakly with the solid earth tides. J. Geophys. Res., 108, 2391.
35. Beeler, N. M., T. E. Tullis (1997). The role of time and displacement in velocity-dependent volumetric strain of fault zones. J. Geophys. Res., 102, 22,595-22,609.
36. Beeler, N. M., T. E. Tullis, and J. D. Weeks (1994). The role of time and displacement in the evolution effect in rock friction. Geophys. Res. Lett., 21, 1987-1990.
37. Belardinelli, E. M. Cocco, O. Coutant, and F. Cotton (1999). Redistribution of dynamic stress during coseismic ruptures: Evidence for fault interaction and earthquake triggering. J. Geophys. Res., 104, 14,925-14,945.
38. Bhat, H. S., C. G. Sammis, and A. J. Rosakis (2011). The micromechanics of Westerley Granite at large compressive loads. Pure App. Geophys. 168, 2181-2198. Dol 10.1007/s00024-011-0271-9.
39. Biegel, R. L., W. Wong, C. H. Scholz, G. N. Boitnott, and N. Yoshioka (1992). Micromechanics of rock friction. 1. Effect of surface-roughness on initial friction and slip hardening in westerly granite. J. Geophys. Res.-Solid Earth. 97, 8951-8964.
40. Biot, M. A. (1941). General theory of three-dimensional consolidation. J. Appl. Phys. 12, 155-64.
41. Bishop, A. W. (1954). The use of pore pressure coefficient in practice. Geotechnique 4, 148-152.
42. Bizzarri, Andrea (2009). What does control earthquake ruptures and dynamic faulting? A review of different competing mechanisms. Pure appl. Geophys. 166, 741-776.
43. Blake, T. F., R. A. Hollingsworth, J. F. Stewart (2002). Recommended procedures for implementation of DMG special publication 117-guidelines for analyzing and mitigating landslides hazards in California. Southern California Earthquake Center, Los Angeles, CA, 127pp.
44. Blanpied, M. L. C. J. Marone, D. A. Lockner, J. D. Byerlee, D. P. King (1998). Quantitative Measure of the Variation in fault Rheology due to Fluid-rock Interaction. J. Geophys. Res. 103, 9691-9712.
45. Blanpied, M.L., D.A. Lockner, and J.D. Byerlee (1992). An earthquake mechanism based on rapid sealing of faults, Nature, 358, 574-576.
46. Boitnott, G. N., R. I. Biegel, R. L. Scholz, N. Yoshioka, and W. Wang (1992). Micromechanics of rock friction 2.Quantitative modeling of initial friction with contact theory. J. Geophys. Res.-Solid Earth. 97, 8965-8978.
47. Bolshakova, Anna V., and Mikhaii A. Nosov (2011). Parameters of Tsunami source versus earthquake magnitude. Pure

and Applied Geophysics 168, 2023-2031. Dol 10.1007/s00024-011-0285-3.

48. Bommer, J. J., and C. E. Rodriguez (2002). Earthquake-induced landslides in Central America, Eng. Geol. 63, 189-220.
49. Bonner, B. P. (1975), Vp/Vs in saturated granodiorite loaded to failure. In Wyss, Max, Editor (1975), Earthquake prediction and rock mechanics. Birkhauser Verlag Basel, Reprinted from Pure and Applied Geophysics (PAGEOPH), vol. 113. pp.25-29.
50. Booker, J. T. (1974). Time dependent strain following faulting of a porous medium. J. Geophys. Res., 79, 2037-2044.
51. Boulanger, Ross W., I. M. Idriss (November 2006). Liquefaction susceptibility criteria for silts and clays. J. Geotech. Geoenviron. Eng., 1413-1426.
52. Bowman, David D., and Geoffrey C. P. King (September 2001). Stress transfer and seismicity changes before large earthquakes. Earth and Planetary Sciences 0(2001) 1-9.
53. Brace, W. F. (1975). Dilatancy-related electrical resistivity changes in rocks. In Wyss, Max, Editor (1975), Earthquake Prediction and Rock Mechanics. Birkhauser Verlag Basel, Reprinted from Pure and Applied Geophysics (PAGEOPH), vol. 113. pp 207-217.
54. Brace, W. F. (1972). Laboratory studies of stick-slip and their applications to earthquakes. Tectonophysics, 14, 189-200.
55. Brace, W. F., and A. S. Orange (1968). Further studies of the effect of pressure on electrical resistivity of rocks. J. Geophys. Res. 73, 5407.
56. Brace, W. F., and J. D. Byerlee (1966). Stick-slip as a mechanism for earthquakes. Science, 153, 990-92.
57. Brace, W. F., A. S. Orange, and T. R. Madden (1965). The effect of pressure on the electrical resistivity of water-saturated crystalline rocks. J. Geophys. Res. 70, 5669.
58. Brady, B. T. (1975). Theory of earthquakes - II. Inclusion Theory of Crustal Earthquakes. In: Wyss, Max, Editor (1975), Earthquake prediction and rock mechanics. Birkhauser Verlag Basel, Reprinted from Pure and Applied Geophysics (PAGEOPH), vol. 113. pp.149-168.
59. Bray, J. D., and T. Travasarou (2007). Simplified procedure for estimating earthquake-induced deviatoric slope displacements. Journal of Geotechnical and Geoenvironmental Engineering 133, 381-392.
60. Bray, Jonathan D., and Rodolfo B. Sancio (September 2006). Assessment of the liquefaction stability of fine-grained soils. J. Geotech. Geoenviron. Eng., dol: 10.1061/(ASCE)1090-0241(2006)132:9(1165). 1165-1175.
61. Broberg, K. B. (2006). Differences between mode I and mode II crack propagation. Pure and Applied Geophysics, 163, 1867-1879. Doi:10.1007/s00024-006-0101-7.
62. Brodsky, Emily E., Evelyn Roeloffs, Doughlas Woodcock, Ivan Gall, and Michael Manga (2003). A mechanism for sustained groundwater pressure changes induced by distant earthquakes. J. Geophys. Res., vol.108, No. B8, 2390
63. Brune, J. N. (1970). Tectonic stress and spectra of seismic shear waves from

earthquakes. J. Geophys. Res., 75, 4997-5009.

64. Budhu, Muniram (November 2008). Mechanics of Earth fissures using the Mohr-Coulomb failure criterion. Environmental & Engineering Geoscience, vol. XIV, No. 4, 281-295.
65. Bull, J. M., H. Miller, D. M. Gravley, D. Costello, D. C. H. Hikuroa, and J. K. Dix (2010). Assessing debris flows using LIDAR differencing: 18 May 2005 Matata event, New Zealand. Geomorphology 124, 75-84.
66. Burov, Evgene B. (2011). Rheology and strength of the lithosphere. Marine and Petroleum Geology 28, 1402-1443.
67. Burridge, R. G. Conn, and L. Freund (1979). The stability of rapid mode II shear crack with finite cohesive traction. J. Geophys. Res.-solid Earth, 85(B5), 2210-2222.
68. Byerlee, J.D. (1990). Friction, overpressure and fault normal compression, Geophys. Res. Let., 17, 2109-2112.
69. Byerlee, J.D. (1978). Friction of rocks. Pure Appl. Geophys., 116, 615-626.
70. Byerlee, J. D. (1970). Static and kinetic friction of granite at high normal stress. Inst. J. Rock Mech. Min. Soc., 7, 577-82.
71. Caine, N. (1980). The rainfall intensity-duration control of shallow landslides and debris flows. Geografiska annaler 62A(1/2), 23-27.
72. Cetin, K. O., et al. (2004). Standard penetration test-based probabilistic and deterministic assessment of seismic soil liquefaction potential. J. Geotech. Geoenviron. Eng., 130(12), 1314-1340.
73. Cetin, K. Onder, T. Leslie Youd, Raymond B. Seed, Jonathan D. Bray, Rodolfo Sancio, W. Lettis, M. Tolga Yilmaz, and H. Turan Durgunoglu (2002). Liquefaction-induced ground deformations at Hotel Sapanca during Kocaeli (Izmit), Turkey earthquake. Soil Dynamics and Earthquake Engineering, 22, 1083-1092.
74. Chang, Wen-Jong, Sheng-Huoo Ni, An-Bin Huang, Yan-Hong Huang, and Yu-Zhang Yang (2011). Geotechnical reconnaissance and liquefaction analyses of a liquefaction site with silty fine sand in Southern Taiwan. Engineering Geology, 123, 235-245.
75. Chen, Jinn-Chyi (2011). Variability of impact of earthquake on debris-flow triggering conditions: case study of Chen-Yu-Lan watershed, Taiwan. Environ Earth Sci, 64, 1787-1794.
76. Chen, Zuan and Wuming Bai (2006). Fault creep growth model and its relationship with occurrence of earthquakes. Geophys. J. Int., 165, 272-278.
77. Chen, W. S., K. T. Lee, L. S. Lee, D. J. Ponti, C. Prentice, Y. -G. Chen, H. -C Chang, and Y. -H. Lee (2004). Paleoseismology of the Chelungpu fault during the past 1900 years. Quat. Int., 115-116, 167-170.
78. Chen, Z. (2003). Analysis of a microcrack model and constitutive equation for time-dependent dilatancy of rock. Geophys. J. Int., 155, 601-608.
79. Chen, Chien-Chih, Chow-Son Chen, and Li-Chung Sun (June 1998). The possible causes of the crustal low resistive zone for the Western Foothills, Taiwan. TAO, 9(2), 279-285.
80. Chen, C. C., and C. S. Chen (1998). A

preliminary result of magnetotelluric soundings in the fold-thrust belt of Taiwan and possible detection of dehydration. Tectonophysics, 292, 101-117.

81. Chen, Y. T., X. F. Chen, and L. Knopoff (1987). Spontaneous growth and autonomous contraction of a two-dimensional earthquake fault. Tectonophysics, 144, 5-17.

82. Chester, F. M. and J. S. Chester (1998). Ultracataclasite structure and friction processes of the Punchbowl fault, San Andreas system, California. Tectonophys, 295, 199-221.

83. Chia, Yeeping, Yuan-Shian Wang, Jessie J. Chiu, and Chen-Wuing Liu (October 2001). Changes of groundwater level due to the 1999 Chi-Chi earthquake in the Choshui River alluvial fan in Taiwan. Bull. Of the Seismological Society of America, 91, 5, 1062-1068.

84. Chigira, Masahiro, Wen-Neng Wang, Takahiko Furuya, and Toshitaka Kamai (2003). Geological causes and geomorphological precursors of the Tsaoling landslide triggered by the 1999 Chi-Chi earthquake, Taiwan. Engineering Geology, 68, 259-273.

85. Chinnery, M. A. (1979). A comparison of the seismicity of three regions of the eastern U. S. Bull. Seismol. Soc. Am. 69, 757-72.

86. Chinnery, M. A. (1964). The strength of the earth's crust under horizontal shear stress. J. Geophys. Res. 69, 2085-89.

87. Chu, Daniel B., Jonathan P. Stewart, Shannon Lee, J. S. Tsai, P. S. Lin, B. L. Chu, Raymond B. Seed, S. C. Hsu, M. S. Yu, and Mark C. H. Wang (2004). Documentation of soil conditions at liquefaction and non-liquefaction sites from 1999 Chi-Chi (Taiwan) earthquake. Soil Dynamics and Earthquake Engineering, Vol. 24, 647-657.

88. Clifton, Amy and Pall Einarsson (2005). Styles of surface rupture accompanying the June 17 and 21, 2000 earthquakes in the South Iceland seismic zone. Tectnonophysics, 396, 141-159.

89. Collettini, Cristiano (2011). The mechanical paradox of low-angle normal faults: Current understanding and open questions. Tectonophysics, 510, 253-268.

90. Collettini, Cristiano and Fabio Trippeta (March 2007). A slip tendency analysis to test mechanical and structural control on aftershock rupture planes. Earth and Planetary Science Letters, Vol. 255, Issues 3-4, pp. 402-413.

91. Cohn, S. N., T. L. Hong, and D. V. Helmberger (1982). The Oroville earthquakes: a study of source characteristics and site effects. J. Geophys. Res. 87, 4585-94.

92. Colesanti, C., and J. Wasowski (2006). Investigating landslides with spaceborne Synthetic Aperature Radar (SAR) interferometry. Engineering Geology 88, 173-199.

93. Collettini, Cristiano, Trippetta, F. (2007). A slip tendency analysis to test mechanical and structural control on aftershock rupture planes. Earth and Planetary Science Letters, 255, 402-413.

94. Contreras, J., M. H. Anders, and C. H. Scholz (2000). Growth of a normal fault system: Observations from the Lake Malawi basin of the east African rift. J. Struct. Geol. 22, 159-168.

95. Cough, D. Ian (September 1986). Seismic reflectors, conductivity, water and stress in the continental crust. Nature, vol.323. 143-144.
96. Cowie, P. A., and C. H. Scholz (1992). Physical explanation for the displacement-length relationship of faults using a post-yield fracture mechanic model. J. Struct. Geol., 14, 1133-1148.
97. Cramer, Steven L., and Roy T. Mayfield (July 2007). Return period of soil liquefaction. J. Geotech. Geoenviron. Eng., 802-813. DoI: 10.1060/(ASCE)1090-0241(2007)133:7(802).
98. Crampin, S. and Zatsepin, S.V. (1997). Modeling the compliance of crustal rock: II-response to temporal changes before earthquakes. Geophys. J. Int., 129, 495-506, available at: www.geos.ed.ac.uk/homes/scrampin/opinion.
99. Crampin, S. and Yuan Gao (2010). Earthquakes can be stress-forecast. Geiphys. J. Int., 180, 1124-1127.
100. Crampin, S., Volti, T. & Stefansson, R. (July, 1999). A successfully stress-forecast earthquake. Geophys. J. Int., 138, issue 1, Page F1-F5
101. Crespellani, T., C. Madiai, M. Maugeri (1996). Analisi di stabilita di un pendio in condizioni seismiche e post-sismiche. Rivista Italiana di Geotecnica, XXX(1), 50-61.
102. Cryer, C. W. (1963). A comparison of the three-dimensional consolidation theories of biot and terzaghi, Quart. Journal of Mech., and Applied Math., 16, 401-412.
103. Dawson, Kevin M., and Laurie G. Baise (2005). Three-dimensional liquefaction potential analysis using geostatistical interpolation. Soil Dynamics and Earthquake Engineering, 25, 369-381.
104. Day, S. M. (1982). Three-dimensional simulation of spontaneous rupture: the effect of nonuniform prestress. Bull. Seism. Soc. Am. 72, 1881-1902.
105. Deng, J. S., and L. R. Sykes (1997). Evolution of the stress field in southern California and triggering of moderate-size earthquakes: A 200 years perspective. J. Geophys. Res.-Solid Earth. 102, 9859-9886.
106. Dieterich, J. H. (1979). Modelling of rock friction: 1. Experimental results and constitutive equations. J. Geophys. Res., 84, 2161-2168.
107. Dieterich, James. H., and Brian Kilgore (April 1996). Implications of fault constitutive properties for earthquake prediction. Proc. Natl. Acad. Sci. USA, 93, 3787-3794.
108. Dieterich, J. (1994). A constitutive law for rate of earthquake production and its application to earthquake clustering. J. Geophys. Res. 99, 2601-2618.
109. Dieterich, J. H., and B. D. Kilgore (1994). Direct observation of frictional contacts: New insights for state-dependent properties. Pure Appl. Geophys. 143, 283-302.
110. Dieterich, J. H. (1992). Earthquake nucleation on faults with rate-dependent strength. Tectonophysics, 211, 115-134.
111. Dieterich, J. H. (1979a). Modelling of rock friction: 1. Experimental results and constitutive equations. J. Geophys. Res. 84, 2161-2168.
112. Dieterich, J. H. (1979b). Modeling of rock friction: 2. Simulation of preseismic slip. J. Geophys. Res. 84, 2169-75.

113. Dieterich, J. H. (1978). Time dependent friction and the mechanics of stick-slip. Pure Appl. Geophys., 116, 790-805.
114. Dieterich, J. H. (1972). Time dependent friction in rocks. J. Geophys. Res., 77, 3690-3697.
115. Dolgikh, Ras G. I., and A. V. Mishakov (2011). On a possibility of prognosis of crustal earthquakes by variations of the stress-strain field of the earth. Doklady Earth Science, vol.437, Part 2, 518-521.
116. Dotsenko, S. F., and S. L. Soloviev (1990). Mathematical modeling of tsunami excitation process by displacement of the ocean bottom. Tsunami Researches (in Russian), 4, 8-20, Moscow.
117. Ellsworth, W. L., and G. C. Beroza (1995). Seismic evidence for earthquake nucleation phase. Science 268, 851-855.
118. Ellsworth, W. L., A. G. Lindh, W. H. Prescott, and D. G. Herd, David W. Simpson, and Paw G. Richard (1981). The 1906 San Francisco earthquake and seismic cycle. Published Online: 20 MAR 2013 DOI : 10.1029/ME004 p0126.
119. Elton, D., and Hadj-Hamou, T.(1990). Liquefaction Potential Map for Charleston, South Carolina. *J. Geotech. Engrg.*, 116(2), 244-265.
120. Engelder, J. T. (1974). Cataclasis and the generation of fault gouge, Geol. Soc. Am. Bull. 85, 1515-1522.
121. Engelder, James T., John M. Logan, and John Handin (1975). The sliding characteristics of sandstone on quartz fault-gouge. In Wyss, Max, Editor (1975), Earthquake prediction and rock mechanics. Birkhauser Verlag Basel, Reprinted from Pure and Applied Geophysics (PAGEOPH), vol. 113. 69-86.
122. Erlingsson, S. and P. Einarsson (1989). Distance changes in the South Iceland seismic zone 1977-1984, Jûkull 39, 32-40.
123. Eshelby, J.D. (1957). The determination of the elastic field of an ellipsoidal inclusion and related problems. Proceedings of the Royal Soc. Londan, 241, 376-396.
124. Fedotov, S. A. (1965). Regularities of the distribution of strong earthquakes in Kamchatka, the Kuril Islands, and northwest Japan. Trudy Instr. Fiz. Zemli., Acad. Nauk, SSSR 36, 66-94.
125. Feng, R., and T. V. McEvilly (1983). Interpretation of seismic reflection profiling data for the structure of the San Andreas fault zone. Bull. Seismol. Soc. Am., 73, 1701-20.
126. Fialko, Y. (2006). Interseismic strain accumulation and the earthquake potential on the southern San Andreas fault system. Nature, 441, doi:10.1038/nature04797, 968-971.
127. Field, E. H. (2007). Overview of the working group for the development of regional earthquake likelihood models (RELM). Seis. Res. Lett. 78, 7-16.
128. Finn, W. D. L., R. H. Ledbetter, and G. Wu (1994). Liquefaction in silty soil: Design and analysis, ground failures under seismic conditions. Geotechnical Special Publications, 44, ASCE, New York, 51-76.
129. Fraser-Smith, A. C., P. R. McGrill, R. A. Helliwell, and O. G. Villard (1994). Ultra-low frequency magnetic-field measurements in southern California during the Northridge earthquake of 17 January

1994. Geophys. Res. Lett. 21, 2195-2198.

130. Fraser-Smith, A. C., A. Bernardi, P. R. McGrill, M. E. Ladd, R. A. Helliwell, and O. G. Villard (1990). Low-frequency magnetic field measurements near the epicenter of the Ms7.1 Loma-Prieta earthquake. Geophys. Res. Lett. 17, 1465-1468.
131. Freund, L. (1979). The mechanics of dynamic shear crack propagation. J. Geophys. Res. 84, 2199-209.
132. Friedman, M., J. Handin, and G. Alani (1972). Fracture-surface energy of rocks. Int. J. Rock Mech. Min. Sci. 9, 757-766.
133. Fumal, T. E., M. J. Rymer, and G. G. Seitz (2002). Timing of large earthquakes since AD 800 on the Mission Creek strand of the San Andreas fault zone at Thousand Palms Oasis, near Palm Springs, California. Bull. Seismol. Soc. Am., 92(7), 2841-2860.
134. Gain, W., and W. H. Prescott (2001). Crustal deformation rates in central and eastern U.S. inferred from GPS. Geophys. Res. Lett., 28, 3733-3736.
135. Geller, Robert J. (1997). Earthquake prediction: a critical review. Geophys. J. Int. 131, 425-450.
136. Geller, Robert J, Jackson, David D., Kagan, Yan Y., and F. Mulargia (1997). Geoscience-Earthquakes cannot be predicted. Science, 275, 1616-1617.
137. Geller, R. J. (1976). Scaling relations for earthquake source parameters and magnitudes. Bull. Seismol. Sol. Am. 66, 1501-23.
138. Galli, Paolo (2000). New empirical relationships between magnitude and distance for liquefaction. Tectonophysics, 324, 169-187.
139. Goetze, Christopher and Brian Evans (December 1979). Stress and temperatures in the bending lithosphere as constrained by experimental rock mechanics. Geophysical Journal of the Royal Astronomical Society, 59(3), 463-478.
140. Goldsby, D. L., and T. E. Tullis (1998). Experimental observations of frictional weakening during large and rapid slip (abstract), EOS, Transactions, American Geophysical Union, 79, F610.
141. Gomberg, J., P. A. Reasenberg, P. Bordin, and R. A. Harris (2001). Earthquake triggering by seismic waves following the Landers and Hector Mine earthquakes. Nature. 411, 462-466.
142. Gomberg, J., N. Beeler, and M. Blanpied (2000). On rate-state and Coulomb failure models. J. Geophys. Res.-Solid Earth. 105, 7857-7871.
143. Gomberg, J., N. M. Beeler, M. L. Blanpied, and P. Bodin (1998). Earthquake triggering by transient and static deformations. J. Geophys. Res. 103, 24411-24426.
144. Gomberg, Joan, Michael L. Blanpied, and N. M. Beeler (April 1997). Transient triggering of near and distant earthquakes. Bull. Seismol. Soc. Am. v.87, no.2, 294-309.
145. Gomberg, J., and P. Bodin (1994). Triggering of the Ms=5.4 Little Skull Mountain, Nevada, earthquake with dynamic strains. Bull. Seismol. Sol. Amer. 84, 844-853.
146. Gough, D. Ian (September 1986). Seismic reflectors, conductivity, water and stress in the continental crust. Nature, vol. 323. pp. 143-144.

147. Gourmelen Noel, Timothy H. Dixon, Falk Amelung, and Gina Schmalzle (2011). Acceleration and evolution of faults: An example from the Hunter Mountain-Panamint Valley fault zone, Eastern California. Earth and Planetary Science Letters, 301, 337-344.
148. Gowd, T. N., and F. Rummel (1980). Effect of confining pressure on the fracture behavior of a porous rock. Int. J. Rock. Mech. Min. Sci. & Abstr., vol. 17, 225-229.
149. Grant, L., and K. Sieh (1994). Paleoseismic evidence of clustered earthquakes on the San Andreas fault in the Carrizo Plain, California, J. Geophys. Res., 99, 6819-6841.
150. Green, Russell A., et al. (November/December 2011). Use of DCP and SASW tests to evaluate liquefaction potential: prediction vs. observations during the recent New Zealand earthquakes. Seismological Research Letters, 82(6).
151. Griggs, D. T., Jackson, D. D., Knopoff, L., and Shreve, R. I. (1975). Earthquake prediction: Modeling the anomalous Vp/Vs source region: Science, v.187, 537-540, doi:10.1126/science.187.4176.537.
152. Griffith, A. A. (1924). The theory of rupture. In Proc. Ist. Int. Congr. Appl. Mech. Mech., eds. C. B. Biezeno and J. M. Burgers. Delft: Tech. Boekhandel en Drukkerij J. Walter Jr., pp.54-63.
153. Griffith, A. A. (1920). The phenomena of rupture and flow in solids. Phil. Trans. R. Soc. London Ser. A 221, 169-198.
154. Grollimund, B., and M. D. Zoback (2000). Post glacial lithospheric flexure and induced stresses and pore pressure changes in the northern North Sea. Tectonophysics, 327(1-2), 61-81.
155. Guo, T. and S. Prakash (Aug. 1999). Liquefaction of silts and silt-clay mixtures. J. of Geotech. and Geoenviron. Engrg., ASCE, 125(8), 706-710.
156. Gurrola, L. D., and T. K. Rockwell (1996), Timing and slip for prehistoric earthquakes on the Superstitution Mountain Fault, Imperial Valley, southern California. J. Geophys. Res., 101(B3), 5977-5985.
157. Gutenberg. B. and C. F. Richter (1956). Magnitude and energy of earthquakes. Ann. Geofis. Rome, 9, 1-15.
158. Hadley, Kate (1975). Vp / Vs anomalies in dilatants rock samples. Pure and Applied Geophysics. 113(1), 1-23, doi: 10.1007 / BFO1592894.
159. Hainzl, S., T. Kraft, J. Wassermann, H. Igel, and E. Schmedes (2006). Evidence for rainfall triggered earthquake activity. Geophys. Res. Lett., 33, doi: 10.1029/2006GL027642.
160. Hall, L. et al. (2006). Insured losses for repeats of the 1906 San Francisco and 1811/1812 New Madrid earthquakes: how does the hazard related to risk? Proceedings of the 100th Anniversary Earthquake Conference. Management Risk in Earthquake Country, SSA-000479, Disc 2, San Francisco, California.
161. Hanamori, H. (1973). Mode of strain release associated with major earthquakes in Japan. A. Rev. Earth Planet. Sci. 1, 213-39.
162. Hanamori, H. (1972). Determination of effective tectonic stress associated with earthquake faulting: The Tottori earth-

quake of 1943. Phys. Earth Planet. Int. 5, 426-34.

163. Hanks, T. C. (1974), Constraints on dilatancy-diffusion model of the earthquake mechanism. J. Geophys. Res. 79, 3023.
164. Hardebeck, J. L., J. J. Nazareth, and E. Hauksson (1998). The state stress change triggering model: Constrains from two southern California aftershock sequences. J. Geophys. Res, 103, 24427-24437.
165. Harp, E. L., and R. W. Jibson (2002). Anomalous concentrations of seismically triggered rock falls in Paicoma Canyon: are they caused by highly susceptible slopes or local amplification of seismic shaking? Bulletin of the Seismological Society of America. 92(8), 3180-3189.
166. Harris, R. A. (1998). Introduction to special session: Stress triggers, stress shadows, and implications for seismic hazard, J. Geophys. Res., 103, 24,347-24,358.
167. Harris, R. A., and R. W. Simpson (1998). Suppression of large earthquakes by stress shadows: a comparison of Coulomb and rate-and-state failure. J. Geophys. Res. 103, 24439-24451.
168. Harris, R. A., and S. M. Day (1997). Effects of a low-velocity zone on a dynamic rupture. Bull. Seismol. Soc. Am., 87, 1267-1280.
169. Harris, R. A., and R. W. Simpson (1996). In the shadow of 1857 - the effect of the great Ft Tejon earthquake on subsequent earthquakes in southern California. Geophys. Res. Lett. 23, 229-232.
170. Harris, R. A., R. W. Simpson, and P. A. Reasenberg (1995), Influence of static stress changes on earthquake locations in southern California, Nature, 375, 221-224
171. Harris, R. A., and R. W. Simpson (1992). Changes in static stress on southern California faults after the 1992 Landers earthquake. Nature 360, 251-254.
172. Hauksson, E., L. M. Jones, K. Hutton, and D. Eberhartphillips (1993). The 1992 Landers earthquake sequence-seismological observations. J. Geophys. Res. -Solid Earth 98, 19835-19858.
173. Heap, M. J., D. R. Faulkner, P. G. Meredith, and S. Vinciguerra (2010). Elastic moduli evolution and accompanying stress changes with increasing crack damage: implications for stress changes around fault zones and volcanoes during deformation. Geophys. J. Int., 183, 225-236. Doi: 10.1111/j.1365-246X.2010.04726.x.
174. Heaton, T.H. (1990). Evidence for and implications of self-healing pulses of slip in earthquake rupture, Phys. Earth Planet. Int., 64, 1-20.
175. Heaton, T., F. Tajima, and A. W. Mori (1986). Estimating ground motions using recorded accelerograms. Surv. Geophys. 8, 25-83.
176. Heki, K. (2003). Snow load and seasonal variation of earthquake occurrence in Japan. Earth Planet. Sci. Lett., 207(1-4), 159-164.
177. Heki, K. (2001). Seasonal modulation of interseismic strain buildup in northeastern Japan driven by snow leads. Science, 293(5527), 89-92.
178. Helmstetter, Agnès (2003). Is earthquake triggering driven by small earthquake? Physical Review Letters, Vol. 91, Issue 5, pp.1-4.
179. Hickman, Stephen, Richard Sibson and

Ronald Bruhn (July 10, 1995). Introduction to special section: Mechanical involvement of fluids in faulting. J. Geophys. Res., Vol. 100, No. B7, 12831-12840.

180. Hill, D. P., et al. (1993). Seismicity remotely triggered by the magnitude 7.3 Landers, California, earthquake. Science, 260, 1617-1623.

181. Hobbs, B.E. and A. Ord (1988), Plastic instabilities: Implications for the origin of intermediate and deep focus earthquakes, J. Geophys. Res., 93, 10,521-10,540.

182. Holliday, J. R., K. Z. Nanjo, K. F. Tiampo, J. B. Rundle, and D. L. Turcotte (2005). Earthquake forecasting and its verification. Nonlin. Process Geophys. 12, 965-977.

183. Hsien, Shang-Yu, and Chyi-Tai Lee (2011). Empirical estimation of the Newmark displacement from the Arias intensity and critical acceleration. Engineering Geology 122, 34-42.

184. Hubbert, M. K., Rubey, W. W. (1959). Role of fluid overpressure in mechanics of overthrust faulting, Geological Society America Bulletin 70(115), 583-586.

185. Hudnut, K., L. Seeber, and J. F. Pacheco (1989). Cross-fault triggering in the September 1987 Superstition Hills earthquake sequence, southern California. J. Geophys. Res. Lett. 16, 199-202.

186. Hung, Jih-Hao, Kuo-Fong Ma, Chien-Yin Wang, Hisao Ito, Weiren Lin, and En-Chao Yeh (2009). Subsurface structure, physical properties, fault-zone characteristics and stress state in scientific drill holes of Taiwan Chelungpu Fault Drilling Project. Tectonophysics, 466, 307-321.

187. Husen, S., C. Bachmann, and D. Giardini (2007). Locally triggered seismicity in the central Swiss Alps following the large rainfall event of August 2005. Geophys. J. Intl., 171, 1126-1134.

188. Husseini, M. I. (1977). Energy balance for formation along a fault. Geophys. J. R. Astron. Soc. 49, 699-714.

189. Hynes-Griffin, M. E., A. G. Franklin (1984). Rationalizing the seismic coefficient method. U. S. Army Corps of Engineers Waterways Experiment Station. Miscellaneous Paper GL-84-13, 37 pp.

190. Ida, Y. (1972). Cohesive force across the tip of a longitudinal shear crack and Griffith's specific surface energy. J. Geophys. Res. 77, 3796-3805.

191. Iida, K. (1963). Magnitude, energy and generation mechanism of tsunamis and a catalogue of earthquakes associated with tsunamis, Proc. Tsunami Meet. Assoc 10th Pacific Sci Congr., 1961, I.U.G.G. Monogr. No. 24, 7-18

192. Iio, Y. (1995). Observations of slow initial phase generated by microearthquakes - implications for earthquake nucleation and propagation, J. Geophys. Res. B 100, 15333-15349.

193. Iio, Y. (1992). Slow initial phase of the P-wave velocity pulse generated by microearthquakes. Geophys. Res. Lett. 19, 477-80.

194. Ikari, Matt J., Chris Marone, and Demian M. Saffer (2011). On the relation between fault strength and frictional stability. Geology, January 2011, v. 39, no. 1, 83-86, doi: 10.1130/G31416.1.

195. Idriss, I. M., and R. W. Boulanger (2006). Semi-empirical procedure for evaluating

liquefaction potential during earthquakes. Soil Dynamics and Earthquake Engineering, 26, 115-130.

196. Idriss, I. M., and R. W. Boulanger (January 2004). Semi-empirical procedures for evaluating liquefaction potential during earthquakes. Presented at The Joint 11th International Conference on Soil Dynamics & Earthquake Engineering (ICSDEE), and The 3rd International Conference on Earthquake Geotechnical Engineering (ICEGE), January 7-9, 2004, Berkeley, California, U.S.A., Proceeding of the 11th ICSDEE & 3rd ICEGE, pp.32-56.
197. Idriss, I. M., and R. W. Boulanger (2003). Estimating K_a for use in evaluating cyclic resistance of sloping ground. Proc. 8th US-Japan Workshop on Earthquake Resistant Design of Lifeline Facilities and Countermeasures against liquefaction. Hamada, O'Rourke, and Bardet, eds. Report MCEER-03-0003, MCEER, SUNY Buffalo, N.Y., 449-468
198. Idriss, I. M. (1999). An update to the Seed-Idriss simplified procedure for evaluating liquefaction potential. Proc., TRB Workshop on New Approaches to Liquefaction, January, Publication No. FHWA-RD-99-165, Federal Highway Administration, 1999.
199. Iida, K. (1963). Magnitude, energy and generation mechanism of tsunamis and a catalogue of earthquakes associated with tsunamis. Proc. Tsunami Meet. Assoc 10th Pacific Sci Congr., 1961, I.U.G.G. Monogr. No. 24, 7-18.
200. Ikari, Matt J., Chris Marone, and Demian M. Saffer (January 2011). On the relation between fault strength and frictional stability. Geology, 39(1), 83-86.
201. Imamura, A. (1928). On the seismic activity of central Japan. Japan J. Astron. Geophys. 6, 119-137.
202. Irwin, G. R. (1958). Fracture in Handbuch der Physik(ed. S. Flugge). 6, 55-1950, Springer-Verlag, Berlin.
203. Ishibe, Takeo, Kunihiko Shimazaki, Hiroshi Tsuruoka, Yoshiko Yamanaka, and Kenji Satake (2011). Correlation between coulomb stress changes imparted by large historical strike-slip earthquakes and current seismicity in Japan. Earth Planets Space, 63, 301-314.
204. Ishihara, K., and M. Yoshimine (1992). Evaluation of settlements in sand deposits following liquefaction during earthquakes. Soils Found., 32(1), 173-188.
205. Ito, H., H. Naka, D. Lockner, T. Kiguchi, H. Tanaka, R. Ikeda, T. Ohtani, K. Fujimoto, and Y. Kuwahara (1998). Permeability of the Nojima fault: Comparison of borehole results with core measurements (abstract), Programme and Abstracts, The Seismological Society of Japan, 1998, Fall Meeting, B20.
206. Jackson, D. D. (1996). Hypothesis testing and earthquake prediction. Proceedings of the National Academy of Sciences USA 93, 3,772-3,775.
207. Jamiolkowski, M., C. C. Ladd, J. T. Germaine, and R. Lancellotta (1985). New developments in field and laboratory testing of soils. In Proceedings of the 11th International Conferences on Soil Mechanics and Foundation Engineering. San Francisco, CA, 12-16 August, Vol.1, 57-153.
208. Jaume, S. C., L. R. Sykes (1996). Evolu-

tion of moderate seismicity in the San Francisco Bay region, 1850-1893: Seismicity changes related to the occurrence of large and great earthquakes. J. Geophys. Res.-Solid Earth. 101, 765-789.

209. Jaume S. C., and L. R. Sykes (1992). Change in the state of stress on the southern San Andreas fault resulting from the California earthquake sequence of April to June 1992. Science 258, 1325-1328.
210. Jibson, Randall W. (2011). Methods for assessing the stability of slopes during earthquakes - A retrospective. Engineering Geology 122, 43-50.
211. Jibison, Randall W. (2007). Regression models for estimating coseismic landslide displacement. Engineering Geology 91, 209-218.
212. Jibson, R. W., E. I. Harp, and J. A. Michael (2000). A method for producing digitized probabilistic seismic landslide hazard maps. Engineering Geology 58, 271-289.
213. Jibson, Randall W., E. I. Harp, and J. A. Michael (1998). A method for producing digital probabilistic seismic landslide hazard maps. Engineering Geology 58, 271-289.
214. Jibson, R. W., and D. K. Keefer (1993). Analysis of the seismic origin of landslides: Examples from the New Madrid Seismic Zone. Geological Society of America Bulletin, 105(4), 521-536.
215. Jibson, R. W., and D. K. Keefer (1993). Analysis of the seismic origin of landslides: Examples from the New Madrid seismic zone. Geological Society of America Bulletin, 105(4), 521-536.
216. Johnson, K. M., and P. Segall (2004). Viscoelastic earthquake cycle models with deep stress-driven creep along the San Andreas fault system. J. Geophys. Res., 109(B10403), doi:10.1029/2004JB003096.
217. Johnston, M. J. S., R. D. Borcherdt, A. T. Linde, and M. T. Gladwin (2006). Continuous borehole strain and pore pressure in the near field of the 28 September 2004 M6.0 Parkfield, California, earthquake: implications for nucleation, falt response, earthquake prediction, and tremor. Bull. Seism. Soc. Amer. 96(4b), 1-17. doi: 10.1785/0120050822.
218. Jones, L. M., and P. Molnar (1979). Some characteristics of foreshocks and their possible relationship to earthquake prediction and premonitory slip on faults. J. Geophys. Res. 84, 3596-3608.
219. Juang, C. H., H. Yuan, D. H. Lee, and P. S. Lin (2003). Simplified CPT-based method for evaluating liquefaction potential of soils. Journal of Geotechnical and Geoenvironmental Engineering, ASCE, 129(1), 66-80.
220. Kajiura, K. (1981). Tsunami energy in relation to parameters of the earthquake fault model, Bulletin of the Earthquake Research Institute, 56, 415-440.
221. Kame, N., and T. Yamashita (1997). Dynamic nucleation process of shallow earthquake faulting in a faulted zone. Geophys. J. Int., 128, 204-216.
222. Kanamori, H., and D. L. Anderson (1975). Theoretical basis of some empirical relations in seismology. Bulletin of the Seismological Society of America. 65, 1073-1095.
223. Kanamori, Hiroo (2003). Earthquake

prediction: An overview. International Handbook of Earthquake and Engineering Seismology, vol. 81B, 1205-1216.

224. Kanamori, Hiroo, T.H. Anderson, and T.H. Heaton (1998). Frictional melting during the rupture of the 1994 Bolivian Earthquake, Science, 279, 839-842.
225. Kanamori, Hiroo (1994). Mechanics of earthquake. Annu. Rev. Earth Planet. Sci. 22, 207-37.
226. Kanamori, H., and K. C. McNally (1982). Variable rupture mode of the subduction zone along the Ecuador-Colombia coast. Bull. Seismol. Soc. Am. 72, 1241-1253.
227. Kanamori, H. (1977). The energy release in great earthquakes. J. Geophys. Res., 82, 2981-2987.
228. Kanamori, H. (1973). Mode of strain release associated with major earthquakes in Japan. A. Rev. Earth Planet. Sci., 1, 213-39.
229. Kanamori, H. (1972). Determination of effective tectonic stress associated with earthquake faulting. The Tottori earthquake of 1943. Phys. Earth Planet. Int., 5, 426-34.
230. Kao, H., and W. P. Chen (2000). The Chi-Chi earthquake sequence: active out-of-sequence thrust faulting in Taiwan. Science, 288, 2346-2349.
231. Karakas, Ahmet, and zkan Coruk (November 2010). Liquefaction analysis of soils in the Western Izmit Basin, Turkey. Environmental & Engineering Geoscience. XVI(4), 411-430.
232. Karner, S. L., C. Marone, and B. Evans (1997). Laboratory study of fault healing and lithification in simulated fault gouge under hydrothermal conditions. Tectonophysics 277, 41-55.
233. Kayabali, Kamil (1996). Soil liquefaction evaluation using shear wave velocity. Engineering Geology, 44, 121-127.
234. Kayan, R. E., J. K. Mitchell, R. B. Seed, A. Lodge, S. Nishio, and R. Cautinho (1992). Evaluation of SPT-, CPT-, and shear wave-based methods for liquefaction potential assessments using Loma Prieta data. Proc., 4th Japan-U.S. Workshop on Earthquake Resistant Des. of Lifeline Facilities and Countermeasures for Soil Liquefaction. NCEER-92-0019, Nat. Ctr. For Earthquake Engrg., Buffalo, N. Y., 177-192
235. Keaton, Jeffrey R., and Roy J. Shlemon (May 1991). The Fort Hancock earth fissure system, Hudspeth County, Texas: Uncertainties and Implications. Proc. Fourth Int. Sym. On Land Subsidence, IAHS Publ. no. 200.
236. Keefer, D. K., and C. Wilson (1989). Predicting earthquake-induced landslides, with emphasis on arid and semi-arid environments. In Landslides in a Semi-Arid Environments. Inland Geological Society, Riverside, Calif., Vol. 2, 118-149.
237. Keefer, D. K., R. C. Wilson, R. K. Mark, E. E. Brabb, W. M. Brown, S. D. Ellen, E. L. Harp, and C. F. Wieczorek (1987). Real-time landslide warning during heavy rainfall. Science 238, 921-925.
238. Keefer, D. K. (1984). Landslides caused by earthquakes. Geol. Soc. Am. Bull. 95, 406-421.
239. Keilis-Borok, V. I. (1990). The Lithosphere of the earth as a nonlinear system with implications for earthquake prediction. Rev. Geophys. 28, 19-34.

240. Keilis-Borok, V. I., and I. M. Rotwain (1990). Diagnosis of time of increased probability of strong earthquakes in different regions of the world: algorithm CN. Phys. Earth Planet. Inter. 61, 57-72.
241. Keilis-Borok, V. I., and V. G. Kossobokov (1990a). Premonitory activation of earthquake flow: algorithm M8. Phys. Earth Planet. Inter. 61, 73-83.
242. Keilis-Borok, V. I., and V. G. Kossobokov (1990b). Times of increased probability of strong earthquakes (M ≧ 7.5) diagnosed by algorithm M8 in Japan and adjacent territories. J. Geophys. Res. 95, 12,413-22.
243. Keilis-Borok, V. I., L. Knopoff, I. M. Rotwain, and C. R. Allen (1988). Intermediate-term prediction of occurrence times of strong earthquakes. Nature 335, 690-94.
244. Kelleher J., L. Sykes, and J. Oliver (1973). Possible criteria for predicting earthquake locations and their application to major plate boundaries of the Pacific and the Caribbean. J. Geophys. Res. 78, 2547-2585.
245. Kelleher, H. A. (1970). Space-time seismicity of the Alaska-Aleutian seismic zone. J. Geophys. Res. 75, 5745-5756.
246. Kenner, S. J., and P. Segall (2003). Lower crustal structure in Northern California: Implications from strain rate variations following the 1906 San Francisco earthquake, J. Geophys. Res., 108(B1), 2011, doi:10.1029/2001JB000189.
247. Kikuchi, M., and Y. Fukao (1988). Seismic wave energy inferred from long-period body wave inversion. Bull. Seismol. Soc. Am. 78, 1707-24.
248. Kilb, Debi, Joan Gomberg, and Paul Bodin(2002). Aftershock triggering by complete Coulomb stress changes. J. Geophys. Res. 107(B4), 2060, 10.2069/2001JB000202.
249. Kilb, D., J. Gomberg, and P. Bodin (2000). Triggering of earthquake aftershocks by dynamic stresses. Nature, 408, pp.570-574,
250. King, Geoffrey C. P., Ross S. Stein, and Jian Lin (1994). Static stress changes and the triggering of earthquakes, Bull. Seismological Soc. Amer., 84, 935-953.
251. Kishida, H. (1969). Characteristics of liquefied sands during Mino-Owari, Tohnankai and Fukui earthquakes. Soils and Foundations, 9(1), 75-92.
252. Knopoff, L. (1958). Energy release in earthquakes. Geophys. J., 1, 44-52.
253. Kraft, T., J. Wassermann, and H. Igel (2006a). High- precision relocation and focal mechanism of the 2002 rain-triggered earthquake swarms at Mt. Hochstaufen, SE Germany. Geophys. J. Int., 167, 1513-1528.
254. Kraft, T., J. Wassermann, E. Schmedes, and H. Igel (2006b). Meteorological triggering of earthquake swarms at Mt. Hochstaufen, SE Germany. Tectonophysics, 424, 245-258.
255. Kramer, Steven L., and Roy T. Mayfield (2007). Return period of soil liquefaction. J. Geotech. Geoenvir. Engrg, ASCE, July
256. Kuo, T., C. Lin, C. Su, C. Liu, C. H. Lin, C. Chang, and C. Chiang (2011). Correlating recurrent radon precursors with local earthquake magnitude and crust strain near the Chihshang fault of eastern Taiwan. Nat. Hazards, 59, 861-869, doi: 10.1007/s11069-011-9800-1.
257. Kuo, C. Y., Y. C. Tai, F. Bouchut, A.

Mangeney, M. Pelanti, R. F. Chen, and K. J. Chang (2009). Simulation of Tsaoling landslide, Taiwan, based on Saint Venant equations over general topography. Engineering Geology 104, 181-189.

258. Lachenbruch, A.H., and J. H. Sass. (1992), Heat flow from Cajon Pass, fault strength, and tectonic implications, J. Geophys. Res., 97, 4995-5015

259. Lachenbruch, A.H. (1980), Frictional heating, fluid pressure, and the resistence to fault motion, J. Geophys. Res., 85, 6097-6112.

260. Lachenbruch, A.H., and J. H. Sass. (1980), Heat flow and Energetics of the San Andreas fault zone. J. Geophys. Res. 85, 6185-6222.

261. Lash, C. C. (1980). Shear waves, multiple reflections, and converted waves found by a deep vertical wave test (vertical seismic profiling), Geophysics 45, 1373-1411.

262. Lay, T., H. Kanamori, and L. Ruff (1982). The asperity model and the nature of large subduction zone earthquakes. Earthquake Predict. Res. 1: 3-71.

263. Lee et al. (October 4, 2011). Results of the Regional Earthquake Likelihood Models (RELM) test of earthquake forecasts in California. PNAS, 108(40), 16533-16538. www.pnas.org/cgi/doi/10.1073/pnas.1113481108.

264. Lee, C. T., C. C. Huang, J. F. Lee, K. I. Pan, M. I. Lin, and J. J. Dong (2008). Statistical approach to earthquake-induced landslide susceptibility. Engineering Geology 100, 43-58.

265. Leith, W., D. W. Simpson, C. H. Scholz (1984). Two types of reservoir-induced seismicity. Presented at IASPEI Reg. Assem., Hyderabad, India

266. Li, Qingsong, Mian Li, and Eric Sandvol (2005). Stress evolution following the 1811-1812 large earthquakes in the New Madrid Zone. Geophys. Res. Lett. 32, L11310, doi:10.1029/2004GL022133.

267. Li, G. Y., J. E. Vidale, K. Aki, and F. Xu (2000), Depth-dependent structure of the Landers fault zone from trapped waves generated by aftershocks. J. Geophys. Res. 105, 6237-6254.

268 Li, G. Y., J. G. Vidale, K. Aki, F. Xu, and T. Burdette (1998). Evidence of shallow fault zone strengthening after the 1992 M7.5 Landers, California, earthquake. Science, 279, 217-220.

269. Li, G. Y. and J. E. Vidale (1996). Low-velocity fault-zone guided waves: numerical investigations of trapping efficiency, Bull. Seism. Soc. Am. 86, 371-378.

270. Li, V. C., S. H. Seale, and T. Cao (1987). Postseismic stress and pore pressure readjustment and aftershock distributions. Tectonophysics, 144, 37-54.

271. Liao, S. C. C., D. Veneziano, R. V. Whitman (1988). Regression models for evaluating liquefaction probability. J. of Geotech. Engrg., ASCE 114(4), 389-411.

272. Lienkaemper, James J., Jon S. Galehouse, and Robert W. Simpson (June 1997). Creep response of the Hayward Fault to stress changes caused by the Loma Prieta earthquake. Science, Vol. 276, 2014-2016.

273. Lin, J. S., R. V. Whitman (1983). Earthquake induced displacements of sliding blocks. Journal of Geotechnical Engineering 112, 44-59.

274 Linde, A. T., M. T., K. Suyehiro, S. Miura, I. S. Sacks, and A. Takagi (1988).

Episodic aseismic earthquake precursors. Nature 334, 513-515.

275. Lisle, R. J. and Srivastava, D. C. (2004). Test of the frictional reactivation theory for faults and validity of fault-slip analysis, Geology, 32, 369-372.
276. Lockner, D. A. (1998). A generalized law for brittle deformation of Westerly Granite. J. Geophys. Res. 103, 5107-5123.
277. Lockner, D. A., J. D. Byerlee, V. S. Kuksenko, A. V. Ponomarev, and A. Sidorin (1991). Quasi-static fault growth and shear fracture energy in granite. Nature, 350, 39-42.
278. Loveless, John P., and Brendan J. Meade (November 2011). Stress modulation on the San Andreas fault by interseismic fault systems interactions. Geology, v. 39, no. 11,1035-1038; doi:10.1130/G32215.1.
279. Lowe, D. R. (1976). Subaqueous liquefied and fluidized sediment flows and their deposits. Sedimentology, 23, 285-308.
280. Lucente, F. P., Gori, P. D., Margheriti, L., Piccinini, D., Bona, M. D., Chiarabba, C., and Agostinetti, N. P. (2010). Temporal variation of seismic velocity and anisotropy before the 2009 Mw 6.3 L'Aquila earthquake, Italy: Geology, v.38, 1015-1018, doi:10.1130/G31463.1.
281. Luttrell, Karen, David Sandwell, Bridget Smith-Konter, and Bruce Bills, and Yehuda Bock (2007). Modulation of the earthquake cycle at the southern San Andreas fault by lake loading. Journal of Geophysical Research, 112(B08411), dol:10.1029/2006JB004752,
282. Ma, Kuo-Fong, Chung-Han Chan, and Ross S. Stein (2005). Response of seismicity to Coulomb stress triggers and shadows of the 1999 Mw = 7.6 Chi-Chi, Taiwan, earthquake. J. Geophys. Res. v.110, B05S19, doi:10.1029/ 2004JB003389.
282. Ma, K. F., E. E. Brodsky, J. Mori, C. Ji, T. R. A. Song, and H. Kanamori (2003). Evidence for fault lubrication during the 1999 Chi-Chi, Taiwan, earthquake (Mw 7.6). Geophys. Res. Lett., 30, 1244, doi: 10.1029/2002GL015380.
283. Ma, K. F., and L. -Y. Chiao (2003). Rupture behavior of the 1999 Chi-Chi, Taiwan, earthquake slips on a curved fault in response to the regional plate. Eng. Geol., 71, 1-11.
284. Ma, K. F., C. T. Lee, Y. B. Tsai, T. C. Shin, and J. Mori (1999). The Chi-Chi Taiwan earthquake: large surface displacement on an island thrust fault. EOS, 80, 605-611.
286. Ma, H. C. (1978). Variations of the b-values before several large earthquakes occurred in north China. Acta Geophys. Sin. 21, 126-41.
287. Madariaga, R. K. Olsen, and R. Archuleta (1998). Modeling dynamic rupture in a 3-D earthquake fault model, Bull. Seism. Soc. Am. 88(5), 1182-1197.
288. Main, I. G. (1997). Earthquakes - long odds on prediction. Nature, 385, 19-20.
289. Makdisi, F. I., and H. B. Seed (1978). Simplified procedure for estimating dam and embankment earthquake-induced deformations. Journal of Geotechnical Engineering Division, ASCE, 104(GT7), 849-867.
290. Malamud, Bruce D., Donald L. Turcotte, Fausto Guzzetti, and Paola Reichenbach (2004). Landslides, earthquakes, and ero-

sion. Earth and Planetary Science Letters 229, 45-59.
291. Malin, P. E., M. H. Gillespie, P. C. Leary, and T. L. Henyey (1981). Crustal structure near Palmdale, California, from borehole-determinated ray parameters, Bull, Seism. Soc. Am. 71, 1783-1804.
292. Marcuson, W. F. (1981). Moderator's report for session on Earth Dams and Stability of Slopes under Dynamic Loads. Proceedings, International Conference on Recent Advances in Geotechnical Earthquake Engineering and Soil Dynamics. St. Louis, MO, 3, p.1175.
293. Marone, C. (1998). Laboratory-derived friction laws and their application to seismic faulting. Annu. Rev. Earth Planet. Sci. 26, 643-696.
294. Marone, C., J. E. Vidale, and W. Ellsworth (1995). Fault healing inferred from time dependent variations in source properties of repeating earthquakes. Geophys. Res. Lett., 22, 3095-3098.
295. Marone, C., and C. H. Scholz (1988). The depth of seismic faulting and the upper transition from stable to unstable slip regimes. Geophys. Res. Lett., 15, 621-24.
296. Martin III, Randolph J., and Max Wyss (1975). Magnetism of rocks and volumetric strain in uniaxial failure. In: Wyss, Max, Editor (1975), Earthquake prediction and rock mechanics. Birkhauser Verlag Basel, Reprinted from Pure and Applied Geophysics (PAGEOPH), vol. 113. pp. 51-61.
297. Marzocchi, Warner and J. Douglas Zechar (May/June 2011). Earthquake forecasting and earthquake prediction: Different approaches for obtaining the best model. Seism. Res. Lett. 82(3). doi: 10.1785/gssrl.82.3.442.
298. McClintock, F. A., and J. B. W. Walsh (1962). Friction of Griffith cracks in rock under pressure. In: Proc. 4th US Natl Congr. Appl. Mech., vol.II New York, New York: North American Society of Mechanical Engineering. 1015-1021.
299. McNally, K. C. (1983). Seismic gaps in space and time. Annu. Rev. Earth Planet. Sci. 11. 359-69.
300. Meissner, R., and J. Strelau (1982). Limits of stress in continental crust and their relation the depth-frequency relation of shallow earthquakes. Tectonics, 1, 73-89.
301. Meunier, P., N. Hovius, J. A. Haines (2008). Topographic site effects and the location of earthquake induced landslides. Earth and Planetary Science Letters 275, 221-232.
302. Michael, Andrew J., William L. Ellsworth, and David H. Oppenheimer (August 1990). Coseismic stress changes induced by the 1989 Loma Prieta, California earthquake. Geophys. Res. Lett., v.17, no.9, 1441-1444.
303. Miller, S. A. (2008). Note on rain-triggered earthquakes and their dependence on karst geology. Geophys. J. Int., 173, 334-338.
304. Miura, S., S. Kawamura, and K. Yagi (1995). Liquefaction damage of sandy and volcanic grounds in the 1993 Hokkaido Nansel-Oki earthquake. Proc. 3rd Int. Conf. on Recent Advances in Geotechnical Earthquake Engg. An Soil Dynamics. St. Louis, Missouri, vol.1, 193-196.
305. Mogi, K. (1985). Earthquake prediction research in Japan. J. Phys. Earth, 43,

533-561.

306. Mogi, K. (1968). Sequential occurrences of recent great earthquakes. J. Phys. Earth 16, 30-36.
307. Mogi, K. (1963). Some discussions on aftershocks and earthquake swarms-the fracture of a semi-infinite body caused by inner stress origin and its relation to the earthquake phenomena(3). Bull. Earthquake Res. Inst. Univ. Tokyo 41, 615-658.
308. Mogi, K. (1962). Study of elastic shocks caused by the fracture of heterogeneous materials and their relation to earthquake phenomenon. Bull. Earthquake Res. Inst. Univ. Tokyo 40, 1438.
309. Mohammadzadeh, M. J. and D. Vidyasagar Chary (2005). A tool to groundwater prospecting in granitic terrain of hydrated region A.p, India. Journal of Applied Sciences Research 1(1), 85-89, 2005, INSInet Publication.
310. Mohanty, Saradaprasad (2011). Crustal stress and strain patterns in the Indian plate interior: implications for the deformation behavior or a stable continent and its seismicity. Terra Nova, 23, 407-415, doi: 10.1111/j.1365-3121.2011.01027.x
311. Mohanty, Saradaprasad (2011). Crustal strain patterns in the Satpura Mountain Belt, Central India: implications for tectonics and seismicity in stable continental region. Pure Appl. Geophys., 168, 781-795.
312. Molchan, G. M., and O. E. Dmitrieva (1990). Dynamics of the magnitude-frequency relation for foreshocks. Phys. Earth Planet. Inter. 61, 99-112.
313. Molchan, G. M., O. E. Dmitrieva, I. M. Rotwain, and J. Dewey (1990). Statistical analysis of the results of earthquake prediction, based on bursts of aftershocks. Phys. Earth Planet. Inter., 61, 128-139.
314. Molchanov, O. A., Y. A. Kopytenko, P. M. Voronov, E. A. Kopytenko, T. G. Matiashvili, A. C. Frasersmith, and A. Bernardi (1992). Results of Ulf magnetic-field measurements near the epicenters of the Spitak (Ms=6.9) and Loma-Prieta (Ms=7.1) earthquakes-comparative analysis. Geophys. Res. Lett. 19, 1495-1498.
315. Montgomery, David R., and Michael Manga (June 2003). Science, vol. 300, 2047-2049.
316. Mooney, W. D., and A. Ginzburg (1986). Seismic measurements of the internal properties of fault zones. Pure Appl. Geophys. 124, 141-158.
317. Moos, D. and M. D. Zoback (1983). In situ studies of seismic velocity in fractured crystalline rocks. J. Geophys. Res. 88, 2345-2358.
318. Morris, A., Ferrill, D. A., Henderson, D. B. (1996). Slip-tendency analysis and fault reactivation. Geology, 24, 275-278.
319. Morrow, C. A., and J. D. Byerlee (1992), Permeability of core samples from Cajon Pass scientific drill hole: Results from 2100 to 3500 m depth, J. Geophys. Res., 97, 5145-5151.
320. Morrow, C. A., L. Q. Shi, J. D. Byerlee (1982). Strain hardening and strength of clay-rich fault gouges, J. Geophys. Res., 87, 6771-6780.
321. Moss, R. E. S., R. B. Seed, R. E. Kayen, J. P. Stewart, A. Der Kiureghian, and K. O. Cetin (August 2006). CPT-based probabilistic and deterministic assessment of in situ seismic soil

liquefaction potential. J. Geotech. Geoenviron. Eng., 1032-1048, dol: 10.1061/(ASCE)1090-0241(2006)132. 8(1032).

322. Mount, V. S., and J. Suppe (1987). State of stress near the San Andreas fault: Implications for wrench tectonics. Geology, 15, 1143-46.
323. Muir-Wood, Robert and Geoffrey C. P. King (December 1993). Hydrological signatures of earthquake strain. J. Geophys. Res., 98(B12), 22035-22068.
324. Nalbant, Suleyman S., Aurelia Hubert, and Geoffrey C. P. King (1998). Stress coupling between earthquakes in Northwest Turkey and the north Aegean Sea. J. Geophys. Res. 103, 24469-24486.
325. Nemat-Nasser, S. and A. Sokooh (1979). A unified approach to densification and liquefaction of cohesionless sands in cyclic shearing. Canadian Geotechnical Journal, 16, 659-678.
326. Newmark, N. M. (1965). Effects of earthquakes on dams and embankments. Geotechnique 15, 139-159.
327. Nicholson, Craig, and David W. Simpson (August 1985). Changes in Vp/Vs with depth: Implications for appropriate velocity models, improved earthquake locations, and material properties of the upper crust. Bull. of the Seismological Soc. Of America. 75(4), 1105-1123.
328. Nielsen, S., J. Taddeucci and S. Vinciguerra (2009). Geophys. J. Int., 180, 697-702.
329. Nishenko, S. P. (1985). Seismic potential for large and great inter-plate earthquakes along the Chilean and southern Peruvian margins of South America: A quantitative reappraisal. J. Geophys. Res. 90, 3589-3615.
330. Nur, Amos and Hagai Ron (2003). Material and stress rotations: The key to reconciling crustal faulting complexity with rock mechanics. International Geology Review, vol. 45, 671-690.
331. Nur, Amos, Hagai Ron, Greg Beroza (October 1993). Landers-Mojave earthquake line: A new fault system? GSA Today - A Publication of the Geological Society of America.
332. Nur, A. (1974). Matsushiro, Japan, earthquake swarm: Confirmation of the dilatancy-fluid diffusion model. Geology 2, 217.
333. Nur, A., and J. R. Booker (1972). Aftershocks caused by pore fluid flow ?, Science, 175, 885-887.
334. Nur, A. (1972). Dilatancy, pore fluids, and premonitory variations in ts/tp travel times. Bull. Seism. Soc. Amer. 62, 1217-1222.
335. Nur, A., and J. D. Byerlee (1971). An exact effective stress law for elastic deformation of rock with fluids. J. Geophys. Res., 76(26), 6414-6419.
336. Nur, A., and G. Simmons (1970). The origin of small cracks in igneous rocks. Int. J. Rock Mech. Min. Sci. 7, 307.
337. Ohnake, Mitiyasu (2003). A constitutive scaling law and a unified comprehension for frictional slip failure, shear fracture of intact rock, and earthquake rupture. J. of Geophys. Res. 108, No. B2, 2080,doi:10.1029/2000JB000123, 2003.
338. Ohta, T., N. Gota, F. Yamamizu, and H. Takahashi (1980). S-Wave velocity measurements in deep soil deposit and

bedrock by means of an elaborated downhole method, Bull. Seism. Soc. Am. 70, 363-378.
339. Okubo, P. G., and J. H. Dieterich (1986). State variable fault constitutive relations for dynamic slip, in: S. Das et al. (Eds.), Earthquake Source Mechanics, AGU Geophys. Monogr. 37, 25-35.
340. Okada, Y. (1995). Simulated empirical law of coseismic crustal deformation, J. Phys. Earth, 43, 697-713.
341. Okal, E. A. (2003). Normal mode energetic for far-field tsunamis generated by dislocations and landslides, Pure and Applied Geophysics, 160, 2189-2221.
342. Okal, E. A. (1988). Seismic parameters controlling far-field tsunami amplitudes: a review. Natural Hazards, I, 67-96.
343. Okubo, P. G. and J. H. Dieterich (1986). State variable fault constitutive relations for dynamic slip. In: S. Das et al. (Eds.) Earthquake Source Mechanics. AGU Geophys. Monogr. 37, 25-35.
344. Okubo, P. G. and J. H. Dieterich (1984). Effects of physical fault properties on frictional instabilities produced on simulated faults. J. Geophys. Res. 89, 5817-5827.
345. Olson, R. E., and J. F. Parola (1961). Dynamic shearing properties of compacted clay. Int. Symp. On Wave Propagation and Dynamic Properties of Earth Material. Univ. of N. Mexico Press, 173-182.
346. Onckel, A. O. and T. Wilson (2006). Evaluation of earthquake potential along the Northern Anatolian Fault Zone in the Marmara Sea using comparisons of GPS strain and seismotectonic parameters. Tectonophysics, 418, 205-218.
347. Owen, Geraint and Massimo Moretti (2011). Identifying triggers for liquefaction-induced soft-sediment deformation in sands. Sedimentary Geology, 235, 141-147.
348. Palmer, A. C., and J. R. Rice (1973). The growth of slip surfaces in the progressive failure of over-consolidated clay. Proc. Roy. Soc. Lond. A332, 527-548.
349. Papadopoulos, Gerassimos A., Vassilis Karastathis, Charalambos Kontoes, Marinos Charalampakis, Anna Fokaefs, and Ioannis Papoutsis (2010). Tectonophysics, 492, 201-212.
350. Papastefanou, C. (2010). Variation of radon flux along active fault zones in association with earthquake occurrence. Radiation Measurements. 45, 943-951.
351. Park, Stephen K.(1991). Monitoring resistivity changes prior to earthquakes in Parkfield, California, with telluric arrays. J. Geophys. Res. 96(B9), 14211-14237.
352. Parsons, Tom, Robert S. Yeats, Yuji Yagi, and Ahmad Hussain (2006). Static stress change from the 8 October, 2005 M = 7.6 Kashmir earthquake. Geophys. Res. Lett. 33, L06304, doi:10.1029/2005GL025429, 2006.
353. Parsons, Tom, Shinji Toda, Ross S. Stein, Aykut Barka and James H. Dieterich (April 28, 2000). Heightened odds of large earthquakes near Istanbul: An interaction-based probability calculation. Science, Vol. 288, 661-665.
354. Parsons, T., R. S. Stein, R. W. Simpson, and P. A. Reasenberg (December 9, 1999). Stress sensitivity of fault seismicity: A comparison between limited-offset oblique and major strike-up faults. J.

Geophys. Res., 104, 20183-20202.

355. Park, Stephen K. (August 10, 1991). Monitoring resistivity changes prior to earthquakes in Parkfield, California, with telluric arrays. Journal of Geophysical Research, 96(B9), 14211-14237.
356. Peltzer, G., P. Rosen, F. Rogez, and K. Hudnut (1996). Postseismic rebound in fault step-overs caused by pore fluid flow. Science, 273, 1202-1204.
357. Perfettini, Hugo, Ross S. Stein, Robert Simpson, and Massimo Cocco (September 1999). Stress transfer by the 1988-1989 M=5.3 and 5.4 Lake Elsman foreshocks to the Loma Prieta fault: Unclamping at the site of peak mainshock slip. J. Geophys. Res. v.104, No.89, 20169-20182.
358. Perfettini, Hugo (September 10, 1999). Stress transfer by the 1988-1989 M=5.3 and 5.4 Lake Elsman foreshocks to the Loma Prieta fault: Unclamping at the site of peak mainshock slip. J. Geophys. Res., 104(B9), pp.20169-20182.
359. Perlea, V. G., J. P. Koester, and S. Prakash(1999). How liquefiable are cohesive soils？ Proc. Second Int. Conf. on Earthquake Geotech. Engrg., Lisbon, Portugal, Vol. 2, 611-618.
360. Pollakov, A. N. B., R. Dmowska, and J. R. Rice (2002). Dynamic shear rupture interactions with fault bends and off-axis secondary faulting. J. Geophys. Res.107, doi:10.1029/200IJB000572.
361. Pollitz, Fred, Mathilde Vergnolle, and Eric Calais (2003). Fault interaction and stress triggering of twentieth century earthquakes in Mongolia. J. Geophys. Res. 108(B10), 2503, doi:10.1029/2002JB002375.
362. Popadopoulos, Gerassimos A. and Georgios Lefkopoulos (1993). Magnitude-distance relations for liquefaction in soil from earthquakes. Bull. Seism. Soc. Am. 83, 925-938.
363. Pradel, D., P. M. Smith, J. P. Stewart (2005). Case history of landslide movement during the Northridge earthquake. Journal of Geotechnical and Geoenvironmental Engineering. 131, 1360-1369.
364. Prescott, W. J., J. Svarc Savage, and D. Manaker (2001). Deformation across the Pacific-North America plate boundary near San Francisco, California. J. Geophys. Res., 106, 6673-6682.
365. Rathje, E. M., F. Faraj, S. Russell, and J. D. Bray (2004). Empirical relationships for frequency content parameters of earthquake ground motions. Earthquake Spectra 20, 119-144.
366. Rabinowicz, E. (1956). Autocorrelation analysis of the sliding process. J. Appl. Phys. 27, 131-135.
367. Reasenberg, P. A., and R. W. Simpson (1992). Response of regional seismicity to the state stress change produced by the Loma-Prieta earthquake. Science, 255, 1687-1690.
368. Reches, Ze'ev (1999). Mechanisms of slip nucleation during earthquakes. Earth and Planetary Science Letters, 170, 475-486.
369. Reches, Ze'ev, and D. A. Lockner (1994). The nucleation and growth of faults in brittle rocks. J. Geophys. Res. B99, 18159-18174.
370. Rice, J. R., C. G. Sammis, and R. Parsons (2005). Off-fault secondary failure induced by a dynamic slip-pulse. Bull. Seism. Soc. Am. 95, 1, 109-134, doi:

10.1785/0120030166. 2005.

371. Rice, J. R. (1983). Constitutive relations for fault slip and earthquake instabilities. Pageoph, 121, 443-75.
372. Richards, E., and C. Marone (December 1999). Effects of normal stress vibrations on frictional healing. J. Geophys. Res. V.104, No. B12, 28859-28878.
373. Richards, P.G. (1976), Dynamic motions near an earthquake fault: a three-dimensional solution, Bull. Seismol. Soc. Am., 66, 1-32.
374. Rigo, A., N. Bethoux, F. Mason, and J. F. Ritz (May 2008). Seismicity rate and wave-velocity variations as consequences of rainfall: the case of the catastrophic storm of September 2002 in the Nimes Fault region (Gard, France). Geophys. J. Int., 173(2), 473-482.
375. Rinaldis, D., R. Berardi, N. Theodulikis, B. Margaris(1998). Empirical predictive models based on a joint Italian and Greek database: 1. Peak ground acceleration and velocity. Proc. of the 11th European Conf. Of Earthquake Eng. September 6-11, 1997, CNIT, Paris La Defense, France.
376. Robertson, P. K., and C. E. Wride (1998). Evaluating cyclic liquefaction potential using the CPT. Can. Geotech. J., 35(3), 442-459.
377. Robertson, E. C. (1982). Continuous formation of gouge and breccias during fault displacement. In Issues in Rock Mechanics. Proc. Symp. Rock Mech., 23rd, ed. R. E. Goodman, F. E. Hulse, New York: Am. Inst. Min. Eng., 397-404.
378. Roeloffs, E., and E. Quilty (1997). Case 21: Water level and strain changes preceding and following the August 4, 1985 Kettleman Hills, California earthquake. Pure Appl. Geophys. 149, 21-60.
379. Romeo, Roberto (2000). Seismically induced landslide displacements: a predictive model. Engineering Geology, 58, 337-351.
380. Romeo, R., G. Tranfaglia, S. Castenetto (1996). Engineering developed relations derived from the strongest instrumentally-detected Italian earthquakes. Proceedings of the 11th WCEE, June 23-28 Acapulco, Paper No. 1466.
381. Rudnicki, J. W. (1988). Physical models of earthquake instability and precursory processes. Pure Appl. Geophys. 126, 531-554.
382. Rudnicki, J. W. and H. Kanamori(1981). Effects of fault interaction on moment, stress drop, and strain energy release. J. Geophys. Res. Vol. 86, No. B3, 1785-1793.
383. Ruina, A. L. (1983). Slip instability and state variable friction laws. J. Geophys. Res. 88, 10359-10370.
384. Rundle, J. B., D. L. Turcotte, R. Shcherbakov, W. Klein, and C. Sammis (2003). Statistical physics approach to understanding the multiscale dynamics of earthquake fault systems. Rev. Geophys. 41(4), 1019.
385. Rydelek, P. A., and I. S. Sacks (2001). Migration of large earthquakes along the San Jacinto fault; stress diffusion from the 1857 Fort Tejon earthquakes. Geophysics Research Letters, v.28, 3079-3082.
386. Saigili. G., and E. M. Rathje (2009). Probabilistically based seismic landslide hazard maps: an application in Southern California. Engineering Geology 109,

183-194.

387. Sanders, C. O.(1993). Interaction of the San Jacinto and San Andreas fault zones, Southern California; triggered earthquake migration and coupled recurrence intervals. Science, v.260, 973-976,

388. Savage, Martha Kane (October, 2010). The role of fluids in earthquake generation in the 2009 Mw 6.3 L'Aquila, Italy, earthquake and its foreshocks. Geological Society of America, Geology, v. 38, no. 11, 1055-1056. doi:10.1130/focus112010.1

389. Savage, J. C., J. D. Byerlee, and D. A. Lockner (1996). Is internal friction, friction? Geophys. Res. Lett. 23, 487-490.

390. Savage, J., and W. Prescott (1978). Asthenosphere readjustment and the earthquake cycle, J. Geophys. Res., 83, 3369-3376.

391. Saygili, G., and E. M. Rathje (2009). Probabilistically based seismic landslide hazard maps: an application in Southern California. Engineering Geology 109, 183-194.

392. Scholz, C. H. (1989). Mechanics of faulting. Ann. Rev. Earth Planet. Sci. 17, 309-34.

393. Scholz, C. H. (1988a). The brittle-plastic transition and the depth of seismic faulting. Geol. Rundsch., 77, 319-28.

394. Scholz, C. H. (1988b). Mechanisms of seismic quiescences. Pure Appl. Geophys., 126, 701-718.

395. Scholz, C. H. (1987). Wear and gouge formation in brittle faulting. Geol. Rundsch., 77, 319-28.

396. Scholz, C. H. (1985a). The Black Mountain asperity: Seismic hazard of the Southern San Francisco Peninsula, California. Geophys. Res. Lett. 12, 717-719.

397. Scholz, C. H. (1985b). Earthquake prediction and seismic hazard. Earthquake Predict. Res. 3, 11-23.

398. Scholz, C. H., L. R. Sykes, Y. P. Aggarwal (1973). Earthquake prediction: A physical basis. Science 181, 803-810.

399. Scholz, C. H. (1968). Microfracturing and the inelastic deformation of rock in compression. J. Geophys. Res, 73, 1417-1432.

400. Schwartz, D. P., and Coppersmith, K. J. (1984). Fault behavior and characteristic earthquakes: examples from the Wasatch and San Andreas fault zones. J. Geophys. Res. 89, 5681-98.

401. Sebetta, F., and A. Pugliese (1996). Estimation of response spectra and simulation of non-stationary earthquake ground motion. Bull. Seism. Soc. Am. 86(2), 337-352.

402. Seed, H. B. and P. DeAlba (1986). Use of SPT and CPT tests for evaluating the liquefaction resistance of sands. Proc. In-Situ Test, ASCE, 281-302

403. Seed, H. B., K. Tokimatsu, L. F. Harder, R. M. Chung (1985). The influence of SPT procedures in soil liquefaction resistance evaluations. J. Geotech. Engrg., ASCE, 111(12), 1425-1445.

404. Seed, H. B., I. M. Idriss, and I. Avango (1983). Evaluation of liquefaction potential using field performance data. J. of Geotech Engg., 109, GT3, 458-482.

405. Seed, H. B. (1979). Considerations in the earthquake-resistant design of earth and rockfill dams. Geotechnique, 29, 215-263.

406. Seed, H. B., and Idriss, I. M. (1971). Simplified procedure for evaluating soil liquefaction potential. J. Geotech. Engrg.

Div., ASCE, 97(9), 1249-1273.

407. Segall, P. (2002). Integrating geologic and geodetic estimates of slip rate on the San Andreas fault system. Int. Geol. Rev., 44, 62-82.

408. Segall, P., and R. Harris (1987). Earthquake deformation cycle on the San Andreas fault near Parkfield, California. J. Geophys. Res., 92, 10511-10525.

409. Segall, Paul (July, 1984). Rate-dependent extensional deformation resulting from crack growth in rock. J. Geophys. Res., 89(B6), 4185-4195.

410. Segall, P., and D. D. Pollard (1983). Joint formation in granitic rock of the Sierra Nevada. Geol. Soc. Am. Bull., 94, 563-575.

411. Semenov, R. M., and O. P. Smekalin (2011). The large earthquake of 27 August 2008 in Lake Baikal and its precursors. Russian Geology and Geophysics 52, 405-415.

412. Semenov, A. N. (1969). Variations of the travel time of transverse and longitudinal waves before violent earthquakes. Izv. Acad. Sci. USSR, Phys. Solid Earth (Eng. Transl.)3, 245-258.

413. Seno, T., S. Stein, and A. E. Gripp (1993). A model for motion of the Philippine Sea plate consistent with NUVEL-1 and geological data. J. Geophys. Res., 98, 17941-17948.

414. Sepulveda, S. A., W. Murphy, R. W. Jibson, and D. N. Petley (2005a). Seismically induced rock slope failures resulting from topographic amplification of strong ground motions: the case of Pacoima Canyon California. Engineering Geology 80, 336-348.

415. Sepulveda, S. A., W. Murphy, and D. N. Petley (2005b). Topographic controls on coseismic rock slope slides during the 1999 Chi-Chi earthquake, Taiwan. Quarterly Journal of "Engineering Geology & Hydrogeology 38(2), 189-196.

416. Shen, B., O. Stephansson, H. H. Einstein, and B. Ghahreman (1995). Coalescence of fractures under shear stresses in experiments. J. Geophys. Res. B100, 5975-5990.

417. Shimazaki, K., and T. Nakata (1980). Time-predictable recurrence model for large earthquakes. Geophys. Res. Lett. 7, 279-282.

418. Shou, K. J., C. Y. Hong, C. C. Wu, H. Y. Hsu, L. Y. Fei, J. F. Lee, and C. Y. Wei (2011). Spatial and temporal analysis of landslides in Central Taiwan after 1999 Chi-Chi earthquake. Engineering Geology 123, 122-128.

419. Sibson, R. H. (2003). Thickness of the seismic slip zone. Bull. Seism. Soc. Am. 93, 3, 1169-1178.

420. Sibson, Richard H. (2000). Fluid involvement in normal faulting. J. of Geodynamics, 29, 469-499.

421. Sibson, Richard H. (1986). Earthquakes and rock deformation in crustal faulted zones. Ann. Rev. Earth Planet. Sci. 14, 149-75.

422. Sibson, Richard H. (1985a). A note on fault reactivation. Journal of Structural Geology. 7, 751-754.

423. Sibson, Richard H. (1985b). Stopping of earthquake ruptures at differential jogs. Nature, 316, 248-251.

424. Sibson, R. H. (1983). Continental fault structure and the shallow earthquake

source, J. Geol. Soc. London, 140, 741-767.

425. Sibson, R. H. (1982). Fault zone models, heat flow, and the depth distribution of earthquakes in the continental crust of the United States. Bull. Seismol. Soc. Am. 72, 151-163.
426. Sibson, R. H. (1977). Kinetic shear resistance, fluid pressures and radiation efficiency during seismic faulting, Pure and Applied Geophysics, 115, 387-400.
427. Sieh, K., M. Stuiver, D. Brillinger (1989). A more precise chronology of earthquakes produced by the San Andreas fault in southern California. J. Geophys. Res. 94, 603-23.
428. Sieh, K. E. (1984). Lateral offsets and revised dates of large prehistoric earthquakes at Pallett Creek, southern California. J. Geophys. Res. 89, 7641-70.
429. Simpson, D. W. (1986). Triggered earthquakes. Ann. Rev. Planet. Sci. 14, 21-42.
430. Sleep, N.H. (1997). Application of a unified and state friction theory to the mechanics of fault zones with strain localization, J. Geophys. Res., 102, 2875-2895.
431. Sleep, N.H. and M.L. Blanpied (1994). Ductile creep and compaction: A mechanism for transiently increasing fluid pressure in mostly sealed fault zones, Pure App. Geophys., 143, 9-40.
432. Sleep, N.H. and M.L. Blanpied (1992). Creep, compaction and the weak rheology of major faults, Nature, 359, 687-692.
433. Smith, B., and D. Sandwell (2004). A three-dimensional semianalytic viscoelastic model for time-dependent analyses of the earthquake cycle, J. Geophys. Res., 109, B12401, doi: 10.1029/2004JB003185.
434. Smith, B., and D. Sandwell (2003). Coulomb stress accumulation along the San Andreas fault system, J. Geophys. Res., 108(B6), 2296, doi: 10.1029/2002JB002136.
435. Smith, W. D. (1986). Evidence for precursory changes in the frequency-magnitude b-value. Geophys. J. R. Astron. Soc. 86, 815-38.
436. Snow, D. T. (1968). Rock fracture spacings, openings and porosities. J. Soil Mech. Found. ASCE 94, p.73.
437. Somerville, Paul G., K. Irikura, R. Graves, S. Sawada, D. Wald, N. Abrahamson, Y. Iwasaki, T. Kagawa, N,. Smith, and A. Kowada (January/February 1999). Characterizing crustal earthquake slip models for the prediction of strong ground motion. Seismological Research Letters, 70(1), 59-80.
438. Song, Sheng-Rong, Chien-Ying Wang, Jih-Hao Hung, and Kuo-Fong Ma (June 2007). Preface to the special issue on Taiwan Chelungpu-Fault Drilling Project (TCDP): Site characteristics and on-site measurements. Terr. Atmos. Ocean. Sci., v.18, no.2, I-VI.
439. Sonmez, H. (2003). Modification to the liquefaction potential index and liquefaction susceptibility mapping for a liquefaction-prone area (Inegol-Turkey), Environmental Geology, 44(7), 862-71.
440. Sprunt, E. S., and W. F. Brace (1974). Direct observation of microcavities in crystalline rocks. Int. J. Rock Mech. Min. Sci. & Geomech. Abst. Vol. 11, p.139.
441. Spudich, P., L. K. Steck, M. Hellweg, J. B. Fletcher, and L. M. Baker (1995).

Transient stresses at Parkfield, California, produced by the M7.4 Landers earthquake of June 28, 1992 - Observations from the Upsar Dense Seismograph Array. J. Geophys. Res.- Solid Earth. 100, 675-690.

442. Stark, Timothy D., and Scott M. Olson (1995). Liquefaction resistance using CPT and field case histories. J. Geotech. Engrg., ASCE, 121(12), 856-869

443. Stefánsson et al. (June 1993). Earthquake prediction research in the South Iceland Seismic Zone and the SIL project. Bull. Seism. Soc. Amer. 83(3), 696-716.

444. Stein, Ross S. (2005). Earthquake Conversions. Scientific American - www.sciam.com. pp.82-89.

445. Stein, Ross S. (December 1999). The role of stress transfer in earthquake occurrence. Nature, Vol. 402, 605-609.

446. Stein, Ross S., Aykut A. Barka, and James H. Dieterich (1997). Progressive failure on the North Anatolian fault since 1939 by earthquake stress triggering. Geophysical Journal International, vol.128, 594-604.

447. Stein, R. S., G. C. P. King, and J. Lin (1994). Stress triggering of the 1994 M=6.7 Northridge, California, earthquake by its predecessors. Science 265, 1432-1435.

448. Stein, R. S., G. C. P. King, and J. Lin (1992). Change in failure stress on the southern San Andreas fault system caused by the 1992 magnitude=7.4 Landers earthquake. Science 258, 1328-1332.

449. Stewart, R. R., R. M. Turpening, and M. N. Toksz (1981). Study of a subsurface fracture zone by vertical seismic profiling. Geophys. Res. Lett. 8, 1132-1135.

450. Strenk, P. M., and J. Wartman (2011). Uncertainty in seismically induced slope deformation model predictions. Engineering Geology 122, 61-72.

451. Sykes, L. R., and S. P. Nishenko (1984). Probabilities of occurrence of large plate rupturing earthquakes for the San Andreas, San Jacinto, and Imperial Faults, California, 1883-2003. J. Geophys. Res. 89, 5905-5927.

452. Talwani, P. (1999). Fault geometry and earthquakes in continental interiors. Tectonophysics, 305, 371-379.

453. Talwani, P. (1997). Seismotechnotonics of the Koyana-Warna. Pure and Applied Geophysics, Vol. 150, 511-550.

454. Tang, C. I., J. C. Hu, M. I. Lin, J. Angelier, C. Y. Lu, Y. C. Chan, and H. T. Chu (2009). The Tsaoling landslide triggered by the Chi-Chi earthquake, Taiwan: insights from a discrete element simulation. Engineering Geology 106, 1-19.

455. Tento, A., L. Frances, A. Marcellini(1992). Expected ground motion evaluation for Italian sites. Proc. Of the 10th WCEE, July 19-24, Madrid, 489-494.

456. Terakawa, T., Zoporowaski, A., Galvan, B., and Miller, S. A. (2010). High-pressure fluid at hypocentral depths in the L'Aquila region inferred from earthquake focal mechanisms: Geology, v.38, 995-998, doi: 10.1130/G31457.1.

457. Terres, R. R., and P. B. Luyendyke (1985). Neogene tectonic rotation of the San Gabriel region, California, suggested by paleomagnetic vectors. Journal of Geophysical Research, 90(B7), 12467-12484.

458. Thatcher, W. (2003). GPS constraints on the kinematics of continental deforma-

tion. Int. Geol. Rev., 45, 191-212.

459. Thatcher, W. (1984). The earthquake deformation cycle, recurrence, and the time-predictable model. J. Geophys. Res. 89, 5674-80.
460. Thomas, A. P., and T. K. Rockwell (1996). A 300- to 550-year history of slip on the Imperial fault near the US-Mexico border: Missing slip at the Imperial fault bottleneck. J. Geophys. Res., 101(B3), 5987-5997.
461. Tiampo, K. F., J. B. Rundle, S. McGinnis, and W. Klein (2002). Pattern dynamics and forecast methods in seismically active regions. Pure Appl. Geophys. 159, 2429-2467.
462. Toda, S., R. S. Stein, P. A. Reasenberg, J. H. Dieterich, and A. Yoshida (1998). Stress transferred by the 1995 Mw=6.9 Kobe, Japan, shock: Effect on aftershocks and future earthquake probabilities. J. Geophys. Res. 103, 24543-24565.
463. Tohno, I., and S. Yasuda (1981). Liquefaction of the ground during 1978 Miyagiken-Oki earthquake. Soils and Foundations, 21(3), 18-34.
464. Tokimatsu, K., and A. Uchida (1990). Correlation between liquefaction resistance and shear wave velocity. Soils and Found., Tokyo, 30(2), 33-42.
465. Tonouchi, K., T. Sakayama, and T. Tmai (1983). S wave velocity in the ground and the damping factor. Bull. Int. Asso. Eng. Geologists, 26-27, 327-333.
466. Townend, John and Zoback, Mark D. (2000). How faulting keeps the crust strong. Geology, 28(5), 399-402.
467. Trifu-Cezar, I., and T. I. Urbancic (1997). Fracture coalescence as a mechanism for earthquakes; observations based on mining induced microseismicity. Tectonophysics 261, 193-207.
468. Trifunac, M. (1995). Empirical criteria for liquefaction in sands via Standard Penetration Tests and seismic wave energy. Journal of Soil Dynamics and Earthquake Engineering. v.14, no.4, 419-426.
469. Tsuboi, C. (1933). Investigation of deformation of the crust found by precise geodetic means. Jpn. J. Astron. Geophys. 10, 93-248.
470. Tsumura, K., I. Karakama, I. Ogino, and M. Takahashi (1978). Seismic activities before and after the Izu-Oshima-Kinkai earthquake of 1978. Bull. Earthquake Res. Inst., Univ. Tokyo 53, 309-315.
471. Tsutsumi A. and T. Shimamoto (1997). High-velocity frictional properties of gabbro, Geophs. Res. Lett., 24, 699-702.
472. Tullis, T. E. and J. D. Weeks (1986). Constitutive behavior and stability of frictional sliding of granite. Pure Appl. Geophys. 124, 384-414.
473. Turcotte, Donald L. (1991). Earthquake prediction. Annu. Rev. Earth Planet. Sci. 19, 263-81.
474. Tuttle, Martitia P., Robert H. Lafferty III, Robert F. Cande, and Michael C. Sierzchula (2011). Impact of earthquake-induced liquefaction and related ground failure on a Mississippian archeological site in the New Madrid seismic zone, central USA. Quaternary International, 242, 126-137.
475. Tuttle, Martitia P., Engene S. Schweig, John D. Sims, Robert H. Lafferty, Lorraine W. Wolf, and Marion L. Haynes (2002). The earthquake potential of the New Madrid Seismic Zone. Bull. Seismo-

logical Soc. America, 92(6), 2080-2089.

476. Uchiogi, T. (1971). Landslides due to one continual rainfall. Journal of the Japan Society of Erosion Control Engineering 23, 21-34(in Japanese).
477. Umeda, Y. (1990). The bright spot of an earthquake. Tectonophysics, 211, 13-22.
478. Utada, Hisashi, Toshio Yoshino, Takashi Okubo, and Takesi Yukutake (1998). Seismic resistivity changes observed at Aburatsubo, central Japan, revisited. Tectonophysics 299, 317-331.
479. Utsu, T. (1970). Large earthquakes near Hokkaido and the expectancy of the occurrence of a large earthquake off Nemuro. Rept. Coord. Comm. Earthq. Predict. 7, 7-13.
480. Varotsos, P., and M. Lazaridou (1991). Latest aspects of earthquake prediction in Greece based on seismic electric signals. Tectonophysics 188, 321-347.
481. Varotsos, P., and Alexopoulos, K. (1987). Physical properties of the variations of the electric field of the earth preceding earthquakes. III. Tectonophysics, 136, 335-339.
482. Vessia, G., and N. Venisti (2011). Liquefaction damage potential for seismic hazard evaluation in urbanized areas. Soil Dynamics and Earthquake Engineering, 30, 1094-1105.
483. Vladimirova, I. S., G. M. Steblov, and D. I. Frolov (2011). Viscoelastic deformations after the 2006-2007 Simushir earthquakes. Physics of the Solid Earth, 47(11), 1020-1025. Doi:10.1134/S1069351311100132.
484. Von Seggern, D., S. S. Alexander, C. E. Baag (1981). Seismicity parameters preceding moderate to major earthquakes. J. Geophys. Res. 86, 9325-51.
485. Wakita, H. (1988). Short term and intermediate term geochemical precursors. Pageoph 126, 267-278.
486. Wald, D. J., D. V. Helmberger, and T. H. Heaton (1991). Rupture model of the 1989 Loma Prieta earthquake from the inversion of strong-motion and broadband teleseismic data. Bull. Seismol. Sol. Am. 81, 1540-72.
487. Walsh, J. J., and J. Watterson (1988). Analysis of the relationship between displacements and dimensions of faults. J. Struct. Geol., 10, 238-47.
488. Wang, Wei-Hau and Yuan-Hsi Lee (2011). 3-D plate interactions in central Taiwan: Insight from flexure and sandbox modeling. Earth and Planetary Science Letters. 308, 1-10. doi:10.1016/j.epsl.2011.04.007
489. Wang, W. B., and C. H. Scholz (1995). Micromechanics of rock friction 3. Quantitative modeling of base friction. J. Geophys. Res.-Solid Earth 100, 4243-4247.
490. Wang, H. F. (1993). Quasi-static poroelastic parameters in rock and their geophysical applications. PAGEOPH, 141(2/3/4), 269-286.
491. Wang, C. Y., F. Rui, Y. Zhengsheng, and S. Xingjue (1986). Gravity anomaly and density structure of the San Andreas fault zone. Pure Appl. Geophys., 124, 127-40.
492. Wang, W. (1984). Earthquake damage to earth dams and levees in relation to soil liquefaction. Proc., Int. Conf. on Case Histories in Geotechnical Engg., Univ. of Missouri-Rolla, MO., 512-522.
493. Wang, W. (1981). Foundation problems in

aseismatic design of hydraulic structures, In Proceedings of the Joint US-PRC Microzonation Workshop, 11-16 September, Harbin PRC.

494. Ward, S. N. (1980). Relationships of tsunami generation and an earthquake source. J. Phys. Earth. 28, 441-474.

495. Wasowski, Janusz, David K. Keefer, and Chyi-Tyi Lee (2011). Toward the next generation of research on earthquake-induced landslides: Current issues and future challenges. Engineering Geology 122, 1-8.

496. Waters, M. R. (1983). Late Holocene Lacustrine chronology and archaeology of ancient Lake Cahuilla, California. Quat. Res., 19(3), 373-387.

497. Wesnousky, S. G., E. S. Schweig, and S. K. Pezzopane (1989). Extent and character of soil liquefaction during the 1811-1812 New Madrid earthquakes. Ann. Of the NY Academy of Science. 558, 208-216.

498. Wieczorek, G. F. (1987). Effect of rainfall intensity and duration on debris flows in Central Santa Cruz Mountains, California. Rev Eng Geol 7, 93-104.

499. Wong, Teng-fong (1986). On the normal stress dependence of the shear fracture energy. In Earthquake Source Mechanics. Geophys. Monogr. Ser., vol. 37, eds. S. Das et al. AGU, Washington, D. C., pp.1-11.

500. Wood, Robert Muir and Geoffrey C. P. King (December 10, 1993). Hydrological signatures of earthquake strain. J. Geophysics. Res., vol. 98, No. B12, 22035-22068.

501. Wu, F. T., L. Blatter, and H. Roberson (1975). Clay gouges in the San Andreas Fault system and their possible implications. In Wyss, Max, Editor (1975), Earthquake prediction and rock mechanics. Birkhauser Verlag Basel, Reprinted from Pure and Applied Geophysics (PAGEOPH), vol. 113. 87-95.

502. Wu, Hung-Yu, Kuo-Fong Ma, Mark Zoback, Naomi Boness, and Hisao Ito (2007). Geophys. Res. Lett. 34, L01303, doi:10.1029/2006GL028050.

503. Wysession, M. (1995). The Inner Working of the Earth, American Science, March-April, p.10.

504. Wyss, M. (Ed.)(1991). Evaluation of Proposal Earthquakes. Am. Geophys. Un., Washington, D. C., 94pp.

505. Wyss, Max, Editor (1975), Earthquake prediction and rock mechanics. Birkhauser Verlag Basel, Reprinted from Pure and Applied Geophysics (PAGEOPH), vol. 113. 330pp.

506. Yamashita, T., and R. Sato (1974). Generation of tsunami by a fault model. J. Phys. Earth. 22, 415-440.

507. Yamazaki, Y. (1975). Precursory and coseismic resistivity changes. In Wyss, Max, Editor (1975), Earthquake prediction and rock mechanics. Birkhauser Verlag Basel, Reprinted from Pure and Applied Geophysics (PAGEOPH), vol. 113. pp. 219-227.

508. Yamazaki, Y. (1967). Electrical conductivity of strained rocks (The 3rd paper), a resistivity variometer. Bull. Earthquake Res. Inst., 45, 849-860.

509. Yamazaki, Y. (1966). Electrical conductivity of strained rocks (The 2nd paper), further experiments on sedimentary

rocks. Bull. Earthquake Res. Inst., 44, 1553-1570.

510. Yamazaki, Y. (1965). Electrical conductivity of strained rocks (The 1st paper), Laboratory experiments on sedimentary rocks. Bull. Earthquake Res. Inst., 43, 783-802.

511. Youd, T. L., et. al. (October 2001). Liquefaction resistance of soils: Summary report from the 1996 NCEER and 1998 NCEER/NSF workshops on evaluation of liquefaction resistance of soils. J. Geotech. Geoenviron. Eng., 127(10), 817-833.

512. Youd, T. L., and I. M. Idriss, eds.(1997). Proc., MCEER Workshop on Evaluation of Liquefaction Resistance of Soils, Nat. Ctr. For Earthquake Engrg. Res., State Univ. of New York at Buffalo.

513. Youd, T. L., and S. K. Noble (1997a). Magnitude scaling factors. Proc., NCEER Workshop on Evaluation of Liquefaction Resistance of Soils. Nat. Ctr. For Earthquake Engrg. Res., State Univ. of New York at Buffalo, 149-165.

514. Youd, T. L., and S. K. Noble (1997b). Liquefaction criteria based on statistical and probabilistic analysis. Proc., NCEER Workshop on Evaluation of Liquefaction Resistance of Soils. Nat. Ctr. For Earthquake Engrg. Res., State Univ. of New York at Buffalo, 201-215.

515. Youd, T. L., E. L. Harp, D. K. Keefer, and R. C. Wilson (1985). The Borah Peak, Idaho earthquake of October 28, 1983-liquefaction. Earthquake Spectra, Earthquake Engg. Res. Inst., 2(1), 71-89.

516. Youngs, R. R., K. J. Coppersmith (1985). Implications of fault slip rates and earthquake recurrence models to probabilistic seismic hazard estimates. Bull. Seismol. Soc. Am. 75, 939-64.

517. Yuan, Haiming, Susan Hui Yang, Ronald D. Andrus, C. Hsein Juang (2003). Liquefaction-induced ground failure: a study of the Chi-Chi earthquake cases. Engineering Geology 17, 141-155.

518. Zhang, G., P. K. Robertson, and W. I. Brachman (August 2004). Estimating liquefaction-induced lateral displacements using the standard penetration test or cone penetration test. J. Geotech. Geoenvir. Eng, ASCE, 861-870

519. Zhang, G., P. K. Robertson, and W. I. Brachman (2002). Estimating liquefaction-induced ground settlements from CPT for level ground. Can. Geotech. J. 39, 1168-1180.

520. Ziv, A., and A. M. Rubin (2000). Static stress transfer and earthquake triggering no lower threshold in sight. J. Geophys. Res. 105, 13631-13642.

521. Zoback, M. D. and J. Townend (2001). Implications of hydrostatic pore pressures and high crustal strength for the deformation of intraplate lithosphere. Tectonophysics, 336, 19-30.

522. Zoback, M. L. (1992). First- and second-order patterns of stress in the lithosphere: the world stress map project. J. Geophys. Res., 97, 11703-11728.

523. Zoback, Mark D., M. L. Zoback, V. S. Mount, J. Suppe, J. Eaton, et al. (1987). New evidence on the state of stress of the San Andreas fault system. Science, 238, 1105-11.

524. Zoback, Mark D. and J. H. Healy (1992). In site stress measurements to 3.5km

depth in the Cajon Pass scientific research borehole: Implications for the mechanics of crustal faulting. J. Geophys. Res., 97, 5039-5037.

525. Zoback, M. D., M. L. Zoback, V. S. Mount, J. Suppe, and J. Eaton, et al. (1987). New evidence on the state of stress of the San Andreas fault system. Science 238, 1105-11.

526. Zoback, Mark D. and John H. Healy (1984). Friction, faulting, and in situ stress. Annales Geophysicae, 2, 6, 689-698.

527. Zoback, M. L., and G. A. Thompson (1978). Basin and Range rifting in northern Nevada: Clues from a mid-Miocene rift and its subsequent offsets: Geology, v. 6, 111-116.

參考資料（書籍與報告）

1. Ambraseys, N. N., and C. F. Melville (1982, 2005). A History of Persian Earthquakes. Cambridge University Press.
2. Anderson, E. M. (1951). The dynamics of faulting. Edinburgh: Oliver & Boyd. 206pp., 2nd ed.
3. Aki, K., and P. G. Richards, Quantitative Seismology, W. H. Freeman, New York, 1980.
4. Baumgardner, R. W., Jr. (1990). Geomorphology of the Hueco Bolson in the vicinity of the proposed low-level radioactive waste disposal site, Hudspeth County, Texas. Austin, Texas, The University of Texas Bureau of Economic Geology Final Contract Report for Texas Low-Level Radioactive Waste Disposal Authority, 98pp.
5. Beatty, J. K. and A. Chaikin, Eds. (1990). The New Solar System, 3rd ed., Sky Publishing Massachusetts.
6. Billings, M. P. (1972). Structural Geology. Englewood Cliffs, NJ, Prentice-Hall, 606pp.
7. Bodnar, R. G., and Sterner, S. M. (1987). Synthetic fluid inclusions, in: G. C. Ulmer, H. L. Barnes (Eds.), Hydrothermal experimental techniques, Wiley, New York, 423-457.
8. Bosl, William J., and Amos Nur (2000). Crustal fluids and earthquakes. In：Rundle, John B., Donald L. Turcotte, and William Klein, Editors (2000). GeoComplexity and the Physics of Earthquakes. American Geophysical Union (Washington, DC), pp.267-284.
9. Bowden, F. P., and D. Tabor (1950). The friction and lubrication of solids: Part I. Oxford, Clarendon Press.
10. Bowden, F. P., and D. Tabor (1964). The friction and lubrication of solids: Part II. Oxford, Clarendon Press.
11. Brune, J. N. (1976). The physics of earthquake strong motion. In Seismic Risk and Engineering Decision, C. Lomnitz, E. Rosenblueth (Editors), 141-174, Amsterdam: El-sevier, 425pp.
12. California Geological Survey (2008). Guidelines for Evaluating and Mitigating Seismic Hazards in California. California Geological Survey Special Publication 117A, 98pp.
13. California Division of Mines and Geology (1997). Guidelines for Evaluating and Mitigating Seismic Hazards in California. California Division of Mines and Geology Special Publication 117, 74pp.
14. Charlez, P. A. (1997). Rock Mechanics Volume 2, Petroleum Applications, Editions Technip, Paris.
15. Chen, C. J., and C. H. Huang (2000). Calibration of SPT- and CPT-based liquefaction evaluation methods. In: Mayne, P. W. and R. Hryciw (Eds.), Innovations and Applications in Geotechnical Site Characterization. Geotechnical Special Publiction, 97, ASCE, Reston, VA, 49-64.
16. Committee on Earthquake Engineering, National Research Council (1985). Liquefaction of Soils during Earthquakes. National Academy Press, Washington, D. C.
17. Contreras, J., M. H. Anders, and C. H. Scholz (2000). Growth of a normal fault system: Observations from the Lake Malawei basin of the east Aferican rift.
18. Das, Shamita, John Boatwright and Christopher H. Scholz, Ed.(1986). Earthquake Source Mechanics. American Geophysi-

cal Union, Washington, D. C.

19. Fowler, C. M. R. (1990). The Solid Earth, An Introduction to Global Geophysics. Cambridge University Press Cambridge, England, p.472.
20. Freund, L. (1990). Dynamic fracture mechanics, in Cambridge Monographs on Mechanics and Applied Mathematics, Cambridge University Press, New York.94.
21. Fumal, T. E., and J. C. Tinsley (1985). Mapping shear wave velocities of near-surface geological materials. In: J. I. Ziony (Editors), Predicting Area Limits of Earthquake Induced Landsliding; In Evaluation of Earthquake Hazards in the Los Angeles Region - An Earth Science Perspective. US. Geol. Surv. Paper 1360, 127-150.
22. Goodman, R. E.(1970). The Determination of the In Situ Modulus of Deformation of Rock. ASTM STP 477, Amer. Soc. Testing Materials, Philadelphia, 174-176.
23. Gutenberg, B. and C. F. Richter (1954). Seismicity of the earth and associated phenomena. Princeton Univ. Press, Princeton, NJ.
24. Han, W. and B. D. Reddy (1999). Plasticity. Springer-Verlag, New York.
25. Ishihara, Kenji (1996) Soil Behavior in Earthquake Geotechnics. Clarendon Press, Oxford.
26. Jaeger, J. C., and N. G. W. Cook (1976). Fundamental of rock mechanics. Chapman and Hall (London).
27. Jibson, R. W., J. A. Michael (2009). Maps showing seismic landslide hazards in Anchorage, Alaska. U.S. Geological Survey Scientific Investigations Map 3077, 2 sheets (scale 1:25,000), 11-p. pamphlet.
28. Jibson, R. W., and M. W. Jibson (2003). Java programs for using Newmark's method and simplified decoupled analysis to\ model slope performance during earthquakes. U. S. Geological Survey Open-File Report 03-005. Version 1.1.
29. Jibson, Randall W. (1993). Transportation Research Record 1411, Transportation Research Board, National Research Council, Washington, D. C., pp. 9-17.
30. Kanamori, Hiroo and Thomas H. Heaton (2000). In GeoComplexity and the Physics of Earthquakes. American Geophysical Union (Washington, DC), pp.147-163.
31. Kanamori, Hiroo, and Clarence R. Allen (1986). Earthquake repeat time and average stress drop. In Das, Shamita, John Boatwright and Christopher H. Scholz, Ed.(1986). Earthquake Source Mechanics. American Geophysical Union, Washington, D. pp.227-35.
32. Karner, Stephen L., and Chris Marone (2000). Effects of loading rate and normal stress on stress drop and stick-slip recurrence interval. In Rundle, John B., Donald L. Turcotte, and William Klein, Editors (2000). GeoComplexity and the Physics of Earthquakes. American Geophysical Union (Washington, DC), pp.187-198.
33. Kasahara, K. (1981). Earthquake Mechanics. Cambridge: Cambridge Univ. Press.
34. Kramer, S. I. (1996). Geotechnical Earthquake Engineering, Prentice Hall, Upper Saddle River, NJ, 653pp.
35. Kreyszig, Erwin (1983). Advanced Engineering Mathematics (Fifth Edition). John Wiley & Sons (New York), 1-988pp.
36. Kulagin, V. K. and S. V. Nikitina(1968).

The variation of the ratio of velocities of body waves in the earth's crust, in Deep Structure and Earthquaks of Tadzhikistan, T. I. Kukhtikova, Editor, Acad. Sci. Tadzhik SSR, Donich, Duchanbe, 5-46(in Russian).

37. Lambe, T. W., and R. V. Whitman (1979). Soil Mechanics. Wiley, New York, 553pp.

38. Lawn, B. R., and T. R. Wilshaw (1975). Fracture of brittle solids. Cambridge: Cambridge Univ. Press.

39. Li, V. C. (1987). Mechanics of shear rupture applied to earthquake zones, in: B. K. Atkinson (Ed.), Fracture Mechanics of Rocks, Academic Press, New York, 351-428.

40. Li, V. C. (1987). Mechanics of shear rupture applied to earthquake zones. In: B. K. Atkinson (Ed.), Fracture Mechanics of Rocks, Academic Press, New York, 351-428.

41. Liao, S. S. C., and R. V. Whitman (1986). Catalogue of liquefaction and non-liquefaction occurrences during earthquakes. Res. Rep., Dept. of Civ. Engrg., Massachusetts Institute of Technology, Cambridge, Mass.

42. Lindh, A. G. (1983). Preliminary assessment of long-term probabilities for large earthquakes along selected fault segments of the SAF system in California. Open-File Report 83-63. US Geol. Surv., Menlo Park, California.

43. Lockner, D., H. Naka, H. Tanaka, H. Ito, and R. Ikeda (2000). Permeability and strength of core samples from the Nojima fault of the 1995 Kobe earthquake. In: Proc. International Workshop on the Nojima Fault Core and Borehole Data Analysis (eds. H. Ito, K. Fujimoto, H. Tanaka, and D. Lockner). pp.147-152, U. S. Geol. Surv. Open File Rep. 00-129.

44. Logan, John M., N. G. Higgs, and M. Friedman (1981). Laboratory studies on natural gouge from the U. S. Geological Survey Dry Lake Valley No. 1 Well, San Andreas Fault Zone. In Mechanical Behavior of Crustal Rocks - The Handin Volume. American Geophysical Union (Washington, D. C.), 121-134.

45. Locker, D. A., J. D. Byerlee, V. Kuksenko, A. Ponomarev, and A. Sidorin (1992). Chapter 1: Observations of Quasistatic Fault Growth from Acoustic Emissions. In Fault Mechanics and Transport Properties of Rocks. Edited by Brian Evans and Teng-Fong Wong, United States Edition published by Academic Press Inc.(San Diego, California). pp.3-31.

46. MAA (2000). Soil liquefaction assessment and remediation study, phase 1 (Yuanlin, Dachun, and Shetou). Summary Report and Appendices, Moh and Associates (MAA), Taipei, Taiwan. In Chinese.

47. Millot (1970). Geology of clays. Springer-Verlag, New York.

48. Patterson, M. S., Wong, T. F. (2005). Experimental rock deformation - The brittle field. 2nd ed., Springe-Verlag, Berlin, Heidelberg, New York, p.348.

49. Prasad, Bharat Bhushan (2011). Fundamentals of Soil Dynamics and Earthquake Engineering. PHI Learning Private Limited (New Delhi). pp.566.

50. Prakash, Shamsher, and Vijay K. Puri (1998). Liquefaction of silt-clay mixtures. Geotechnical Special Publication (US/Taiwan Workshop). 1-21.

51. Quan, Y. D. (1988). The Haicheng, Liaoning Province, Earthquake of M7.3 of 4 February 1975. In: Earthquake Cases in China, Z-C Zhang, Ed. State Seismological Bureau Publication in Chinese, Seismological Press, Beijing. pp.189-210.
52. Rice, J. R. (1992). Chapter 20: Fault stress states, pore pressure distributions, and the weakness of San Andreas fault, in Fault Mechanics and Transport Properties of Rocks, edited by B. Evans and T. F. Wong, pp.475-503, Academic Press, New York.
53. Risk Management Solutions, Inc. (2008). Earthquake clustering due to stress interactions - RMS Special Report. pp. 1-21.
54. Roberts, D.C. and D.L. Turcotte, Earthquakes: Friction or a Plastic Instabiliy? In Rundle, John B., Donald L. Turcotte, and William Klein, Editors (2000). GeoComplexity and the Physics of Earthquakes. American Geophysical Union (Washington, DC), pp.97-99
55. Rundle, John B., Donald L. Turcotte, and William Klein, Editors (2000). GeoComplexity and the Physics of Earthquakes. American Geophysical Union (Washington, DC)
56. Sammis, C. G., and M. F. Ashby (July 1988). The damage mechanics of brittle solids in compression. Univ. of Southern California, Dept. of Geological Science, Univ. Park, Los Angeles, CA., sponsored by Defense Advanced Research Projects Agency, Nuclear Monitoring Research Office, Contract # F19628-86-K-0003.
57. Scholz, Christopher H. (2002), The Mechanics of Earthquakes and Faulting, 2nd edition, Cambridge University Press, 471pp.
58. Scholz, C. H. (1990). The mechanics of earthquakes and faulting, Cambridge Univ. Press, New York, 439pp.
59. Seeber, L., and J. G. Armbruster (1998). Earthquakes, faults, and stress in Southern California. Southern California Earthquake Center.
60. Seed, H. B., R. B. Seed, L. F. Harder, and H. L. Jong (1989). Re-evaluation of the Lower San Fernando dam - Report 2: Examination of the post-earthquake slide of February 9, 1971. Contract Report GL-82-2, U. S. Army Engineer WES, Vicksburg, Mississippi.
61. Seed, H. B., I. Arango, and C. K. Khan (1975). Evaluation of soil liquefaction potential during earthquake, Report on EERC 75-28, Earthquake Engineering Research Center, University of California, Berkeley.
62. Sowers, G. F., and C. S. Hedges (1966). Dynamic cone for shallow in-situ penetration testing, vane shear and cone penetration resistance testing of iu-situ soils. American Society of Testing Materials (ASTM) Select Technical Paper 399, Philadelphia, PA: American Society of Testing Materials.
63. Stokoe, K. H. II, G. W. Wright, A. B. James, and M. R. Jose (1994). Characteristics of geotechnical sites by SASW method, in Geophysical Characterization of Sites, ed. R. D. Woods, 15-25, New Delhi: Oxford Pulishers.
64. Strehlau, Jurgen (1986). In Das, Shamita, John Boatwright and Christopher H. Scholz, Ed., (1986). Earthquake Source Mechanics. American Geophysical Union,

Washington, D. C., pp.135-145.

65. Tada, H., P. Paris, and G. Irwin (1973). The Stress Analysis of Cracks Handbooks. Hellertown Pennsylvania: Del Research Corp.
66. Tatsuoka, F., S. Zhou, T. Sato, and S. Shibuya (1990). Method of evaluating liquefaction potential and its application. In Report on seismic hazards on the ground in urban areas, Ministry of Education of Japan, Tokyo (in Japanese).
67. Terzhagi, K. (1950). Mechanism of landslides. In: Paige, S. (Ed.). Application of Geology to Engineering Practice (Berkey Volume). Geological Society of America, New York, NY, pp.83-123.
68. Tullis, T.E., and D.L. Goldsby (1998). Laboratory experiments on rock friction focused on understanding earthquake mechanics. USGS Technical Report, Vol.40.
69. Ulomov, V. I., and B. Z. Mavashev (1971). The Tashkent Earthquake of 26 April. Tashkent: Acad. Nauk. Uzbeck. SSR. FAN.
70. US Geological Survey (2008). Most destructive known earthquakes on record in the world. http://earthquake.usgs.gov/regional/world/most_destructive.php
71. US Geological Survey (1988). Probabilities of large earthquakes occurring in California on the San Andreas fault. US Geol. Surv. Open-File Rep. 88-389, 62 pp.
72. Wang, W. (1979). Some findings in soil liquefaction report. Report Water Conservancy and Hydro-electric Power Scientific Research Institute, Beijing, China, 1-17.
73. White, R. A., and W. L. Ellsworth (1993). Near-source short- to intermediate-period ground motions, in The Loma Prieta, California, Earthquake of October 17, 1989 - Preseismic Observations, edited by M. J. S. Johnston, U. S. Geol. Surv. Prof., 1550-C, 31-46.
74. Wieczorek, G. F., R. C. Wilson, and E. L. Harp (1985). Map showing slope stability during earthquakes in San Mateo County, California. Miscellaneous Investigations Map I-1257-E. U. S. Geological Survey.
75. Wong, Kelin (2007). Elastic and viscoelastic models of crustal deformation in subduction earthquake cycles. In: The Seismogenic Zone of Subduction Thrust Faults, edited by Timothy Dixon and J. Casey Moore, Columbia University Press, 2007, 683pp.
76. 廖日昇，岩土力學與地震，科技圖書公司（台北），2000 年 12 月

單位轉換表

長度

1 mm = 0.0394 inch(in)

1 cm = 0.3937 in

1 m = 3.28 ft

= 39.37 in

1 km = 0.621 mile(mi)

面積

1 cm^2 = 0.155 in^2

1 m^2 = 10.76 ft^2

= 1.196 yd^2

1 hectare(ha) = 2.4710 acres(a)

1 km^2 = 0.386 mi^2

體積

1 cm^3 = 0.0610 in^3

1 m^3 = 35.314 ft^3

= 1.31 yd^3

= 8.11×10^{-4} acre feet

1 km^3 = 0.240 mi^3

1 liter = 1.06 quarts(qt)

= 0.264 gallon(gal)

質量

1 kg = 2.20l b

= 0.0011 ton(tn)

1 metric ton(MT) = 1000 kg

= 1.10 tn

力

1 g-cm s^{-2}(dyn) = 10^{-5} N（newton，或 $mkgs^{-2}$）

1 kilogram force (kgf) = 9.81 N

1 pound force = 4.45 N

力矩

1 dyn cm = 10^{-7} Nm

壓力

1 kg/cm^2 = 14.20 psi(lb/in^2)

1 psi = 6.89 kilopascal(kPa)

1 pascal(10 dynes/cm^2) = 47.91 b/ft^2

1 dyn cm^{-2}(10^{-6} bar) = 10^5 Pa（pascal，或 $m^{-1}kgs^{-2}$）

1 bar = 14.5037 psi

黏度

1 dnys cm^{-2} (poise) = 10^{-1} Pa s

速率

1 meter per second(m/s) = 3.281 ft/s

1 kilometer per hour(km/h) = 0.9113 ft/s

= 0.621 mi/h

能量

1 g-cm^2 s^{-2}(erg) = 10^{-7} J（joule，或 $m^2kg\ s^{-2}$）

附錄一山崩與地陷相片集錦

1. 沿著 Rio Pixcaya 的堰塞湖

   1976 年瓜地馬拉地震形成了沿著 Rio Pixcaya 的堰塞湖，在 1976 年 2 月 13 日，此張照片拍攝前湖壩已潰決。（照片出自 U.S. Geological Survey Open-File Report 77-165, Slide 32，USGS 照片編號：geq 00032-10）

2. 夏威夷火山國家公園

   1983 年 11 月 16 日的 6.6 級地震引起火山北緣的部份土石往 Kilauea Caldera 移動，且在山崩土石的頂部出現張力裂縫。（照片出自 U.S. Geological Survey, Professional paper 1350, page 898, USGS 照片編號：hvoc 0127-12）

3. 舊金山 Fort Funston 北方的山崩

1989 年 10 月 17 日加州 Loma Prieta 地震之際，Fort Funston 北方的山崩其土石量約爲 2,830 立方米，而堆積高度達 30 米。（照片出自 U.S. Geological Survey Open-File Report 90-547, Slide IV, USGS 照片編號：pdm 00003-21）

4. Santa Cruz 地區的樹木移位

1989 年 10 月 17 日加州 Loma Prieta 地震之際，由於地震觸發了斜坡破壞，致使沿著新布賴頓（New Brighton）海灘區的海岸斷崖一些樹木移位。（照片出自 U.S. Geological Survey Open-File Report 90-547, Slide XIII-12，USGS 照片編號：tjc 00003-1）

5. 7,000 公噸的花崗閃長岩被碎石流帶動並堆積

   1970 年 5 月 31 日秘魯地震，一個重量約 7,000 公噸（美制：1 公噸 = 2,000 磅）的花崗閃長岩大塊體被 Huascaran 雪崩碎石流帶動並堆積在 Ranrahirca 西方的 RioSanta 附近，岩塊頂部覆蓋著碎石流帶來的小石塊，它們是在大塊體停止滾動後堆積上去的。當大塊體周遭的泥流流走之後，大塊體遂孤零零地留下來。（1970 年 6-7 月拍攝，從大塊體底部豎起的桿子是 4 米高，USGS 照片編號：plu 00014-4）

6. 房子因地層液化而損壞

   1989 年 10 月 17 日加州 Loma Prieta 地震，舊金山碼頭區的一棟遭摧毀房子。這棟三層樓建築物的第一層樓其損壞原因是來自地層液化，第二層樓的損壞是因建築物倒塌之故。（照片出自 U.S. Geological Survey Circular 1045, Fig.24B，USGS 照片編號：pla 00049-3）

7. 滑動及龜裂的柏油路

1970 年 5 月 31 日秘魯地震，在 Chimbote 西側靠近海灣的土層產生液化及飽含水分的海灘沉積物往側向擴張，以致該處的柏油路發生滑動及路面龜裂。（照片出自 U.S. Geological Survey Circular 639, Fig.8，USGS 照片編號：peru 0011-5）

8. 四層公寓建築的沉陷

新瀉（Niigata）地區的四層公寓建築之航照圖，該建築物產生沉陷及翻倒的原因是當新瀉地震（1964）發生之際，支持該建築物的底部土壤失掉其強度之故，而土壤強度之喪失，是因基礎之下延伸達 10 至 15 呎的沙層液化之故。（T.L. Youd 拍攝於 1964 年，USGS 照片編號：gesu 0453-4）

9. 柏油路因差異沉陷而產生裂隙

1989 年 10 月 17 日，加州 Loma Prieta 地震之際的 Moss Landing 地區。來自液化的差異沉陷，引起保羅島（Paul's Island）上柏油路的產生裂隙。（照片出自 U.S. Geological Survey Open-File Report 90-547, Slide XV-3，USGS 照片編號：esd 00006-2）

10. 路面因地層液化而崩塌

1906 年 4 月 18 日加州舊金山地震，聯盟街（Union Street）路面由於地層液化之故產生崩塌。（照片出自 Earthquake Information Bulletin, v.14, no.3, pp.94-95，USGS 照片編號：eib 00469-1）

11. 公路路面因地震而產生裂縫

1964 年 3 月 27 日阿拉斯加發生地震，Portage（位在 Turnagain Arm 的頭部處）的阿拉斯加鐵路（The Alaska Railroad）站附近之西沃德（Seward）公路之路面產生大裂縫，許多橋樑也損壞。在其他一些地方構造沉陷及沖積物固結作用，促使高潮位之下的公路與鐵路下沉。（U.S. Army 拍攝，照片出自 U.S. Geological Survey Professional paper 541，USGS 照片編號：aek 00138-2）

12. 樹木淺根因構造性下陷而被往下拉

1964 年 3 月 27 日阿拉斯加發生地震，基奈半島（Kenai Peninsula）上復活灣（Resurrection Bay）的碎石散佈面上之雲杉樹。當地震發生之際，基奈半島產生 3 呎的構造性下陷，此種下陷促使高潮位之下的樹木淺根被往下拉，由於海水重複氾濫，遂使這些雲杉無法存活。（照片出自 U.S. Geological Survey Professional paper 541, Fig.10 及 U.S. Geological Survey Professional paper 543-I, Fig.19，USGS 照片編號：aeq 00008-1）

國家圖書館出版品預行編目資料

地震斷層與岩土力學／廖日昇著. ——初版.
——臺北市：五南, 2013.09
面； 公分
ISBN 978-957-11-7205-7（平裝）
1.地震
354.4 102013471

5G28

地震斷層與岩土力學
Earthquake Faulting and Rock & Soil Mechanics

作　　者— 廖日昇
發 行 人— 楊榮川
總 編 輯— 王翠華
主　　編— 穆文娟
責任編輯— 王者香
圖文編輯— 林秋芬
封面設計— 小小設計有限公司
出 版 者— 五南圖書出版股份有限公司
地　　址：106台北市大安區和平東路二段339號4樓
電　　話：(02)2705-5066　　傳　　真：(02)2706-6100
網　　址：http://www.wunan.com.tw
電子郵件：wunan@wunan.com.tw
劃撥帳號：01068953
戶　　名：五南圖書出版股份有限公司

台中市駐區辦公室/台中市中區中山路6號
電　　話：(04)2223-0891　　傳　　真：(04)2223-3549
高雄市駐區辦公室/高雄市新興區中山一路290號
電　　話：(07)2358-702　　傳　　真：(07)2350-236

法律顧問　林勝安律師事務所　林勝安律師

出版日期　2013年9月初版一刷
定　　價　新臺幣650元

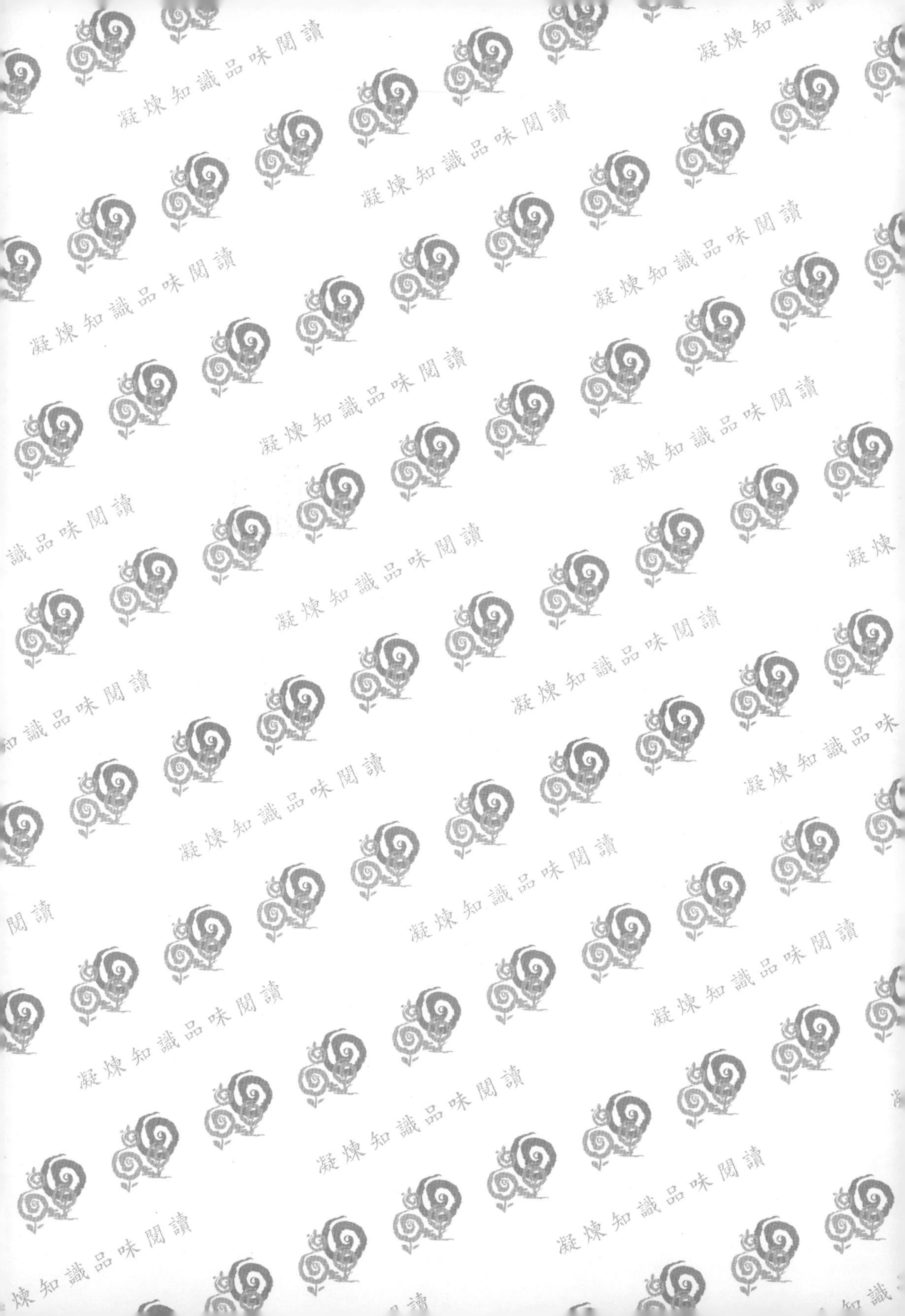
凝煉知識品味閱讀